La partícula divina

Booket
Ciencia

Biografía

Leon Lederman fue director de Fermilab de Chicago de 1979 a 1989 y el diseñador del plan de construcción del Supercolisionador Superconductor de Texas. En 1988 obtuvo el Premio Nobel de Física por sus descubrimientos en el campo de la física subatómica. En la actualidad es profesor del Instituto de Tecnología de Illinois.

Dick Teresi es autor de *Los grandes descubrimientos perdidos* (Crítica, 2004). Fue director de la revista *Omni*.

Leon Lederman
y Dick Teresi

La partícula divina

Si el universo es la respuesta,
¿cuál es la pregunta?

Traducción de Juan Pedro Campos

CRÍTICA

Obra editada en colaboración con Editorial Planeta – España

Título original: *The god particle If the Universe Is the Answer, What Is the Question?*
Houghton Mifflin Company, Nueva York

Bajo el sello editorial BOOKET M.R.
Avenida Presidente Masarik núm. 111, Piso 2
Polanco V Sección, Miguel Hidalgo
C.P. 11560, Ciudad de México
www.planetadelibros.com.mx
www.paidos.com.mx

Diseño de la colección: © Jaime Fernández
Ilustración de la portada: Simulación de la desintegración de un bosón de Higgs. Centre National de la Recherche Scientifique
Ilustraciones: © Mary Reilly

Primera edición impresa en España en Colección Booket: enero de 2013
ISBN: 978-84-08-04136-8

Primera edición impresa en México en Booket: noviembre de 2013
Décima primera reimpresión en México en Booket: mayo de 2022
ISBN: 978-607-9202-76-7

Impreso en los talleres de Quitresa Impresores, S.A. de C.V.
Calle Goma No. 167, Colonia Granjas México, C.P. 08400, Iztacalco, Ciudad de México.
Impreso en México - *Printed in Mexico*

A Evan y Jayna

Me gustan la teoría de la relatividad y la cuántica
porque no las entiendo,
porque hacen que tenga la sensación de que el espacio vaga
como un cisne que no puede estarse quieto,
que no quiere quedarse quieto ni que lo midan;
porque me dan la sensación de que el átomo es una cosa impulsiva,
que cambia siempre de idea.

D. H. Lawrence

DRAMATIS PERSONAE

Atomos **o** *á-tomo*: Partícula teórica inventada por Demócrito. El á-tomo, invisible e indivisible, es la menor unidad de la materia. No hay que confundirlo con el llamado átomo químico, que sólo es la menor unidad de cada elemento (hidrógeno, carbono, oxígeno, etc.).

Quark: Otro á-tomo. Hay seis quarks, cinco descubiertos ya y uno tras el que aún se andaba en 1993 [su descubrimiento se anunció en 1995]. Cada quark puede tener uno de tres colores. Sólo dos de los seis, el *up* y el *down*, existen hoy de forma natural en el universo.

Electrón: El primer á-tomo que se descubrió, en 1898. Como todos los á-tomos modernos, se cree que tiene la curiosa propiedad de un «radio cero». Pertenece a la familia leptónica de á-tomos.

Neutrino: Otro á-tomo de la familia leptónica. Hay tres tipos diferentes. Los neutrinos no se usan para construir la materia, pero son esenciales en ciertas reacciones. En el concurso minimalista, ganan: carga cero, radio cero y muy posiblemente masa cero.

Muón y tau: Estos leptones son primos del electrón, sólo que mucho más pesados.

Fotón, gravitón, la familia W^+, W^- y Z^o y los gluones: Son partículas, pero no de la materia, como los quarks y los leptones. Transmiten, respectivamente, las fuerzas electromagnética, gravitatoria, débil y fuerte. El gravitón es la única que no se ha detectado todavía.

El vacío: La nada. También lo inventó Demócrito. Un lugar por el que los átomos pueden moverse. Los teóricos de hoy lo han ensuciado con un popurrí de partículas virtuales y otros residuos. Denominaciones modernas: vacío y, de vez en cuando, éter.

El éter: Lo inventó Isaac Newton, lo volvió a inventar James Clerk Maxwell. Es la sustancia que llena el espacio vacío del universo. Desacreditado y arrumbado por Einstein, hoy está efectuando un retorno nixoniano. En realidad es el vacío, pero cargado de partículas teóricas, fantasmales.

Acelerador: Dispositivo que incrementa la energía de las partículas. Como $E = mc^2$, un acelerador hace que sean más pesadas.

Experimentador: Físico que hace experimentos.

Teórico: Físico que no hace experimentos.

Y presentamos a...

La Partícula Divina

(también llamada la partícula de Higgs,
alias el bosón de Higgs, alias el bosón escalar de Higgs)

1

EL BALÓN DE FÚTBOL INVISIBLE

> Nada existe, excepto átomos y espacio vacío; lo demás es opinión.
>
> DEMÓCRITO DE ABDERA

En el principio mismo había un vacío —una curiosa forma de estado de vacío—, una nada en la que no había ni espacio, ni tiempo, ni materia, ni luz, ni sonido. Pero las leyes de la naturaleza estaban en su sitio, y ese curioso estado de vacío tenía un potencial. Como un peñasco gigantesco que cuelga al borde de un acantilado vertiginoso...

Esperad un minuto.

Antes de que caiga el peñasco, tendría que explicar que en realidad no sé de qué estoy hablando. Una historia, lógicamente, empieza por el principio. Pero este es un cuento acerca del universo, y por desgracia *no hay datos* del Principio Mismo. Ninguno, cero. Nada sabemos del universo antes de que llegase a la madura edad de una mil millonésima de una billonésima de segundo, es decir, nada hasta que hubo pasado cierto tiempo cortísimo tras la creación en el big bang. Si leéis o escucháis algo sobre el nacimiento del universo, es que alguien se lo ha inventado. Estamos en el reino de la filosofía. Sólo Dios sabe qué pasó en el Principio Mismo (y hasta ahora no se le ha escapado nada).

Esto, ¿por dónde íbamos? Ah, ya...

Como un peñasco gigantesco que cuelga al borde de un acantilado vertiginoso, el equilibrio del vacío era tan delicado que sólo hacía falta un suspiro para que se produjera un cambio, un cambio que crease el universo. Y pasó. La nada estalló. En su incandescencia inicial se crearon el espacio y el tiempo.

De esta energía salió la materia, un plasma denso de partículas que se disolvían en radiación y volvían a materializarse. (Ahora, por lo menos, estamos manejando unos cuantos hechos y un poco de teoría conjetural.) Las partículas chocaban y generaban nuevas partículas. El espacio y el tiempo hervían y espumaban mientras se formaban y disolvían agujeros negros. ¡Qué escena!

A medida que el universo se expandió, enfrió e hizo menos denso, las partículas se fueron juntando unas a otras y las fuerzas se diferenciaron. Se constituyeron los protones y los neutrones, y luego los núcleos y los átomos y enormes nubes de polvo que, sin dejar de expandirse, se condensaron localmente aquí y allá, con lo que se formaron las estrellas, las galaxias y los planetas. En uno de éstos —uno de los más corrientes, que giraba alrededor de una estrella mediocre, una mota en el brazo en espiral de una galaxia normal— los continentes en formación y los revueltos océanos se organizaron a sí mismos. En los océanos un cieno de moléculas orgánicas hizo reacción y construyó proteínas. Apareció la vida. A partir de los organismos simples se desarrollaron las plantas y los animales. Por último, llegaron los seres humanos.

Los seres humanos eran diferentes fundamentalmente porque no había otra especie que sintiese tanta curiosidad por lo que le rodeaba. Con el tiempo hubo mutaciones, y un raro subconjunto de personas se puso a merodear por ahí. Eran arrogantes. No se quedaban satisfechos con disfrutar de las magnificencias del universo. Preguntaban: ¿Cómo? ¿Cómo se creó? ¿Cómo podía salir de la «pasta» de que estaba hecho el universo la increíble variedad de nuestro mundo: las estrellas, los planetas, las nutrias de mar, los océanos, el coral, la luz del Sol, el cerebro humano? Los mutantes habían planteado una pregunta que se podía responder, pero para ello hacía falta un trabajo de milenios y una dedicación que se transmitiera de maestro a discípulo durante cien generaciones. La pregunta inspiró también un gran número de respuestas equivocadas y vergonzosas. Por suerte, estos mutantes nacieron sin el sentido de la vergüenza. Se llamaban físicos.

Hoy, tras haber examinado durante más de dos mil años esta pregunta —un mero abrir y cerrar de ojos en la escala cosmológica del tiempo—, empezamos sólo a vislumbrar la historia entera de la creación. En nuestros telescopios y microscopios, en nuestros observatorios y laboratorios —y en nuestros cuadernos de notas— vamos ya percibiendo los rasgos de la belleza y la simetría primigenias que gobernaron los primeros momentos del universo. Casi podemos verlos. Pero el cuadro no es todavía claro, y tenemos la sensación de que algo nos enturbia la vista, una fuerza oscura que difumina, oculta, ofusca la simplicidad intrínseca de nuestro mundo.

¿Cómo funciona el universo?

Este libro trata de un solo problema, que viene confundiendo a la ciencia desde la Antigüedad. ¿Cuáles son los componentes fundamentales con que se construye la materia? El filósofo griego Demócrito llamó a la menor unidad *atomos* (literalmente, «que no se puede cortar»). Este á-tomo no es el átomo del que oísteis hablar en las clases de ciencias del instituto, no es como el hidrógeno, el helio, el litio y así hasta el uranio y más allá, que son entes grandes, pesadotes, complicados conforme a los criterios actuales (o según los de Demócrito, por lo que a esto se refiere). Para un físico, hasta para un químico, los átomos son verdaderos cubos de basura donde hay metidas partículas más pequeñas —electrones, protones y neutrones—, y los protones y los neutrones son a su vez cubos llenos de chismes aún más pequeños. Tenemos que saber cuáles son los objetos más primitivos que hay, y hemos de conocer las fuerzas que controlan su comportamiento social. En el á-tomo de Demócrito, no en el átomo de vuestro profesor de química, está la clave de la materia.

La materia que vemos hoy a nuestro alrededor es compleja. Hay unos cien átomos químicos. Se puede calcular el número de combinaciones útiles de los átomos, y es enorme: miles y miles de millones. La naturaleza emplea estas combinaciones, las moléculas, para construir los planetas, los soles, los virus, las montañas, los cheques con la paga, el valium, los agentes literarios y otros artículos de utilidad. No siempre fue así. Durante los primeros momentos tras la creación del universo en el big bang, no había la materia compleja que hoy conocemos. No había núcleos, ni átomos, no había nada que estuviese hecho de piezas más pequeñas. El abrasador calor del universo primitivo no dejaba que se formasen objetos compuestos, y si, por una colisión pasajera, llegaban a formarse, se descomponían instantáneamente en sus constituyentes más elementales. Quizá no había, junto a las leyes de la física, más que un solo tipo de partícula y una sola fuerza —o incluso una partícula-fuerza unificada—. Dentro de este ente primordial se encerraban las semillas del mundo complejo donde evolucionarían los seres humanos, puede que, básicamente, para pensar sobre estas cosas. Quizá os parezca aburrido el universo primordial, pero para un físico de partículas, ¡esos eran los buenos tiempos!, esa simplicidad, esa belleza, por neblinosamente que las vislumbremos en nuestras lucubraciones.

El principio de la ciencia

Antes aún de mi héroe Demócrito, había ya filósofos griegos que se atrevieron a intentar una explicación del mundo mediante argumentos racionales y excluyendo rigurosamente la superstición, el mito y la intervención de los dioses. Estos habían sido recursos valiosos para acomodarse a un mundo lleno de fenómenos temibles y, aparentemente, arbitrarios. Pero a los griegos les impresionaron también las regularidades, la alternancia del día y la noche, las estaciones, la acción del fuego, del viento, del agua. Allá por el año 650 a.C. había surgido una tecnología formidable en la cuenca mediterránea. Allí se sabían medir los terrenos y navegar con ayuda de las estrellas; su metalurgia era depurada y tenían un detallado conocimiento de las posiciones de las estrellas y de los planetas con el que hacían calendarios y variadas predicciones. Construían herramientas elegantes y finos tejidos, y preparaban y decoraban su cerámica muy elaboradamente. Y en una de las colonias del imperio griego, la bulliciosa ciudad de Mileto, en la costa occidental de lo que ahora es la moderna Turquía, se articuló la creencia de que el mundo, en apariencia complejo, era intrínsecamente simple, y de que esa simplicidad podía ser desvelada mediante el razonamiento lógico. Unos doscientos años después, Demócrito de Abdera propuso que los á-tomos eran la llave de un universo simple, y empezó la búsqueda.

La física tuvo su génesis en la astronomía; los primeros filósofos levantaron la vista, sobrecogidos, al cielo nocturno y buscaron modelos lógicos de las configuraciones de las estrellas, los movimientos de los planetas, la salida y la puesta del Sol. Con el tiempo, los científicos volvieron los ojos al suelo: los fenómenos que sucedían en la superficie de la Tierra —las manzanas que caían de los árboles, el vuelo de una flecha, el movimiento regular de un péndulo, los vientos y las mareas— dieron lugar a un conjunto de «leyes de la física». La física floreció durante el Renacimiento, y se convirtió en una disciplina independiente y distinguible alrededor de 1500. A medida que pasaron los siglos y nuestras capacidades de percibir se agudizaron con el uso de microscopios, telescopios, bombas de vacío, relojes y así sucesivamente, se descubrieron más y más fenómenos que se podían describir meticulosamente apuntando números en los cuadernos de notas, construyendo tablas y dibujando gráficos, y de cuya conformidad con un comportamiento matemático se dejaba triunfalmente constancia a continuación.

A principios del siglo XX los átomos habían venido a ser la frontera de la física; en los años cuarenta, la investigación se centró en los núcleos. Progresivamente, más y más dominios pasaron a estar sujetos a observación. Con el desarrollo de instrumentos de un poder cada vez mayor, miramos más y más de cerca a cosas cada vez menores. A las observaciones y mediciones les seguían inevitablemente síntesis, sumarios compactos de nuestro conocimiento. Con cada avance importante, el campo se dividía: algunos científicos seguían el camino «reduccionista» hacia el dominio nuclear y subnuclear; otros, en cambio, iban por la senda que llevaba a un mejor conocimiento de los átomos (la física atómica), las moléculas (la física molecular y la química), la física nuclear y demás.

León atrapado

Al principio fui un chico de moléculas. En el instituto y en los primeros años de la universidad la química era lo que me gustaba, pero poco a poco me fui pasando a la física, que parecía más limpia; inodora, de hecho. Me influyeron mucho, además, los chicos que estaban en física; eran más divertidos y jugaban mejor al baloncesto. El gigante de nuestro grupo era Isaac Halpern, hoy en día profesor de física en la Universidad de Washington. Decía que la única razón por la que iba a ver sus notas cuando salían en el tablón era para saber si la A —el sobresaliente— tenía «la parte de arriba lisa o terminaba en punta». Todos lo queríamos, claro. Además, en el salto de longitud llegaba más lejos que cualquiera de nosotros.

Me llegaron a interesar los problemas de la física porque su lógica era nítida y tenían consecuencias experimentales claras. En mi último año de carrera, mi mejor amigo del instituto, Martin Klein, el hoy eminente estudioso de Einstein en Yale, me arengó acerca de los esplendores de la física toda una larga tarde, entre muchas cervezas. Hizo efecto.

Entré en el ejército de los Estados Unidos con una licenciatura en química y la determinación, si es que sobrevivía a la instrucción y a la segunda guerra mundial, de ser físico.

Nací por fin al mundo de la física en 1948; emprendí entonces mi investigación de doctorado trabajando en el acelerador de partículas más poderoso de aquellos días, el sincrociclotrón de la Universidad de Columbia. Dwight Eisenhower, su presidente, cortó la cinta en la inauguración de la máquina en junio de 1950.

Como había ayudado a Ike a ganar la guerra, las autoridades de Columbia, claro, me apreciaban mucho, y me pagaban casi 4.000 dólares por todo un año de trabajo, noventa horas por semana. Fueron tiempos vertiginosos. En los años cincuenta, el sincrociclotrón y otras máquinas poderosas crearon la nueva disciplina de la física de partículas.

Para quien es ajeno a la física de partículas, quizá su característica más sobresaliente sea el equipamiento, los instrumentos. Me uní a la busca en el momento en que los aceleradores de partículas llegaban a la madurez. Dominarían la física durante las cuatro décadas siguientes. Hoy siguen haciéndolo. El primer «machacador de átomos» tenía sólo unos centímetros de diámetro. El acelerador más poderoso que existe hoy en día se encuentra en el Laboratorio Nacional del Acelerador Fermi (Fermilab), en Batavia, Illinois. La máquina del Fermilab, el Tevatrón, mide más de seis kilómetros de perímetro, y lanza protones contra antiprotones con energías sin precedentes. Por el año 2000 o así, el monopolio que tiene el Tevatrón de la frontera de energía se habrá roto. El Supercolisionador Superconductor (SSC), el padre de todos los aceleradores, que se está construyendo en este momento en Texas, medirá unos 87 kilómetros.*

* El 21 de octubre de 1993, el Congreso de los Estados Unidos decidió que no siguiese adelante la construcción del Supercolisionador. El túnel estaba excavado sólo a medias; el acelerador, pues, no llegará a existir. La edición en inglés llegó a las prensas antes de saberse la noticia. (*N. del t.*)

A veces nos preguntamos: ¿no nos habremos equivocado de camino en alguna parte? ¿No nos habremos obsesionado con el equipamiento? ¿Es la física de partículas algún tipo de arcana «ciberciencia», con sus enormes grupos de investigadores y sus máquinas ciclópeas que manejan fenómenos tan abstractos que ni siquiera Él está seguro de qué ocurre cuando las partículas chocan a altas energías? Nuestra confianza crecerá, nos sentiremos más alentados si consideramos que el proceso sigue un Camino cronológico que, verosímilmente, parte de la colonia griega de Mileto en el 650 a. C. y lleva a una ciudad donde todo se sabe, en la que los empleados de la limpieza, e incluso el alcalde, saben cómo funciona el universo. Muchos han seguido El Camino: Demócrito, Arquímedes, Copérnico, Kepler, Galileo, Newton, Faraday, y así hasta Einstein, Fermi y mis contemporáneos.

El Camino se estrecha y ensancha; pasa por largos trechos donde no hay nada (como la Autopista 80 por Nebraska) y sinuosos tramos de intensa actividad. Hay calles laterales que son una tentación: la de la «ingeniería eléctrica», la «química», las «radiocomunicaciones» o la «materia condensada». Quienes las han tomado han cambiado la manera en que se vive en este planeta. Pero quienes han permanecido en El Camino ven que todo el rato está marcado claramente por la misma señal: «¿Cómo funciona el universo?». En este Camino nos encontramos los aceleradores de los años noventa.

Yo tomé El Camino en Broadway y la calle 120 de Nueva York. En aquellos días los problemas científicos parecían muy claros y muy importantes. Tenían que ver con las propiedades de la llamada interacción nuclear fuerte, y algunos predijeron teóricamente la existencia de unas partículas cuyo nombre era el de mesones pi o piones. Se diseñó el acelerador de Columbia para que produjese muchos piones mediante el bombardeo de unos inocentes blancos con protones. La instrumentación era por entonces bastante simple, lo bastante para que un licenciado pudiera entenderla.

Columbia era un criadero de física en los años cincuenta.

Charles Townes descubriría pronto el láser y ganaría el premio Nobel. James Rainwater también lo ganaría por su modelo nuclear, y Willis Lamb por medir el minúsculo desplazamiento de las líneas espectrales del hidrógeno. El premio Nobel Isadore Rabi, que nos inspiró a todos, encabezaba un equipo en el que estaban Norman Ramsey y Polykarp Kusch; a su debida hora, ambos recibirían el Nobel. T. D. Lee lo compartió por su teoría de la violación de la paridad. La densidad de profesores ungidos por el santo óleo sueco era a la vez estimulante y deprimente. Algunos miembros jóvenes del claustro llevábamos en la solapa chapas donde se leía «Todavía no».

El big bang del reconocimiento profesional me llegó en el periodo 1959-1962, cuando dos de mis colegas de Columbia y yo efectuamos las primeras mediciones de las colisiones de los neutrinos de alta energía. Los neutrinos son mi partícula favorita. Casi no tienen propiedades: carecen de masa (o tienen muy poca), de carga eléctrica y de radio; y, para más escarnio, la interacción fuerte no los afecta. El eufemismo que se emplea para describirlos es decir que son «huidizos». Un neutrino apenas si es un hecho; puede pasar por millones de kilómetros de plomo sólido sin que la probabilidad de que participe en una colisión deje de ser ínfima.

Nuestro experimento de 1961 proporcionó la piedra angular de lo que llegaría a conocerse en los años setenta con el nombre de «modelo estándar» de la física de partículas. En 1988 fue reconocido por la Real Academia Sueca de la Ciencia con el premio Nobel. (Todos preguntan por qué esperaron veintisiete años. La verdad es que no lo sé. A mi familia le daba la excusa cómica de que la Academia iba a paso de tortuga porque no eran capaces de decidir cuál de mis grandes logros iban a honrar.) Ganar el premio me produjo, por supuesto, una gran emoción. Pero, en realidad, no se la puede comparar con la increíble excitación que nos embargó cuando nos dimos cuenta de que nuestro experimento había tenido éxito.

Los físicos sienten hoy las mismas emociones que los científicos han sentido durante siglos. La vida de un científico está llena de ansiedad, penas, rigores, tensión, ataques de desesperanza, depresión y desánimo. Pero aquí y allá hay destellos de entusiasmo, de risa, de alegría, de exultación. No cabe predecir los momentos en que esas revelaciones suceden. A menudo nacen de la comprensión súbita de algo nuevo e importante, algo hermoso, que otro ha descubierto. Pero si eres, como la mayoría de los científicos que conozco, mortal, los momentos más dulces, con mucho, vienen cuando eres tú mismo quien descubre un hecho nuevo en el universo. Es asombroso cuán a menudo pasa esto a las tres de la madrugada, a solas en el laboratorio, cuando has llegado a saber algo profundo y te das cuenta de que ni uno solo de los cinco mil millones de seres humanos sabe lo que tú en ese momento ya sabes. O eso esperas. Te apresurarás, por supuesto, a contárselo a los demás lo antes posible. A eso se le llama «publicar».

Este libro trata de una serie de momentos infinitamente dulces que los científicos han tenido en los últimos dos mil quinientos años. El conocimiento que hoy tenemos de qué es el universo y cómo funciona es la suma de esos momentos dulces. Las penas y la depresión son también parte de la historia. Cuántas veces, en vez de un «¡Eureka!», no se encuentra otra cosa que la obstinación, la terquedad, la pura mala uva de la naturaleza.

Pero el científico no puede depender de los momentos de ¡Eureka! para estar satisfecho de su vida. Ha de haber alguna alegría en las actividades cotidianas. Yo la encuentro en diseñar y construir aparatos con los que podamos aprender en esta disciplina tan abstracta. Cuando era un impresionable estudiante de doctorado de Columbia, ayudé a un profesor visitante que venía de Roma, mundialmente famoso, a construir un contador de partículas. Yo era ahí la virgen, él un profesor del pasado. Juntos le dimos forma al tubo de latón en el torno (eran más de las cinco de la tarde y ya se habían ido todos los mecánicos). Soldamos las cubiertas de los extremos terminadas en cristal y enhebramos un hilo de oro a través de la corta paja metálica eléctricamente aislada, perforando el cristal. Soldamos algunas más. Hicimos pasar el gas especial por el contador durante unas pocas horas, el cable conectado a un oscilador, protegido de una fuente de energía de 1.000 voltios por un condensador especial. Mi amigo profesor —llamémosle Gilberto, pues ese era su nombre— se quedó con los ojos clavados en la línea verde del osciloscopio mientras me aleccionaba en un inglés indefectiblemente malo sobre la historia y la evolución de los contadores de partículas. De pronto, se volvió completa, absolutamente loco. «Mamma mia! Regardo incredibilo! Primo secourso!» (O algo así.) Gritaba y apuntaba con el dedo, me levantó en el aire —aunque yo era quince centímetros más alto y pesaba veinticinco kilos más que él— y se puso a bailar conmigo por toda la sala.

—¿Qué ha pasado? —balbuceé.

—*Mufiletto*! —contestó—. *Izza counting. Izza counting*! —es decir, tal y como él pronunciaba el inglés, que estaba contando.

Es probable que representase todo esto para mi recreo, pero la verdad era que le había emocionado el que, con nuestros propios ojos, cerebros y manos hubiésemos construido un dispositivo que detectaba el paso de partículas de rayos cósmicos y las registraba en la forma de pequeñas alteraciones del barrido del osciloscopio. Debía de haber visto este fenómeno miles de veces, pero no había dejado de estremecerle. Que una de esas partículas hubiese empezado su viaje hacia la calle 120 y Broadway, décimo piso, años-luz atrás en una galaxia remota era sólo una parte en esa pasión. El entusiasmo de Gilberto, que parecía no tener fin, era contagioso.

La biblioteca de la materia

Cuando explico la física de las partículas fundamentales, suelo tomar prestada (adornándola) una hermosa metáfora del poeta-filósofo romano Lucrecio. Imaginad que se nos confía la tarea de descubrir los elementos básicos de una biblioteca. ¿Qué haríamos? Pensaríamos en primer lugar en los libros, según los distintos temas: historia, ciencia, biografía. O a lo mejor los organizaríamos por su tamaño: gordo, fino, alto, pequeño. Tras tomar en cuenta muchas de esas divisiones, vemos que los libros son objetos complejos a los que se puede subdividir fácilmente. Así que miramos dentro de ellos. Se desechan enseguida los capítulos, los párrafos y las oraciones porque serían constituyentes complejos, carentes de elegancia. ¡Las palabras! Al llegar ahí nos acordamos de que en una mesa cerca de la entrada hay un gordo catálogo de todas las palabras de la biblioteca. Las mismas palabras se usan una y otra vez, empalmadas unas a otras de distintas maneras.

Pero hay tantas palabras. Cuando ahondamos más, nos vemos conducidos a las letras; a las palabras se las puede «cortar en trozos». ¡Ya lo tenemos! Con veintiséis letras se pueden hacer decenas de miles de palabras, con las que a su vez cabe hacer millones (¿miles de millones?) de libros. Ahora tenemos que añadir un conjunto adicional de reglas: la ortografía, para restringir las combinaciones de letras. Sin la intervención de un crítico muy joven, habríamos publicado nuestro descubrimiento prematuramente. El joven crítico diría, presuntuoso sin duda: «No te hacen falta veintiséis letras, abuelete. Con un cero y un uno te basta». Los niños crecen hoy jugando con juguetes digitales, y se sienten a gusto con los algoritmos de ordenador que convierten los ceros y los unos en letras del alfabeto. Si sois demasiado viejos para esto, a lo mejor lo sois lo bastante para recordar el código Morse, compuesto de puntos y rayas. En un caso y en el otro, tenemos la secuencia 0 o 1 (o punto o raya) con un código apropiado para hacer las veintiséis letras; la ortografía para hacer todas las palabras del diccionario; la gramática para componer las palabras en oraciones, párrafos, capítulos y, por último, libros. Y los libros hacen la biblioteca.

Por lo tanto, si no hay razón alguna para fragmentar el

cero o el uno, hemos descubierto los componentes primordiales, a-tómicos de la biblioteca. En esta metáfora, aun imperfecta como es, el universo es la biblioteca, las fuerzas de la naturaleza la gramática, la ortografía el algoritmo, y el cero y el uno lo que llamamos quarks y leptones, nuestros candidatos hoy a ser los á-tomos de Demócrito. Todos estos objetos, por supuesto, son invisibles.

Los quarks y el papa

La señora del público era terca. «¿Ha *visto* usted alguna vez un átomo?», insistía. Es comprensible que se le haga esta pregunta, por irritante que le resulte, a un científico que ha vivido desde hace mucho con la realidad objetiva de los átomos. Yo puedo visualizar su estructura interna. Puedo hacer que me vengan imágenes mentales de nebulosas de «presencia» de electrón alrededor de la minúscula mota del núcleo que atrae esa bruma de la nube electrónica hacia sí. Esta imagen mental no es nunca exactamente la misma para dos científicos; cada uno construye la suya a partir de las ecuaciones. Estas prescripciones escritas ni son «amistosas con el usuario» ni condescendientes con la necesidad humana de tener imágenes. Sin embargo, podemos «ver» los átomos y los protones y, sí, los quarks.

Cuando quiero responder esa espinosa pregunta empiezo siempre por intentar una generalización de la palabra «ver». ¿«Ve» esta página si usa gafas? ¿Y si mira una copia en microfilm? ¿Y si lo que mira es una fotocopia (robándome, pues, mis derechos de autor)? ¿Y si lee el texto en una pantalla de ordenador? Finalmente, desesperado, pregunto: «¿Ha visto usted alguna vez al papa?».

«Sí, claro —es la respuesta usual—. Lo he visto en televisión.» ¡Ah!, ¿de verdad? Lo que ha visto es un haz de electrones que da en el fósforo pintado en el interior de la pantalla de cristal. Mis pruebas del átomo, o del quark, son igual de buenas.

¿Qué pruebas son esas? Las trazas de las partículas en una cámara de burbujas. El acelerador del Fermilab, un detector de tres pisos de altura que ha costado sesenta millones de dólares, capta electrónicamente los «restos» de la colisión entre un protón y un antiprotón. Aquí la «prueba», el «ver», consiste en que decenas de miles de sensores generen un impulso eléctrico cuando pasa una partícula. Todos esos impulsos son llevados a procesadores electrónicos de datos a través de cientos de miles de cables. Por último, se hace una grabación en carretes de cinta magnética codificada con ceros y unos. La cinta graba las violentas colisiones de los protones y los antiprotones, en las que se generan unas setenta partículas que vuelan en diferentes direcciones dentro de las varias secciones del detector.

La ciencia, en especial la física de partículas, gana confianza en sus conclusiones por duplicación; es decir, un experimento en California se confirma mediante un acelerador de un estilo diferente que funciona en Ginebra; también incluyendo en cada experimento controles y comprobaciones que confirmen que el experimento discurre conforme a lo previsto. Es un proceso largo y complejo, el resultado de muchos años de investigaciones.

Sin embargo, la física de partículas sigue resultando inescrutable a muchas personas. Esa terca señora del público no es la única a quien desconcierta un pelotón de científicos que anda a la caza de unos objetos pequeñísimos e invisibles. Así que probemos con otra metáfora...

El balón de fútbol invisible

Imaginad una raza inteligente de seres procedente del planeta Penumbrio. Son más o menos como nosotros, hablan como nosotros, lo hacen todo como los seres humanos. Todo, menos una cosa. Por una casualidad, su aparato visual es tal que no pueden ver los objetos en los que haya una superposición brusca de blancos y negros. No pueden ver las cebras, por ejemplo. O las camisetas rayadas de los árbitros de la liga de fútbol norteamericano. O los balones de fútbol. No es una chiripa tan rara, dicho sea de paso. Los terráqueos somos aún más extraños. Tenemos, literalmente, dos zonas ciegas en el centro de nuestro campo de visión. No las vemos porque el cerebro extrapola la información contenida en el resto del campo visual para suponer qué *debe de* haber en esos agujeros, y los rellena entonces para nosotros. Los seres humanos conducen de manera rutinaria a ciento sesenta kilómetros por hora por una *autobahn* alemana, practican la cirugía cerebral y hacen malabarismos con antorchas encendidas aun cuando una porción de lo que ven no es más que una buena suposición.

Digamos que un contingente del planeta Penumbrio viene a la Tierra en misión de buena voluntad. Para que se hagan una idea de nuestra cultura, les llevamos a uno de los espectáculos más populares del planeta: un partido del campeonato del mundo de fútbol. No sabemos, claro está, que no pueden ver el balón blanquinegro. Así que se sientan a ver el partido con una expresión, aunque cortés, confusa. Para los penumbrianos, un puñado de personas en pantalones cortos corren arriba y abajo por el campo, le pegan patadas sin sentido al aire, se dan unos a otros y caen por los suelos. A veces el árbitro sopla un silbato, un jugador corre a la línea lateral, se queda allí de pie y extiende los dos brazos por encima de la cabeza mientras otros jugadores le miran. De vez en cuando —muy de vez en cuando—, el portero cae inexplicablemente al suelo, se elevan unos grandes vítores y se premia con un tanto al equipo opuesto.

Los penumbrianos se tiran unos quince minutos completamente perdidos. Entonces, para pasar el tiempo, intentan comprender el juego. Unos usan técnicas de clasificación. Deducen, en parte por los uniformes, que hay dos equipos que luchan entre sí. Hacen gráficos con los movimientos de los jugadores, y descubren que cada jugador permanece más o menos dentro de ciertas parcelas del campo. Descubren que diferentes jugadores exhiben diferentes movimientos físicos. Los penumbrianos, como haría un ser humano, aclaran su búsqueda del significado del fútbol del campeonato del mundo dándoles nombres a las diferentes posiciones donde juega cada futbolista. Las incluyen en categorías, las comparan y las contrastan. Las cualidades y las limitaciones de cada posición se listan en un diagrama gigante. Un gran avance se produce cuando descubren que actúa una *simetría*. Para cada posición del equipo A hay una posición análoga en el equipo B.

Para cuando quedan sólo dos minutos de partido, los penumbrianos han compuesto docenas de gráficos, cientos de tablas y de fórmulas y montones de complicadas reglas sobre los partidos de fútbol. Y aunque puede que las reglas sean todas, en un sentido limitado, correctas, ninguna capta realmente la esencia del juego. En ese momento un joven, un don nadie penumbriano, que hasta ese momento había estado callado, dice lo que piensa. «Presupongamos —aventura nerviosamente— la existencia de un balón invisible.»

«¿Qué dices?», le replican los penumbrianos talludos.

Mientras sus mayores se dedicaban a observar lo que parecía ser el núcleo del juego, las idas y venidas de los distintos jugadores y las demarcaciones del campo, el don nadie tenía los ojos puestos en las cosas raras que pasasen. Y encontró una. Justo antes de que el árbitro anunciase un tanto, y una fracción de segundo antes de que el público lo festejara frenéticamente, el joven penumbriano se percató de la momentánea aparición de un abombamiento en la parte de atrás de la red de la portería. El fútbol es un deporte de tanteo corto; se podían observar pocos abombamientos, y cada uno duraba muy poco. Aun así, hubo los suficientes casos para que el don nadie notase que cada abultamiento tenía forma semiesférica. De ahí su extravagante conclusión de que el juego de fútbol depende de la existencia de un balón invisible (invisible, al menos, para los penumbrianos).

El resto de la expedición de Penumbrio escucha esta teoría y, pese a lo débiles que son los indicios empíricos, tras mucho discutir, concluyen que puede que al chico no le falte razón. Un portavoz maduro del grupo —resulta que un físico— apunta que unos cuantos casos raros iluminan a veces más que mil corrientes. Pero lo que de verdad remacha el clavo es el simple hecho de que *tiene que* haber un balón. Partid de la existencia de un balón, que por alguna razón los penumbrianos no pueden ver, y de golpe todo funciona. El juego adquiere sentido. Y no sólo eso; todas las teorías, gráficos y diagramas compilados a lo largo de la tarde siguen siendo válidos. El balón, simplemente, da significado a las reglas.

Esta extensa metáfora lo es de muchos de los quebraderos de cabeza de la física, y resulta especialmente pertinente para la física de partículas. No podemos entender las reglas (las leyes de la naturaleza) sin conocer los objetos (el balón), y sin creer en un conjunto lógico de leyes nunca deduciríamos la existencia de ninguna de las partículas.

La pirámide de la ciencia

Aquí vamos a hablar de ciencia y de física, así que, antes de ponernos manos a la obra, definamos algunos términos. ¿Qué es un físico? ¿Y dónde encaja la descripción de su oficio en el gran esquema de la ciencia?

Se discierne una jerarquía, pero no tiene que ver con el valor social, ni siquiera con el grado de destreza intelectual. Lo expuso elocuentemente Frederick Turner, humanista de la Universidad de Texas. Hay, decía, una pirámide de la ciencia. La base son las matemáticas, no porque sean más abstractas o se farde más con ellas, sino porque no descansan en, o necesitan, otras disciplinas, mientras que la física, el siguiente piso de la pirámide, descansa en las matemáticas. Sobre la física se asienta la química, porque requiere la física; en esta separación, reconocidamente simplista, la física no se preocupa de las leyes de la química. Por ejemplo, a los químicos les interesa cómo se combinan los átomos y forman moléculas, y cómo éstas se comportan cuando están muy juntas. Las fuerzas entre los átomos son complejas, pero en última instancia tienen que ver con la ley de la atracción y la repulsión de las partículas eléctricamente cargadas; en otras palabras, con la física. Luego viene la biología, que se basa tanto en la química como en la física. Los últimos niveles de la pirámide van difuminándose y siendo cada vez menos definibles: cuando llegamos a la fisiología, la medicina, la psicología, la jerarquía antes diáfana se hace más confusa. En las transiciones están las materias de nombre compuesto: la física matemática, la química física, la biofísica. Tengo que meter la astronomía con calzador dentro de la física, claro, y no sé qué hacer con la geofísica o, por lo que a esto respecta, la neurofisiología.

Cabe resumir, poco respetuosamente, el significado de la pirámide con un viejo dicho: los físicos sólo le rinden pleitesía a los matemáticos, y los matemáticos sólo a Dios (si bien quizá os costaría mucho encontrar un matemático tan modesto).

Experimentadores y teóricos: granjeros, cerdos y trufas

Dentro de la disciplina de la física de partículas hay teóricos y experimentadores. Yo soy de los segundos. La física, en general, progresa gracias al juego entrecruzado de esas dos categorías. En la eterna relación de amor y odio entre la teoría y el experimento, hay una especie de marcador. ¿Cuántos descubrimientos experimentales importantes ha predicho la teoría? ¿Cuántos fueron puras sorpresas? La teoría, por ejemplo, previó la existencia del electrón positivo (el positrón), como la del pión, el antiprotón y el neutrino. El muón, el leptón tau y las partículas úpsilon fueron sorpresas. Un estudio más completo arroja más o menos un empate en este debate absurdo. Pero ¿quién lleva la cuenta?

Experimentar quiere decir observar y medir. Supone la preparación de condiciones especiales en las que las observaciones y las mediciones sean lo más fructíferas que se pueda. Los antiguos griegos y los astrónomos modernos comparten un problema común. No manejaban, no manejan, los objetos que observan. Los griegos o no podían o no querían; se conformaban con observar meramente. A los astrónomos les encantaría hacer que chocasen dos soles —o, mejor, dos galaxias—, pero aún no han desarrollado esta capacidad y tienen que contentarse con mejorar la calidad de sus observaciones. En cambio, en España tenemos 1.003 formas de estudiar las propiedades de nuestras partículas.

Mediante el uso de aceleradores nos es posible diseñar experimentos que busquen la existencia de nuevas partículas. Podemos organizar las partículas de forma que incidan sobre núcleos atómicos, y leer los detalles de las consiguientes desviaciones de su ruta como los estudiosos del micénico leen el Lineal B: descifrando el código. Producimos partículas, y las observamos para ver lo larga que es su vida.

Se predice una partícula nueva cuando de la síntesis de los datos presentes hecha por un teórico perceptivo se desprende su existencia. Lo más frecuente es que no exista. Esa teoría concreta se resentirá. El que sucumba o no dependerá de la firmeza del teórico. Lo importante es que se efectúan experimentos de los dos tipos: los diseñados para contrastar una teoría y los diseñados para explorar un dominio nuevo. Por supuesto, suele ser mucho más divertido *refutar* una teoría. Como escribió Thomas Huxley, «la gran tragedia de la ciencia: el exterminio de una hipótesis bella por un hecho feo». Las teorías buenas explican lo que ya se sabe y predicen los resultados de nuevos experimentos. La interacción de la teoría y del experimento es una de las alegrías de la física de partículas.

De los experimentadores más prominentes de la historia, algunos —entre ellos Galileo, Kirchhoff, Faraday, Ampère, Hertz, los Thomson (J. J. y G. P.) y Rutherford— eran además unos teóricos muy competentes. El experimentador-teórico es una especie en vías de extinción. En nuestros tiempos una excepción destacada fue Enrico Fermi. I. I. Rabi expresó su preocupación por la brecha cada vez más ancha abierta entre los unos y los otros; los experimentadores europeos, comentaba, no eran capaces de sumar una columna de números y los teóricos de atarse los cordones de los zapatos. Hoy tenemos dos grupos de físicos que tienen el propósito común de entender el universo, pero cuyas perspectivas culturales, sus talentos y sus hábitos de trabajo son muy diferentes. Los teóricos tienden a entrar tarde a trabajar, asisten a extenuantes simposios en las islas griegas o en las montañas suizas, toman vacaciones de verdad y están en casa para sacar fuera la basura mucho más a menudo. Suele inquietarlos el insomnio. Se dice que un teórico fue muy preocupado al médico del laboratorio: «¡Doctor, tiene que ayudarme! Duermo bien toda la noche y las mañanas no son malas; pero la tarde me la paso dando vueltas en la cama». Esta conducta da lugar a esa caracterización injusta, *el ocio de la clase de los teóricos*, por parafrasear el título del famoso libro de Thorstein Veblen.

Los experimentadores no vuelven nunca tarde a casa; no vuelven. Durante un periodo de trabajo intenso en el laboratorio, el mundo exterior se esfuma y la obsesión es total. Dormir quiere decir acurrucarse una hora en el suelo del acelerador. Un físico teórico puede pasarse toda la vida sin tener que afrontar el reto intelectual del trabajo experimental, sin experimentar ninguna de sus emociones y de sus peligros, la grúa que pasa sobre las cabezas con una carga de diez toneladas, la placa de la calavera y los huesos, las señales que dicen PELIGRO RADIACTIVIDAD. El único riesgo que de verdad corre un teórico es el de pincharse con el lápiz cuando ataca a un gazapo que se ha colado en sus cálculos. Mi actitud hacia los teóricos es una mezcla de envidia y temor, pero también de respeto y afecto. Los teóricos escriben todos los libros científicos de divulgación: Heinz Pagels, Frank Wilczek, Stephen Hawking, Richard Feynman y demás. ¿Y por qué no? Tienen tanto tiempo libre. Los teóricos suelen ser arrogantes. Durante mi reinado en el Fermilab hice una solemne advertencia contra la arrogancia a nuestro grupo teórico. Al menos uno de ellos me tomó en serio. Nunca olvidaré la oración que se oía salir de su despacho: «Señor, perdóname por el pecado de la arrogancia, y, Señor, por arrogancia entiendo lo siguiente...».

Los teóricos, como muchos otros científicos, suelen competir con fiereza, absurdamente a veces. Pero algunos son personas serenas y están por encima de las batallas en las que participan los meros mortales. Enrico Fermi es un ejemplo clásico. Al menos de puertas afuera, el gran físico italiano nunca insinuó siquiera que fuese importante competir. Cuando el físico corriente habría dicho «¡nosotros lo hicimos primero!», Fermi sólo habría querido saber los detalles. Sin embargo, en una playa cerca del laboratorio de Brookhaven en Long Island, un día de verano, le enseñé a esculpir formas realistas en la arena húmeda; insistió inmediatamente en que compitiésemos para ver quién haría el mejor desnudo yacente. (Declino revelar los resultados de esa competición aquí. Depende de si se es partidario de la escuela mediterránea o de la escuela de la bahía de Pelham de esculpir desnudos.)

Una vez, en un congreso, me encontré en la cola del almuerzo justo detrás de Fermi. Sobrecogido por estar en presencia del gran hombre, le pregunté cuál era su opinión acerca de unas pruebas observacionales sobre las que se nos acababa de hablar, relativas a la existencia de la partícula K-cero-dos. Me miró por un momento y me dijo: «Joven, si pudiese recordar los nombres de esas partículas habría sido botánico». Esta historia la han contado muchos físicos, pero el joven e impresionable investigador era *yo*.

Los teóricos pueden ser personas cálidas, entusiastas, con quienes un experimentador ame conversar y aprender. He tenido la buena suerte de disfrutar de largas conversaciones con algunos de los teóricos más destacados de nuestros días: el difunto Richard Feynman, su colega del Cal Tech Murray Gell-Mann, el architejano Steven Weinberg y mi rival cómico Shelly Glashow. James Bjorken, Martinus Veltman, Mary Gaillard y T. D. Lee son otros grandes con quienes ha sido un gusto estar, de quienes aprender ha sido un placer y a quienes ha sido un gozo pellizcar. Una parte considerable de mis experimentos ha salido de los artículos de estos sabios y de mis discusiones con ellos. Hay teóricos con los que se puede disfrutar mucho menos; empaña su brillantez una curiosa inseguridad, que quizá sea un eco de cómo veía Salieri al joven Mozart en la película *Amadeus*: «¿Por qué, Señor, has encerrado tan trascendente compositor en el cuerpo de un tonto de capirote?».

Los teóricos suelen llegar a su máxima altura a una edad temprana; los jugos creativos tienden a salir a borbotones muy pronto y empiezan a secarse pasados los quince años, o eso parece. Han de saber lo justo; siendo jóvenes, no han acumulado todavía un bagaje intelectual inútil.

Ni que decir tiene que lo normal es que los teóricos reciban una parte indebida del mérito de los descubrimientos. La secuencia que forman el teórico, el experimentador y el descubrimiento se ha comparado alguna vez con la del granjero, el cerdo y la trufa. El granjero lleva al cerdo a un sitio donde podría haber trufas. El cerdo las busca diligentemente. Al final descubre una, y justo cuando está a punto de comérsela, el granjero se la quita delante de sus narices.

Unos tipos que se quedan levantados hasta tarde

En los siguientes capítulos me acerco a la historia y el futuro de la materia viéndola con los ojos de los descubridores e insistiendo —espero que no desproporcionadamente— en los experimentadores. Pienso en Galileo, jadeando hasta lo más alto de la torre inclinada de Pisa y dejando caer dos pesos desiguales sobre un tablado de madera, a ver si oía dos impactos o uno. Pienso en Fermi y sus colegas, creando bajo el estadio de fútbol norteamericano de la Universidad de Chicago la primera reacción en cadena sostenida.

Cuando hablo de las penas y de los rigores de la vida de un científico, hablo de algo más que de una angustia existencial. La Iglesia condenó la obra de Galileo; madame Curie pagó con su vida, víctima de una leucemia que contrajo por envenenamiento radiactivo. Se nos forman cataratas a demasiados. Ninguno dormimos lo suficiente. La mayor parte de lo que sabemos acerca del universo lo sabemos gracias a unos tipos (y señoras) que se quedan levantados hasta tarde por la noche.

La historia del á-tomo, claro está, incluye también a los teóricos. Nos ayudan a atravesar lo que Steven Weinberg llama «los oscuros tiempos entre las conquistas experimentales», conduciéndonos, como dice él, «casi imperceptiblemente a cambios en nuestras creencias previas». Aunque ahora esté desfasado, el libro de Weinberg *Los tres primeros minutos* fue una de las mejores exposiciones populares del nacimiento del universo. (Siempre he pensado que se vendió tan bien porque la gente creía que era un manual sexual.) Me centraré en las mediciones cruciales que hemos hecho de los átomos. Pero no se puede hablar de los datos sin tocar la teoría. ¿Qué significan todas esas mediciones?

¡Eh, oh!, matemáticas

Vamos a tener que hablar un poco de las matemáticas. Ni siquiera los experimentadores podrían tirar adelante en la vida sin unos cuantos números y ecuaciones. Eludir por completo las matemáticas sería hacer el papelón de un antropólogo que eludiese estudiar el lenguaje de la cultura que se está investigando o el de un especialista en Shakespeare que no supiese inglés. Las matemáticas son una parte tan inextricable del tejido de la ciencia —de la física especialmente— que despreciarlas significaría excluir muy buena parte de la belleza, de la aptitud de expresión, del «tocado ritual» de la disciplina. Desde el punto de vista práctico, con las matemáticas es más fácil explicar el desarrollo de las ideas, el funcionamiento de los dispositivos, la urdimbre de todo.

Os sale un número aquí, os sale el mismo número allá: a lo mejor es que tienen algo que ver.

Pero no os descorazonéis. No voy a hacer cálculos. Y al final no habrá nada de matemáticas. En un curso que impartí para estudiantes de letras en la Universidad de Chicago (lo llamé «Mecánica cuántica para poetas»), esquivaba el problema llamando la atención hacia las matemáticas y hablando de ellas sin en realidad *practicarlas*, Dios no lo permita, delante de toda la clase. Aun así, vi que en cuanto aparecían símbolos abstractos en la pizarra se estimulaba automáticamente el órgano que segrega el humor que pone vidriosos los ojos. Si, por ejemplo, escribo $x = vt$ (léase equis igual a uve veces te), se oye un murmullo en el aula. No es que estos brillantes hijos de padres que pagan al año 20.000 dólares de matrícula no sean capaces de vérselas con $x = vt$. Dadles números para la x y la t y pedidles que despejen la v, y al 48 por 100 le saldrá bien, el 15 por 100 se negará a responder por consejo de sus abogados y el 5 por 100 responderá «presente». (Sí, ya sé que no suma 100. Pero soy un experimentador, no un teórico. Además, los errores tontos le dan confianza a mi clase.) Lo que alucina a los estudiantes es que saben que voy a hablar de «ellas»: que les hablen de las matemáticas les es nuevo y suscita una ansiedad extrema.

Para ganarme de nuevo el respeto y el afecto de mis alumnos cambio inmediatamente a un tema más familiar y placentero. Fijaos en esto:

Imaginaos un marciano que quiera entender el diagrama de la página siguiente y se quede mirándolo. Le correrán las lágrimas del ombligo. Pero el aficionado medio al fútbol norteamericano, con su bachillerato abandonado a la mitad, vocifera que «¡eso es el *"Blast"* de la *goal-line* de los Redskins». ¿Es esta representación de una *fullback off-tackle run* mucho más simple que $x = vt$? En realidad es igual de abstracta y sin duda más esotérica. La ecuación $x = vt$ funciona en cualquier lugar del universo. El juego de pocas yardas de los Redskins quizá les valga un *touchdown* en Detroit o en Búfalo, pero jamás contra los Bears.

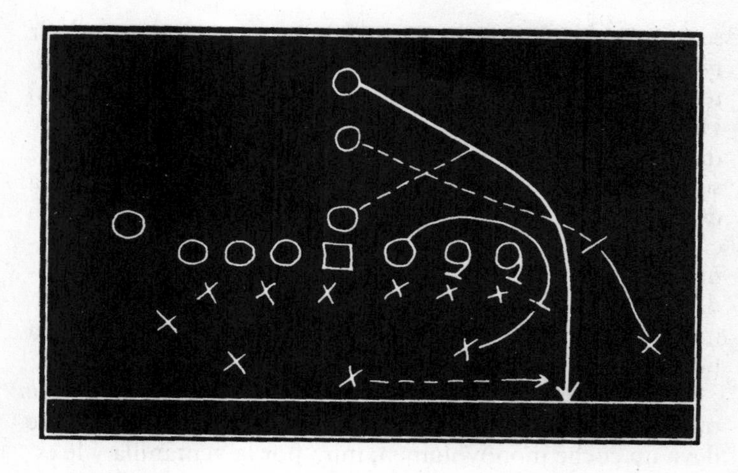

Así que pensad que las ecuaciones tienen un significado en el mundo real, lo mismo que los diagramas de las jugadas del fútbol norteamericano —por complicados y poco elegantes que sean— tienen un significado en el mundo real del estadio. La verdad es que no es tan importante manejar la ecuación $x = vt$. Es más importante el ser capaces de leerla, de entender que es un enunciado acerca del mundo donde vivimos. Entender $x = vt$ es tener poder. Podréis predecir el futuro y leer el pasado. Es a la vez el tablero de la ouija y la piedra Rosetta. ¿Qué significa, pues?

La x dice dónde está la cosa de que se trate. La cosa puede ser Harry que circula por la interestatal en su Porsche o un electrón que sale zumbando de un acelerador. Que sea $x = 16$ unidades, por ejemplo, quiere decir que Harry o el electrón se encuentran a 16 unidades del lugar al que llamemos cero. La v dice lo deprisa que Harry o el electrón se mueven: que, digamos, Harry va por ahí a 130 kilómetros por hora o que el electrón se mueve perezosamente a un millón de metros por segundo. La t representa el tiempo que ha pasado desde que alguien gritó «vamos». Con esto podemos predecir dónde estará la cosa en cualquier momento, sea t = 3 segundos, 16 horas o 100.000 años. Podemos decir también dónde estaba, sea t = –7 segundos (7 segundos antes de t = 0) o t = –1 millón de años. En otras palabras, si Harry sale de tu garaje y conduce directamente hacia el este durante una hora a 130 kilómetros por hora, está claro que se encontrará 130 kilómetros al este de tu garaje una hora después del «vamos». Recíprocamente, se puede también calcular dónde estaba Harry hace una hora (–1 hora), suponiendo que su velocidad siempre ha sido v y que v es conocida. Este supuesto es esencial, pues si a Harry le gusta empinar el codo puede que haya parado en Joe's Bar hace una hora.

Richard Feynman presenta la sutileza de la ecuación de otra forma. En su versión, un policía para a una mujer que lleva un coche monovolumen, mira por la ventanilla y le espeta a la conductora: «¿No sabe que iba a 130 kilómetros por hora?».

«No sea ridículo —le contesta la mujer—, salí de casa hace sólo quince minutos.» Feynman, que creía haber dado con una introducción bien humorada al cálculo diferencial, se quedó de una pieza cuando se le acusó de ser sexista por contar una historia así, de modo que yo no la contaré.

El meollo de nuestra pequeña excursión por la tierra de las matemáticas es que las ecuaciones tienen soluciones y que éstas pueden compararse con el «mundo real» de la medición y la observación. Si el resultado de esta confrontación es positivo, la confianza que se tiene en la ley original crece. De vez en cuando veremos que las soluciones no siempre coinciden con la observación y la medición; en ese caso, tras las debidas comprobaciones y nuevas comprobaciones, la «ley» de la que salió la solución se relega al cubo de la basura de la historia. Las soluciones de las ecuaciones que expresan una ley de la naturaleza son, en ocasiones, completamente inesperadas y raras, y por lo tanto ponen a la teoría bajo sospecha. Si las observaciones subsiguientes muestran que pese a todo era correcta, nos alegramos. Sea cual sea el resultado, sabemos que tanto las verdades que abarcan el universo como las que se refieren a un circuito eléctrico resonante o a las vibraciones de una viga de acero estructural se expresan en el lenguaje de las matemáticas.

El universo sólo tiene unos segundos (10^{18})

Otra cosa más sobre los números. Nuestro tema pasa a menudo del mundo de lo sumamente pequeño al de lo enorme. Por lo tanto, trataremos con números que a menudo son muy, muy grandes o muy, muy pequeños. Así que, en su mayoría, los escribiré empleando notación científica. Por ejemplo, en vez de escribir un millón como 1.000.000, lo haré de esta forma: 10^6. Esto quiere decir 10 elevado a la sexta potencia, que es 1 seguido de seis ceros, lo que viene a ser el costo aproximado, en dólares, de la actividad del gobierno de los Estados Unidos durante veinte segundos. Aunque no se tenga la suerte de que el número grande empiece por 1, aún podremos escribirlo con notación científica. Por ejemplo, 5.500.000 se escribe $5{,}5 \times 10^6$. Con los números minúsculos, basta con insertar un signo menos. Una millonésima (1/1.000.000) se escribe de esta forma: 10^{-6}, lo que quiere decir que el 1 está seis lugares a la derecha de la coma decimal, o 0,000001.

Lo importante es captar la escala de estos números. Una de las desventajas de la notación científica es que oculta la verdadera inmensidad de los números (o su pequeñez). El abanico de los tiempos de interés científico es mareante: 10^{-1} segundos es un guiño, 10^{-6} segundos la vida de la partícula muón y 10^{-23} segundos el tiempo que tarda un fotón, una partícula de luz, en atravesar el núcleo. Tened presente que ir subiendo potencia a potencia de diez multiplica lo que está en juego tremendamente. Así, 10^7 segundos es igual a poco más de cuatro meses y 10^9 es treinta años; pero 10^{18} es, burdamente, la edad del universo, el tiempo transcurrido desde el big bang. Los físicos lo miden en segundos; nada más que un montón de ellos.

El tiempo no es la única magnitud que va de lo inimaginablemente pequeño a lo interminable. La menor distancia que se tenga en cuenta hoy en día en una medición viene a ser unos 10^{-17} centímetros, lo que una cosa llamada el Z^o (zeta cero) viaja antes de partir de nuestro mundo. Los teóricos a veces tratan de conceptos espaciales mucho menores; por ejemplo, cuando hablan de las supercuerdas, una teoría de partículas muy en boga pero muy abstracta e hipotética, dicen que su tamaño es de 10^{-35} centímetros, verdaderamente pequeño. En el otro extremo, la mayor distancia es el radio del universo observable, un poco por debajo de 10^{28} centímetros.

El cuento de las dos partículas y la última camiseta

Cuando tenía diez años, cogí el sarampión, y para levantarme el ánimo mi padre me compró un libro de letra gruesa titulado *La historia de la relatividad,* de Albert Einstein y Leopold Infeld. Nunca olvidaré el principio del libro de Einstein e Infeld. Hablaba de historias de detectives, de que cada historia de detectives tiene un misterio, pistas y un detective. El detective intenta resolver el misterio echando mano de las pistas.

En la historia que sigue hay esencialmente dos misterios. Ambos se manifiestan en forma de partículas. El primero es el desde hace mucho buscado á-tomo, la partícula invisible e indivisible que Demócrito fue el primero en proponer. El á-tomo está en el centro mismo de las cuestiones básicas de la física de partículas.

Llevamos 2.500 años luchando por resolver este primer misterio. Hay miles de pistas, cada una descubierta con penosos esfuerzos. En los primeros capítulos, veremos cómo intentaron nuestros predecesores componer el rompecabezas. Os sorprenderá ver cuántas ideas «modernas» se tenían ya en los siglos XVI y XVII, e incluso siglos antes de Cristo. Al final, volveremos al presente y daremos con un segundo misterio, puede que aún mayor que el otro, el que representa la partícula que, según creo, orquesta la sinfonía cósmica. Y veréis a lo largo del discurrir del libro el parentesco natural entre un matemático del siglo XVI que arrojaba pesos de una torre en Pisa y un físico de partículas de ahora al que se le congelan los dedos en una cabaña de la gélida pradera de Illinois barrida por el viento mientras comprueba los datos que manan de un acelerador enterrado bajo el suelo helado y que cuesta quinientos millones de dólares. Ambos se hacen las mismas preguntas: ¿Cuál es la estructura básica de la materia? ¿Cómo funciona el universo?

Crecía en el Bronx, y solía mirar a mi hermano mayor mientras jugaba durante horas con productos químicos. Era un genio. Yo hacía todos los trabajos de casa para que me dejara mirar sus experimentos. Hoy se dedica al negocio de las chucherías. Vende cosas del estilo de cojines ruidosos de broma, matrículas con tal o cual lema y camisetas con frases llamativas, de esas con las que la gente puede resumir su visión del mundo en un enunciado no más largo que ancho es su pecho. La ciencia no debería tener un objetivo menos elevado. Mi ambición es vivir para ver toda la física reducida a una fórmula tan elegante y simple que quepa fácilmente en el dorso de una camiseta.

Se han hecho progresos significativos a lo largo de los siglos para dar con la camiseta definitiva. Newton, por ejemplo, aportó la gravedad, una fuerza que explica un sorprendente abanico de fenómenos dispares: las mareas, la caída de una manzana, las órbitas de los planetas y los cúmulos de galaxias. La camiseta de Newton dice: $F = ma$. Luego, Michael Faraday y James Clerk Maxwell desvelaron el misterio del espectro electromagnético. Hallaron que la electricidad, el magnetismo, la luz solar, las ondas de radio y los rayos X eran manifestaciones de la misma fuerza. Cualquier buena librería universitaria os venderá camisetas que llevan las ecuaciones de Maxwell.

Hoy, muchas partículas después, tenemos el modelo estándar, que reduce toda la realidad a una docena o así de partículas y cuatro fuerzas. El modelo estándar representa todos los datos que han salido de todos los aceleradores desde la torre inclinada de Pisa. Organiza las partículas llamadas quarks y leptones —seis de cada— en una elegante disposición tabular. Se puede pintar un diagrama con el modelo estándar entero en una camiseta, pero no queda libre ni un hueco. Es una simplicidad que ha costado mucho, generada por un ejército de físicos viajeros por un mismo camino. No obstante, la camiseta del modelo estándar engaña. Con sus doce partículas y cuatro fuerzas, es notablemente exacta. Pero también es incompleta y, de hecho, tiene incoherencias internas. Para que en la camiseta cupiesen sucintas excusas de esas incoherencias haría falta una talla extragrande, y aún nos saldríamos de la camiseta.

¿Qué, o quién, se interpone en nuestro camino y estorba nuestra búsqueda de la camiseta perfecta? Esto nos devuelve a nuestro segundo misterio. Antes de que podamos completar la tarea que emprendieron los antiguos griegos, debemos considerar la posibilidad de que nuestra presa esté poniendo pistas falsas para confundirnos. A veces, como un espía en una novela de John Le Carré, el experimentador debe preparar una trampa. Debe forzar al sospechoso a descubrirse a sí mismo.

El misterioso señor Higgs

En estos momentos los físicos de partículas andan tendiendo una trampa así. Estamos construyendo un túnel de 87 kilómetros de circunferencia, que contendrá los tubos de haces gemelos del Supercolisionador Superconductor; con él esperamos atrapar a nuestro villano.

¡Y qué villano! ¡El mayor de todos los tiempos! Hay, creemos, una presencia espectral en el universo que nos impide conocer la verdadera naturaleza de la materia. Es como si algo, o alguien, quisiese impedirnos que consigamos el conocimiento definitivo.

El nombre de esta barrera invisible que nos impide conocer la verdad es el campo de Higgs. Sus helados tentáculos llegan a cada rincón del universo, y sus consecuencias científicas y filosóficas levantan gruesas ampollas en la piel de los físicos. El campo de Higgs ejerce su magia negra por medio de una partícula —¿de qué si no?—; se llama bosón de Higgs y es una razón primaria para construir el Supercolisionador. Sólo el SSC tendrá la energía necesaria para producirlo y detectarlo, o eso creemos. Hasta tal punto es el centro del estado actual de la física, tan crucial es para nuestro conocimiento final de la estructura de la materia y tan esquivo sin embargo, que le he puesto un apodo: la Partícula Divina. ¿Por qué la Partícula Divina? Por dos razones. La primera, que el editor no nos dejaría llamarla la Partícula Maldita Sea, aunque quizá fuese un título más apropiado, dada su villana naturaleza y el daño que está causando. Y la segunda, que hay cierta conexión, traída por los pelos, con otro libro, un libro *mucho* más viejo...

La torre y el acelerador

> Era la tierra toda de una sola lengua y de unas mismas palabras. En su marcha desde Oriente hallaron una llanura en la tierra de Senaar y se establecieron allí. Dijéronse unos a otros: «vamos a hacer ladrillos y a cocerlos en el fuego». Y se sirvieron de los ladrillos como de piedra, y el betún les sirvió de cemento; y dijeron: «vamos a edificarnos una ciudad y una torre, cuya cúspide toque a los cielos y nos haga famosos, por si tenemos que dividirnos por la haz de la tierra». Bajó Yavé a ver la ciudad y la torre que estaban haciendo los hijos de los hombres, y se dijo: «He aquí un pueblo uno, pues tienen todos una lengua sola. Se han propuesto esto, y nada les impedirá llevarlo a cabo. Bajemos, pues, y confundamos su lengua, de modo que

> no se entiendan unos a otros». Y los dispersó de allí Yavé por toda la haz de la tierra, y así cesaron de edificar la ciudad. Por eso se llamó Babel, porque allí confundió Yavé la lengua de la tierra toda, y de allí los dispersó por la haz de toda la tierra.
>
> Génesis, 11: 1-9

Una vez, hace miles de años, mucho antes de que se escribieran esas palabras, la naturaleza sólo hablaba una lengua. En todas partes la materia era la misma, bella en su elegante e incandescente simetría. Pero a lo largo de los eones se ha transformado, dispersa en muchas formas por el universo, para confusión de quienes vivimos en este planeta corriente que da vueltas alrededor de una estrella mediocre.

Ha habido épocas en que la persecución por la humanidad de un conocimiento racional del mundo progresaba con rapidez, las conquistas abundaban y los científicos rebosaban optimismo. En otras épocas reinaba la mayor de las confusiones. Con frecuencia los periodos más confusos, las épocas de crisis intelectual e incapacidad total de comprender, fueron los precursores de las conquistas iluminadoras que vendrían.

En las últimas décadas, no muchas, hemos pasado en la física de partículas por un periodo de tensión intelectual tan curiosa que la parábola de la torre de Babel parece venirle a cuento. Los físicos de partículas han hecho la disección de las partes y procesos del universo con sus aceleradores gigantescos. En los últimos tiempos han contribuido a la persecución los astrónomos y los astrofísicos, que, hablando figuradamente, miran por sus telescopios gigantescos para rastrear los cielos y hallar las chispas y cenizas residuales de una explosión catastrófica que, están convencidos, ocurrió hace quince mil millones de años y a la que llaman big bang.

Aquéllos y éstos han estado progresando hacia un modelo simple, coherente, omnicomprensivo que lo explique todo: la estructura de la materia y la energía, el comportamiento de las fuerzas en entornos que lo mismo corresponden a los primeros momentos del universo niño, con su temperatura y densidad exorbitantes, que al mundo hasta cierto punto frío y vacío en que vivimos hoy. Nos iban saliendo las cosas muy bien, quizá demasiado bien, cuando nos topamos con una rareza, una fuerza que parecía adversa actuando en el universo. Algo que parece brotar del espacio que todo lo llena y donde nuestros planetas, estrellas y galaxias están inmersos. Algo que todavía no podemos detectar y que, cabría decir, ha sido plantado ahí para ponernos a prueba y confundirnos. ¿Nos estamos acercando demasiado? ¿Hay un Gran Mago de Oz nervioso que deprisa y corriendo va cambiando el registro arqueológico?

La cuestión es si los físicos quedarán confundidos por este rompecabezas o si, al contrario que los infelices babilonios, construirán la torre y, como decía Einstein, «conocerán el pensamiento de Dios».

> Era la tierra toda de muchas lenguas y de muchas palabras. En su marcha desde Oriente hallaron una llanura en la tierra de Waxahachie y se establecieron allí. Dijéronse unos a otros: «vamos a construir un Colisionador Gigante, cuyas colisiones lleguen hasta el principio del tiempo». Y se sirvieron de los imanes superconductores para curvar, y los protones les sirvieron para machacar. Bajó Yavé a ver el acelerador que estaban haciendo los hijos de los hombres, y se dijo: «He aquí un pueblo que está sacando de la confusión lo que yo confundí». Y el Señor suspiró y dijo: «Bajemos, pues, y démosles la Partícula Divina, de modo que puedan ver cuán bello es el universo que he hecho».
>
> El Novísimo Testamento, 11:1

2

EL PRIMER FÍSICO DE PARTÍCULAS

> Parecía sorprendido.
> —¿Habéis encontrado un cuchillo que puede cortar hasta que sólo quede un átomo? —dijo—. ¿En este pueblo?
> Afirmé con la cabeza.
> —Ahora mismo estamos sentados encima del nervio principal —dije.
>
> Con disculpas a Hunter S. Thompson

Cualquiera puede entrar en coche (o caminando o en bicicleta) en el Fermilab, aunque sea el laboratorio científico más complejo del mundo. La mayoría de las instalaciones federales preservan beligerantemente su privacidad. Pero el negocio del Fermilab es descubrir secretos, no guardarlos. Durante los radicales años sesenta la Comisión de Energía Atómica, la AEC, le dijo a Robert R. Wilson, mi predecesor y el director del laboratorio que a la vez fue su fundador, que idease un plan para manejar a los estudiantes activistas en el caso de que llegaran a las puertas del Fermilab. El plan de Wilson era simple. Le dijo a la AEC que recibiría a los estudiantes solo, con un arma nada más: una clase de física. Sería tan letal, aseguró a la comisión, que dispersaría hasta a los más bravos cabecillas. Hasta el día de hoy, los directores del laboratorio tienen a mano una clase, por si hubiese una emergencia. Roguemos que nunca tengamos que recurrir a ella.

El Fermilab ocupa cerca de 30 kilómetros cuadrados de

campos de cereales reconvertidos, unos ocho kilómetros al este de Batavia, Illinois, y a alrededor de una hora de volante al oeste de Chicago. En la entrada a los terrenos por la Pine Street hay una gigantesca estatua de acero de Robert Wilson, quien, además de haber sido el primer director del Fermilab, fue en muy buena medida el responsable de su construcción, un triunfo artístico, arquitectónico y científico. La escultura, titulada *Simetría rota,* consiste en tres arcos que se curvan hacia arriba, como si fueran a cortarse en un punto a más de quince metros del suelo. No lo hacen, al menos no limpiamente. Los tres brazos se tocan, pero casi al azar, como si los hubieran construido diferentes contratistas que no se hablasen entre sí. La escultura tiene el aire de un «ay» por que sea así, en lo que no es muy distinta de nuestro universo. Si se camina a su alrededor, la enorme obra de acero aparece desde cada ángulo desapaciblemente asimétrica. Pero si uno se tumba de espaldas justo debajo de ella y mira hacia arriba, disfrutará del único punto privilegiado desde el que la escultura es simétrica. La obra de arte de Wilson casa de maravilla con el Fermilab, pues allí el trabajo de los físicos consiste en buscar las pistas de lo que sospechan es una simetría oculta en un universo de apariencia muy asimétrica.

Cuando uno se adentra en los terrenos se cruza con la estructura más prominente del lugar. El Wilson Hall, el edificio de dieciséis plantas del laboratorio central del Fermilab, se eleva de un suelo de lo más llano, un poco como unas manos orantes dibujadas por Durero. El edificio está inspirado en una catedral francesa que Wilson visitó, la de Beauvais, empezada en el año 1225. La catedral de Beauvais tiene dos torres separadas por un presbiterio. El Wilson Hall, concluido en 1972, consta de dos torres gemelas (las dos manos en oración) unidas por galerías a distintas alturas y uno de los mayores atrios del mundo. El rascacielos tiene a la entrada un estaque donde se refleja, con un alto obelisco en uno de sus extremos. El obelisco, con el que terminaron las contribuciones artísticas de Wilson al laboratorio, se conoce como la Última Construcción de Wilson.

El Wilson Hall roza la *raison d'être* del laboratorio: el acelerador de partículas. Enterrado unos nueve metros bajo la pradera, un tubo de acero inoxidable de unos pocos centímetros de diámetro describe un círculo de alrededor de seis kilómetros y medio de longitud a través de un millar de imanes superconductores que guían a los protones por un camino circular. El acelerador se llena de colisiones y de calor. Los protones corren por este anillo a velocidades cercanas a la de la luz hasta aniquilarse al chocar frontalmente contra sus hermanos los antiprotones. Estas colisiones generan momentáneamente temperaturas de unos diez mil billones (10^{16}) de grados sobre el cero absoluto, muchísimo mayores que las del núcleo del Sol o la furiosa explosión de una supernova. Los científicos tienen aquí más derecho a llamarse viajeros del tiempo que esos que vemos en las películas de ciencia ficción. La última vez que semejantes temperaturas fueron «naturales» había pasado sólo una ínfima fracción de segundo tras el big bang, el nacimiento del universo.

Aunque es subterráneo, cabe discernir fácilmente el acelerador desde arriba gracias al talud de tierra de unos seis metros de altura que se alza en el suelo por encima del anillo. (Imaginad una rosquilla muy fina de más de seis kilómetros de circunferencia.) Mucha gente supone que el propósito del talud es absorber la radiación del acelerador, pero si existe es, en realidad, porque Wilson era un tipo inclinado a la estética. Una vez terminada la construcción del acelerador se quedó muy frustrado porque no podía distinguir dónde estaba. Así que cuando los trabajadores cavaron los hoyos de los estanques de refrigeración dispuestos alrededor del acelerador, hizo que apilasen la tierra de modo que formara ese inmenso círculo. Para resaltarlo, construyó un canal de unos tres metros de ancho que lo rodea e instaló unas bombas móviles que lanzan surtidores de agua al aire. El canal, además de su efecto visual, tiene una función: lleva el agua refrigerante del acelerador. Es extraña la belleza del conjunto. En las fotos de satélites tomadas a unos 500 kilómetros sobre el suelo, el talud y el canal —que desde esa altura parecen un círculo perfecto— son la característica más nítida del paisaje del norte de Illinois.

Las 267 ha de tierra, más de dos kilómetros y medio cuadrados, que encierra el anillo del acelerador albergan una curiosa recuperación del pasado. El laboratorio está restaurando la pradera dentro del anillo. Se ha replantado buena parte de la hierba alta de la pradera original, casi extinguida por las hierbas europeas durante los últimos doscientos años, gracias a varios cientos de voluntarios que han ido recogiendo semillas de los restos de pradera que quedan en el área de Chicago. Cisnes trompeteros y gansos y grullas canadienses viven en las lagunas someras que salpican el interior del anillo.

Al otro lado de la carretera, al norte del anillo principal, hay otro proyecto de restauración: un pasto donde rumia una manada de cien búfalos. La manada se compone de animales traídos de Colorado y Dakota del Sur y de unos pocos del propio Illinois, si bien los búfalos no han medrado en el área de Batavia desde hace ochocientos años. Antes de esa fecha abundaban las manadas donde hoy rumian los físicos. Los arqueólogos nos dicen que la caza del búfalo sobre los terrenos que ahora ocupa el Fermilab se remonta a hace nueve mil años, como demuestra la cantidad de cabezas de flecha encontradas en la región. Parece que una tribu de norteamericanos nativos, que vivía junto al cercano río Fox, envió durante siglos a sus cazadores a lo que ahora es el Fermilab; acampaban allí, cazaban sus piezas y volvían con ellas al asentamiento del río.

Hay a quienes los búfalos de hoy les dejan un tanto preocupados. Una vez, mientras yo promovía el laboratorio en el programa de Phil Donahue, una señora que vivía cerca de la instalación telefoneó. «El doctor Lederman hace que el laboratorio parezca bastante inofensivo —se quejaba—. Si es así, ¿por qué tienen todos esos búfalos? Todos sabemos que son sumamente sensibles al material radiactivo.» Creía que los búfalos eran como los canarios de las minas, sólo que preparados para detectar radiactividad en vez de gas. Me imagino que se figuraba que yo no le quitaba ojo a la manada desde mi oficina del rascacielos, listo para salir corriendo hacia el aparcamiento en cuanto uno hincase la rodilla. La verdad es que los búfalos, búfalos son. Un contador Geiger es un detector de radiactividad mucho mejor y no come tanta hierba.

Conducid hacia el este por Pine Street, alejándoos del Wilson Hall, y llegaréis a varias instalaciones importantes más, entre ellas la del detector del colisionador (el CDF), que se ha diseñado para sacar el mayor partido de nuestros descubrimientos de la materia, y el recientemente construido Centro de Ordenadores Richard P. Feynman, cuyo nombre le viene del gran teórico del Cal Tech que murió hace sólo unos pocos años. Seguid conduciendo; acabaréis llegando a Eola Road. Girad a la derecha y tirad adelante durante un kilómetro y pico o así, y veréis a la izquierda una casa de campo de hace ciento cincuenta años. Ahí viví yo mientras fui el director: en el 137 de Eola Road. No son las señas oficiales. Es sólo el número que decidí ponerle a la casa.

Fue Richard Feynman, precisamente, quien sugirió que todos los físicos pusiesen un cartel en sus despachos o en sus casas que les recordara cuánto es lo que no sabemos. En el cartel no pondría nada más que esto: 137. Ciento treinta y siete es el inverso de algo que lleva el nombre de constante de estructura fina. Este número guarda relación con la probabilidad de que un electrón emita o absorba un fotón. La constante de estructura fina responde también al nombre de alfa, y sale de dividir el cuadrado de la carga del electrón por el producto de la velocidad de la luz y la constante de Planck. Tanta palabra no significa otra cosa sino que ese solo número, 137, encierra los meollos del electromagnetismo (el electrón), la relatividad (la velocidad de la luz) y la teoría cuántica (la constante de Planck). Menos perturbador sería que la relación entre todos estos importantes conceptos hubiera resultado ser un uno o un tres o quizás un múltiplo de pi. Pero ¿137?

Lo más notable de este notable número es su adimensionalidad. La velocidad de la luz es de unos 300.000 kilómetros por segundo. Abraham Lincoln medía 1,98 metros. La mayoría de los números vienen con dimensiones. Pero resulta que cuando uno combina las magnitudes que componen alfa, ¡se borran todas las unidades! El 137 está solo: se exhibe desnudo a donde va. Esto quiere decir que a los científicos de Marte, o a los del decimocuarto planeta de la estrella Sirio, aunque usen Dios sabe qué unidades para la carga y la velocidad y qué versión de la constante de Planck, también les saldrá 137. Es un número puro.

Los físicos se han devanado los sesos con el 137 durante los últimos cincuenta años. Werner Heisenberg proclamó una vez que todas las fuentes de perplejidad que hay en la mecánica cuántica se secarían en cuanto el 137 se explicase definitivamente. Les digo a mis alumnos de carrera que, si alguna vez se encuentran en un aprieto en una gran ciudad de cualquier parte del mundo, escriban «137» en un cartel y lo levanten en la esquina de unas calles concurridas. Al final, un físico acabará por ver que están en apuros y vendrá en su ayuda. (Que yo sepa, nadie ha puesto esto en práctica, pero debería funcionar.)

Una de las historias maravillosas (pero no verificadas) que en el mundillo de la física se cuentan destaca la importancia del 137 y a la vez ilustra la arrogancia de los teóricos. Según este cuento, un notable físico matemático austriaco, y suizo por elección, Wolfgang Pauli, fue, se nos asegura, al cielo, y, por su eminencia como físico, se le concedió una audiencia con Dios.

—Pauli, se te permite una pregunta. ¿Qué quieres saber?

Pauli hizo inmediatamente la pregunta que en vano se había esforzado en responder durante los últimos diez años de su vida: «¿Por qué es alfa igual a uno partido por ciento treinta y siete?».

Dios sonrió, cogió la tiza y se puso a escribir ecuaciones en la pizarra. Tras unos cuantos minutos, Él se volvió a Pauli, que hacía aspavientos. «Das ist Falsch!» [¡Eso es un cuento chino!]

También se cuenta una historia verdadera —una historia verificable— que pasó aquí en la Tierra. Lo cierto es que a Pauli le obsesionaba el 137, y se tiró incontables horas ponderando su significado. Cuando su asistente le visitó en la habitación del hospital donde se le ingresó para la operación que le sería fatal, el teórico le pidió que se fijara cuando saliese en el número de la puerta. Era el 137.

Ahí vivía yo: en el 137 de Eola Road.

Tarde por la noche con Lederman

Una noche, un fin de semana —volvía a casa tras una cena en Batavia—, conduje por los terrenos del laboratorio. En la Eola Road hay varios sitios desde los que se puede ver el edificio central elevándose en el cielo de la pradera. El domingo, a las once y media de la noche, el Wilson Hall da testimonio de lo intenso que es el sentimiento que mueve a los físicos a desvelar los misterios aún no resueltos del universo. Había luces encendidas arriba y abajo por los dieciséis pisos de las torres gemelas, cada uno con su cupo de investigadores de ojos cansados en pos de eliminar las pegas de sus impenetrables teorías sobre la materia y la energía. Por fortuna, pude volver a casa y meterme en la cama. Como director del laboratorio, mis obligaciones del turno de noche se habían reducido drásticamente. Podía dormir y dejar los problemas para la mañana siguiente en vez de pasarme la noche trabajando en ellos. Me sentía feliz esa noche por dormir en una cama de verdad en vez de tirado en el suelo del acelerador, a la espera de que salieran los datos. Sin embargo, no paraba de dar vueltas, preocupado con los quarks, con Gina, con los leptones, con Sophia... Finalmente, me puse a contar ovejas para sacarme la física de la cabeza: «...134, 135, 136, 137...».

De pronto salté de la cama; una sensación de urgencia me empujaba fuera de casa. Saqué la bicicleta del granero, y —en pijama todavía, cayéndoseme las medallas de las sola-

pas mientras pedaleaba— avancé con penosa lentitud hacia el edificio del detector del colisionador. Fue frustrante. Sabía que tenía que atender a un negocio muy importante, pero es que no podía hacer que la bicicleta se moviera más deprisa. Entonces me acordé de lo que me había dicho un psicólogo hacía poco: que hay un tipo de sueño, al que llaman lúcido, en el que quien sueña sabe que sueña. Y en cuanto lo sabes, me dijo el psicólogo, puedes hacer, dentro del sueño, lo que quieras. El primer paso es dar con una pista de que no estás en la vida real sino soñando. Fue fácil. Sabía condenadamente bien que era un sueño por la cursiva. Odio la cursiva. Cuesta demasiado leerla. Tomé el control de mi sueño. «¡Fuera la cursiva!», grité.

Vale. Esto está mejor. Puse el plato grande y pedaleé a la velocidad de la luz (uno puede hacer cualquier cosa en un sueño, ¿no?) hacia el CDF. Ay, demasiado deprisa: había dado ocho vueltas a la Tierra y vuelto a casa. Cambié a un plato más pequeño y pedaleé a doscientos agradables kilómetros por hora hacia el edificio. Hasta las tres de la mañana el aparcamiento estaba muy lleno; en los laboratorios de aceleradores los protones no paran cuando se hace de noche.

Silbando una cancioncilla fantasmal entré en el edificio del detector. El CDF es una especie de hangar industrial, donde todo está pintado de azul y naranja brillante. Las oficinas y las salas de ordenadores y de control están a lo largo de una de las paredes; el resto del edificio es un espacio abierto, concebido para albergar el detector, un instrumento de tres pisos de alto y 500.000 toneladas de peso. A unos doscientos físicos y el mismo número de ingenieros les llevó más de ocho años montar este particular reloj suizo de 500.000 arrobas. El detector es polícromo, de diseño radial: sus componentes se extienden simétricamente a partir de un pequeño agujero en el centro. El detector es la joya de la corona del laboratorio. Sin él, no podríamos «ver» qué pasa en el tubo del acelerador, ni qué atraviesa el centro del núcleo del detector. Lo que pasa es que, en el puro centro del detector, se producen las colisiones frontales de los protones y los antiprotones. Las piezas radiales de los elementos del detector vienen más o menos a concordar con el surtidor radial de los cientos de partículas que se producen en la colisión.

El detector se mueve por unos raíles gracias a los cuales puede sacarse este enorme aparato del túnel del acelerador al piso de ensamblaje para su mantenimiento periódico. Solemos programarlo para los meses de verano, cuando las tarifas eléctricas son más altas (si el recibo de la luz pasa de los diez millones de dólares al año, uno hace lo que puede para recortar los costes). Esa noche el detector estaba conectado. Se le había devuelto al túnel, y el pasadizo hacia la sala de mantenimiento estaba sellado con una puerta de acero de tres metros de grueso que bloquea la radiación. El acelerador se ha diseñado de tal forma que los protones y los antiprotones choquen (en su mayoría) en la sección del conducto que pasa por el detector (la «región de colisión»). La tarea del detector, claro está, es detectar y catalogar los productos de las colisiones frontales entre los protones y los p-barra (los antiprotones).

En pijama todavía, me encaminé a la segunda sala de control, donde se registran continuamente los hallazgos del detector. La sala estaba tranquila, tal y como cabía esperar de la hora que era. No deambulaban por el edificio soldadores o trabajadores del tipo que fuese haciendo reparaciones y otras operaciones de mantenimiento, lo que en el turno de día es corriente. Como es usual, las luces de la sala de control eran tenues, para ver y leer mejor el característico resplandor azulado de las docenas de monitores de ordenador. Los ordenadores de la sala de control del CDF eran Macintosh, los mismos microordenadores que podríais comprar para llevar vuestras cuentas o jugar al Cosmic Ozmo. Reciben la información de un inmenso ordenador «hecho en casa» que funciona en tándem con el detector a fin de poner orden en los residuos dejados por la colisión de los protones y los antiprotones. Ese ordenador hecho en casa es en realidad un depurado sistema de adquisición de datos, o DAQ, diseñado por algunos de los científicos más brillantes de las quince universidades, más o menos, de todo el mundo que colaboraron en la construcción del monstruo CDF. El DAQ se programa para que decida cuáles de las cientos o miles de colisiones que ocurren cada segundo son lo suficientemente interesantes o importantes para que se las analice y grabe en la cinta magnética. Los Macintosh controlan la gran variedad de subsistemas que recogen los datos.

Di un vistazo a la sala, y me fui fijando en las numerosas tazas de café vacías y en el pequeño grupo de físicos jóvenes, a la vez hiperexcitados y exhaustos, el resultado de demasiada cafeína y demasiadas horas de turno. A esta hora sólo se encuentra uno estudiantes graduados y jóvenes investigadores posdoctorales (los que acaban de sacar el doctorado), que carecen de la suficiente veteranía para que les toque un turno decente. Era notable el número de mujeres jóvenes, un bien raro en la mayoría de los laboratorios de física. El agresivo reclutamiento del CDF ha rendido sus beneficios, para placer y provecho del grupo.

Allá en la esquina se sentaba un hombre que no encajaba en absoluto en el cuadro. Era delgado, la barba desastrada. No es que pareciese muy diferente a los otros investigadores, pero, no sé cómo, me di cuenta de que no era miembro del equipo. Puede que fuese por la toga. Tenía la vista puesta en un Macintosh y una risa floja. Imaginaos, ¡riéndose en la sala de control del CDF! ¡En uno de los mayores experimentos que la ciencia haya concebido! Creí que lo mejor era que pusiese las cosas en su sitio.

LEDERMAN: Perdóneme. ¿Es usted el nuevo matemático que se suponía nos iban a mandar de la Universidad de Chicago?

EL TIPO DE LA TOGA: Ese es mi oficio, la ciudad no. El nombre es Demócrito. Vengo de Abdera, no de Chicago. Me llaman el Filósofo queRíe.

LEDERMAN: ¿Abdera?

DEMÓCRITO: Localidad de Tracia, en Grecia propiamente dicha.

LEDERMAN: No recuerdo haber llamado a nadie de Tracia. No nos hace falta un filósofo que ríe. En el Fermilab soy yo quien cuenta todos los chistes.

DEMÓCRITO: Sí, he oído hablar del Director que Ríe. No se preocupe. Dudo que me quede aquí mucho tiempo; no, por lo menos, habida cuenta de lo que he visto hasta ahora.

LEDERMAN: Entonces, ¿por qué está usted ocupando un sitio en la sala de control?

DEMÓCRITO: Busco algo. Algo muy pequeño.

LEDERMAN: Ha venido al lugar apropiado. Lo pequeño es nuestra especialidad.

DEMÓCRITO: Eso me han dicho. Llevo buscándolo veinticuatro siglos.

LEDERMAN: ¡Ah, usted es *ese* Demócrito!

DEMÓCRITO: ¿Conoce a otro?

LEDERMAN: Ya sé. Usted es como el ángel Clarence en *Qué bello es vivir,* enviado aquí para decirme que no me suicide. La verdad es que *estaba* pensando en cortarme las venas. No somos capaces de encontrar el quark *top*.

DEMÓCRITO: ¡Suicidarse! Me recuerda a Sócrates. No, no soy un ángel. El concepto ese de inmortalidad apareció una vez muerto yo; lo hizo popular el cabeza hueca de Platón.

LEDERMAN: Pero, si no es inmortal, ¿cómo puede estar aquí? Usted murió hace más de dos mil años.

DEMÓCRITO: Hay más cosas en la tierra y en el cielo, Horacio, de las que se sueñan en tu filosofía.

LEDERMAN: Me resulta familiar.

DEMÓCRITO: Lo he cogido de uno que conocí en el siglo XVI. Pero, por responder a su pregunta, hago lo que llamáis un viaje por el tiempo.

LEDERMAN: ¿Un viaje por el tiempo? ¿Descubristeis los viajes por el tiempo en el siglo V a.C.?

DEMÓCRITO: El tiempo es una masa de pan. Va hacia adelante, va hacia atrás. Uno se monta en él y se baja, como vuestros surfistas de California. Cuesta hacerse una idea. Caray, si hasta hemos enviado a algunos de nuestros licenciados a vuestra era. Uno, Stephenius Hawking, ha armado todo un revuelo, he oído decir. Se especializó a «tiempo». Le enseñamos todo lo que sabe.

LEDERMAN: ¿Por qué no publicó usted su descubrimiento?

DEMÓCRITO: ¿Publicar? Escribí sesenta y siete libros y habría vendido montañas, pero el editor se negó a hacerles campañas de publicidad. Casi todo lo que sabéis de mí lo sabéis gracias a los escritos de Aristóteles. Pero déjeme que le ponga un poco al tanto. Viajé. Chico, ¡ya lo creo que viajé! Cubrí más territorio que cualquier otro hombre de mi tiempo, haciendo las más amplias investigaciones, y vi más climas y países, y escuché a más hombres famosos...

LEDERMAN: Pero Platón no podía ni verle. ¿Es verdad que a él le gustaban tan poco las ideas de usted que quiso que quemaran todos sus libros?

DEMÓCRITO: Sí, y esa cabra loca vieja y supersticiosa casi lo consiguió. Y luego ese fuego de Alejandría quemó, literalmente, mi reputación. Por eso los llamados modernos sabéis tan poco de la manipulación del tiempo. Ahora no oigo hablar nada más que de Newton, Einstein...

LEDERMAN: Entonces, ¿a qué viene esta visita a Batavia en los años noventa?

DEMÓCRITO: Sólo quiero comprobar una de mis ideas, una que, por desgracia, mis compatriotas abandonaron.

LEDERMAN: Apuesto a que se refiere al átomo, al *atomos*.

DEMÓCRITO: Sí, el á-tomo, la partícula última, indivisible e invisible. El ladrillo con el que se hace la naturaleza. He ido saltando por el tiempo adelante para ver hasta qué punto se ha refinado mi teoría.

LEDERMAN: Y su teoría era...

DEMÓCRITO: ¡Ya me está hartando, joven! Sabe muy bien cuáles son mis creencias. No se olvide: he estado brincando de siglo en siglo, decenio a decenio. Sé muy bien que los químicos del siglo XIX y los físicos del XX han estado dándoles vueltas a mis ideas. No me interprete mal; hicisteis bien. Si Platón hubiese sido tan sabio...

LEDERMAN: Sólo quería oírlo dicho con sus propias palabras. Conocemos su obra más que nada por los escritos de otros.

DEMÓCRITO: Muy bien. Vamos allá por enésima vez. Si sueno aburrido es porque hace poco le expliqué todo esto con detalle a ese tal Oppenheimer. Por favor, no me interrumpa con tediosas lucubraciones sobre los paralelismos entre la física y el hinduismo.

LEDERMAN: ¿Le gustaría oír mi teoría sobre el papel de la comida china en la violación de la simetría especular? Es tan válida como decir que el mundo está hecho de aire, tierra, fuego y agua.

DEMÓCRITO: ¿Por qué no se queda quietecito y me deja empezar por el principio? Siéntese cerca del Macintosh, o como se llame, y preste atención. Para que entienda mi obra, y la de todos nosotros los atomistas, hemos de remontarnos a hace dos mil seiscientos años. Tenemos que empezar doscientos años antes de que yo naciese, con Tales. Vivió alrededor del 600 a.C. en Mileto, una ciudad provinciana de Jonia, la tierra que llamáis ahora Turquía.

LEDERMAN: Tales también era filósofo, ¿no?

DEMÓCRITO: ¡Y qué filósofo! El *primer* filósofo griego. Pero la verdad es que los filósofos de la Grecia presocrática sabían muchas cosas. Tales era un matemático y un astrónomo consumado. Perfeccionó su formación en Egipto y Mesopotamia. ¿Sabe que predijo un eclipse de Sol que hubo al final de la guerra entre lidios y persas? Realizó uno de los primeros almanaques —tengo entendido que hoy les dejáis esta tarea a los campesinos— y enseñó a nuestros marinos a llevar un barco por la noche guiándose por la constelación de la Osa Menor. Fue además un consejero político, un avispado hombre de negocios y un buen ingeniero. A los filósofos de la Grecia arcaica se les respetaba no sólo por el hermoso laborar de sus mentes, sino también por sus talentos prácticos, o su ciencia aplicada, como diríais vosotros. ¿Hay alguna diferencia con los físicos de hoy?

LEDERMAN: De vez en cuando hemos sabido hacer algo útil. Pero lamento decir que nuestros logros suelen estar muy enfocados en un punto concreto, y entre nosotros hay muy pocos que sepan griego.

DEMÓCRITO: Entonces es una suerte para usted que yo hable en inglés, ¿a que sí? Sea como sea, Tales, como yo mismo, se hacía una pregunta básica: «¿De qué está hecho el mundo, y cómo funciona?». A nuestro alrededor vemos lo que parece un caos. Brotan las flores, y mueren. Las inundaciones destruyen la tierra. Los lagos se convierten en desiertos. Los meteoritos caen del cielo. Los tornados salen no se sabe de dónde. De tiempo en tiempo estalla una montaña. Los hombres envejecen y se vuelven polvo. ¿Hay algo permanente, una identidad soterrada, que persista a lo largo de tanto cambio? ¿Cabe reducir todo ello a reglas tan simples que nuestro pobre espíritu pueda entenderlas?

LEDERMAN: ¿Dio Tales una respuesta?

DEMÓCRITO: El agua. Tales decía que el agua era el elemento último y primario.

LEDERMAN: ¿Cómo se le ocurrió?

DEMÓCRITO: No es una idea tan loca. No estoy del todo seguro de qué pensaba Tales. Pero tenga esto en cuenta: el agua es esencial para el crecimiento, al menos para el de las plantas. Las semillas son de naturaleza húmeda. Pocas cosas hay que no desprendan agua cuando se las calienta. Y el agua es la única sustancia conocida que puede existir en forma sólida, líquida o gaseosa (como vaho o vapor). Quizá pensara que el agua podría transformarse en tierra si se llevara el proceso más adelante. No sé. Pero Tales hizo que la ciencia, como vosotros la llamáis, tuviera un gran comienzo.

LEDERMAN: No estaba mal para tratarse del primer intento.

DEMÓCRITO: La impresión que hay por el Egeo es que los

historiadores, Aristóteles sobre todo, les dieron a Tales y su grupo un mal palo. A Aristóteles le obsesionaban las fuerzas, la causación. Apenas si se puede hablar con él de nada más, y la tomó con Tales y sus amigos de Mileto. ¿Por qué el agua? ¿Y qué fuerza causa el cambio del agua rígida a la etérea? ¿Por qué hay tantas formas diferentes de agua?

LEDERMAN: En la física moderna, eh... en la física de estos tiempos se requieren fuerzas además de...

DEMÓCRITO: Tales y su gente podrían muy bien haber injertado la noción de causa en la naturaleza misma de su materia basada en el agua. ¡La fuerza y la materia unificadas! Dejemos esto para más tarde. Podrá entonces hablarme de esas cosas que llamáis gluones y supersimetría y...

LEDERMAN [*mesándose frenéticamente los cabellos*]: Esto..., ¿y qué más hizo este genio?

DEMÓCRITO: Tenía algunas ideas convencionalmente místicas. Creía que la Tierra flotaba en agua. Creía que los imanes tenían alma porque pueden mover el hierro. Pero creía también, por mucho que haya a nuestro alrededor una gran variedad de «cosas», en la simplicidad, en que hay una unidad en el universo. Tales, para darle al agua un papel especial, combinaba una serie de argumentos racionales con todas las antiguallas mitológicas que tenía a mano.

LEDERMAN: Me imagino que Tales creía que Atlas, de pie sobre una tortuga, llevaba el mundo a cuestas.

DEMÓCRITO: *Au contraire*. Tales y sus colegas celebraron una importantísima reunión, seguramente en el reservado de un restaurante en el centro de Mileto. Habiendo bebido una cierta cantidad de vino egipcio, mandaron a Atlas al garete y adoptaron un acuerdo solemne: «Del día de hoy en adelante, las explicaciones y teorías relativas a la manera en que el mundo funciona se basarán estrictamente en argumentos lógicos. Ni una superstición más. Que no se invoque más a Atenea, Zeus, Hércules, Ra,

Buda, Lao-Tze. Veamos si podemos dar con ello por nosotros solos». Quizá sea este el acuerdo más importante jamás adoptado. Era el 650 a.C., un jueves por la noche seguramente; fue el nacimiento de la ciencia.

LEDERMAN: ¿Es que cree que nos hemos librado ya de la superstición? ¿No conoce a nuestros creacionistas? ¿Y a nuestros extremistas de los derechos de los animales?

DEMÓCRITO: ¿Aquí en el Fermilab?

LEDERMAN: No, pero no andan demasiado lejos. Pero dígame: ¿cuándo salió la idea esa de la tierra, del aire, del fuego y del agua?

DEMÓCRITO: ¡Eche el freno! Antes de que lleguemos a esa teoría vienen unos cuantos fulanos. Anaximandro, por decir sólo uno. Era un compañero joven de Tales, en Mileto. También Anaximandro ganó sus galones haciendo cosas prácticas, como, por ejemplo, confeccionarles a los marinos milesios un mapa del mar Negro. Al igual que Tales, andaba tras un ladrillo primario del que estuviese hecha la materia, pero decidió que no podía ser el agua.

LEDERMAN: Otro gran avance del pensamiento griego, qué duda cabe. ¿Cuál era su candidato, la baklava?

DEMÓCRITO: Ríase. Pronto llegaremos a *vuestras* teorías. Anaximandro fue otro genio práctico y, como su mentor Tales, empleó su tiempo libre en participar en el debate filosófico. La lógica de Anaximandro era bastante sutil. Consideraba que el mundo estaba compuesto por contrarios en guerra: lo caliente y lo frío, lo húmedo y lo seco. El agua extingue el fuego, el sol seca el agua, etcétera. Por lo tanto, la sustancia primaria del universo no podía ser el agua o el fuego o cualquier cosa que se caracterizase por uno de estos contrarios. En ello no habría simetría. Y usted sabe cuánto amamos los griegos la simetría. Por ejemplo, si toda la materia era originalmente agua, como decía Tales, entonces nunca habrían surgido el calor o el fuego, pues el agua no genera el fuego sino que acaba con él.

LEDERMAN: Entonces, *¿qué* propuso como sustancia primaria?

DEMÓCRITO: Lo que llamó *apeiron*, que significa «sin bordes». El primer estado de la materia era una masa indiferenciada de proporciones enormes, posiblemente infinitas. Era la «pasta» primitiva, neutra entre los contrarios. Esta idea tuvo una profunda influencia en mi propio pensamiento.

LEDERMAN: ¿Así que ese apeiron era algo por el estilo de su á-tomo, excepto en que se trataba de una sustancia infinita, lo contrario a una partícula infinitesimal? ¿Eso no confunde más las cosas?

DEMÓCRITO: No; es que Anaximandro no se paraba ahí. El apeiron era infinito, tanto en el espacio como en el tiempo, pero además carecía de estructura; no tenía partes componentes. No era nada sino única y exclusivamente apeiron. Y si tienes que escoger una sustancia primaria, lo mejor es que tenga esa cualidad. De hecho, lo que quiero es llevarle a usted a una posición enojosa haciéndole ver que, tras dos mil años, vais a acabar por apreciar la presciencia de los míos. Lo que Anaximandro hizo fue inventar el vacío. Creo que vuestro P. A. M. Dirac acabó finalmente por darle al vacío, en los años veinte, las propiedades que se merecía. El apeiron de Anaxi fue el prototipo de mi propio «vacío», una nada en la que se mueven las partículas. Isaac Newton y James Clerk Maxwell lo llamaron éter.

LEDERMAN: Pero ¿qué pasa con la pasta, la materia?

DEMÓCRITO: Escuche esto [*saca de su toga un rollo de pergamino, y se cuelga de la nariz unas gafas Magnavisión para leer, de las de precio reducido*]: Anaximandro dice: «No del agua ni de ningún otro de los llamados elementos, sino de una sustancia diferente que carece de bordes vienen a la existencia todos los cielos y los mundos que hay en ellos. Las cosas perecen volviendo a las que les dieron el ser... los contrarios están en el uno y son separados de él». Ahora bien, sé que los tipos del siglo XX estáis siempre hablando de una materia y una antimateria que se crean en el vacío, que se aniquilan...

LEDERMAN: Claro que sí, pero...

DEMÓCRITO: Cuando Anaximandro dice que los contrarios estaban en el apeiron —llámelo usted un vacío, o llámelo éter— y se separaron de él, ¿no se parece a algo que decís vosotros?

LEDERMAN: Algo así, pero me interesan mucho más la razones por las que Anaximandro pensaba esas cosas.

DEMÓCRITO: No anticipó, por supuesto, la antimateria. Pero pensaba que en un vacío adecuadamente dotado, los contrarios podrían separarse: lo caliente y lo frío, lo húmedo y lo seco, lo dulce y lo amargo. Hoy añadís lo positivo y lo negativo, el norte y el sur. Cuando se combinan, sus propiedades se anulan en un apeiron neutro. ¿No anda cerca?

LEDERMAN: ¿Y qué me dice de los demócratas y los republicanos? ¿Había un griego que se llamaba Republicas?

DEMÓCRITO: Muy gracioso. Anaximandro, por lo menos, intentó explicar el mecanismo que crea la diversidad a partir de un elemento primario. Y su teoría condujo a un número de subcreencias, algunas de las cuales hasta podría compartir usted seguramente. Anaximandro creía, por ejemplo, que el hombre evolucionó a partir de animales inferiores, que a su vez descendían de criaturas marinas. La más importante de sus ideas cosmológicas consistía en librarse no sólo de Atlas, sino hasta del océano de Tales que sostenía la Tierra. Imagínesela (sin que se le haya dado aún forma esférica) suspendida en el espacio infinito. No hay a dónde ir. Lo que estaría totalmente de acuerdo con las leyes de Newton si, como creían estos griegos, no hubiera nada más. Anaximandro pensaba también que tenía que haber más de un mundo o universo. Decía que había un número ilimitado de universos, todos perecederos, uno tras otro en sucesión.

LEDERMAN: ¿Como los universos alternativos de *Star Trek*?

DEMÓCRITO: Guárdese sus cuñas publicitarias. La idea de que hay innumerables universos llegó a ser muy importante para nosotros, los atomistas.

LEDERMAN: Espere un minuto. Me estoy acordando de algo que escribió usted y que, a la luz de la cosmología moderna, me da escalofríos. Hasta me lo aprendí de memoria. Veamos: «Hay innumerables mundos de diferentes tamaños. En algunos no hay sol ni luna, en otros son mayores que en el nuestro, y los hay que tienen más de un sol y más de una luna».

DEMÓCRITO: Sí, los griegos compartimos algunas ideas con vuestro capitán Kirk. Pero vestimos mucho mejor. Comparo más bien mi idea a los universos burbuja sobre los que vuestros cosmólogos inflacionistas andan publicando artículos en estos días.

LEDERMAN: Por eso, la verdad, me quedé como quien ve visiones. Uno de sus predecesores, ¿no creía que el aire era el elemento último?

DEMÓCRITO: Se refiere a Anaxímenes, joven compañero de Anaximandro y el último del grupo de Tales. La verdad es que dio un paso atrás con respecto a Anaximandro y dijo, como Tales, que había un elemento primordial común, sólo que según él ese elemento era el aire, no el agua.

LEDERMAN: Debería haber hecho caso a su mentor; entonces habría descartado algo tan prosaico como el aire.

DEMÓCRITO: Sí, pero Anaxímenes dio con un inteligente mecanismo que explicaba la transformación de varias formas de materia a partir de esa sustancia primaria. De mis lecturas colijo que usted es uno de esos experimentadores.

LEDERMAN: *Yeah*. ¿Le supone a usted eso algún problema?

DEMÓCRITO: Me he dado cuenta de sus sarcasmos hacia buena parte de la teoría griega. Sospecho que sus prejuicios le vienen de que muchas de esas ideas, aun cuando el mundo que nos rodea nos sugiera que son verosímiles, no se prestan a una verificación experimental concluyente.

LEDERMAN: Es verdad. Los experimentadores quieren entrañablemente las ideas que pueden verificarse. Así es como nos ganamos la vida.

DEMÓCRITO: Podría entonces sentir más respeto por Anaxímenes; sus creencias se basaban en la observación. Teorizaba que los distintos elementos de la materia se separaban del aire mediante la condensación y la rarefacción. Se puede reducir el aire a rocío y viceversa. El calor y el frío transforman el aire en sustancias diferentes. Para ver cómo se conecta el calor con la rarefacción y el frío con la condensación, Anaxímenes aconsejaba que se realizase el siguiente experimento: espírese con los labios casi cerrados; el aire saldrá frío. Pero si se abre mucho la boca, el aliento será más caliente.

LEDERMAN: Al Congreso le encantaría Anaxímenes. Sus experimentos son más baratos que los míos. Y tanto darse aire...

DEMÓCRITO: Lo he cogido, pero quería disipar su idea de que los griegos de la Antigüedad no hacían ningún experimento. El mayor problema de los pensadores del estilo de Tales y Anaximandro era su creencia de que las sustancias se podían transformar: el agua podía volverse tierra; el aire, fuego. No puede pasar. Nadie se enfrentó a esta pega de nuestra filosofía hasta la aparición de dos de mis contemporáneos, Parménides y Empédocles.

LEDERMAN: Empédocles es el de la tierra, el aire, etcétera, ¿no? Refrésqueme las ideas sobre Parménides.

DEMÓCRITO: A menudo le llaman el padre del idealismo, porque ese necio de Platón tomó buena parte de su pensamiento, pero en realidad era un materialista de tomo y lomo. Hablaba mucho del Ser, pero su Ser era material. En esencia, Parménides sostenía que el Ser no podía ni empezar a existir ni desaparecer. La materia no podía andar entrando y saliendo de la existencia. Ahí está y no podemos destruirla.

LEDERMAN: Bajemos al acelerador y le enseñaré lo equivocado que estaba Parménides. Metemos materia en la existencia y la sacamos de ella todo el rato.

DEMÓCRITO: De acuerdo, de acuerdo. Pero es una noción importante. Parménides abrazaba una idea que a los griegos nos es muy querida: la de unicidad. La totalidad. Lo que existe, existe. Es completo y duradero. Tengo la impresión de que usted y sus colegas también abrazan la idea de unidad.

LEDERMAN: Sí, es un concepto duradero y entrañable. Nos esforzamos por alcanzar la unidad en nuestras creencias siempre que podemos. La gran unificación es una de nuestras obsesiones actuales.

DEMÓCRITO: Y la verdad es que no podéis hacer que exista nueva materia a voluntad. Creo que tenéis que añadir energía en el proceso.

LEDERMAN: Es verdad, y tengo la factura de la luz para probarlo.

DEMÓCRITO: Así que, en cierta forma, Parménides no andaba tan descaminado. Si se incluyen tanto la materia como la energía en lo que él llamaba Ser, entonces hay que darle la razón. El Ser, entonces, no puede empezar a existir ni desaparecer, al menos no de una forma total. Y sin embargo, los sentidos nos dicen otra cosa. Vemos que los árboles se queman hasta las raíces. Al fuego puede destruirlo el agua. El aire caliente del verano evapora el agua. Salen las flores, y mueren. Empédocles vio una forma de evitar esta contradicción aparente. Coincidía con Parménides en que la materia ha de conservarse, que no puede aparecer o desaparecer al azar. Pero discrepaba de Tales y Anaxímenes por lo que se refiere a que un tipo de materia pueda convertirse en otro. ¿Cómo, entonces, cabía explicar el cambio constante que vemos a nuestro alrededor? Hay sólo cuatro tipos de materia, dijo Empédocles. Sus tierra, aire, fuego y agua famosos. No se convierten en otros tipos de materia; son las *partículas* inmutables y últimas que forman los objetos concretos del mundo.

LEDERMAN: Esto ya es otra cosa.

DEMÓCRITO: Pensaba que le iba a gustar. Los objetos empiezan a existir por la mezcla de estos elementos, y dejan de serlo al separarse sus elementos. Pero los elementos mismos —la tierra, el aire, el agua, el fuego— ni empiezan a existir ni desaparecen, sino que permanecen inmutables. Ni que decir tiene que discrepo de él en cuanto a la identidad de estas partículas, pero por lo que se refiere a los principios fundamentales el suyo fue un salto intelectual importante. Sólo hay unos pocos ingredientes básicos en el mundo, y los objetos se construyen mezclándolos de muchísimas maneras. Por ejemplo, Empédocles dijo que el hueso se compone de dos partes de tierra, dos de agua y cuatro de fuego. Por ahora se me escapa cómo llegó a esta receta.

LEDERMAN: Probamos la mezcla de aire-tierra-fuego-agua y lo único que nos salió fue barro caliente con burbujas.

DEMÓCRITO: Pon la discusión en manos de un «moderno», que ya la degradará.

LEDERMAN: ¿Y qué pasa con las fuerzas? Parece que los griegos no os disteis cuenta de que además de las partículas hacen falta fuerzas.

DEMÓCRITO: Yo tengo mis dudas, pero Empédocles estaría de acuerdo. Cayó en la cuenta de que eran necesarias fuerzas para fundir estos elementos y formar así otros objetos, y sacó a colación dos: el amor y la discordia; el amor para que las cosas se junten, la discordia para separarlas. Quizá no sea muy científico, pero los científicos de su época, ¿no tienen acaso un sistema de creencias similar sobre el universo? ¿Unas cuantas partículas y un conjunto de fuerzas? ¿No se les da a veces nombres caprichosos?

LEDERMAN: En cierta forma, sí. Tenemos lo que llamamos el «modelo estándar», según el cual cabe explicar todo lo que sabemos del universo con la interacción de una docena de partículas y cuatro fuerzas.

DEMÓCRITO: Ahí lo tiene. No parece que la visión del mundo de Empédocles suene tan diferente, ¿no? Dijo que se podía explicar el universo con cuatro partículas y dos fuerzas. Vosotros sólo habéis añadido unas cuantas más, pero la estructura de ambos modelos es parecida, ¿o no?

LEDERMAN: Sin duda, pero no coincidimos en el contenido: fuego, tierra, discordia...

DEMÓCRITO: Bueno, supongo que algo tendréis que enseñar tras dos mil años de trabajo duro. Pero, no, yo tampoco acepto el contenido de la teoría de Empédocles.

LEDERMAN: Entonces, ¿en qué cree usted?

DEMÓCRITO: ¡Ah, ahora entramos en materia! La obra de Parménides y Empédocles preparó el terreno para la mía. Creo en el á-tomo, o átomo, que no se puede partir. El átomo es el ladrillo de que está hecho el universo. Toda materia se compone de disposiciones diversas de átomos. Es la cosa más pequeña que hay en el universo.

LEDERMAN: ¿Teníais en el siglo V a.C. los instrumentos necesarios para hallar objetos invisibles?

DEMÓCRITO: No exactamente para «hallarlos».

LEDERMAN: ¿Para qué entonces?

DEMÓCRITO: Quizá «descubrir» sea una palabra mejor. Descubrí el átomo mediante la Razón Pura.

LEDERMAN: Lo que está diciéndome es que sólo pensó en ello. No se molestó en hacer algún experimento.

DEMÓCRITO [*con gestos se refiere a las secciones lejanas del laboratorio*]: Algunos experimentos los hace mejor la mente que los mayores y más precisos instrumentos.

LEDERMAN: ¿Qué le dio a usted la idea de los átomos? Fue, he de admitirlo, una hipótesis brillante. Pero va mucho más lejos que las ideas que la precedieron.

DEMÓCRITO: El pan

LEDERMAN: ¿El pan? ¿Para ganárselo se le ocurrió a usted?

DEMÓCRITO: No hablo de ese pan. Fue antes de la era de las subvenciones. Me refiero al pan de verdad. Un día, durante un prolongado ayuno, alguien entró en mi estudio con un pan recién sacado del horno. Antes de verlo ya sabía que era pan. Pensé: una esencia invisible del pan ha viajado hasta llegar a mi nariz griega. Hice una nota sobre los olores y reflexioné sobre otras «esencias viajeras». Un charco de agua se encoge y acaba por desaparecer. ¿Por qué? ¿Cómo? ¿Es posible que, como le pasaba a mi pan caliente, salten del charco unas esencias invisibles del agua y viajen largas distancias? Un montón de pequeñeces así; las ves, piensas en ellas, hablas de ellas. Mi amigo Leucipo y yo discutimos días y días, a veces hasta que salía el Sol y nuestras mujeres venían con un garrote a por nosotros. Al final llegamos a la conclusión de que si todas las sustancias estaban hechas de átomos, invisibles porque eran demasiado pequeños para el ojo humano, tendríamos demasiados tipos diferentes: átomos de agua, átomos de hierro, átomos de pétalos de margarita, átomos de las patas de delante de una abeja. Un sistema tan feo que no sería griego.

Entonces se nos ocurrió una idea mejor. Ten sólo unos cuantos estilos de átomos, el liso, el basto, el redondo, el angular, y un número selecto de formas diferentes, pero un suministro de cada tipo infinito. Ponlos entonces en el espacio vacío. (¡Chico, tendrías que haber visto toda la cerveza que tomamos para entender el espacio vacío! ¿Cómo defines «nada en absoluto»?) Que esos átomos se muevan al azar. Que se muevan sin cesar, que choquen ocasionalmente y a veces se peguen y junten. Entonces una colección de átomos hará el vino, otra el vaso en que se sirve, el queso ditto feta, la baklava y las aceitunas.

LEDERMAN: ¿No arguyó Aristóteles que esos átomos caerían naturalmente?

DEMÓCRITO: Ese es su problema. ¿No se ha quedado nunca mirando las motas de polvo que danzan en un haz de luz que entra en una habitación a oscuras? El polvo se mueve en todas y cada una de las direcciones, justo como los átomos.

LEDERMAN: ¿Cómo llegó a la idea de la *indivisibilidad* de los átomos?

DEMÓCRITO: En mi cabeza. Imagínese un cuchillo de bronce pulido. Le pedimos a nuestro sirviente que se pase el día entero afilando el borde hasta que pueda cortar una brizna de hierba cogida por la otra punta. Satisfecho por fin, me pongo manos a la obra. Cojo un trozo de queso...

LEDERMAN: ¿Feta?

DEMÓCRITO: Por supuesto. Lo parto en dos con el cuchillo.

Y así una y otra vez, hasta que me quede una pizca tan pequeña que no pueda cogerla. Entonces pienso que si yo mismo fuera mucho más pequeño, la pizca me parecería mucho mayor y podría cogerla, y con el cuchillo mejor afilado todavía, podría partirla y partirla. Y entonces tengo que reducirme a mí mismo otra vez mentalmente, al tamaño de un grano en la nariz de una hormiga. Sigo partiendo el queso. Si el proceso se repite lo suficiente, ¿sabe cuál sería el resultado?

LEDERMAN: Claro, un feta-compli.

DEMÓCRITO: [*gruñe*]: Hasta el Filósofo que Ríe se queda sin palabras ante un chiste horrible. Si puedo continuar... Acabaré por llegar a un trozo de pasta tan duro que no se podrá cortar nunca, aun cuando hubiera tantos sirvientes como para afilar el cuchillo durante cien años. Creo que, por necesidad, el objeto más pequeño no puede partirse. Es inconcebible que podamos seguir partiendo para siempre, como dicen algunos a los que llaman doctos filósofos. Ahora tenemos el objeto último que no cabe partir, el *atomos*.

LEDERMAN: ¿Y usted planteó esa idea en la Grecia del siglo v a.C.?

DEMÓCRITO: Sí, ¿por qué? ¿Son tan diferentes vuestras ideas hoy?

LEDERMAN: Bueno, la verdad es que son casi las mismas. Lo que pasa es que odiamos que usted lo haya publicado antes.

DEMÓCRITO: Pero lo que los científicos llamáis átomo no es lo que yo tenía en mente.

LEDERMAN: Ah, eso es culpa de algunos químicos del siglo XIX. No, nadie cree hoy que los átomos de la tabla periódica de los elementos —el hidrógeno, el oxígeno, el carbón, etcétera— sean objetos indivisibles. Esos tíos corrieron demasiado. Creyeron que habían encontrado los átomos en que usted pensaba. Pero faltaban todavía muchos cortes de cuchillo antes del queso último.

DEMÓCRITO: ¿Y hoy ya lo habéis encontrado?

LEDERMAN: *Los* habéis encontrado. Hay más de uno.

DEMÓCRITO: Sí, claro. Leucipo y yo creíamos que había muchos.

LEDERMAN: Pensaba que Leucipo no existió en realidad.

DEMÓCRITO: Dígaselo a la señora de Leucipo. ¡Ah, ya sé que algunos eruditos piensan que era un personaje ficticio! Pero era tan real como el Macintosh este o como se llame [*da un golpe en la parte de arriba del ordenador*], sea lo que sea. Leucipo era de Mileto, como Tales y los demás. Y elaboramos juntos nuestra teoría atómica, así que cuesta recordar a quién se le ocurrió qué. Sólo porque era unos pocos años mayor, dicen que fue mi maestro.

LEDERMAN: Pero fue *usted* quien insistió en que había muchos átomos.

DEMÓCRITO: Sí, de eso sí me acuerdo. Hay un número infinito de unidades indivisibles. Difieren en tamaño y forma, pero aparte de eso no tienen ninguna otra propiedad real que no sea la solidez, que no sea la impenetrabilidad.

LEDERMAN: Tienen forma pero por lo demás carecen de estructura.

DEMÓCRITO: Sí, es una buena manera de expresarlo.

LEDERMAN: Así que, en su modelo estándar, por así llamarlo, ¿cómo relaciona usted las cualidades de los átomos con las de las cosas que forman?

DEMÓCRITO: Bueno, no es tan específico. Concluimos que las cosas dulces, por ejemplo, estaban hechas de átomos lisos y las amargas de átomos cortantes. Lo sabemos porque hieren la lengua. Los líquidos están compuestos por átomos redondos y los átomos metálicos tienen pequeños rizos que los mantienen juntos. Por eso son los metales tan duros. El fuego lo componen pequeños átomos esféricos, y lo mismo el alma del hombre. Como Parménides y Empédocles teorizaron, no puede nacer ni destruirse nada que sea real. Los objetos que vemos alrededor cambian constantemente, pero eso es porque están hechos de átomos, que pueden ensamblarse y desensamblarse.

LEDERMAN: ¿Cómo ocurre ese ensamblarse y desensamblarse?

DEMÓCRITO: Los átomos están en constante movimiento. A veces, cuando tienen formas que encajan, se combinan, y así se crean objetos lo suficientemente grandes para que los podamos ver: los árboles, el agua, las *dolmades*. Ese movimiento constante puede hacer también que los átomos se separen y engendrar el cambio aparente de la materia que vemos a nuestro alrededor.

LEDERMAN: Pero ¿no se crea materia nueva ni se destruye en términos atómicos?

DEMÓCRITO: No. Es una ilusión.

LEDERMAN: Si toda sustancia se crea a partir de estos átomos esencialmente desprovistos de características, ¿por qué son tan diferentes los objetos? ¿Por qué las rocas son duras, por ejemplo, y las ovejas blandas?

DEMÓCRITO: Es fácil. Dentro de las cosas duras hay menos espacio vacío. Los átomos están densamente empaquetados. En las cosas blandas hay más espacio.

LEDERMAN: Así que los griegos aceptabais el concepto de espacio. El vacío.

DEMÓCRITO: Sin duda. Mi compañero Leucipo y yo inventamos el átomo. Por lo tanto, necesitábamos algún sitio donde ponerlo. Leucipo se lió del todo (y emborrachó un poco) tratando de definir el espacio vacío en el que pudiéramos poner nuestros átomos. Si está vacío, no es nada, y ¿cómo puede definirse nada? Parménides tenía una prueba acorazada de que el espacio vacío no puede existir. Al final decidimos que su prueba no existía. [*Se ríe entre dientes*.] Menudo problema. Hártate de vino de retsina. Durante la época del aire-tierra-fuego-agua, se consideró que el vacío era la quinta esencia (quintaesencial es vuestra palabra). Fue para nosotros un verdadero problema. Los modernos, ¿aceptáis el vacío sin rechistar?

LEDERMAN: No hay más remedio. Nada funciona sin, bueno, la nada. Pero incluso hoy en día es un concepto difícil y complejo. Sin embargo, como usted nos recordó, nuestra «nada», el vacío, siempre está lleno de conceptos teóricos: el éter, la radiación, un mar de energía negativa, el Higgs. Como un cuarto trastero. No sé qué haríamos sin él.

DEMÓCRITO: Puede imaginarse lo difícil que era en el 420 a.C. explicar el vacío. Parménides había negado la realidad del espacio vacío. Leucipo fue el primero que dijo que no podría haber movimiento sin un vacío, luego el vacío había de existir. Pero Empédocles sacó un inteligente truco que engañó a la gente por un tiempo. Dijo que el movimiento podía tener lugar sin espacio vacío. Fijaos en un pez que nada por el océano, dijo. La cabeza aparta el agua, y ésta se mueve de forma instantánea al espacio que deja en la cola el pez en movimiento. Los dos, el pez y el agua, están siempre en contacto. Olvídense del espacio vacío.

LEDERMAN: ¿Y la gente se tragó ese argumento?

DEMÓCRITO: Empédocles era un hombre brillante, y ya antes había demolido efizcamente argumentos a favor del vacío. Los pitagóricos, por ejemplo —contemporáneos de Empédocles—, aceptaban el vacío por la razón obvia de que las unidades han de estar separadas.

LEDERMAN: ¿No eran esos los filósofos que se negaban a comer judías?

DEMÓCRITO: Sí, y en la época que sea no es tan mala idea. Otras creencias suyas eran banales, como que uno no debía sentarse encima de un celemín o estar sobre los recortes de las uñas de sus propios pies. Pero además hicieron en matemáticas y en geometría algunas cosas interesantes, como usted bien sabe. En el asunto del vacío, sin embargo, Empédocles se la tuvo con ellos porque decían que el vacío está relleno de aire. Para destruir su argumento le bastó con mostrar que el aire era corpóreo.

LEDERMAN: Entonces, ¿cómo llegó usted a aceptar el vacío? Usted respetaba el pensamiento de Empédocles, ¿no?

DEMÓCRITO: En efecto, y este punto me tuvo frustrado mucho tiempo. El vacío me crea problemas. ¿Cómo lo describo? Si de verdad no es nada, entonces ¿cómo puede existir? Mis manos están tocando su escritorio. Yendo hacia él, mis palmas han sentido el suave roce del aire que, entre mí y su superficie, rellena el vacío. Pero el aire no puede ser el vacío mismo, como Empédocles puntualizó tan hábilmente. ¿Cómo puedo imaginar mis átomos si no puedo sentir el vacío en el que han de moverse? Y, sin embargo, si quiero explicar el mundo de alguna forma con los átomos, he de definir en primer lugar algo que, al carecer de propiedades, parece tan indefinible.

LEDERMAN: Así que, ¿qué hizo usted?

DEMÓCRITO [*riéndose*]: Decidí no preocuparme. Dejé el problema en el vacío.

LEDERMAN: Oi Vay!

DEMÓCRITO: Περδον. [Perdón.] Hablando en serio, resolví el problema con mi cuchillo.

LEDERMAN: ¿Ese imaginario que parte el queso en átomos?

DEMÓCRITO: No, uno de verdad, con el que se parte, digamos, una manzana de verdad. La hoja tiene que encontrar espacios vacíos por donde pueda penetrar.

LEDERMAN: ¿Y si la manzana está compuesta de átomos sólidos, empaquetados sin que quede un hueco?

DEMÓCRITO: Entonces sería impenetrable, porque los átomos son impenetrables. No, toda la materia que vemos y palpamos se puede partir si se tiene una hoja lo bastante afilada. Luego el vacío existe. Pero casi siempre me decía a mí mismo por aquel entonces, y aún lo creo, que uno no debe quedarse estancado para siempre por culpa de los *impasses* lógicos. Tiramos adelante, continuamos como si se pudiera aceptar la nada. Si vamos a seguir buscando la clave del funcionamiento de todas las cosas, este ejercicio será importante para nosotros. Debemos prepararnos para correr el riesgo de caer mientras tomamos nuestro camino por el filo de la navaja de la lógica. Supongo que a vosotros, los experimentadores modernos, os chocará esta actitud. Tenéis la necesidad de probar todos y cada uno de los puntos para progresar.

LEDERMAN: No, su punto de vista es muy moderno. Nosotros hacemos lo mismo. Damos cosas por sentado, o nunca iríamos a parte alguna. A veces hasta le prestamos atención a lo que dicen los teóricos. Y se nos conoce por haberles dado la espalda a quebraderos de cabeza que dejamos para los físicos del futuro.

DEMÓCRITO: Ya empieza a tener sentido lo que dice usted.

LEDERMAN: Así que, en resumidas cuentas, su universo es muy simple.

DEMÓCRITO: Aparte de átomos y espacio vacío, nada existe; lo demás es opinión.

LEDERMAN: Si usted lo ha resuelto todo, ¿por qué está aquí, a finales del siglo XX?

DEMÓCRITO: Como dije, llevo esperando siglos ver cuándo coinciden, si es que llega a suceder, las opiniones del hombre con la realidad. Sé que mis paisanos rechazaron el á-tomo, la partícula última. Colijo que en 1993 la gente no sólo lo acepta, sino que cree que han dado con él.

LEDERMAN: Sí y no. Creemos que hay una partícula última, pero no, en absoluto, como usted dijo.

DEMÓCRITO: ¿Cómo entonces?

LEDERMAN: Para empezar, si bien usted cree que el á-tomo es el ladrillo esencial, en realidad cree que hay muchos tipos de á-tomos; los á-tomos de los metales tienen rizos; los á-tomos lisos forman el azúcar y otras cosas dulces; los á-tomos cortantes constituyen los limones, las sustancias ácidas. Etcétera.

DEMÓCRITO: ¿Y adónde va a parar usted?

LEDERMAN: A que es demasiado complicado. Nuestro átomo es mucho más simple. En su modelo habría una variedad excesiva de á-tomos. Lo mismo podría haber tenido uno para cada tipo de sustancia. Nuestra esperanza es hallar un solo «á-tomo».

DEMÓCRITO: Admiro esa ansia de simplicidad, pero ¿cómo podría funcionar un modelo así? ¿Cómo sacáis la variedad de un solo á-tomo y qué es ese á-tomo?

LEDERMAN: En este momento tenemos un número pequeño

de á-tomos. A un tipo de á-tomo lo llamamos «quark» y a otro «leptón»; reconocemos seis formas de cada tipo.

DEMÓCRITO: ¿En qué se parecen a mi á-tomo?

LEDERMAN: Son indivisibles, sólidos, carentes de estructura. Son invisibles. Son... pequeños.

DEMÓCRITO: ¿Cuán pequeños?

LEDERMAN: Creemos que el quark es puntual. No tiene dimensiones y, al contrario que su á-tomo, no tiene, por lo tanto, forma.

DEMÓCRITO: ¿Sin dimensiones? ¿Y sin embargo existe, y es sólido?

LEDERMAN: Creemos que es un punto matemático, así que la cuestión de su solidez es discutible. La solidez aparente de la materia depende de los detalles de la manera en que se combinan los quarks unos con otros y con los leptones.

DEMÓCRITO: Cuesta pensar en eso. Pero deme tiempo. Entiendo el problema teórico al que os enfrentáis aquí. Creo que puedo aceptar el quark, esa sustancia sin dimensiones. Sin embargo, ¿cómo podéis explicar la variedad del mundo que nos rodea —los árboles, los gansos y los Macintosh— con tan pocas partículas?

LEDERMAN: Los quarks y los leptones se combinan para formar cualquier otra cosa que haya en el universo. Y tenemos seis de cada. Podemos hacer millones y millones de cosas con sólo dos quarks y un leptón. Por un tiempo pensamos que eso era todo lo que necesitábamos. Pero la naturaleza quiere más.

DEMÓCRITO: Estoy de acuerdo en que tener doce partículas es más simple que mis numerosos á-tomos, pero doce no deja de ser un número grande.

LEDERMAN: Los seis tipos de quarks quizá sean manifestaciones diferentes de una misma cosa. Decimos que hay seis «sabores» de quarks. Gracias a esto podemos combinar los distintos quarks para construir todas las formas de materia. Pero no hace falta que haya un sabor de quark distinto para cada tipo de objeto del universo —uno para el fuego, uno para el oxígeno, uno para el plomo—, lo que sí es necesario en su modelo.

DEMÓCRITO: ¿Cómo se combinan esos quarks?

LEDERMAN: Hay una interacción fuerte entre los quarks, un tipo de fuerza muy curioso que se comporta de manera muy diferente que las fuerzas eléctricas, que también participan.

DEMÓCRITO: Sí, conozco el negocio de la electricidad. Tuve una breve charla con ese tal Faraday en el siglo XIX.

LEDERMAN: Un científico brillante.

DEMÓCRITO: Quizás, pero sus matemáticas eran horribles. No habría hecho nada en Egipto, donde yo estudié. Pero me estoy saliendo del tema. Usted habla de una interacción fuerte. ¿Se refiere a esa fuerza gravitatoria de la que he oído hablar?

LEDERMAN: ¿La gravedad? Demasiado débil. A los quarks los mantienen en realidad juntos unas partículas que se llaman gluones.

DEMÓCRITO: Ah, sus gluones. Ahora hablamos de un tipo totalmente nuevo de partícula. Creía que la materia la hacían los quarks.

LEDERMAN: Y la hacen. Pero no se olvide de las fuerzas. También son partículas, a las que llamamos bosones *gauge*. Tienen una misión. Han de llevar de la partícula A a la B y de vuelta a la A información sobre la fuerza. Si no, ¿cómo sabría B que A ejerce una fuerza sobre ella?

DEMÓCRITO: ¡Toma! ¡Eureka! ¡Qué idea tan griega! A Tales le hubiese encantado.

LEDERMAN: Los bosones *gauge* o los vehículos de la fuerza o, como los llamamos, los transmisores de la fuerza tienen propiedades —la masa, el espín, la carga— que determinan el comportamiento de la fuerza. Así, por ejemplo, la masa de los fotones, que transportan la fuerza electromagnética, es nula, lo que les deja viajar muy deprisa. Esto indica que la fuerza tiene un alcance muy largo. La interacción fuerte, que los gluones, de masa nula también, transportan, llegan también hasta el infinito, pero la fuerza es tan intensa que los quarks nunca pueden alejarse mucho unos de otros. Las partículas pesadas W y Z, que transportan lo que llamamos fuerza débil, son de corto alcance. Actúan sólo en distancias sumamente minúsculas. Tenemos una partícula para la gravedad, a la que le damos el nombre de gravitón, si bien todavía hemos de ver alguna o, siquiera sea, elaborar una buena teoría para ella.

DEMÓCRITO: ¿Y esto es lo que dice usted que es «más simple» que mi modelo?

LEDERMAN: ¿Cómo explicáis los atomistas las distintas fuerzas?

DEMÓCRITO: No las explicamos. Leucipo y yo sabíamos que los átomos tenían que estar en movimiento constante, y simplemente lo dimos por bueno. No dimos razón alguna por la que el mundo hubiera de tener en su origen este movimiento atómico incesante, excepto quizá en el sentido milesio de que la causa del movimiento es parte del atributo del átomo. El mundo es lo que es, y hay que aceptar ciertas características básicas. Con todas vuestras teorías sobre las cuatro fuerzas diferentes, ¿podéis discrepar de esta idea?

LEDERMAN: La verdad es que no. Pero ¿quiere esto decir que los atomistas creían firmemente en el destino, o en el azar?

DEMÓCRITO: Todo lo que existe en el universo es fruto del azar y de la necesidad.

LEDERMAN: El azar y la necesidad: dos conceptos opuestos.

DEMÓCRITO: No obstante, la naturaleza obedece a los dos. Es verdad que de una semilla de amapola siempre sale una amapola, nunca un cardo. Ahí obra la necesidad. Pero en el número de semillas de amapola que las colisiones de los átomos forman puede muy bien haber participado mucho el azar.

LEDERMAN: Lo que usted dice es que la naturaleza nos reparte una mano de póquer concreta, que depende del azar. Pero esa mano tiene consecuencias necesarias.

DEMÓCRITO: Un símil vulgar, pero sí, así son las cosas. ¿Le es esto muy ajeno?

LEDERMAN: No, lo que usted acaba de describir es parecido a una de las creencias fundamentales de la física moderna, que llamamos teoría cuántica.

LEDERMAN: Ah, sí, esos jóvenes turcos de los años mil novecientos veinte y treinta. No me paré mucho tiempo en esa época. Todas esas luchas con el tal Einstein... Nunca les vi mucho sentido.

LEDERMAN: ¿No disfrutó usted con esos maravillosos debates entre la camarilla cuántica —Niels Bohr, Werner Heisenberg, Max Born y su gente— y los físicos como Erwin Schrödinger y Albert Einstein que argüían contra la idea de que el curso de la naturaleza lo determina el azar?

DEMÓCRITO: No me entienda mal. Eran hombres brillantes, todos ellos. Pero sus discusiones acababan siempre en que un partido o el otro sacase el nombre de Dios y los supuestos motivos que Él pudiera tener.

LEDERMAN: Einstein dijo que no podía aceptar que Dios jugase a los dados con el universo.

DEMÓCRITO: Sí, siempre se sacaban de la manga la carta escondida de Dios cuando el debate iba mal. Créame, ya tuve suficiente de eso en la Grecia antigua. Incluso mi defensor Aristóteles me mandó a la hoguera por mi creencia en el azar y por aceptar el movimiento como algo dado.

LEDERMAN: ¿Le gustó a usted la mecánica cuántica?

DEMÓCRITO: Recuerdo que me gustó, ya lo creo. Conocí luego a Richard Feynman, y me confesó que él tampoco la había entendido nunca. Siempre tuve problemas con... ¡Espere un minuto! Ha cambiado de tema. Volvamos a esas partículas «simples» sobre las que usted balbuceaba. Estaba usted explicando cómo se juntan los quarks para hacer... para hacer ¿qué?

LEDERMAN: Los quarks son los ladrillos de una gran clase de objetos a los que llamamos hadrones. Es una palabra griega que significa «pesado».

DEMÓCRITO: ¡Muy bien!

LEDERMAN: Es lo menos que podemos hacer. El objeto más famoso hecho de quarks es el protón. Hacen falta tres quarks para hacer un protón. En realidad, hacen falta tres quarks para hacer los muchos primos hermanos del protón que hay, pero con seis hay muchas combinaciones de tres —creo que son doscientas dieciséis—. Se han descubierto la mayoría de esos hadrones y se les han dado letras griegas por nombres, como lambda (λ), sigma (σ), etcétera.

DEMÓCRITO: ¿Es el protón uno de esos hadrones?

LEDERMAN: Y el más corriente de nuestro presente universo. Juntando tres quarks se tiene un protón o un neutrón, por ejemplo. Puede entonces hacerse un átomo añadiéndole un electrón, que pertenece a la clase de partículas llamadas leptones, a un protón. A este átomo en concreto se le llama de hidrógeno. Con ocho protones y el mismo número de neutrones y ocho electrones se construye un átomo de oxígeno. Los neutrones y los protones se apiñan en un diminuto cogollo al que damos el nombre de núcleo. Junte dos átomos de hidrógeno y uno de oxígeno, y tendrá agua. Un poco de agua, un poco de carbono, algo de oxígeno, unos cuantos nitrógenos, y más tarde o más temprano tendrá mosquitos, caballos y griegos.

DEMÓCRITO: Y todo empieza con los quarks.

LEDERMAN: ¡Ea!

DEMÓCRITO: Y eso es todo lo que hace falta.

LEDERMAN: No exactamente. Hace falta algo que permita a los átomos permanecer juntos y pegarse a otros átomos.

DEMÓCRITO: Otra vez los gluones.

LEDERMAN: No, sólo pegan a unos quarks con otros.

DEMÓCRITO: ¡Λαστιμα! [¡Lástima!]

LEDERMAN: Ahí es donde Faraday y los demás electricistas, como Carlitos Coulomb, hacen acto de presencia. Estudiaron las fuerzas eléctricas que unen los electrones al núcleo. Los átomos se atraen unos a otros mediante una complicada danza de núcleos y electrones.

DEMÓCRITO: Esos electrones, ¿están también detrás de la electricidad?

LEDERMAN: Es una de sus habilidades principales.

DEMÓCRITO: ¿Son también, por lo tanto, bosones *gauge*, como los fotones, los W y los Z?

LEDERMAN: No, los electrones son partículas de la materia. Pertenecen a la familia de los leptones. Los quarks y los leptones constituyen la materia. Los fotones, los gluones, los W, los Z y el gravitón constituyen las fuerzas. Uno de los desarrollos actuales más apasionantes es el que la mera distinción entre materia y energía vaya difuminándose. Todo son partículas. Una nueva simplicidad.

DEMÓCRITO: Me gusta más mi sistema. Mi complejidad parece más simple que vuestra simplicidad. Entonces, ¿qué son los otros cinco leptones?

LEDERMAN: Hay tres variedades de neutrinos, más dos leptones llamados el muón y el tau. Pero no entremos en esto ahora. El electrón es, de lejos, el leptón más importante en la economía global del universo de hoy.

DEMÓCRITO: Así que debo interesarme sólo por el electrón y los seis quarks. Ellos explican los pájaros, el mar, las nubes...

LEDERMAN: Así es, casi todo lo que hay hoy en el universo está compuesto por sólo dos de los quarks —el *up* y el *down* [«arriba» y «abajo»]— y el electrón. Los neutrinos zumban por el universo libremente y saltan de nuestros núcleos radiactivos, pero casi todos los demás quarks y leptones deben fabricarse en nuestros laboratorios.

DEMÓCRITO: Entonces, ¿por qué los necesitamos?

LEDERMAN: Es una buena pregunta. Creemos esto: hay doce partículas básicas de la materia. Seis quarks, seis leptones. Sólo unas pocas existen hoy en abundancia. Pero todas estaban en pie de igualdad durante el big bang, el nacimiento del universo.

DEMÓCRITO: ¿Y quiénes creen en todo eso, los seis quarks y los seis leptones? ¿Un puñado de vosotros? ¿Unos cuantos renegados? ¿Todos vosotros?

LEDERMAN: Todos nosotros. Por lo menos, todos los físicos de partículas inteligentes. Pero la generalidad de los científicos ha admitido de muy buena gana estas nociones. En eso se fían de nosotros.

DEMÓCRITO: Entonces, ¿en qué discrepamos? Dije que había átomos que no se podían partir. Pero había muchísimos. Y se combinaban porque sus formas tenían características complementarias. Usted dice que sólo hay seis o doce de esos «á-tomos». Y no tienen forma, pero se combinan porque sus cargas eléctricas son complementarias. Tampoco se pueden partir sus quarks y leptones. Ahora bien, ¿está seguro de que sólo hay doce?

LEDERMAN: Bueno, depende de cómo se cuente. Hay además seis antiquarks y seis antileptones y...

DEMÓCRITO: ¡Πορ λος καλθονθιλλος δε Ζευς! [¡Por los calzoncillos de Zeus!]

LEDERMAN: No está tan mal como parece. Estamos de acuerdo en mucha mayor medida que discrepamos. Pero a pesar de lo que usted me ha contado, todavía me asombra que a un pagano tan ignorante y primitivo pudiera ocurrírsele lo del átomo, al que nosotros llamamos quark. ¿Qué tipo de experimentos hizo usted para verificar la idea? Aquí nos gastamos miles de millones de dracmas en contrastar cada concepto. ¿Cómo trabajaba usted tan barato?

DEMÓCRITO: Lo hacíamos a la vieja usanza. A falta de una Fundación Nacional de la Ciencia o de un Departamento de Energía, teníamos que echar mano de la Razón Pura.

LEDERMAN: O sea, que tejíais vuestras teorías con un solo paño.

DEMÓCRITO: No, hasta los antiguos griegos teníamos indicios a partir de los que moldeamos nuestras ideas. Como le dije, veíamos que de las semillas de amapola siempre salían amapolas, que tras el invierno siempre venía la primavera, que el Sol sale y se pone. Empédocles estudió los relojes de agua y las norias. Con los ojos bien abiertos, uno puede sacar conclusiones.

LEDERMAN: «Con que mires, observarás mucho», como dijo una vez un coetáneo mío.

DEMÓCRITO: ¡Exactamente! ¿Quién es ese sabio, tan griego de miras?

LEDERMAN: El Oso Yogi.

DEMÓCRITO: Uno de vuestros mayores filósofos, qué duda cabe.

LEDERMAN: Podría decirse que sí. Pero ¿por qué desconfiaba usted de los experimentos?

DEMÓCRITO: La mente es mejor que los sentidos. Contiene un conocimiento *innato*. El segundo tipo de conocimiento es bastardo, procede de los sentidos —vista, oído, olfato, gusto, tacto—. Piense en ello. La bebida que a usted le parece dulce quizá a mí me amargue. Una mujer que para usted es bella no me dice nada a mí. A un niño feo su madre lo ve guapo. ¿Cómo nos podemos fiar de semejante información?

LEDERMAN: Entonces, ¿usted piensa que no podemos medir el mundo de los objetos? ¿Nuestros sentidos fabrican, sencillamente, la información sensorial?

DEMÓCRITO: No, nuestros sentidos no crean conocimiento a partir del vacío. Los objetos diseminan sus átomos. Por eso los vemos y los olemos, como el pan del que le hablé antes. Esos átomos/imágenes entran por los órganos de nuestros sentidos, que son pasajes hacia el alma. Pero las imágenes se distorsionan al pasar por el aire, y por eso no podemos ver en absoluto los objetos muy lejanos. Los sentidos no dan una información fiable sobre la realidad. Todo es subjetivo.

LEDERMAN: Para usted, ¿no hay una realidad objetiva?

DEMÓCRITO: ¡Oh!, sí hay una realidad objetiva. Pero no podemos percibirla fielmente. Cuando uno está enfermo, la comida le sabe diferente. A una mano puede parecerle que el agua está tibia, y a la otra no. No se trata más que de la disposición temporal de los átomos de nuestros cuerpos y de su reacción a la combinación igualmente temporal que haya en el objeto que se percibe. La verdad tiene que ser más profunda que los sentidos.

LEDERMAN: El objeto que se mide y el instrumento que lo

hace —en este caso el cuerpo— interaccionan, y la naturaleza del objeto cambia, con lo que la medida se oscurece.

DEMÓCRITO: Una rara manera de considerarlo, pero sí, así es. ¿Adónde va usted a parar?

LEDERMAN: Bueno, en vez de tomar a este conocimiento por bastardo, cabe verlo como un caso de *incertidumbre* de la medición, o de la sensación.

DEMÓCRITO: Puedo admitirlo. O, por citar a Heráclito, «los sentidos son malos testigos».

LEDERMAN: ¿Y es la mente mejor, por mucho que usted la llame la fuente del conocimiento «innato»? La mente, en la concepción que usted tiene del mundo, es una propiedad de lo que usted llama el alma, que a su vez se compone también de átomos. ¿No están éstos también, acaso, en constante movimiento, y no interactúan con los átomos distorsionados del exterior? ¿Cabe hacer una distinción absoluta entre lo que se percibe y lo que se piensa?

DEMÓCRITO: Toca usted un punto importante. Como dije en el pasado, «Pobre Espíritu, es nuestro». De nuestros sentidos. Con todo, la Razón Pura confunde menos que los sentidos. No dejo de ser escéptico respecto a vuestros experimentos. Para mí, estos edificios enormes, con todos sus cables y máquinas, son casi risibles.

LEDERMAN: Quizá lo sean. Pero se alzan como monumentos a la dificultad de confiar en lo que podemos ver, tocar y oír. Aprendimos lo que usted comenta sobre la subjetividad de la medida despacio, entre los siglos XVI y XVIII. Poco a poco aprendimos a reducir la observación y la medida a actos objetivos del estilo de escribir números en un cuaderno de notas. Aprendimos a examinar una hipótesis, una idea, un proceso de la naturaleza desde muchos puntos de vista, en muchos laboratorios y por muchos científicos, hasta que saliese la mejor aproximación a la realidad objetiva; por consenso. Hicimos maravillosos instrumentos que nos ayudaran a observar, pero aprendimos a ser escépticos acerca de lo que nos descubrían mientras no se repitiese en muchos lugares, con diferentes técnicas. Por último, sometimos las conclusiones al juicio del tiempo. Si cien años después un joven H. de P., ávido de hacerse una reputación, las ponía patas arriba, pues vale. Le premiábamos con homenajes y distinciones. Aprendimos a suprimir nuestra envidia y nuestro miedo, y a querer al bastardo.

DEMÓCRITO: Pero ¿y la autoridad? Casi todo lo que el mundo supo de mi obra lo supo por Aristóteles. La autoridad, se dice pronto. Se exiliaba, encarcelaba y enterraba a quienes discrepasen del viejo Aristóteles. La idea del átomo apenas cuajó hasta el Renacimiento.

LEDERMAN: Ahora es mucho mejor. No es perfecto, pero sí mejor. Hoy, casi podemos definir a un buen científico por el grado de su escepticismo con respecto a lo establecido.

DEMÓCRITO: Por Zeus, qué buenas noticias. ¿Cómo pagan ustedes a los científicos maduros que no hacen ventanas o experimentos?

LEDERMAN: Está claro que usted busca trabajo como teórico. No contrato a muchos de éstos, aunque sale bien el número de horas. Los teóricos nunca programan las reuniones en miércoles porque se matan los fines de semana. Además, usted no es tan contrario a los experimentos como se pinta. Le gusten o no, usted realizó experimentos.

DEMÓCRITO: ¿Sí?

LEDERMAN: Claro que sí. Su cuchillo. Fue un experimento, mental, sí, pero un experimento al fin y al cabo. Al partir ese trozo de queso en su mente una y otra vez, usted llegó a su teoría del átomo.

DEMÓCRITO: Sí, pero todo ocurrió en la mente. Razón Pura.

LEDERMAN: ¿Y si yo puedo enseñarle su cuchillo?

DEMÓCRITO: ¿Qué quiere decir?

LEDERMAN: ¿Y si puedo enseñarle un cuchillo que podría cortar y cortar la materia hasta que quede un á-tomo?

DEMÓCRITO: ¿Habéis encontrado un cuchillo que puede cortar hasta que quede un átomo? ¿En *este* pueblo?

LEDERMAN [*diciendo que sí con la cabeza*]: Ahora mismo estamos sentados encima del nervio principal.

DEMÓCRITO: ¿Este laboratorio es su cuchillo?

LEDERMAN: El acelerador de partículas. Bajo nuestros pies las partículas giran por un tubo que mide más de seis kilómetros y se estrellan unas contra otras.

DEMÓCRITO: ¿Y de esa forma partís la materia hasta llegar al á-tomo?

LEDERMAN: A los quarks y a los leptones, sí.

DEMÓCRITO: Estoy impresionado. ¿Y estáis seguros de que no hay nada más pequeño?

LEDERMAN: Bueno, sí; totalmente seguros, creo, quizá.

DEMÓCRITO: Pero no en firme. Si no, habríais dejado de cortar.

LEDERMAN: El «cortar» nos enseña acerca de las propiedades de los quarks y los leptones aun cuando no haya unas personillas correteando dentro de ellos.

DEMÓCRITO: Hay una cosa que se me había olvidado preguntarle. Los quarks, todos son puntuales y carecen de dimensiones; no tienen un tamaño real. Entonces, aparte de por sus cargas eléctricas, ¿cómo los distinguís?

LEDERMAN: Sus masas son diferentes.

DEMÓCRITO: ¿Unos son pesados, otros ligeros?

LEDERMAN: Ajá.

DEMÓCRITO: Me parece desconcertante.

LEDERMAN: ¿Que tengan masas diferentes?

DEMÓCRITO: Que pesen. *Mis* átomos no pesan. ¿No le inquieta a usted que sus quarks tengan masa? ¿Puede explicarlo?

LEDERMAN: Sí, nos inquieta mucho, y no, no podemos explicarlo. Pero eso es lo que nuestros experimentos indican. Aún es peor con los bosones *gauge*. Las teorías sensatas dicen que sus masas deberían ser nulas, nada, ¡ni una pizca! Pero...

DEMÓCRITO: Cualquier ignorante leñador tracio se encontraría en el mismo atolladero. Coja una piedra. Sentirá su peso. Coja una madeja de lana. Notará su ligereza. De la vida en este mundo se sigue que los átomos —los quarks, si usted quiere— tienen pesos diferentes. Pero, una vez más, los sentidos son malos testigos. Con la Razón Pura, no veo por qué debería tener la materia masa alguna. ¿Podéis explicarlo? ¿Qué les da a las partículas su masa?

LEDERMAN: Es un misterio. Nos las vemos y deseamos con esta idea. Si usted se queda por aquí, por la sala de control, hasta que lleguemos al capítulo 8 de este libro, lo aclararemos todo. Sospechamos que la masa procede de un campo.

DEMÓCRITO: ¿Un campo?

LEDERMAN: Nuestros físicos teóricos lo llaman el campo de Higgs. Impregna todo el espacio, el apeiron, abarrota su vacío y tira de la materia, haciéndola pesada.

DEMÓCRITO: ¿Higgs? ¿Quién es Higgs? ¿Por qué no le dais a algo mi nombre, el democritón! Suena de manera que ya *sabe* uno que interactúa con todas las demás partículas.

LEDERMAN: Perdón. Los teóricos siempre llaman a las cosas con el nombre de alguno de ellos.

DEMÓCRITO: ¿Qué es ese campo?

LEDERMAN: El campo está representado por una partícula a la que llamamos el bosón de Higgs.

DEMÓCRITO: ¡Una partícula! Ya me gusta esta idea. ¿Y habéis encontrado esa partícula en vuestros aceleradores?

LEDERMAN: Bueno, no.

DEMÓCRITO: Entonces, ¿dónde la habéis encontrado?

LEDERMAN: No la hemos encontrado todavía. No existe nada más que en la mente colectiva del físico. Una especie de Razón Impura.

DEMÓCRITO: ¿Por qué creéis en ella?

LEDERMAN: Porque tiene que existir. Los quarks, los leptones, las cuatro fuerzas conocidas carecerían de un sentido completo a menos que haya un campo con masa que distorsione lo que vemos, sesgando nuestros resultados experimentales. Por deducción, el Higgs existe.

DEMÓCRITO: Así hablaría un griego. Me gusta ese campo de Higgs. En fin, mire, tengo que irme. He oído que el siglo XXI es especial en sandalias. Antes de que siga internándome en el futuro, ¿tiene alguna idea de adónde y cuándo debería ir para ver algún progreso mayor en la búsqueda de mi átomo?

LEDERMAN: A dos momentos y lugares diferentes. En primer lugar, le sugiero que vuelva a Batavia en 1995. Después, pruebe en Waxahachie, Texas, alrededor del, digamos, 2005.

DEMÓCRITO [*refunfuñando*]: ¡Oh, vamos! Todos los físicos sois iguales. Creéis que todo se va a aclarar en unos cuantos años. Visité a lord Kelvin en 1900 y a Murray Gell-Mann en 1972, y los dos me aseguraron que la física estaba terminada; se conocía todo por completo. Me dijeron que volviera en seis meses y todas las pegas se habrían eliminado.

LEDERMAN: Yo no digo eso.

DEMÓCRITO: Espero que no. He seguido este camino durante dos mil cuatrocientos años. No es tan fácil.

LEDERMAN: Lo sé. Le digo que vuelva en el 95 y en el 2005 porque creo que encontrará entonces algunos acontecimientos *interesantes*.

DEMÓCRITO: ¿Cuáles?

LEDERMAN: Hay seis quarks, ¿se acuerda? Sólo hemos hallado cinco, el último de ellos aquí, en el Fermilab, en 1977. Hemos de encontrar el sexto y último, el más pesado; le llamamos el quark *top* [«cima»].

DEMÓCRITO: ¿Empezaréis a mirar en 1995?

LEDERMAN: Ya estamos haciéndolo, mientras hablo. Las partículas que dan vueltas bajo nuestros pies van siendo apartadas y examinadas meticulosamente en busca de este quark. No hemos dado con él todavía. Pero hacia 1995 lo habremos encontrado... o demostrado que no existe.*

* En abril de 1994 se anunció la detección de doce probables sucesos de quark *top* en el detector CDF del Fermilab, pero cabía la posibilidad de que se debieran al ruido de fondo. El 2 de marzo de 1995, los grupos de ese detector y de su competidor en el propio Fermilab, el D0, anunciaron ya en firme la detección de 43 y 17 sucesos de quark *top*. (*N. del t.*)

DEMÓCRITO: ¿Podéis hacer eso?

LEDERMAN: Sí, nuestra máquina es así de poderosa, de precisa. Si lo encontramos, es que todo va bien. Habremos fortalecido aún más la idea de que los seis quarks y los seis leptones son sus á-tomos.

DEMÓCRITO: Y si no...

LEDERMAN: Entonces todo se resquebrajará. Nuestras teorías, nuestro modelo estándar, casi no valdrán nada. Los teóricos se tirarán por las ventanas del segundo piso. Se cortarán las venas con los cuchillos de la mantequilla.

DEMÓCRITO [*riéndose*]: ¿No será divertido? Tiene razón. Tengo que volver a Batavia en 1995.

LEDERMAN: Podría suponer también el final de su teoría, debo añadir.

DEMÓCRITO: Joven, mis ideas han sobrevivido mucho tiempo. Si el á-tomo no es un quark o un leptón, resultará que es otra cosa. Siempre tiene que ser así. Pero dígame. ¿Por qué en el 2005? ¿Y dónde está Waxahachie?

LEDERMAN: En Texas, en el desierto, donde estamos construyendo el mayor acelerador de la historia. De hecho, será el mayor instrumento científico del tipo que sea que se haya construido desde las grandes pirámides. (No sé quién las diseñó, ¡pero mis antecesores hicieron todo el trabajo!) El Supercolisionador Superconductor, nuestra nueva máquina, debería estar en pleno rendimiento en el 2005; ponga o quite unos cuantos años, dependiendo de cuándo apruebe el Congreso la financiación.

DEMÓCRITO: ¿Qué encontrará vuestro nuevo acelerador que éste no pueda?

LEDERMAN: El bosón de Higgs. Va a ir en busca del campo de Higgs. Intentará capturar la partícula de Higgs. Esperamos que descubra por vez primera por qué las cosas pesan y por qué el mundo parece tan complicado cuando usted y yo sabemos que, en el fondo, es simple.

DEMÓCRITO: Como un templo griego.

LEDERMAN: O una sinagoga del Bronx.

DEMÓCRITO: Tengo que ver esa nueva máquina. Y esa partícula. El bosón de Higgs, un nombre no muy poético.
LEDERMAN: Yo la llamo la Partícula Divina
DEMÓCRITO: Eso está mejor. Aunque lo preferiría con minúsculas. Pero dígame: usted es un experimentador. ¿Qué pruebas físicas habéis reunido hasta ahora de la existencia de la partícula de Higgs?
LEDERMAN: Ninguna. Cero. En realidad, si no fuera por la Razón Pura, los indicios convencerían a los físicos más sensatos de que el Higgs no existe.
DEMÓCRITO: Sin embargo, insistís.
LEDERMAN: Los indicios negativos sólo son preliminares. Además, en este país tenemos un dicho...
DEMÓCRITO: ¿Sí?
LEDERMAN: «No será el final hasta que no sea el final.»
DEMÓCRITO: ¿El Oso Yogi?
LEDERMAN: Ajá.
DEMÓCRITO: Un genio.

La ciudad de Abdera se tiende junto a la desembocadura del río Nestos, en la ribera norte del Egeo; pertenecía a la provincia griega de Tracia. Como en muchas otras ciudades de esta parte del mundo, la historia está escrita en las piedras mismas de las colinas que contemplan los supermercados, aparcamientos y cines. Hace unos 2.400 años, la ciudad se encontraba en la bulliciosa ruta terrestre que iba del territorio materno de la Grecia antigua a las importantes posesiones de Jonia, hoy en día la parte occidental de Turquía. Y Abdera fue fundada por los refugiados jonios que huían de los ejércitos de Ciro el Grande.

Imaginaos la vida en Abdera durante el siglo V a.C. En esa tierra de cabreros, a los acontecimientos naturales no se les asignaba obligatoriamente una causa científica. Los relámpagos eran rayos disparados desde la cima del Monte Olimpo por el airado Zeus. Que se disfrutase de una mar en calma o se padeciese un maremoto dependía del voluble ánimo de Poseidón. Hartazgos y hambrunas procedían del capricho de Ceres, la diosa de la agricultura, y no de las condiciones atmosféricas. Imaginaos, pues, hasta qué punto Demócrito dio a las cosas un enfoque nuevo, cuál era la integridad de una mente capaz de ignorar las creencias populares de una época y proponer conceptos que armonizan con el quark y la teoría cuántica. En la Grecia antigua, el progreso, como ocurre hoy, fue un accidente debido al genio, a individuos dotados de visión y creatividad. Hasta para ser un genio, Demócrito se adelantó mucho a su tiempo.

Probablemente, se le conoce sobre todo por dos de las citas más intuitivamente científicas que jamás profiriese alguien en la Antigüedad: «Aparte de átomos y espacio vacío, nada existe; lo demás es opinión» y «Todo lo que existe en el universo es fruto del azar y de la necesidad». Por supuesto, hemos de rendir homenaje a la herencia que recibió Demócrito: los colosales hallazgos de sus predecesores de Mileto. Esos hombres definieron una misión: bajo el caos de nuestras percepciones está soterrado un orden simple, y, además, somos capaces de aprehenderlo.

Es probable que a Demócrito le ayudase el viajar. «Cubrí más territorio que cualquier otro hombre de mi tiempo, haciendo las más amplias investigaciones, y vi más climas y países, y escuché a más hombres famosos.» Aprendió astronomía en Egipto y matemáticas en Babilonia. Visitó Persia. Pero el estímulo para su teoría atómica le vino de Grecia, como les pasó a sus antecesores Tales, Empédocles y quizá, claro, Leucipo.

¡Y publicó! El catálogo alejandrino listaba más de sesenta obras: de física, cosmología, astronomía, geografía, fisiología, medicina, sensaciones, epistemología, matemáticas, magnetismo, botánica, poética y teoría musical, lingüística, agricultura, pintura y otros temas. Casi ninguna de sus obras publicadas se ha conservado intacta; lo que sabemos de Demócrito procede más que nada de fragmentos y del testimonio de los historiadores griegos posteriores. Como Newton, también escribió sobre descubrimientos mágicos y alquímicos. ¿Qué tipo de hombre era este?

Los historiadores le llaman el Filósofo que Ríe, a quien las locuras de la humanidad movían a regocijo. Seguramente fue rico; casi todos los filósofos griegos lo eran. Sabemos que desaprobaba el sexo. El sexo es tan placentero, decía Demócrito, que abruma la conciencia. A lo mejor ese fue su secreto, y quizá deberíamos prohibirles el sexo a nuestros teóricos para que pensasen mejor. (Los experimentadores no tienen que pensar y quedarían exentos de la regla.) Demócrito apreciaba la amistad, pero tenía un bajo concepto de las mujeres. No quería tener hijos porque su educación interferiría con su filosofía. Profesaba el desdén por todo lo que fuese violento y apasionado.

Cuesta aceptar que esto fuese cierto. La violencia no le era extraña; sus átomos estaban en un constante movimiento violento. Y requiere pasión creer lo que Demócrito creía. Permaneció fiel a sus creencias, aunque no le proporcionaron fama. Aristóteles le respetaba, pero Platón, como se ha mencionado más arriba, quería que se quemasen todos sus libros. En su ciudad natal Demócrito quedó oscurecido por otro filósofo, Protágoras, el más eminente de los sofistas, escuela de filósofos a los que se contrataba como profesores de retórica de jóvenes ricos. Cuando Protágoras dejó Abdera y marchó a Atenas, se le recibió con entusiasmo. Demócrito, por el contrario, dijo que «fui a Atenas y nadie me conocía».

Demócrito creía en un montón de cosas de las que no hablamos en nuestra soñada conversación mítica, donde se saltean citas de los escritos de Demócrito y se las condimenta con un poco de imaginación. Me he tomado libertades, aunque nunca con las creencias básicas de Demócrito, si bien me he permitido el lujo de hacerle cambiar de opinión acerca del valor de los experimentos. Estoy seguro de que de ninguna de las maneras habría podido resistir la tentación de ver que en las entrañas del Fermilab se le daba vida a su mítico «cuchillo».

La obra de Demócrito sobre el vacío fue revolucionaria. Sabía, por ejemplo, que en el espacio no hay arriba, abajo o en medio. Aunque esta idea la apuntó primero Anaximandro, seguía siendo todo un logro para un ser humano nacido en este planeta poblado de geocéntricos. La idea de que no hay ni arriba ni abajo es aún difícil para la mayoría de la gente, a pesar de las imágenes de televisión procedentes de las cápsulas espaciales. Una de las ideas más inusitadas de Demócrito era que había innumerables mundos de tamaños diferentes. Estos mundos se encuentran a distancias irregulares, más en una dirección, menos en otra. Algunos florecen, otros decaen. Aquí nacen; allá mueren, destruidos por las colisiones entre ellos. Algunos de los mundos carecen de vida animal o vegetal y de agua. Por extraña que sea, esta intuición puede relacionarse con las ideas cosmológicas modernas asociadas al llamado «universo inflacionario», del que brotan numerosos «universos burbuja». Y todo esto procede de un filósofo risueño que daba vueltas por el imperio griego hace más de dos mil años.

En cuanto a su famosa cita según la cual todo es «fruto del azar y de la necesidad», hallamos la misma paradoja, de la manera más impresionante, en la mecánica cuántica, una de las grandes teorías del siglo XX. Los choques individuales de los átomos, decía Demócrito, tienen consecuencias necesarias. Hay reglas estrictas. Sin embargo, qué colisiones son más frecuentes, qué átomos predominan en una localización particular son cosas que dependen del azar. Llevada a su conclusión lógica, esta noción significa que la creación de un sistema Sol-Tierra casi ideal es cuestión de suerte. En la resolución moderna mecanocuántica de este problema, la certidumbre y la regularidad aparecen en la forma de hechos que son promedios tomados sobre una distribución de reacciones de probabilidad variable. A medida que aumenta el número de procesos aleatorios que contribuyen al promedio, cabe predecir con una precisión creciente lo que ocurrirá. La concepción de Demócrito es compatible con nuestras creencias presentes. No se puede decir con certeza qué suerte correrá un átomo dado, pero sí se pueden adelantar con exactitud las consecuencias de los movimientos de miríadas de átomos que choquen al azar en el espacio.

Incluso su desconfianza de los sentidos nos parece de una penetración notable. Señala que nuestros órganos sensoriales están hechos de átomos que chocan con los del objeto que captan, lo que constriñe nuestras percepciones. Como veremos en el capítulo 5, su manera de expresar este problema es un eco de otro de los grandes descubrimientos de este siglo, el principio de incertidumbre de Heisenberg. El acto de medir afecta a la partícula que se mide. Sí, hay algo poético aquí.

¿Cuál es el lugar de Demócrito en la historia de la filosofía? No muy alto según los patrones corrientes; desde luego, no es alto comparado con el de sus prácticamente contemporáneos Sócrates, Aristóteles y Platón. Algunos historiadores tratan su teoría atómica como una especie de curiosa nota a pie de página de la filosofía griega. Sin embargo, hay al menos una potente opinión minoritaria. El filósofo británico Bertrand Russell dijo que la filosofía fue cuesta abajo tras Demócrito y no se recuperó hasta el Renacimiento. Demócrito y sus antecesores se «embarcaron en un esfuerzo desinteresado por comprender el mundo», escribió Russell. Su actitud fue «imaginativa y vigorosa, y plena del placer de la aventura. Les interesaba todo: los meteoros y los eclipses, los peces y los remolinos, la religión y la moralidad; combinaron un intelecto penetrante y el celo de los niños». No eran supersticiosos sino verdaderamente científicos, y los prejuicios de su época no les influyeron mucho.

Ni que decir tiene que Russell fue, como Demócrito, un matemático en serio, y estos tipos suelen entenderse bien. Es de lo más natural que un matemático se incline hacia pensadores rigurosos como Demócrito, Leucipo y Empédocles. Russell señaló que, aunque Aristóteles y otros les reprochasen a los atomistas que no explicaran el movimiento original de los átomos, Leucipo y Demócrito fueron con diferencia más científicos que sus críticos al no preocuparse en adscribir un propósito al universo. Los atomistas sabían que la causación debe empezar en algo, y que no se le puede asignar una causa a ese algo. El movimiento estaba, simplemente, dado. Los atomistas hacían preguntas mecanicistas y daban respuestas mecanicistas. Cuando preguntaban «¿por qué?», querían decir: ¿cuál fue la *causa* de un suceso? Cuando los que vinieron tras él —Platón, Aristóteles y demás— preguntaban «¿por qué?», buscaban el *propósito* de un suceso. Desafortunadamente, este último curso de indagación, decía Russell, «suele conducir, más pronto que tarde, a un Creador o, al menos, a un Artífice». Debe dejarse entonces a este Creador sin explicación, a no ser que se proponga un Supercreador, y así sucesivamente. Esta forma de pensar, decía Russell, llevó a la ciencia a un callejón sin salida, donde quedó atrapada durante siglos.

¿Dónde estamos hoy, en comparación con la Grecia de alrededor del año 400 a.C.? El presente «modelo estándar», impulsado por los experimentos, no es tan dispar de la teoría atómica especulativa de Demócrito. Todo lo que hay en el universo pasado o presente, del caldo de pollo a las estrellas de neutrones, podemos hacerlo con sólo doce partículas de materia. Nuestros á-tomos se agrupan en dos familias: seis quarks y seis leptones. Los seis quarks reciben los nombres de *up* (arriba), *down* (abajo), encanto, extraño, *top* (cima) o *truth* (verdad) y *bottom* (fondo) o *beauty* (belleza). Los leptones son el electrón, tan familiar, el neutrino electrónico, el muón, el neutrino muónico, el tau y el neutrino tau.

Pero obsérvese que hemos dicho el universo «pasado o presente». Si hablamos sólo de nuestro entorno presente, del sur de Chicago al borde del universo, podemos tirar adelante muy bien con menos partículas aún. En cuanto a los quarks, sólo nos hacen falta en realidad el *up* y el *down,* que podemos emplear en diferentes combinaciones para ensamblar los núcleos de los átomos (los que figuran en la tabla periódica). Entre los leptones, no podemos arreglárnoslas sin el bueno y viejo del electrón, que «describe órbitas» alrededor del núcleo, y sin el neutrino, esencial en muchos tipos de reacciones. Pero ¿para qué nos hacen falta las partículas muón y tau? ¿O el encanto, el extraño y los quarks más pesados? Sí, podemos hacerlos en nuestros aceleradores u observarlos en las colisiones de rayos cósmicos. Pero ¿por qué existen? Más adelante volveremos a hablar sobre estos átomos «extra».

Mirar por un calidoscopio

La fortuna del atomismo atravesó, antes de llegar a nuestro modelo estándar, muchas subidas y bajadas, un estar lo mismo arriba que abajo. Partió de la afirmación de Tales de que todo es agua (número de átomos: 1). Empédocles planteó lo del aire-tierra-fuego-agua (número: 4). Demócrito tenía un incómodo número de formas pero sólo un concepto (número: ?). Hubo entonces una larga pausa histórica, si bien los átomos no dejaron de ser un concepto filosófico discutido por Lucrecio, Newton, Robert Joseph Boscovich y muchos otros. Por fin, Dalton redujo los átomos a necesidad experimental en 1803. A partir de ese momento, el número de los átomos, firmemente en manos de los químicos, fue aumentando —20, 48 y a principios de este siglo, 92—. Pronto empezaron los químicos nucleares a construir átomos nuevos (número: 112, y va creciendo). Lord Rutherford dio un gigantesco salto para volver a la simplicidad cuando descubrió (alrededor de 1910) que el átomo de Dalton no era indivisible, sino que contenía un núcleo y electrones (número: 2). Ah, sí, estaba también el fotón (número: 3). En 1930 se halló que el núcleo alberga no sólo protones sino también neutrones (número: 4). Hoy tenemos 6 quarks, 6 leptones, 12 bosones *gauge* (o de aforo o de calibre) y, si no queréis dejar nada afuera, podéis contar las antipartículas y los colores, pues los quarks vienen en tres tonos (número: 60). Pero ¿quién lleva la cuenta?

La historia sugiere que quizá hallemos cosas, llamémoslas «prequarks», con las que se reduzca el número total de ladrillos básicos. Pero la historia no siempre tiene razón. La noción nueva es que ahora vemos por un espejo y oscuramente: la proliferación de los «á-tomos» en nuestro modelo estándar es una consecuencia de la manera en que miramos. Un juguete de niños, el calidoscopio, muestra hermosos patrones mediante espejos que añaden complejidad a un patrón simple. Se han visto patrones estelares que son producto de lentes gravitatorias. Tal y como ahora lo concebimos, el bosón de Higgs —la Partícula Divina— podría muy bien proporcionar el mecanismo que revelase tras nuestro modelo estándar, cada vez más complejo, un mundo simple, de pura simetría.

Esto nos devuelve a un viejo debate filosófico. ¿Es real este universo? Si lo es, ¿podemos conocerlo? Los teóricos no se enfrentan a menudo a este problema. Se limitan a aceptar la realidad objetiva por su valor nominal, como Demócrito, y se ponen a calcular. (Una elección inteligente, si de lo que se trata es de llegar a alguna parte con un lápiz y unas hojas.) Pero al experimentador, atormentado por la fragilidad de sus instrumentos y sentidos, le entra un sudor frío ante la tarea de medir esta realidad, que puede resultar, cuando se tiende sobre ella la regla, resbaladiza. A veces los números que arroja un experimento son tan raros e inesperados que le ponen los pelos de punta al físico.

Cojamos el problema de la masa. Los datos que hemos reunido sobre las masas de los quarks y de las partículas W y Z son totalmente desconcertantes. Los leptones —el electrón, el muón y el tau— se nos presentan como partículas que parecen idénticas en todo excepto en sus masas. ¿Es real la masa? ¿O es una ilusión, un producto del entorno cósmico? En la literatura de los años ochenta y noventa borbotea la idea de que algo impregna el espacio vacío y les da a los átomos un peso ilusorio. Ese «algo» se manifestará un día en nuestros instrumentos en forma de partícula.

Mientras tanto, aparte de átomos y espacio vacío, nada existe; lo demás es opinión.

Oigo al viejo Demócrito carcajearse.

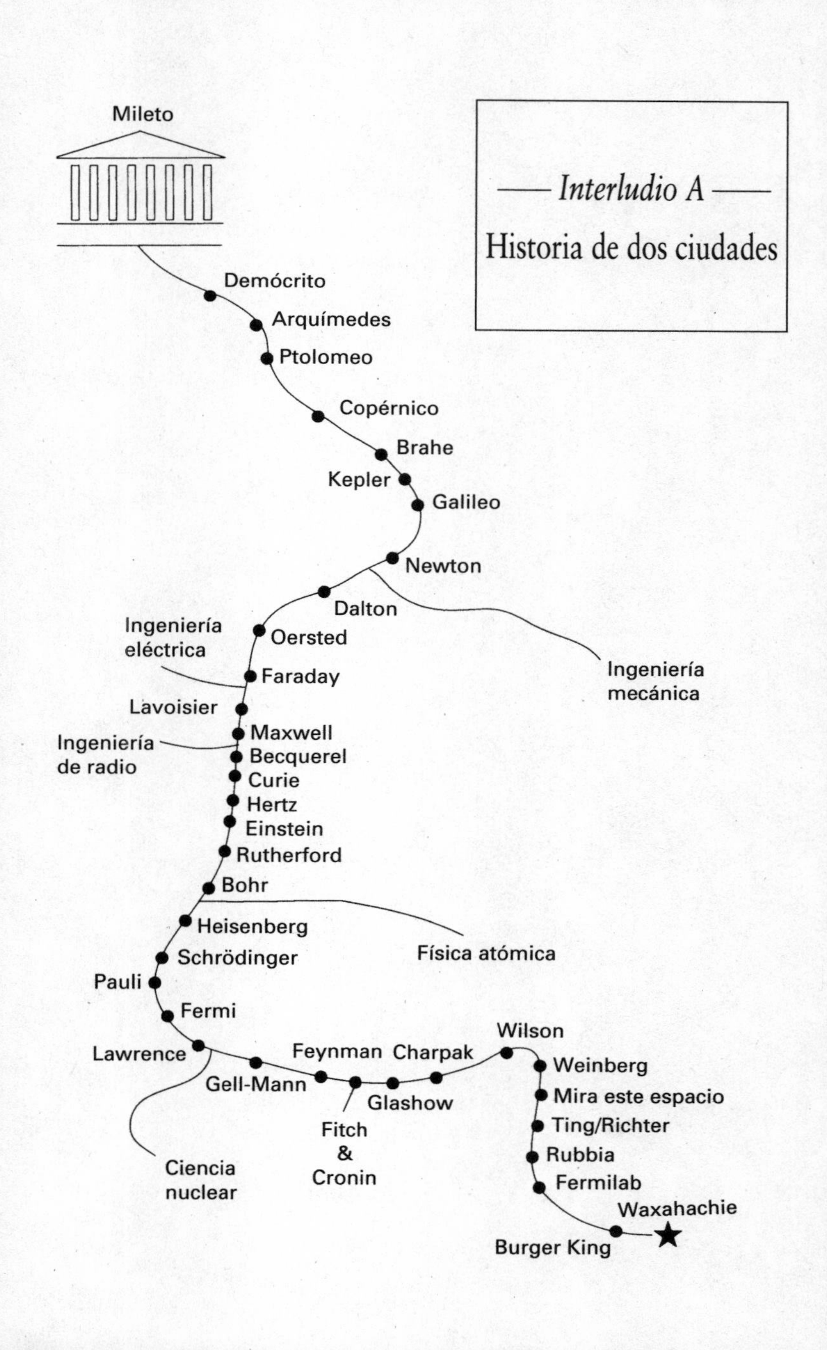
Mileto
— Interludio A —
Historia de dos ciudades
Demócrito
Arquímedes
Ptolomeo
Copérnico
Brahe
Kepler
Galileo
Newton
Dalton
Ingeniería mecánica
Ingeniería eléctrica
Oersted
Faraday
Lavoisier
Maxwell
Ingeniería de radio
Becquerel
Curie
Hertz
Einstein
Rutherford
Bohr
Heisenberg
Física atómica
Schrödinger
Pauli
Fermi
Lawrence
Wilson
Feynman
Charpak
Gell-Mann
Glashow
Weinberg
Mira este espacio
Ting/Richter
Rubbia
Fermilab
Fitch & Cronin
Ciencia nuclear
Waxahachie
Burger King

3

EN BUSCA DEL ÁTOMO: LA MECÁNICA

> Me gustaría deciros, a vosotros que preparáis la celebración del 350 aniversario de la publicación de la gran obra de Galileo Galilei, *Dialoghi sui due massimi sistemi del mondo*, que la experiencia de la Iglesia, durante el caso Galileo y después, la ha llevado a una actitud más madura y a una comprensión más exacta de la autoridad que le es propia. Repito ante vosotros lo que afirmé ante la Academia Pontificia de Ciencias el 10 de noviembre de 1979: «Espero que los teólogos, los eruditos y los historiadores, animados por un espíritu de sincera colaboración, estudiarán el caso de Galileo con mayor profundidad y, en franco reconocimiento de los errores, sean del lado que sean, disiparán la desconfianza que todavía constituye un obstáculo, en los espíritus de muchos, para la fructífera concordia de la ciencia y la fe».
>
> Su Santidad el papa JUAN PABLO II, 1986

Vincenzo Galilei odiaba a los matemáticos. Podría parecer extraño, pues él mismo fue uno de ellos y muy dotado. Pero antes que nada era músico, un intérprete de laúd muy reputado en la Florencia del siglo XVI. En la década de 1580 orientó sus talentos a la teoría musical y la encontró deficiente. La culpa, decía Vincenzo, la tenía un matemático que llevaba muerto dos mil años, Pitágoras.

Pitágoras, un místico, nació en la isla griega de Samos alrededor de un siglo antes que Demócrito. Pasó la mayor parte de su vida en Italia, donde organizó la secta de los pitagóricos, una especie de sociedad secreta de hombres que sentían un respeto religioso por los números y cuyas vidas estaban gobernadas por tabúes obsesivos. Se negaban a comer judías o a coger los objetos que se les caían. Al levantarse por las mañanas, se cuidaban de alisar las sábanas para borrar la impresión que habían dejado en ellas sus cuerpos. Creían en la reencarnación, y rehusaban comer o golpear perros por si fueran amigos perdidos hacía tiempo.

Les obsesionaban los números. Creían que las cosas eran números. No sólo que los objetos pudieran ser numerados, sino que *eran* números, como el 1, 2, 7 o 32. Pitágoras pensaba en los números como en figuras y a él se debe la noción de los cuadrados y los cubos de los números, palabras que hoy nos acompañan todavía. (Habló también de los números «oblongos» y «triangulares», pero en estos términos ya no pensamos.)

Pitágoras fue el primero en adivinar una gran verdad relativa a los triángulos rectángulos. Señaló que *la suma de los cuadrados de los catetos es igual al cuadrado de la hipotenusa*, fórmula que se graba al fuego en todo cerebro adolescente que se pierda en una clase de geometría, de Des Moines a Ulan Bator. Esto me recuerda cuando uno de mis alumnos se incorporó al ejército y el sargento les instruyó, a él y a otros soldados rasos, sobre el sistema métrico:

SARGENTO: En el sistema métrico el agua hierve a noventa grados.

SOLDADO: Le ruego me perdone, señor, hierve a cien grados.

SARGENTO: Por supuesto. Soy un estúpido. Es el triángulo rectángulo el que hierve a noventa grados.

Los pitagóricos amaban el estudio de las razones, de las proporciones entre las cosas. Idearon el «rectángulo de oro», la figura perfecta, cuyas proporciones son visibles en el Partenón y en muchas otras estructuras griegas, así como en las pinturas renacentistas.

Pitágoras fue el primero que le dio al rollo cósmico. Fue él (y no Carl Sagan) quien acuñó la palabra *kosmos* para referirse a todo lo que hay en nuestro universo, de los seres humanos a la Tierra y a las estrellas en rotación sobre nuestras cabezas. *Kosmos* es una palabra griega intraducible que denota las cualidades de orden y belleza. El universo es un *kosmos*, dijo, un todo ordenado, y cada uno de nosotros, seres humanos, también es un *kosmos* (algunos más que otros).

Si Pitágoras viviese hoy, lo haría en las colinas de Malibú o quizá en Marin County. Se pasaría la vida en los restaurantes macrobióticos acompañado por un séquito entusiasta de mujeres jóvenes llenas de odio hacia las judías y que llevarían nombres del estilo de Sundance Acacia o Princesa Gaia. O quizá fuese profesor adjunto de matemáticas en la Universidad de California en Santa Cruz.

Pero me estoy saliendo del tema. El hecho crucial de nuestra historia es que los pitagóricos amaban la música, a la que aportaron su obsesión por los números. Pitágoras creía que la consonancia musical dependía de los «números sonoros». Sostenía que las consonancias perfectas eran los intervalos de la escala musical que se pueden expresar como razones de los números 1, 2, 3 y 4. Estos números suman 10, el número perfecto según la concepción pitagórica del mundo. Los pitagóricos llevaban a sus reuniones sus instrumentos musicales, y las convertían en *jam sessions*. No sabemos si eran buenos; no se grababan discos compactos por entonces. Pero un crítico posterior hizo una docta conjetura al respecto.

Vincenzo Galilei pensaba que los pitagóricos debieron de tener un oído colectivo de hormigón armado, habida cuenta de sus ideas sobre la consonancia. A Vincenzo su oído le decía que Pitágoras estaba equivocado de todas, todas. Otros músicos en ejercicio del siglo XVI tampoco les hicieron caso a estos antiguos griegos. Sin embargo, las ideas de Pitágoras perduraron incluso hasta los días de Vincenzo, y los números sonoros eran aún un componente respetado de la teoría musical, si no de la práctica. El mayor defensor de Pitágoras en el siglo XVI fue Gioseffo Zarlino, el principal teórico musical de su tiempo y, además, maestro de Vincenzo.

Vincenzo y Zarlino entablaron una agria disputa sobre el asunto, y Vincenzo, para probar lo que sostenía, ideó un método revolucionario en aquel tiempo: *experimentó*. Mediante la realización de experimentos con cuerdas de diferentes longitudes o cuerdas de igual longitud pero diferentes tensiones, halló nuevas relaciones matemáticas no pitagóricas en la escala musical. Algunos mantienen que Vincenzo fue el primero en desacreditar mediante la experimentación una ley matemática universalmente aceptada. Como mínimo, perteneció a la vanguardia de un movimiento que puso en lugar de la vieja polifonía la armonía moderna.

Sabemos que hubo al menos una persona que asistió con interés a estos experimentos musicales. El hijo mayor de Vincenzo le observaba mientras medía y calculaba. Exasperado por el dogma de la teoría musical, Vincenzo despotricó ante su hijo contra la estupidez de las matemáticas. No conocemos las palabras exactas, pero dentro de mí puedo oírle vociferar algo así: «Olvídate de esas teorías con números estúpidos. Escucha lo que tus oídos te digan. ¡Que no tenga que oír nunca que quieres ser matemático!». Enseñó bien al chico, e hizo de él un competente ejecutante del laúd y de otros instrumentos. Educó sus sentidos y le enseñó a detectar los errores de tiempo, habilidad esencial para un músico. Pero quiso que su hijo mayor renunciara tanto a la música como a las matemáticas. Padre al fin y al cabo, Vincenzo quería que su hijo fuese médico; deseaba que tuviera unos ingresos decentes.

Contemplar estos experimentos causó en el joven un efecto mayor de lo que Vincenzo pudo haber imaginado. Al chico le apasionó especialmente un experimento en el que su padre aplicó varias tensiones a sus cuerdas colgándoles pesos distintos de sus cabos. Al pinzarlas, estas cuerdas cargadas hacían de péndulos, y ahí puede que empezase el joven Galileo a pensar en las maneras características con que los objetos se mueven en este universo.

El hijo se llamaba, claro, Galileo. Desde el punto de vista moderno, los logros de Galileo son tan luminosos que cuesta percibir en ese periodo de la historia a nadie que no sea él. Galileo ignoró las diatribas de Vincenzo sobre lo espurias que eran las matemáticas, y se hizo profesor de matemáticas precisamente. Pero, por mucho que amase el razonamiento matemático, lo subordinó a la observación y la medición. De su hábil mezcla de una cosa y la otra se dice con frecuencia que supuso el verdadero comienzo del «método científico».

Galileo, Zsa Zsa y yo

Galileo marcó un nuevo principio. En este capítulo y en el que sigue veremos la creación de la física clásica. Conoceremos a un imponente conjunto de héroes: Galileo, Newton, Lavoisier, Mendeleev, Faraday, Maxwell y Hertz, entre otros. Cada uno atacó el problema de hallar el ladrillo último de la naturaleza desde un ángulo diferente. Este capítulo me intimida. De todos ellos se ha escrito una y otra vez. La física es un terreno bien cubierto. Me siento como el séptimo marido de Zsa Zsa Gabor. Sé qué hacer, pero ¿cómo hacer que resulte interesante?

Gracias a los pensadores posteriores a Demócrito, poco pasó en la ciencia desde la época de los atomistas hasta el alba del Renacimiento. Esta es una de las razones por las que la Edad Oscura fue tan oscura. Lo bueno de la física de partículas es que podemos pasar por alto casi dos mil años de pensamiento intelectual. La lógica aristotélica —geocéntrica, humanocéntrica, religiosa— dominó la cultura occidental de este periodo, creando un entorno estéril para la física. Ni que decir tiene que Galileo no brotó ya crecido en un completo desierto. Rindió tributo a Arquímedes, Demócrito y al poeta-filósofo romano Lucrecio. Sin duda estudió, y se basó en ellos, a otros precursores que hoy sólo conocen bien los eruditos. Galileo aceptó la visión del mundo de Copérnico (tras haberla comprobado cuidadosamente), y ello determinó su futuro personal y político.

Veremos en este periodo un apartamiento del método griego. Ya no basta la Razón Pura. Entramos en una era de la experimentación. Como Vincenzo le dijo a su hijo, entre el mundo real y la razón pura (es decir, las matemáticas) están los sentidos y, lo que es más importante, la medición. Conoceremos a varias generaciones de medidores y de teóricos. Veremos de qué manera la interrelación de estos dos campos sirvió para que se forjase un edificio intelectual magnífico, lo que ahora conocemos como física clásica. De su obra no sacaron provecho sólo académicos y filósofos. De sus descubrimientos salieron técnicas que cambiaron la manera en que los seres humanos viven en este planeta.

Por supuesto, las mediciones no son nada sin las correspondientes varas de medir, sin sus instrumentos. Fue un periodo de científicos maravillosos, sí, pero también de maravillosos instrumentos.

Bolas e inclinaciones

Galileo prestó particular atención al estudio del movimiento. Puede que dejara caer piedras desde la torre inclinada de Pisa o puede que no, pero su análisis lógico de la relación que guardan entre sí la distancia, el tiempo y la velocidad seguramente es anterior a los experimentos que efectuó. Galileo estudió de qué manera se movían las cosas, no dejándolas caer libremente, sino por medio de un truco, un sustitutivo: el plano inclinado. Galileo razonó que el movimiento de una bola que rueda hacia abajo por una lámina lisa inclinada tenía que guardar una relación estrecha con el de una bola en caída libre, pero el plano tenía la enorme ventaja de retardar el movimiento lo bastante para que cupiese medirlo.

Pudo al principio comprobar este razonamiento con inclinaciones muy suaves —levantando un extremo de la lámina, de unos dos metros de largo, unos cuantos centímetros para crear un pequeño declive— y repitiendo sus mediciones con inclinaciones crecientes hasta que la velocidad llegase a ser tan grande que no fuera posible medirla con precisión. De esta forma debió de ganar confianza en que sus conclusiones se podían extender hasta la inclinación máxima, la caída libre vertical.

Ahora bien, necesitaba algo que midiese los tiempos durante el descenso. La visita de Galileo al centro comercial de la localidad para comprar un cronómetro falló; faltaban todavía trescientos años para que se inventase. Aquí es donde la educación que le impartió su padre entró en juego. Recordad que Vincenzo refinó el oído de Galileo para los tiempos musicales. Una marcha, por ejemplo, debe marcar un tiempo cada medio segundo. Con ese compás un músico competente, y Galileo lo era, puede detectar un error de alrededor de un sesenta y cuatroavo de segundo.

Galileo, perdido en un mundo sin relojes, decidió hacer de su plano inclinado una especie de instrumento musical. Dispuso a través del plano una serie de cuerdas de laúd, a intervalos. Así, al dejar caer una bola por la pendiente sonaba un clic cada vez qué pasaba sobre una cuerda. Galileo las fue corriendo hacia arriba y hacia abajo hasta que su oído percibió una sucesión de clics constante. Tocaba al laúd una marcha; dejaba caer la bola en un tiempo, y una vez estaban las cuerdas puestas adecuadamente, la bola pasaba por cada cuerda de laúd coincidiendo justo con los tiempos sucesivos de la pieza, separados entre sí medio segundo. Cuando Galileo midió los espacios entre las cuerdas —*mirabile dictu*!—, halló que pendiente abajo crecían geométricamente. En otras palabras, la distancia que había desde el punto de arranque hasta la segunda cuerda era cuatro veces la que había del arranque a la primera cuerda. La distancia desde el principio hasta la tercera cuerda era nueve veces el primer intervalo; la cuarta cuerda estaba dieciséis veces más abajo que la primera; y así sucesivamente, aun cuando cada hueco entre las cuerdas representaba siempre medio segundo. (Las razones de los intervalos, 1 a 4 a 9 a 16, pueden también expresarse como cuadrados: 1^2, 2^2, 3^2, 4^2, y así sucesivamente.)

Pero ¿qué pasa si se levanta el plano una pizca y la inclinación crece? Galileo trabajó con muchos ángulos distintos y obtuvo esa misma relación, esa misma secuencia de cuadrados, para cada inclinación, de suave a menos suave, hasta que el movimiento se volvió demasiado veloz para que su «reloj» registrase las distancias con suficiente precisión. Lo crucial era que Galileo había demostrado que un objeto que cae no sólo se precipita hacia el suelo, sino que se precipita más y más y más deprisa. Se *acelera*, y la aceleración es constante.

Como era matemático, enunció una fórmula que describe este movimiento. La distancia s que cubre un cuerpo que cae es igual a un número A de veces el cuadrado del tiempo t que le lleva cubrir esa distancia. En el viejo lenguaje del álgebra, abreviamos esto diciendo: $s = At^2$. La constante A cambia con la inclinación del plano. A representa el concepto básico de aceleración, es decir, el incremento de la velocidad a medida que el objeto va cayendo. Galileo fue capaz de deducir que la velocidad cambia en función del tiempo de manera más sencilla que la distancia, pues aumenta simplemente con el tiempo, en vez de con su cuadrado.

El plano inclinado, la capacidad del oído educado para medir los tiempos hasta un sesenta y cuatroavo de segundo y la de medir distancias con una exactitud del orden del milímetro le dieron a Galileo la precisión que necesitaba para hacer sus mediciones. Galileo inventó más tarde un reloj que se basaba en el periodo regular del péndulo. Hoy, la precisión de los relojes atómicos de cesio de la Oficina de

Pesos y Medidas supera ¡la millonésima de segundo al año! Estos relojes tienen por rivales a los propios de la naturaleza: los púlsares astronómicos, que son estrellas de neutrones rotatorias que barren el cosmos con haces de ondas de radio y lo hacen con una regularidad que ya la quisierais para vuestros relojes. Pueden, de hecho, ser más precisos que el pulso atómico del átomo de cesio. Galileo habría entrado en trance por esta conexión profunda entre la astronomía y el atomismo.

Bueno, ¿qué hay en $s = At^2$ que sea tan importante?

Fue, que sepamos, la primera vez que se describió el movimiento matemáticamente de una forma correcta. Los conceptos básicos de aceleración y velocidad se definieron nítidamente. La física es el estudio de la materia y del movimiento. El movimiento de los proyectiles, el movimiento de los átomos, el giro de los planetas y de los cometas deben todos describirse cuantitativamente. Las matemáticas de Galileo, confirmadas por el experimento, proporcionaron el punto de partida.

Por si todo esto suena demasiado fácil, deberíamos tener en cuenta que la obsesión de Galileo por la ley de la caída libre duró décadas. Hasta publicó una forma incorrecta de la ley. Casi todos nosotros, que somos en esencia aristotélicos (¿sabéis, queridos lectores, que sois en esencia aristotélicos?), supondríamos que la velocidad de la caída dependería del peso de la bola. Galileo, como era listo, razonó de manera distinta. Pero ¿es tan absurdo creer que las cosas pesadas caen más deprisa que las livianas? Lo creemos porque la naturaleza nos confunde. Listo como era, Galileo hubo de realizar experimentos cuidadosos para mostrar que la dependencia *aparente* del tiempo de caída de un cuerpo de su peso se debe a la fricción de la bola con el plano. Así que pulió y pulió para disminuir el efecto de la fricción.

La pluma y la moneda

Sacar una ley simple de la física de una serie de mediciones no es tan sencillo. La naturaleza oculta la simplicidad con una maraña de circunstancias que van añadiendo complejidad, y la tarea del experimentador es eliminar esas complicaciones. La ley de la caída libre es un ejemplo espléndido. En la física para principiantes sostenemos una pluma y una moneda en lo alto de un largo tubo de cristal y las dejamos caer a la vez. La moneda cae más deprisa y golpea el fondo en menos de un segundo. La pluma flota y cae suavemente, y llega en cinco o seis segundos. Observaciones como esta condujeron a Aristóteles a formular su ley de que los objetos más pesados caen más deprisa que los ligeros. Extraigamos ahora el aire del tubo y repitamos el experimento. La pluma y la moneda tardarán lo mismo en caer. La resistencia del aire oscurece la ley de la caída libre. Para progresar, hemos de retirar este rasgo que complica las cosas a fin de obtener una ley simple. Luego, si es importante, podremos aprender a reintegrar ese efecto y llegar a una ley más compleja pero más aplicable.

Los aristotélicos creían que el estado «natural» de un objeto era el de reposo. Dale un empujón a una bola por un plano y acabará por pararse, ¿no? Galileo lo sabía todo acerca de las condiciones imperfectas, y ese conocimiento le llevó a uno de los grandes descubrimientos. Leía en los planos inclinados física como Miguel Ángel veía cuerpos magníficos en los trozos de mármol. Cayó en la cuenta, sin embargo, de que, a causa de la fricción, la presión del aire y otras condiciones imperfectas, su plano inclinado no era ideal para el estudio de las fuerzas sobre objetos diversos. ¿Qué pasaría, ponderaba, si se dispusiese de un plano ideal? Como Demócrito cuando afilaba mentalmente su cuchillo, pulid mentalmente también el plano hasta que adquiera la lisura absoluta, del todo libre de fricción. Ponedlo entonces en una cámara donde se haya hecho el vacío, para libraros de la resistencia del aire. Y extended el plano hasta el infinito. Aseguraos de que está perfectamente horizontal. Ahora, en cuanto le deis un golpe insignificante a la bola, perfectamente pulida, que habéis colocado sobre vuestro plano liso a más no poder, ¿hasta dónde rodará? (Mientras todo esto permanezca en la mente, el experimento es posible y barato.)

La respuesta es: rodará para siempre. Galileo razonó, pues: si un plano, incluso uno terrestre, imperfecto, se inclina, una bola a la que se empuje desde abajo hacia arriba irá más y más despacio. Si se la suelta desde arriba, irá más y más deprisa. Por lo tanto, usando el sentido intuitivo de la continuidad de la acción, concluyó que una bola que se mueva en un plano horizontal ni se frenará ni se irá haciendo más veloz, sino que seguirá igual para siempre. Galileo había dado un salto intuitivo a lo que ahora llamamos la primera ley del movimiento de Newton: un cuerpo en movimiento tiende a permanecer en movimiento. No hacen falta fuerzas para el movimiento, sino para el cambio del movimiento. En contraste con la concepción aristotélica, el estado natural de un cuerpo es el movimiento a velocidad constante. El reposo es el caso especial de velocidad nula, pero en la nueva concepción no es más natural que una u otra velocidad constante. Para cualquiera que haya conducido un automóvil o un coche de caballos, se trata de una idea contraria a la intuición. A no ser que se mantenga el pie en el pedal o se vaya azuzando al caballo, el vehículo se parará. Galileo vio que para hallar la verdad hay que atribuirle mentalmente propiedades ideales al instrumento. (O conducir el coche sobre una carretera resbaladiza de hielo.) El genio de Galileo consistió en ver de qué manera había que eliminar las causas naturales que nos ofuscan, la fricción o la resistencia del aire, para establecer un conjunto de relaciones fundamentales acerca del mundo.

Como veremos, la Partícula Divina misma es una complicación impuesta sobre un universo simple y bello, quizá para ocultar esta deslumbrante simetría a una humanidad que todavía no se merece contemplarla.

La verdad de la torre

El más famoso ejemplo de la habilidad que tenía Galileo de despojar a la simplicidad de complejidades es la historia de la torre inclinada de Pisa. Muchos expertos dudan de que este suceso fabulado haya realmente ocurrido. Stephen Hawking, por citar uno, escribe que la historia es «casi con toda certeza falsa». ¿Por qué, se pregunta Hawking, se habría molestado Galileo en dejar caer pesos de una torre sin disponer de un medio adecuado para medir los tiempos de caída cuando ya tenía su plano inclinado con el que trabajar? ¡La sombra de los griegos! Hawking, el teórico, usa aquí la Razón Pura. Eso no vale con un tipo como Galileo, experimentador de experimentadores.

Stillman Drake, el biógrafo por excelencia de Galileo, cree que la historia de la torre inclinada es cierta por una serie de razones históricas sensatas. Pero es que además concuerda con la personalidad de Galileo. El experimento de la torre no fue en realidad un experimento, sino una exhibición, un *happening* para los medios de comunicación, el primer gran número científico con fines publicitarios. Galileo se pavoneaba, y les quitaba las plumas a sus críticos.

Galileo era un individuo irascible; no agresivo, en realidad, sino de respuesta pronta y competidor fiero cuando se le retaba. Podía ser un tábano cuando se le molestaba, y le molestaba la tontería en todas sus formas. Hombre informal, ridiculizó las togas doctorales que había que vestir obligatoriamente en la Universidad de Pisa, y escribió un poema humorístico titulado «Contra la toga» que apreciaron muchísimo los profesores jóvenes y pobres, quienes a duras penas podían costearse las prendas. (A Demócrito, que ama las togas, no le gustó nada el poema.) A los profesores mayores no es que les divirtiese precisamente. Galileo escribió también ataques contra sus rivales usando varios pseudónimos. Su estilo era característico, y no engañó a mucha gente. No extraña que tuviera enemigos.

Sus peores rivales intelectuales fueron los aristotélicos,

quienes creían que un cuerpo se mueve sólo si lo impulsa alguna fuerza y que un cuerpo pesado cae más deprisa que uno ligero porque experimenta una atracción mayor hacia la Tierra. Nunca se les ocurrió comprobarlo. Los profesores aristotélicos ejercían un dominio muy considerable en la Universidad de Pisa y, por lo que a esto se refiere, en la mayoría de las universidades italianas. Como os podréis imaginar, Galileo no era lo que se dice uno de sus favoritos.

El número de la torre inclinada de Pisa se dirigió a este grupo. Hawking tiene razón en que no habría sido un experimento ideal. Pero fue un acontecimiento. Y como pasa en todo acontecimiento teatral, Galileo sabía de antemano lo que iba a ocurrir. Puedo imaginármelo subiendo a la torre totalmente a oscuras a las tres de la madrugada y tirándoles un par de bolas a sus ayudantes posdoctorales. «Deberías notar que las dos bolas te dan en la cabeza a la vez», le grita a su ayudante. «Chilla si la grande te da primero.» Pero en realidad no tenía por qué hacer esto; ya había razonado que las dos bolas darían en el suelo en el mismo instante.

Su mente funcionaba así: supongamos, decía, que Aristóteles tenía razón. La bola pesada llegará al suelo antes, lo que quiere decir que se habrá acelerado hasta una velocidad mayor. Peguemos entonces la bola pesada y la ligera. Si ésta es, en efecto, más lenta, retendrá a la pesada y hará que caiga más despacio. Sin embargo, al pegarlas se ha creado un objeto más pesado, que debería caer más deprisa que cada una de las bolas por separado. ¿Cómo resolvemos este dilema? Sólo hay una solución que satisfaga todas las condiciones: ambas bolas deben caer de manera que su velocidad cambie de la misma manera. Esta es la única conclusión que evita el callejón sin salida de la menor y mayor rapidez.

Galileo, dice el cuento, se pasó buena parte de la mañana dejando caer bolas de la torre, demostrando la verdad de lo que sostenía a los observadores interesados y metiéndoles el miedo en el cuerpo a los demás. Fue lo bastante sabio para no emplear una moneda y una pluma, sino dos pesos desiguales de forma muy similar (como una bola de madera y una esfera hueca de plomo del mismo radio) para que la resistencia del aire fuese más o menos la misma. Lo demás es historia, o debería serlo. Galileo había demostrado que la caída libre era sumamente independiente de la masa (si bien no sabía por qué, y sería Einstein, en 1915, quien realmente lo entendería). Los aristotélicos recibieron una lección que nunca olvidarían; ni perdonarían.

¿Ciencia o espectáculo? Un poco ambas cosas. No sólo los experimentadores son propensos a ello. Richard Feynman, el gran teórico (pero un teórico que demostró siempre un apasionado interés por los experimentos), se presentó ante la opinión pública cuando formó parte de la comisión que investigaba el desastre del transbordador espacial *Challenger*. Como quizá recordéis, hubo una polémica acerca de la capacidad de resistir las bajas temperaturas que tenían las juntas del transbordador. Feynman zanjó la discusión con un sencillo gesto: echó un puñado de arandelas en un vaso de agua helada y dejó que el público viese cómo perdían su elasticidad. Ahora bien, ¿no os parece que Feynman, como Galileo, sabía de antemano lo que iba a pasar?

La verdad es que en los años noventa el experimento de la torre de Galileo ha resurgido con flamante intensidad. La cuestión es si hay una «quinta fuerza», una adición hipotética a la ley newtoniana de la gravitación que produciría una diferencia pequeñísima cuando se dejan caer una bola de cobre y, digamos, una de plomo. La diferencia en la duración de una caída de, por ejemplo, treinta metros sería de menos de una mil millonésima de segundo, inconcebible en los tiempos de Galileo, una dificultad meramente respetable dada la técnica actual. Por ahora, las pruebas a favor de la quinta fuerza que aparecieron a finales de los años ochenta se han esfumado por completo, pero permaneced atentos a los periódicos para manteneos al día.

Los átomos de Galileo

¿Qué pensaba Galileo de los átomos? Influido por Arquímedes, Demócrito y Lucrecio, Galileo era, intuitivamente, un atomista. Enseñó y escribió sobre la naturaleza de la materia y la luz durante muchos años, sobre todo en su libro *El ensayador*, de 1622, y en su última obra, las *Consideraciones y demostraciones matemáticas sobre dos ciencias nuevas*. Al parecer, creía que la luz estaba compuesta por corpúsculos puntuales y que la materia se construía de manera similar.

Galileo llamaba a los átomos los «cuantos menores». Se representó más tarde «un número infinito de átomos separados por un número de vacíos infinito». La concepción mecanicista está estrechamente ligada a las matemáticas de los infinitesimales, precursoras del cálculo que Newton inventaría sesenta años más tarde. Aquí hay toda una mina de paradojas. Tómese un simple cono circular —¿un capirote?— e imagínese que se corta horizontalmente, paralelamente a la base. Examinemos dos rebanadas contiguas. La parte de arriba de la pieza inferior es un círculo, el fondo de la superior otro círculo. Como antes estaban en contacto directo, punto a punto, tienen el mismo radio. Sin embargo, el cono es continuamente más pequeño, así que ¿cómo pueden ser iguales los círculos? Sin embargo, si cada círculo se compone de un número infinito de átomos y vacíos, cabe imaginar que el círculo superior contiene un número de átomos inferior, si bien aún infinito. ¿No? Recordemos que estamos en 1630 o por ahí, y que tratamos de ideas sumamente abstractas, ideas a las que les faltaban aún doscientos años para que se las sometiese a prueba experimental. (Una forma de escapar de esta paradoja es preguntar qué grueso tiene el cuchillo que corta el cono. Creo que oigo otra vez la risa floja de Demócrito.)

En las *Consideraciones y demostraciones matemáticas sobre dos ciencias nuevas*, Galileo presenta sus últimas reflexiones sobre la estructura atómica. En esta hipótesis, según historiadores recientes, los átomos se reducen a la abstracción matemática de puntos, carentes de toda dimensión, claramente indivisibles e imposibles de partir, pero desprovistos también de las formas que Demócrito había imaginado.

Ahí Galileo acercó la idea a su versión moderna, los quarks y los leptones puntuales.

Aceleradores y telescopios

Los quarks son aún más abstractos y difíciles de visualizar que los átomos. Nadie ha «visto» nunca uno, así que ¿cómo pueden existir? Nuestra prueba es indirecta. Las partículas chocan en un acelerador. Depurados dispositivos electrónicos reciben y procesan impulsos eléctricos generados por las partículas en una diversidad de sensores del detector. Un ordenador interpreta los impulsos electrónicos que salen del detector y los reduce a un montón de ceros y unos. Envía estos resultados a un monitor en nuestra sala de control. Miramos la representación de unos y ceros y decimos «¡Madre mía, un quark!». Al profano le parece tan inverosímil. ¿Cómo podemos estar tan seguros? ¿No podrían haber «fabricado» el quark el acelerador o el detector o el ordenador o el cable que va del ordenador al monitor? Al fin y al cabo, nunca hemos visto el quark con los ojos que Dios nos ha dado. ¡Oh, aquellos días en que la ciencia era más sencilla! ¿No sería extraordinario volver al siglo XVI? ¿O no? Que se lo pregunten a Galileo.

Galileo construyó, según se recoge en sus anotaciones, un número enorme de telescopios. Probó su telescopio, en sus propias palabras, «cien mil veces con cien mil estrellas y otros cuerpos». Se fiaba del artilugio. Me viene ahora a la cabeza una pequeña imagen. Ahí está Galileo con todos sus estudiantes graduados. Mira por la ventana con su telescopio, describe lo que ve y todos lo van apuntando: «Aquí hay un árbol. Tiene una rama de tal forma y una hoja de tal otra». Una vez les ha dicho qué ha visto por el telescopio, montan todos en sus caballos o carruajes —puede que un autobús— y atraviesan el campo para mirar el árbol de cerca. Lo comparan con la descripción de Galileo. Así es como se calibra un instrumento. Hay que hacer las cosas diez mil veces. Un crítico de Galileo describe la meticulosa naturaleza de la comprobación y dice: «Si sigo estos experimentos con objetos terrestres, el telescopio es soberbio. Aunque interpone algo entre el ojo y el objeto que Dios nos ha dado, me fío de él. No te engaña. Pero miras al cielo y hay una estrella; y miras por el telescopio, y hay dos. ¡Es una locura!».

De acuerdo, no fueron esas sus palabras exactas. Pero sí hubo un crítico que empleó palabras cuyo efecto era el mismo a fin de poner en entredicho la afirmación de Galileo: que Júpiter tenía cuatro lunas. El telescopio le permitía ver más de lo que puede verse a simple vista; mentía, pues. También un profesor de matemáticas despreció a Galileo; decía que también él vería cuatro lunas en Júpiter si le diesen tiempo suficiente «para meterlas en unos cristales».

Cualquiera que use un instrumento se ve abocado a problemas como esos. ¿«Fabrica» el instrumento los resultados? Hoy los críticos de Galileo parecen tontos, pero ¿eran unos majaderos o sólo eran conservadores científicos? Un poco ambas cosas, qué duda cabe. En 1600 se creía que el ojo desempeñaba un papel activo en la visión; el globo ocular, que nos ha dado Dios, interpretaba el mundo visual para nosotros. Hoy sabemos que el ojo no es más que una lente que contiene un montón de receptores que transmiten la información a nuestra corteza visual, donde en realidad «vemos». El ojo, de hecho, es un intermediario entre el objeto y el cerebro, lo mismo que el telescopio. ¿Lleváis gafas? Pues ya estáis generando modificaciones. Las cosas llegaban al punto de que muchos cristianos devotos y filósofos de la Europa del siglo XVI casi consideraban sacrílego que se llevasen gafas, aun cuando existían ya desde hacía tres siglos. Una excepción notable fue Johannes Kepler; era muy religioso, pero no por ello dejó de llevar gafas que le ayudasen a ver; fue una suerte, pues llegó a ser el mayor astrónomo de su tiempo.

Aceptemos que un instrumento bien calibrado proporciona una buena aproximación a la realidad. Tan buena, quizá, como el instrumento último, nuestro cerebro. Hasta el cerebro ha de ser calibrado algunas veces, y hay que aplicarle salvaguardas y factores de corrección de errores para compensar la distorsión. Por ejemplo, aunque se tenga vista de lince, con unos pocos vasos de vino puede que el número de amigos que hay alrededor de uno se doble.

El Carl Sagan de 1600

Galileo contribuyó a que se abriese paso la aceptación de los instrumentos, logro cuya importancia para la ciencia y la experimentación no puede exagerarse. ¿Qué tipo de persona era? Se nos aparece como un pensador profundo, de mente sutil, capaz de hallazgos intuitivos que envidiaría cualquier físico teórico de hoy, pero con una energía y unas habilidades técnicas gracias a las que pulió lentes y construyó muchos instrumentos: telescopios, el microscopio compuesto, el reloj de péndulo. Políticamente, pasaba del conservadurismo dócil a los ataques audaces y mortificantes contra sus oponentes. Debió de ser una dinamo de actividad, siempre atareado, pues dejó una correspondencia enorme y volúmenes monumentales de obras publicadas. Fue un divulgador, y tras la supernova de 1604 dio conferencias a grandes audiencias; su latín era claro, vulgarizado. Nadie se acercó tanto a ser el Carl Sagan de su época. Sin muchas facultades le habrían dado una plaza, tan vigoroso era su estilo y tan punzantes sus críticas, por lo menos antes de su condena.

¿Fue Galileo el físico completo? No ha habido otro tan completo en toda la historia; combinó las habilidades tanto del teórico como del experimentador consumados. Si tuvo fallos, cayeron del lado teórico. Aunque esta combinación fue hasta cierto punto común en los siglos XVIII y XIX, en la actual época de especialización es rara. En el siglo XVII, mucho de lo que habría pasado por «teoría» venía en tan estrecho apoyo del experimento que desafiaba toda distinción entre aquélla y éste. Pronto veremos las ventajas de que haya un gran experimentador al que siga un gran teórico. En realidad, en el tiempo de Galileo ya había habido una sucesión así de importancia crucial.

El hombre sin nariz

Dejadme que, por un minuto, vuelva atrás, pues no hay libro sobre los instrumentos y el pensamiento, el experimento y la teoría, que esté completo sin dos nombres que van juntos como Marx y Engels, Emerson y Thoreau o Siegfried y Roy. Hablo de Brahe y Kepler. Eran astrónomos puros, no físicos, pero merecen una breve digresión.

Tycho Brahe fue uno de los personajes más peculiares de la historia de la ciencia. Este noble danés, nacido en 1546, fue medidor de medidores. Al contrario que los físicos atomistas, que miran hacia abajo, él elevó la vista a los cielos, y lo hizo con una precisión inaudita. Brahe construyó todo tipo de instrumentos para medir la posición de las estrellas, de los planetas, de los cometas, de la Luna. A Brahe se le escapó la invención del telescopio por un par de decenios, así que construyó elaborados dispositivos visorios —semicírculos acimutales, reglas ptolemaicas, sextantes metálicos, cuadrantes acimutales, reglas paralácticas— con los que él y sus ayudantes determinaban, a simple vista, las coordenadas de las estrellas y de otros cuerpos celestes. La mayor parte de las diferencias entre esos aparatos y los sextantes actuales consistía en la presencia de brazos transversales con arcos entre ellos. Los astrónomos usaban los cuadrantes como rifles, y alineaban las estrellas mirando por las mirillas metálicas que había en los extremos de los brazos. Los arcos que conectaban los brazos transversales funcionaban como los transportadores angulares que usabais en la escuela, y con ellos los astrónomos medían el ángulo que formaba la línea visual a la estrella, planeta o cometa que se observase.

Nada había de especialmente nuevo en el concepto básico de los instrumentos de Brahe, pero quien marcaba el estado de desarrollo más avanzado de la instrumentación era él. Experimentó con distintos materiales. Se le ocurrió cómo hacer que esos artilugios tan engorrosos girasen con facilidad en los planos vertical u horizontal, fijándolos al mismo tiempo en un sitio de forma que siguiesen el movimiento de los objetos celestes desde un mismo punto noche tras noche. Y lo más importante de todo, los aparatos de medida de Brahe eran *grandes*. Como veremos al llegar a la era moderna, lo grande no siempre es mejor, pero suele serlo. El más famoso instrumento de Brahe fue el cuadrante mural; ¡tenía un radio de seis metros! Hicieron falta cuarenta hombres fuertes para empujarlo hasta su sitio; fue en su tiempo un verdadero Supercolisionador. Los grados marcados en su arco estaban tan separados entre sí que Brahe pudo dividir cada uno de los sesenta minutos de cada grado en seis subdivisiones de diez segundos. En términos más sencillos, el margen de error de Brahe era el ancho de una aguja que se sostiene con el brazo extendido. ¡Y todo esto con el mero ojo nada más! Para daros una idea del ego de este hombre, dentro del arco del cuadrante había un retrato a tamaño natural del propio Brahe.

Podría creerse que tanta puntillosidad señalaría a un ratón de biblioteca medio bobo. Tycho Brahe fue cualquier cosa menos eso. Su rasgo más inusual era su nariz o, más bien, el que no la tuviese. A los veinte años y siendo aún estudiante, mantuvo una furiosa discusión con un estudiante llamado Manderup Parsbjerg acerca de una cuestión matemática. La disputa, que ocurrió en una celebración en casa de un profesor, se calentó tanto que los amigos hubieron de separar a los dos. (Vale, puede que fuese un poco un ratón de biblioteca medio bobo, peleándose por unas fórmulas y no por chicas.) Una semana más tarde Brahe y su rival se encontraron otra vez en una fiesta de Navidad, se tomaron unas cuantas copas y reanudaron la pelea matemática. Esta vez no les pudieron calmar. Se dirigieron a un lugar a oscuras junto a un cementerio y allí se enfrentaron a espada. Parsbjerg acabó enseguida el duelo al rebanarle un buen pedazo de nariz a Brahe.

El episodio de la nariz perseguiría a Brahe toda su vida. Se cuentan dos historias sobre la manera en que se hizo la cirugía estética. La primera, casi con toda seguridad apócrifa, dice que encargó toda una serie de narices artificiales, de materiales diferentes para diferentes ocasiones. Pero la versión que aceptan la mayoría de los historiadores es casi tan buena. Según ella, Brahe ordenó una nariz permanente hecha de oro y plata, cuidadosamente pintada y con la forma de una nariz de verdad. Se dice que llevaba consigo una pequeña caja de pegamento, que aplicaba cuando empezaba a temblarle la nariz. Esta fue motivo de chistes. Un científico rival decía que Brahe hacía sus observaciones astronómicas por la nariz, que usaba de mirilla.

Pese a estas dificultades, Brahe tenía una ventaja sobre muchos científicos de hoy: su noble cuna. Fue amigo del rey Federico II, y tras hacerse famoso por sus observaciones de una supernova en la constelación de Casiopea, el rey le dio la isla de Hven en el Öresund para que la emplease como observatorio. A Brahe se le dio también el señorío sobre todos los campesinos de la isla, las rentas que se produjesen y fondos adicionales. De esta forma, Tycho Brahe se convirtió en el primer director de un laboratorio del mundo. ¡Y qué director fue! Con sus rentas, la donación del rey y su propia fortuna llevó una existencia regia. Sólo le faltaron los beneficios de tratar con las instituciones financiadoras de la Norteamérica del siglo XX.

Los ocho kilómetros cuadrados de la isla se convirtieron en el paraíso del astrónomo, cubiertos por los talleres de los artesanos que fabricaban los instrumentos, un molino de viento y casi sesenta estanques con peces. Brahe construyó para sí mismo una magnífica casa y observatorio en el punto más alto de la isla. La llamó Uraniborg, o «castillo celeste», y la encerró en un recinto amurallado dentro del cual había también una imprenta, los cuartos de los sirvientes y perreras para los perros guardianes de Brahe, más jardines de flores, herbarios y unos trescientos árboles.

Brahe acabó por abandonar la isla en circunstancias no precisamente gratas tras la muerte de su benefactor, el rey Federico, de un exceso de Carlsberg o del brebaje que se llevase por entonces en Dinamarca. El feudo de Hven revirtió a la corona, y el nuevo rey le dio la isla a una tal Karen Andersdatter, una amante a la que había conocido en una fiesta de bodas. Que esto sirva de lección a todos los directores de laboratorios, en cuanto a su posición en el mundo y lo poco imprescindibles que son ante los ojos de los poderes que en él hay. Por fortuna, Brahe cayó de pie y trasladó sus datos e instrumentos a un castillo cercano a Praga, donde se le dio la bienvenida para que continuase su obra.

La regularidad del universo promovió el interés de Brahe por la naturaleza. A los catorce años se quedó fascinado ante el eclipse de Sol predicho para el 21 de agosto de 1560. ¿Cómo les era posible a los hombres conocer los movimientos de las estrellas y los planetas con tanta precisión que pudiesen anticipar sus posiciones con años de adelanto? Brahe dejó un legado enorme: un catálogo de las posiciones de exactamente mil una estrellas fijas. Superó al catálogo clásico de Ptolomeo y destruyó muchas de las viejas teorías.

Una gran virtud de la técnica experimental de Brahe fue la atención que le prestó a los posibles errores de sus mediciones. Insistía, y ello no tenía en 1580 precedentes, en que las mediciones se repitiesen muchas veces y a cada medida le acompañase una estimación de su exactitud. Se adelantó en mucho a su tiempo al poner tanto cuidado en presentar los datos con los límites de su fiabilidad.

Como medidor y observador, Brahe no tuvo igual. Como teórico, dejó mucho que desear. Nacido sólo tres años después de la muerte de Copérnico, nunca aceptó del todo el sistema copernicano, que mantenía que la Tierra gira alrededor del Sol y no al revés, como Ptolomeo había dicho muchos siglos antes. Las observaciones de Brahe le demostraron que el sistema ptolemaico no era válido, pero, aristotélico por educación, nunca pudo creer en la rotación de la Tierra, ni pudo abandonar la creencia de que la Tierra era el centro del universo. Al fin y al cabo, razonaba, si fuera verdad que la Tierra se mueve y uno disparase una bola de cañón en la dirección de rotación de la Tierra, debería llegar más lejos que si se la disparase en la dirección contraria, pero no es eso lo que ocurre. Así que Brahe propuso un compromiso: la Tierra permanecía inmóvil en el centro del universo, pero, al contrario que en el sistema ptolemaico, los planetas daban vueltas alrededor del Sol, que a su vez giraba en torno a la Tierra.

El místico cumple

A lo largo de su carrera, Brahe tuvo muchos ayudantes extraordinarios. El más brillante de todos fue un extraño matemático-astrónomo místico llamado Johannes Kepler. Luterano devoto, alemán, Kepler habría preferido ser clérigo, de no haberle ofrecido las matemáticas una forma de ganarse la vida. La verdad sea dicha, suspendió los exámenes de calificación para el ministerio y cayó de bruces en la astronomía, con una dedicación secundaria a la astrología muy considerable. Aun así, estaba destinado a convertirse en el teórico que discerniría verdades simples y profundas en la montaña de datos observacionales de Brahe.

Kepler, protestante en un mal momento (la Contrarreforma barría Europa), fue un hombre frágil, neurótico, corto de vista, que en absoluto tuvo la seguridad en sí mismo de un Brahe o un Galileo. Toda la familia de Kepler fue un poquito rara. El padre de Kepler era mercenario, a su madre se la procesó por bruja y el propio Johannes dedicó muy buena parte de su tiempo a la astrología. Por fortuna, lo hacía bien, y gracias a ello pagó algunas facturas. En 1595 elaboró un calendario para la ciudad de Graz que predecía un invierno gélido, alzamientos campesinos e invasiones de los turcos; todo ello sucedió. Para ser justos con Kepler, hay que decir que no sólo él se pluriempleaba como astrólogo. Galileo preparó horóscopos para los Médicis, y Brahe también jugueteó con los pronósticos, pero no lo hizo tan bien: el eclipse lunar del 28 de octubre de 1566 hizo que predijera la muerte del sultán Solimán el Magnífico. Por desgracia, en ese momento el sultán ya había muerto.

Brahe trató a su ayudante de una forma bastante miserable: más como un posdoctorando, lo que Kepler era, que como un igual, lo que sin duda merecía ser. El desprecio encrespaba al sensible Kepler, y los dos tuvieron muchas peleas y otras tantas reconciliaciones, pues Brahe acabó por apreciar la brillantez de Kepler.

En octubre de 1601 Brahe asistió a una cena y, como era su costumbre, bebió mucho más de la cuenta. Según la estricta etiqueta de la época, no era correcto abandonar la mesa durante una comida, y cuando por fin corrió como pudo al cuarto de baño, era demasiado tarde. «Algo de importancia» había estallado dentro de él. Once días después, moría. Ya había designado a Kepler ayudante principal suyo; en su lecho de muerte le confió todos los datos que había tomado a lo largo de su ilustre y bien financiada carrera, y le rogó que emplease su mente analítica para crear una gran síntesis que llevase adelante el conocimiento de los cielos. Ni que decir tiene que Brahe añadió que esperaba que Kepler siguiese la hipótesis ticónica del universo geocéntrico.

Kepler aceptó el deseo del agonizante, sin duda con los dedos cruzados, pues creía que el sistema de Brahe no valía nada. ¡Pero qué datos! No tenían par. Kepler estudió atentamente la información, en busca de los patrones que describiesen los movimientos de los planetas. Kepler rechazó de antemano los sistemas ticónico y ptolemaico por su engorrosidad. Pero tenía que partir de algún sitio. Así que, para empezar, tomó como modelo el sistema copernicano porque, con su sistema de órbitas circulares, no existía nada más elegante.

El místico que había en Kepler abrazó además la idea de un Sol colocado en el centro, que no sólo iluminaba los planetas sino que les proporcionaba la fuerza, o motivo, como se decía entonces, de sus movimientos. No sabía en absoluto cómo hacía esto el Sol —conjeturaba que debía de tratarse de algo por el estilo del magnetismo—, pero le preparó el camino a Newton. Fue uno de los primeros en defender que hace falta una fuerza para explicar el sistema solar.

Y, lo que no fue menos importante, halló que el sistema copernicano no ligaba del todo con los datos de Brahe. El viejo e iracundo danés le había enseñado bien a Kepler, le había infundido la práctica del método inductivo: pon un cimiento de observaciones, y sólo entonces asciende a las causas de las cosas. A pesar de su misticismo y de su reverencia hacia las formas geométricas, de su obsesión por ellas, Kepler se aferraba fielmente a los datos. De su estudio de las observaciones de Brahe —de las relativas a Marte sobre todo— sacó Kepler las tres leyes del movimiento planetario que, casi cuatrocientos años después, aún son la base de la astronomía planetaria moderna. No entraré en sus detalles aquí; sólo diré que la primera destruyó la bella noción copernicana de las órbitas circulares, noción que desde los días de Platón nadie había puesto en entredicho. Kepler estableció que los planetas describen en su movimiento orbital elipses en uno de cuyos focos está el Sol. El excéntrico luterano había salvado el copernicanismo y lo había liberado de los engorrosos epiciclos de los griegos; consiguió tal cosa al hacer que sus teorías siguiesen las observaciones de Brahe con la precisión de un minuto de arco.

¡Elipses! ¡Puras matemáticas! ¿O pura naturaleza? Si, como descubrió Kepler, los planetas describen elipses perfectas con el Sol en uno de los focos, entonces es que la naturaleza tiene que amar las matemáticas. Algo —quizá Dios— baja la vista hacia la Tierra y dice: «Me gustan las formas matemáticas». Coged una piedra y arrojadla. Trazará muy aproximadamente una parábola. Si no hubiese aire, la parábola sería perfecta. Además de matemático, Dios es amable y nos esconde la complejidad cuando no estamos listos para enfrentarnos a ella. Ahora sabemos que las órbitas no son elipses perfectas (a causa de la atracción de unos planetas sobre otros), pero las desviaciones eran con mucho demasiado pequeñas para que las pudieran apreciar los aparatos de Brahe.

El genio de Kepler quedaba a menudo oscurecido en sus libros por una abundante morralla espiritual. Creía que los cometas eran malos augurios, que el universo se dividía en tres regiones correspondientes a la Santísima Trinidad y que las mareas eran la respiración de la Tierra, a la que comparaba con un enorme animal vivo. (Esta idea de que se tome la Tierra como un organismo ha resucitado hoy bajo la forma de la hipótesis Gaia.)

Aun así, la mente de Kepler fue grande. El imperturbable sir Arthur Eddington, uno de los físicos más eminentes de su época, llamó en 1931 a Kepler «el precursor de la teoría física moderna». Eddington alabó a Kepler por haber exhibido un punto de vista similar al de los teóricos de la era cuántica. Kepler no buscó un mecanismo concreto que explicara el sistema solar, según Eddington, sino que «le guió un sentido de la forma matemática, un instinto estético de la adecuación de las cosas».

El papa a Galileo: cierra la boca

En 1597, mucho antes de que hubiese resuelto los detalles problemáticos, Kepler escribió a Galileo urgiéndole que apoyase el sistema copernicano. Con fervor típicamente religioso, le pedía a Galileo que «creyese y diese un paso adelante». Galileo se negó a salir del reservado ptolemaico. Necesitaba pruebas. La prueba vino de un instrumento, el telescopio.

Las noches del 4 al 15 de enero de 1610 deben quedar como unas de las más importantes de la historia de la astronomía. En esas fechas, con un telescopio nuevo y mejorado que había construido él mismo, Galileo vio, midió y siguió la trayectoria de cuatro «estrellas» minúsculas que se movían cerca del planeta Júpiter. Se vio forzado a concluir que esos cuerpos se movían en órbitas circulares alrededor de Júpiter. Esta conclusión convirtió a Galileo a la concepción copernicana. Si había cuerpos que orbitaban alrededor de Júpiter, la idea de que todos los planetas y estrellas giraban alrededor de la Tierra era falsa. Como casi todos los conversos tardíos, sea a una noción científica o a una creencia religiosa o política, se volvió un defensor fiero y de una pieza de la astronomía copernicana. La historia atribuye el mérito a Galileo, pero deberíamos aquí honrar también al telescopio, que en sus capaces manos abrió los cielos.

La larga y compleja historia de su conflicto con la autoridad reinante se ha contado muchas veces. La Iglesia le sentenció a prisión perpetua por sus creencias astronómicas. (La sentencia se conmutó luego por la de arresto domiciliario permanente.) Hasta 1822 no declaró un papa oficialmente reinante que el Sol podría estar en el centro del sistema solar. Y hasta 1985 no reconoció el Vaticano que Galileo fue un gran científico y que había sido injustamente condenado por la Iglesia.

La esponja solar

Galileo fue culpable de una herejía menos célebre, pero que cae más cerca del meollo de nuestro misterio que las órbitas de Marte y Júpiter. En su primera visita a Roma para dar cuenta de sus trabajos de óptica física, llevó consigo una cajita que contenía fragmentos de un tipo de roca descubierto por unos alquimistas de Bolonia. Las piedras resplandecían en la oscuridad. A este mineral luminiscente se le llama hoy sulfuro de bario. Pero en 1611 los alquimistas le daban el nombre, mucho más poético, de *esponja solar*.

Galileo llevó unos pedazos de esponja solar a Roma para que le ayudasen en su pasatiempo favorito: sacar de quicio a sus colegas aristotélicos. Mientras contemplaban en la oscuridad el resplandor del sulfuro de bario, no se les escapaba a dónde quería llegar su perverso colega. La luz era una *cosa*. Galileo había dejado la piedra al sol y luego la había llevado a la oscuridad, y la luz había sido llevada dentro de ella. Esto echaba por tierra la idea aristotélica de que la luz era simplemente una cualidad de un medio iluminado, de que era incorpórea. Galileo había separado la luz de su medio, la había movido por ahí a voluntad. Para un aristotélico católico, era como decir que uno puede coger la dulzura de la santísima Virgen y ponerla en una mula o en una piedra. Y ¿en qué consistía exactamente la luz? En corpúsculos invisibles, razonaba Galileo. ¡Partículas! La luz poseía una acción mecánica. Podía ser transmitida, golpear los objetos, reflejarse en ellos, penetrarlos. Al concebir que la luz era corpuscular, Galileo hubo de aceptar la idea de los átomos *indivisibles*. No estaba seguro de cómo actuaba la esponja solar, pero quizá una roca especial pudiese atraer a los corpúsculos luminosos como un imán atrae las limaduras de hierro, si bien él no suscribió esta teoría al pie de la letra. En cualquier caso, ideas como esta empeoraron la posición, ya precaria, de Galileo ante la ortodoxia católica.

El legado histórico de Galileo parece ligado inextricablemente a la Iglesia y a la religión, pero él no se habría visto a sí mismo como un hereje profesional o, da lo mismo, como un santo al que se acusa erróneamente. Por lo que a nosotros toca, era un físico, y muy grande, mucho más allá de su defensa del copernicanismo. Desbrozó el terreno en muchos campos nuevos. Combinó los experimentos y el pensamiento matemático. Cuando un objeto se mueve, decía, importa cuantificar su movimiento con una ecuación matemática. Siempre preguntaba: «¿Cómo se mueven las cosas?

¿Cómo? ¿Cómo?». No preguntaba: «¿Por qué? ¿Por qué cae esta esfera?». Era consciente de que sólo describía el movimiento, tarea bastante difícil ya para su época. Demócrito podría haber dicho el despropósito de que Galileo quería dejarle a Newton algo por hacer.

El señor de la Casa de la Moneda

> Muy compasivo señor:
> Me van a matar, aunque vos quizá creáis que no, pero es verdad. Me van a dar la peor de las muertes. Es decir, ante la Justicia, a menos que vos me rescatéis con vuestras piadosas manos.

Así escribía el falsificador convicto William Chaloner —el más brillante e ingenioso malhechor de su tiempo— en 1698 al funcionario que por fin lo había cogido, enjuiciado y condenado. Chaloner había amenazado la integridad de la moneda inglesa, que por entonces consistía principalmente en piezas de oro y de plata.

El destinatario de esta petición desesperada era Isaac Newton, el gobernador (y pronto el «señor») de la Casa de la Moneda. Newton hacía su trabajo de supervisar la ceca, dirigir una vasta reacuñación y proteger la moneda contra falsificadores y recortadores, que rebañaban una parte del precioso metal de las monedas y las hacían pasar por completas. Este puesto, parecido al de secretario del Tesoro, mezclaba la alta política de las disputas parlamentarias con la persecución de criminales, bandidos, ladrones, blanqueadores de dinero y demás gente de mala vida que esquilmase la moneda del reino. La corona concedió a Newton, el científico preeminente de su época, el puesto como una sinecura, mientras seguía trabajando en cosas más importantes. Pero Newton se tomó el cargo en serio. Inventó una técnica para acanalar los bordes de las monedas y así derrotar a los recortadores. Asistía personalmente a las ejecuciones de los falsificadores en la horca. El puesto estaba lejísimos de la serena majestad de la vida que hasta entonces había llevado, durante la cual su obsesión por la ciencia y las matemáticas había dado lugar al más profundo avance en toda la historia de la filosofía natural, tanto, que no sería claramente superado hasta, quizá, la aparición de la teoría de la relatividad a principios de este siglo.

Por uno de esos azares de la cronología, Isaac Newton nació en Inglaterra el mismo año (1642) en que Galileo moría. No se puede hablar de física sin hablar de Newton. Fue un científico de importancia trascendental. La influencia de sus logros en la humanidad es equiparable al de Jesús, Mahoma, Moisés y Gandhi, o al de Alejandro Magno, Napoleón y los de su cuerda. La ley universal de la gravitación de Newton y la metodología que creó ocupan la primera media docena de capítulos de cualquier libro de texto de física; conocerlas es esencial para quien quiera proseguir una carrera de científico o de ingeniero. Se ha dicho que Newton era modesto por su famosa afirmación: «Si he visto más lejos que casi todos es porque me alzaba sobre los hombros de gigantes», con lo que se refería, según se suele creer, a hombres como Copérnico, Brahe, Kepler y Galileo. Otra interpretación, sin embargo, es que sólo le estaba tomando el pelo al más formidable de sus rivales científicos, Robert Hooke, que era bajísimo y pretendía, no sin alguna justicia, haber descubierto la gravedad antes.

He contado más de veinte biografías serias de Newton. Y la literatura que analiza, interpreta, extiende, comenta la vida y la ciencia de Newton es enorme. La biografía que escribió Richard Westfall en 1980 incluye diez densas páginas de fuentes. La admiración de Westfall por su personaje no tiene límites:

> He tenido el privilegio de conocer, en diversos momentos, a hombres brillantes, hombres a quienes reconozco sin vacilar como mis superiores intelectualmente. Nunca, sin em-

> bargo, me he topado con uno con el que no estuviese dispuesto a medirme, de forma que pareciera razonable decir que soy la mitad de capaz, o la tercera parte, o la cuarta, pero, en todo caso, una fracción finita. El resultado final de mis estudios sobre Newton me ha servido para convencerme de que con él no hay medida posible. Se ha vuelto para mí otro por completo, uno de los contadísimos genios que han configurado las categorías del intelecto humano.

La historia del atomismo es la historia de un reduccionismo, del esfuerzo por reducir todas las operaciones de la naturaleza a un pequeño número de objetos primordiales. El reduccionista que más éxito tuvo fue Isaac Newton. Pasarían otros 250 años antes de que surgiese de las masas de *Horno sapiens*, en la ciudad alemana de Ulm, en 1879, quien posiblemente fuera su igual.

Que la fuerza esté con nosotros

Para hacerse una idea de cómo actúa la ciencia hay que estudiar a Newton. Sin embargo, la instrucción newtoniana que se imparte a los alumnos del primer curso de física oscurece, demasiado a menudo, la fuerza y la amplitud de su síntesis. Newton desarrolló una descripción cuantitativa, y sin embargo global, del mundo físico que concordaba con las descripciones factuales del comportamiento de las cosas. Su legendaria conexión de la caída de la manzana y el movimiento periódico de la Luna expresa el poder sobrecogedor del razonamiento matemático. Una sola idea universal abarca tanto la caída de la manzana a tierra como el giro de la Luna alrededor de la Tierra. Newton escribió: «Deseo que podamos deducir el resto de los fenómenos de la naturaleza, mediante el mismo nivel de razonamiento, a partir de principios mecánicos, pues me inclino a sospechar que quizá todos dependan de ciertas fuerzas».

En la época de Newton se sabía cómo se mueven los objetos: la trayectoria de la piedra arrojada, la oscilación regular del péndulo, el movimiento por el plano inclinado abajo, la caída libre de objetos dispares, la estabilidad de las estructuras, la forma de una gota de agua. Lo que Newton hizo fue organizar estos y muchos otros fenómenos en un solo sistema. Concluyó que todo cambio de movimiento está causado por una fuerza y que la reacción del objeto ante ella guarda relación con una propiedad del objeto a la que llamó «masa». No hay escolar que no sepa que Newton enunció tres leyes del movimiento. La primera es una reformulación de un descubrimiento de Galileo: que no se requiere fuerza alguna para el movimiento constante, inmutado. La segunda ley es la que nos concierne aquí. Se centra en la fuerza, pero está inextricablemente emparejada con uno de los misterios de nuestro cuento: la masa. Y prescribe *cómo* la fuerza cambia el movimiento.

Generaciones de libros de texto se las han visto y deseado con las definiciones y la coherencia lógica de la segunda ley de Newton, que se escribe así: $F = ma$. *Efe* es igual a *eme a*, o la *fuerza* es igual a la *masa* multiplicada por la *aceleración*. En esta ecuación, Newton no define ni la fuerza ni la masa, así que no está claro si representa una definición o una ley de la física. Sin embargo, viéndoselas con la fórmula se llega, de alguna forma, a la más útil ley de la física que se haya concebido. Esta simple ecuación tiene un poder sobrecogedor y, pese a su inocente aspecto, resolverla puede costar Dios y ayuda. ¡Ajjj! ¡Ma-te-má-ti-cas! No os preocupéis, sólo hablaremos de ellas, no las haremos. Además, esta útil prescripción es la clave del universo mecánico, así que hay razones para que nos quedemos con ella. (Veremos dos fórmulas newtonianas. Para nuestros propósitos, llamemos a ésta fórmula I.)

¿Qué es *a*? Es la mismísima magnitud, la aceleración, que Galileo definió y midió en Pisa y en Padua. Puede ser la aceleración de cualquier objeto, una piedra, la lenteja de un péndulo, un proyectil de vertiginosa y amenazadora belleza o la nave espacial *Apolo*. Si no le ponemos límites al dominio de nuestra pequeña ecuación, *a* representará el movimiento de los planetas, las estrellas o los electrones. La aceleración es la medida del cambio de la velocidad en el tiempo. El pedal del acelerador de vuestro coche lleva el nombre apropiado. Si pasáis de 20 a 60 kilómetros por hora en 5 minutos, habréis conseguido cierto valor de *a*. Si pasáis de 0 a 90 kilómetros por hora en 10 segundos, habréis conseguido una aceleración mucho mayor.

¿Qué es *m*? A bote pronto, una propiedad de la materia. Se mide mediante la respuesta del objeto a una fuerza. Cuanto mayor sea *m*, menor será la respuesta (*a*) a la fuerza ejercida. A esta propiedad se le suele llamar inercia, y el nombre completo que se le da a *m* es «masa inercial». Galileo sacó a colación la inercia a fin de entender por qué un cuerpo en movimiento «tiende a preservar ese movimiento». Podemos, ciertamente, usar la ecuación para distinguir las masas. Aplíquese la misma fuerza —luego abordaremos qué es la fuerza— a una serie de objetos, y úsense un cronómetro y una regla para medir el movimiento resultante, la cantidad *a*. Objetos con una *m* diferente tendrán una *a* diferente. Realícese una larga serie de experimentos de este estilo, en los que se compare la *m* de un gran número de objetos. Una vez los hayamos realizado con éxito, podremos fabricar arbitrariamente un objeto patrón, meticulosamente forjado en algún metal duradero. Imprímase en este objeto «1,000 kilogramo» (esa es nuestra unidad de masa) y colóquese en una urna en la Oficina de Patrones de las mayores capitales del mundo (la paz mundial ayuda). Tendremos así una forma de atribuirle un valor, un número *m*, a cualquier objeto. Será, simplemente, un múltiplo o una fracción de nuestro patrón de un kilogramo.

Muy bien, es suficiente por lo que respecta a la masa, pero ¿qué es *F*? La fuerza. ¿Qué es eso? Newton decía que era «el empuje de un cuerpo sobre otro», el agente causal del cambio de movimiento. ¿No es nuestro razonamiento en cierta forma circular? Probablemente, pero no hay que preocuparse; podemos usar la ley para comparar las fuerzas que actúan sobre un cuerpo patrón. Ahora viene la parte interesante. Una naturaleza pródiga nos proporciona las fuerzas. Newton pone la ecuación. Recordad que la ecuación vale para cualquier fuerza. De momento conocemos cuatro fuerzas en la naturaleza. En los días de Newton los científicos empezaban a saber algo sólo de una de ellas, la gravedad. La gravedad hace que los objetos caigan, los proyectiles describan su movimiento, los péndulos oscilen. La Tierra entera, que atrae a todos los objetos que estén sobre su superficie o cerca de ella, genera la fuerza que explica la gran variedad de movimientos posibles e incluso la ausencia de movimiento.

Entre otras cosas, podemos usar $F = ma$ para explicar la estructura de objetos estacionarios, la lectora sentada en su silla o, ejemplo más instructivo, subida en su báscula de baño. La Tierra tira de la lectora con una fuerza. La silla o la escalera la empujan hacia arriba con una fuerza igual pero opuesta. La suma de las dos fuerzas sobre la lectora es cero, y no hay movimiento. (Todo esto pasa una vez ha salido a la calle y comprado este libro.) La báscula dice lo que cuesta anular el tirón de la gravedad: 60 kilogramos o, en las naciones de poca cultura, que todavía no han adoptado el sistema métrico, 132 libras. «¡Oh-dios-mío!, la dieta empieza mañana.» Es la fuerza de la gravedad, que actúa sobre la lectora. A eso es a lo que llamamos «peso», a la atracción, simplemente, de la gravedad. Newton sabía que el peso cambia, ligeramente en un valle profundo o en una montaña, mucho en la Luna. Pero la masa, la materia de que estáis hechos, lo que resiste a la fuerza, no cambia.

Newton no sabía que las atracciones y empujes de suelos, sillas, cuerdas, muelles, vientos y aguas son fundamentalmente eléctricos. No importa. El origen de la fuerza no afectaba a la validez de su famosa ecuación. Con ella cabía analizar los muelles, los bates de cricket, las estructuras mecánicas, la forma de una gota de agua o de la propia Tierra. Dada la fuerza, podemos calcular el movimiento. Si la fuerza es nula, el *cambio* de la velocidad también; es decir, el cuerpo sigue moviéndose a velocidad constante. Si se tira una pelota hacia arriba, su velocidad decrecerá hasta que, en el apogeo de su trayectoria, pare, y a partir de ese momento bajará con velocidad constante. Es la fuerza de la gravedad la que hace que sea así, porque apunta hacia abajo. Lanzad una bola al campo de béisbol. ¿Cómo nos explicamos el gracioso arco que describe? Descomponemos el movimiento en dos partes, una parte ascendente-descendente y una parte horizontal (indicada por la sombra de la bola en el suelo). En la parte horizontal no hay fuerzas (como Galileo, debemos despreciar la resistencia del aire, que es un pequeño factor de complicación). Por lo tanto, la velocidad del movimiento horizontal es constante. Verticalmente, tenemos el ascenso y luego el descenso hacia el guante del jugador. ¿El movimiento compuesto? ¡Una parábola! ¡Ea! Otra vez Él, demostrando su dominio de la geometría.

Suponiendo que sepamos la masa de la bola y que podamos medir su aceleración, su movimiento preciso se calculará gracias a $F = ma$. Su trayectoria está determinada: describirá una parábola. Pero hay muchas parábolas. Una bola a la que se batea con poca fuerza apenas llega al lanzador; un golpe poderoso obliga al recogedor central a correr hacia atrás. ¿Cuál es la diferencia? Newton llamaba a esas variables las condiciones de partida o iniciales. ¿Cuál es la velocidad inicial? ¿Cuál es la dirección inicial? La bola lo mismo sale derecha hacia arriba (en cuyo caso el bateador recibirá un coscorrón en la cabeza) que en una línea casi horizontal, con lo que caerá rápidamente al suelo. En todos los casos la trayectoria queda determinada por la velocidad y la dirección cuando empieza el movimiento, es decir, por las condiciones iniciales.

¡¡¡ESPERAD!!!

Ahora viene un punto profundamente filosófico. Dado un conjunto inicial para un cierto número de objetos y dado el conocimiento de las fuerzas que actúan en esos objetos, sus movimientos se pueden predecir... para siempre. El mundo, en la concepción de Newton, es predecible y determinado. Por ejemplo, suponed que todo está hecho en el mundo de átomos, raro pensamiento para sacarlo a relucir en la página 136 de este libro. Suponed que conocemos el movimiento inicial de cada uno de los miles y miles de millones de átomos, y suponed que conocemos la fuerza que actúa sobre cada átomo; suponed que algún ordenador cósmico, el padre de todos los ordenadores, pudiese calcular la localización futura de todos esos átomos. ¿Dónde estarán todos en algún instante futuro, por ejemplo en el Día de la Coronación? El resultado sería predecible. Entre esas miríadas de átomos habría un pequeño subconjunto llamado «lectora» o «Leon Lederman» o «el papa». Predicho, determinado..., con una libertad de elección que no sería sino una ilusión creada por una mente con un interés propio. La ciencia newtoniana era claramente determinista. Los filósofos posnewtonianos redujeron el papel del Creador a darle cuerda al mecanismo del universo y ponerlo en acción. Por lo tanto, el universo podía funcionar muy bien sin Él. (Puede que cabezas más frías que aborden estos problemas en los años noventa lo pongan en duda.)

El impacto de Newton en la filosofía y la religión fue tan profundo como su influencia en la física. Y todo a partir de esa ecuación clave, $\vec{F} = m\vec{a}$. Las flechas le recuerdan al estudiante que las fuerzas y las aceleraciones consiguientes apuntan en alguna dirección. Muchas magnitudes —la masa, la temperatura, el volumen, por ejemplo— no apuntan en el espacio a ninguna dirección. Pero los «vectores», las magnitudes del estilo de la fuerza, la velocidad y la aceleración, llevan todas pequeñas flechas.

Antes de que dejemos «*Efe* es igual a *eme a*», detengámonos un poco considerando su poder. Es la base de las ingenierías mecánica, civil, hidráulica y acústica, entre otras; sirve para entender la tensión superficial, el paso de los fluidos por las cañerías, la acción capilar, la deriva de los continentes, la propagación del sonido por el aire y por el acero, la estabilidad de estructuras como la torre Sears o uno de los puentes más maravillosos que hay, el Bronx-Whitestone Bridge, que se arquea graciosamente sobre las aguas de la bahía de Pelham. De chico, iba en bicicleta de mi casa en la Manor Avenue a las costas de la bahía de Pelham, donde observaba la construcción de esta hermosa estructura. Los ingenieros que diseñaron el puente conocían profundamente la ecuación de Newton; ahora, con ordenadores cada vez más veloces, no deja de crecer nuestra capacidad de resolver problemas mediante $F = ma$. ¡Diste en el clavo, Isaac Newton!

Prometí tres leyes y sólo he dado dos. La tercera se formula diciendo que «la acción es igual a la reacción». Con mayor precisión, dice que si un objeto A ejerce una fuerza sobre un objeto B, B ejerce una fuerza igual y opuesta sobre A. El poder de esta ley es que se extiende a todas las fuerzas, no importa cómo se generen, sean gravitatorias, eléctricas, magnéticas u otras.

La F *favorita de Isaac*

El descubrimiento de Isaac Newton. que sigue en cuanto a profundidad a la segunda ley tiene que ver con la fuerza específica que él encontró en la naturaleza, la $\vec{F}$ de la gravedad. Recordad que la F de la segunda ley de Newton sólo significa fuerza, una fuerza cualquiera. Cuando se escoge una concreta para enchufarla en la ecuación, hay que definirla, cuantificarla primero para que la ecuación funcione. Ello quiere decir, Dios nos ayude, que hace falta otra ecuación.

Newton enunció una expresión para F (la gravedad) —es decir, para los casos en que la fuerza pertinente es la gravedad—, la ley universal de la gravitación. La idea es que todos los objetos ejercen fuerzas gravitatorias los unos sobre los otros que dependen de las distancias que los separen y de cuánta «pasta» contenga cada uno. ¿Pasta? Esperad un minuto. Aquí se notó la inclinación de Newton hacia la teoría atómica. Razonaba que la fuerza de la gravedad actúa sobre todos los átomos del objeto, no sólo, por ejemplo, sobre los de la superficie. La Tierra y la manzana ejercen la fuerza como un todo. Cada átomo de la Tierra atrae a cada átomo de la manzana. Y también, hemos de añadir, la manzana ejerce la fuerza sobre la Tierra; hay aquí una simetría terrible, pues la Tierra ha de elevarse infinitesimalmente hacia la manzana. El atributo de «universal» con que se califica la ley quiere decir que esa fuerza está en todas partes. Es también la fuerza de la Tierra sobre la Luna, del Sol sobre Marte, del Sol sobre Proxima Centauri, la estrella que más cerca está de él, a unos 5.000.000.000.000.000 de kilómetros. En pocas palabras, la ley de la gravedad de Newton se aplica a todos lo objetos estén donde estén. La fuerza se extiende, disminuyendo conforme a la distancia que separe a los cuerpos. Los estudiantes aprenden que es una «ley de la inversa del cuadrado», lo que quiere decir que la fuerza se debilita según el cuadrado de la distancia. Si la separación de los dos objetos se duplica, la fuerza se debilita hasta no ser más que una cuarta parte de lo que fue; si la distancia se triplica, la fuerza disminuye hasta convertirse en un noveno, y así sucesivamente.

¿Qué empuja hacia arriba?

Como ya he mencionado, la fuerza también apunta hacia alguna parte; hacia abajo en el caso de la gravedad sobre la superficie de la Tierra, por ejemplo. ¿Cuál es la naturaleza de la contrafuerza, de la fuerza «hacia arriba», de la acción de la silla en el trasero de quien se sienta en ella, del impacto del bate de madera en la pelota o del martillo en el clavo, del empuje del gas helio que expande el globo, la «presión» del agua que impulsa un trozo de madera hacia arriba si por la fuerza se le sumerge, el «boing» que le hace botar a uno cuando se tiende en un somier, la deprimente incapacidad de atravesar las paredes que la mayoría padecemos? La respuesta, sorprendente, casi chocante, es que todas esas fuerzas «hacia arriba» son manifestaciones de la fuerza eléctrica.

Esta idea puede parecer extraña al principio. Al fin y al cabo, no notamos que haya cargas eléctricas que nos empujen hacia arriba cuando nos subimos a la báscula o nos sentamos en el sofá. La fuerza es indirecta. Como hemos aprendido de Demócrito (y de los experimentos del siglo XX), en la materia casi todo es espacio vacío y nada hay que no esté hecho de átomos. La fuerza eléctrica mantiene unidos los átomos y explica la rigidez de la materia. (La resistencia de los cuerpos a la penetración tiene también que ver con la mecánica cuántica.) Esta fuerza es muy poderosa. En una pequeña báscula de baño metálica hay la suficiente para equilibrar la gravedad de la Tierra entera. Por otra parte, no se os ocurriría poneros de pie en medio de un lago o saltar de vuestro balcón en un décimo piso. En el agua, y especialmente en el aire, los átomos están demasiado separados para que ofrezcan el tipo de rigidez que equilibraría vuestro peso.

Comparada con la fuerza eléctrica que mantiene unida a la materia y le da su rigidez, la fuerza gravitatoria es debilísima. ¿Cuánto? En la clase de física que doy hago el siguiente experimento. Cojo una pieza de madera, digamos que de dos por cuatro y unos treinta centímetros de largo, y dibujo una línea a su alrededor, por la mitad. Levanto la pieza verticalmente y le pongo a la parte de arriba el nombre de «top» y a la de abajo el de «bot». Agarrando top, levanto la pieza y pregunto: «¿Por qué bot se mantiene en el aire cuando la Tierra entera tira de ella?». Respuesta: «Está firmemente unida a top por las fuerzas eléctricas cohesivas de los átomos de la madera. A top la sujeta Lederman». Correcto.

Para hacerse una idea de hasta qué punto la fuerza eléctrica con la que top tira de bot es mayor que la fuerza gravitatoria (la Tierra que tira de bot), corto con una sierra la madera por la mitad siguiendo la línea divisoria. (Siempre he querido ser un maestro de taller.) En ese momento reduzco con mi sierra las fuerzas eléctricas que top ejercía sobre bot a, en esencia, nada. Ahora, a punto de caer al suelo la mitad inferior de la pieza de dos por cuatro, hay un tira y afloja por ella. Top, la mitad superior, contrarrestado su poder eléctrico por la sierra, tira aún hacia arriba de bot mediante su fuerza gravitatoria. La Tierra tira hacia abajo de bot con la suya. Adivinad quién gana. La mitad inferior de la pieza de dos por cuatro cae al suelo.

Mediante la ecuación de la ley de la gravedad, podemos calcular la diferencia entre las dos fuerzas gravitatorias. Resulta que la gravedad de la Tierra sobre bot gana porque es más de mil millones de veces más fuerte que la gravedad de top sobre bot. (Fiaos de mí en esto.) Conclusión: la fuerza eléctrica de top sobre bot antes de que la sierra empezase a cortar era *por lo menos* mil millones de veces más intensa que la gravedad de top sobre bot. Esto es lo mejor que puedo hacer en un aula. El número real es 10^{41}, o ¡un 1 seguido de cuarenta y un ceros! Escribámoslo:

100.000.000.000.000.000.000.000.000.000.000.000.000.000

No cabe hacerse una idea del número 10^{41}, no hay forma, pero quizá esto sirva de algo. Pensad en un electrón y un positrón separados décimas de milímetros. Calculad su atracción gravitatoria. Calculad ahora a qué distancia deberían estar para que su fuerza eléctrica se redujese al valor de su atracción gravitacional. La respuesta es: cerca de quinientos billones de kilómetros (cincuenta años-luz). En este cálculo se presupone que la fuerza eléctrica decrece con el cuadrado de la distancia, lo mismo que la fuerza gravitatoria. ¿Sirve esto de algo? La gravedad domina los muchos movimientos que Galileo empezó a estudiar porque no hay ni una pizca de la Tierra que no atraiga a las cosas que estén cerca de la superficie. En el estudio de los átomos y de los objetos más pequeños, el efecto gravitatorio es demasiado pequeño para que se pueda percibirlo. En muchos otros fenómenos, la gravedad carece de importancia. Por ejemplo, en la colisión de dos bolas de billar (a los físicos les encantan las colisiones en cuanto herramientas del conocimiento), la influencia de la Tierra se elimina realizando el experimento en una mesa. Entonces sólo quedan las fuerzas horizontales que intervienen cuando las bolas chocan.

El misterio de las dos masas

La ley universal de la gravitación de Newton proporcionó la *F* en todos los casos donde la gravitación cuenta. Ya dije que escribió su *F* de manera que la fuerza de cualquier objeto, la Tierra, por ejemplo, sobre cualquier otro, la Luna, por ejemplo, dependiera de la «pasta gravitatoria» contenida en la Tierra multiplicada por la que contenga la Luna. Para cuantificar esta profunda verdad, Newton enunció otra fórmula, en torno a la cual hemos estado revoloteando. Explicada con palabras, la fuerza de la gravedad entre dos objetos cualesquiera, llamémoslos A y B, es igual al producto de cierta constante numérica (que se suele denotar con el símbolo G), la pasta en A (denotémosla con M_A) y la pasta en B (M_B), todo ello dividido por el cuadrado de la distancia entre el objeto A y el objeto B. En símbolos:

$$F = G\,\frac{MA \times M_B}{R^2}$$

La llamaremos fórmula II. Hasta quienes sean anuméricos hasta la médula reconocerán la economía que supone nuestra fórmula. Para ser más concretos, suponed que A es la Tierra y B la Luna, si bien en la poderosa síntesis de Newton la fórmula se aplica a todos los cuerpos. Una ecuación específica para ese sistema de dos cuerpos tendría este aspecto:

$$F = G\,\frac{M_{Tierra} \times M_{Luna}}{R^2}$$

La distancia entre la Tierra y la Luna, R, es de unos 380.000 kilómetros. La constante G, por si queréis saberlo, es $6{,}67 \times 10^{-11}$ en las unidades que miden las *M* en kilogramos y *R* en metros. Esta constante, conocida con precisión, mide la intensidad de la fuerza gravitatoria. No hace falta que os acordéis de memoria de este número, ni siquiera que lo tengáis muy en cuenta. Observad sólo que el 10^{-11} quiere decir que es muy pequeño. *F* llega a ser verdaderamente significativa sólo cuando al menos una de las *M* es enorme, la «pasta» entera de que está hecha la Tierra, por ejemplo. Si un Creador vengativo pudiese hacer *G* igual a cero, la vida llegaría a su fin muy deprisa. La Tierra tiraría por una tangente de su órbita elíptica alrededor del Sol, y el calentamiento global se invertiría de forma espectacular.

Lo apasionante es *M*, lo que llamamos masa gravitatoria. Dije que mide la cantidad de pasta en la Tierra y en la Luna, la pasta que, según nuestra fórmula, crea la fuerza de la gravedad. «Espere un segundo», oigo a alguien gruñir en la fila de atrás. «Usted tiene ahora dos masas. La masa (*m*) en $F = ma$ (fórmula I) y la masa (*M*) en nuestra fórmula II nueva. ¿Qué pasa?». Muy perceptivo. Más que un desastre, es un problema a resolver.

Llamemos a estos dos tipos diferentes de masas la *M* mayúscula y la *m* minúscula. La *M* mayúscula es la pasta gravitatoria de un objeto, la que *atrae a otro objeto*. La *m* minúscula es la masa inercial, la pasta de un objeto que *resiste a una fuerza* y determina el movimiento resultante. Son dos atributos de la materia completamente diferentes. La perspicacia de Newton le hizo comprender que los experimentos efectuados por Galileo (¡acordaos de Pisa!) y muchos otros sugerían fuertemente que $M = m$. La pasta es exactamente igual a la masa inercial que aparece en la segunda ley de Newton.

El hombre con dos diéresis

Newton no sabía por qué esas dos magnitudes eran iguales; se limitó a darlo por bueno. Hasta hizo algunos experimentos inteligentes para estudiar su igualdad. Sus experimentos mostraron que eran iguales por lo menos hasta el 1 por 100; es decir, $M/m = 1{,}00$: M dividido por m da un 1 con dos decimales. Más de doscientos años después, se mejoró extraordinariamente este número. Entre 1888 y 1922, un noble húngaro, el barón Roland Eötvös, en una serie increíblemente inteligente de experimentos en los que usó péndulos con lenteja de aluminio, cobre, madera y otros materiales, demostró que la igualdad de esas dos propiedades de la materia tan diferentes era cierta con una precisión mejor que cinco partes en mil millones. Con matemáticas, se escribe así: M(gravedad)/m(inercia) = 1,000 000 000 más o menos 0,000 000 005. Es decir, está entre 1,000 000 005 y 0,999 999 995.

Hoy hemos confirmado esa razón hasta más de doce ceros tras la coma decimal. Galileo demostró en Pisa que dos esferas diferentes caen a la misma velocidad. Newton enseñó por qué. Como la M mayúscula es igual a la m minúscula, la fuerza de la gravedad es proporcional a la masa del objeto. Puede que la masa gravitatoria (M) de una bala de cañón sea mil veces la de una bola de un rodamiento. Esto significa que la fuerza gravitatoria sobre ella será mil veces mayor. Pero también significa que su masa inercial (m) reunirá una resistencia a la fuerza mil veces mayor que la opuesta por la masa inercial de la bola del rodamiento. Si se dejan caer estos dos objetos desde la torre, los dos efectos se anulan. La bala de cañón y la bola del rodamiento dan en el suelo a la vez.

La igualdad de M y m era una coincidencia increíble, y atormentó a los científicos durante siglos. Fue el análogo clásico del 137. Y en 1915 Einstein incorporó esta «coincidencia» a una profunda teoría, la teoría de la relatividad general.

Las investigaciones del barón Eötvös sobre M y m fueron su trabajo científico más aclamado, pero no, en absoluto, su mayor contribución a la ciencia. Entre otras cosas, fue un pionero de la ortografía. ¡Dos diéresis! Mayor importancia tuvo el interés que sintió por la educación de la ciencia y la formación de los profesores de enseñanza media, tema que me es cercano y querido. Los historiadores han señalado que los esfuerzos educativos del barón Eötvös condujeron a una explosión del genio: en la era Eötvös surgieron en Budapest lumbreras del calibre de los físicos Edward Teller, Eugene Wigner y Leo Szilard y del matemático John von Neumann. La producción de los científicos y matemáticos húngaros a principios del siglo XX fue tan prolífica que muchos observadores, por lo demás en sus cabales, creían que Budapest había sido colonizada por los marcianos conforme a un plan para infiltrarse en el planeta y controlarlo.

Los vuelos espaciales son una ilustración espectacular de la obra de Newton y Eötvös. Todos hemos visto el vídeo de la cápsula espacial: el astronauta suelta su bolígrafo, y éste flota cerca de él, en una exhibición deliciosa de «ingravidez». Por supuesto, el hombre y su bolígrafo no son en realidad ingrávidos. La fuerza de la gravedad sigue actuando. La Tierra tira de la masa gravitatoria de la cápsula, del astronauta y del bolígrafo. Mientras, las masas inerciales determinan el movimiento, como dicta la fórmula I. Como las dos masas son iguales, el movimiento es el mismo para todos los objetos. Los astronautas, el bolígrafo y la cápsula se mueven juntos en una danza ingrávida.

Otro enfoque consiste en considerar que el astronauta y el bolígrafo están en caída libre. Mientras la cápsula orbita alrededor de la Tierra, está, en realidad, cayendo hacia la Tierra. Orbitar no es otra cosa. La Luna, en cierto sentido, cae hacia la Tierra; si no llega a ella nunca es porque la superficie esférica de la Tierra está cayendo a la misma velocidad. Si nuestro astronauta está en caída libre y su bolígrafo también, entonces ambos se encuentran en la misma situación que los dos pesos que se dejan caer de la torre inclinada. En la cápsula o en caída libre, si el astronauta pudiese apañárselas para mantenerse sobre una báscula, leería cero. De ahí que se diga lo de «ingrávido». En realidad, la NASA usa la técnica de la caída libre para entrenar a los astronautas. En las simulaciones de la ingravidez, se lleva a los astronautas a una gran altura en un reactor, y éste describe una serie de unas cuarenta parábolas (otra vez esa figura). En la parte de la parábola que corresponde a la zambullida, los astronautas experimentan la caída libre... la ingravidez. (No sin cierta incomodidad, sin embargo. Al avión se le conoce, de manera oficiosa, como la «corneta del vómito».)

Cosas de la era espacial. Pero Newton sabía todo lo que hay que saber acerca del astronauta y su bolígrafo. Si retrocedierais al siglo XVII, os contaría qué iba a pasar en el transbordador espacial.

El gran sintetizador

Newton llevaba en Cambridge una vida de semirreclusión; hacía frecuentes visitas a la finca familiar en Linconshire. Casi todas las demás grandes mentes científicas de Inglaterra se pasaban por entonces la vida en Londres. De 1684 a 1687 trabajó laboriosamente en la que iba a ser su obra magna, los *Philosophiae Naturalis Principia Magna*. Esta obra sintetizó todos sus estudios previos sobre matemáticas y mecánica, buena parte de los cuales habían sido incompletos, tentativos, ambivalentes. Los *Principia* fueron una sinfonía completa, que abarcaba enteros veinte años de esfuerzos.

Para escribir los *Principia*, Newton tuvo que volver a calcular, a pensar, a revisar, y hubo de tener en cuenta nuevos datos —sobre el paso de los cometas, las lunas de Júpiter y Saturno, las mareas del estuario del Támesis y muchas otras cosas—. Ahí fue donde empezó a insistir en el espacio y el tiempo absolutos y expresó con rigor sus tres leyes del movimiento. Ahí desarrolló el concepto de masa como la cantidad de «pasta» contenida en un cuerpo: «La cantidad de materia es la que se origina conjuntamente de su densidad y su envergadura».

Este frenesí de producción creativa tenía sus efectos secundarios. Según el testimonio de un asistente que vivía con él:

> Tanta es la concentración, tanta la seriedad de sus estudios, que come muy frugalmente, más aún, que a veces se olvida por completo de comer ... En las raras ocasiones en que decidía almorzar en el salón ... salía a la calle, se paraba, se daba cuenta de su error, se apresuraba a volver y, en vez de dirigirse al salón, volvía a sus habitaciones ... Había ocasiones en que se ponía a escribir en el escritorio de pie, sin concederse a sí mismo la distracción de acercar una silla.

A tal punto llega la obsesión del científico creador.

Los *Principia* cayeron sobre Inglaterra, sobre Europa en realidad, como una bomba. Los rumores acerca de la publicación se difundieron con rapidez, aun antes de que saliese de las prensas. Entre los físicos y los matemáticos, la reputación de Newton ya era grande. Los *Principia* le catapultaron a la leyenda y atrajeron sobre él la atención de filósofos como John Locke y Voltaire. Fue un exitazo. Discípulos y acólitos, e incluso críticos tan eminentes como Christian Huygens y Gottfried Leibniz se unieron en la alabanza del alcance y la profundidad asombrosos de la obra. Su archirrival, Robert «Retaco» Hooke, rindió a los *Principia* de Newton el cumplido supremo al asegurar que eran un plagio de los trabajos del propio Hooke.

La última vez que visité la Universidad de Cambridge pedí que me dejaran ver una copia de los *Principia*; esperaba hallarla dentro de una urna de cristal, en una atmósfera de helio. Pero no, ahí estaba, la primera edición, ¡en la estantería de la biblioteca de física! Un libro que cambió la ciencia.

¿De dónde sacó Newton su inspiración? Había, también en este caso, una sustanciosa literatura sobre el movimiento planetario, incluidos algunos trabajos de Hooke muy sugerentes. Lo más probable es que estas fuentes le influyeran tanto como el poder de la intuición, según sugiere la vetusta historia de la manzana: Newton, se cuenta en ella, vio caer una manzana; la tarde se acababa; en el cielo apuntaba ya la Luna. Ese fue el nexo. La Tierra ejerce su atracción gravitatoria sobre la manzana, un objeto terrestre, pero la fuerza sigue y llega hasta la Luna, objeto celeste. La fuerza hace que la manzana caiga al suelo. Y que la Luna dé vueltas alrededor de la Tierra. Newton hizo actuar a sus ecuaciones, y todo quedó claro. A mediados de la década de 1680 Newton había combinado la mecánica celeste y la terrestre. La ley universal de la gravitación explicaba la intrincada danza del sistema solar, las mareas, el agrupamiento de las estrellas en galaxias, el agrupamiento de las galaxias en cúmulos, las visitas infrecuentes pero predecibles del cometa Halley y más. En 1969, la NASA envió tres hombres a la Luna en un cohete. El equipo requirió una tecnología de la era espacial, pero las ecuaciones fundamentales que se programaron en los ordenadores de la NASA para trazar la trayectoria de ida y vuelta a la Luna tenían trescientos años. Todas de Newton.

El problema de la gravedad

Hemos visto que a escala atómica, digamos que en el caso de la fuerza de un electrón sobre un protón, la fuerza gravitatoria es tan pequeña que nos haría falta un 1 seguido de cuarenta y un ceros para expresar su debilidad. Eso es... *¡débil!* A escala macroscópica, la ley del inverso del cuadrado queda verificada por la dinámica de nuestro sistema solar. También se la puede comprobar en el laboratorio, pero con una gran dificultad, mediante una balanza sensible de torsión. Pero el problema que plantea la gravedad en los años noventa es el que sea la única de las cuatro fuerzas conocidas que no concuerda con la mecánica cuántica. Como se ha dicho antes, hemos descubierto partículas portadoras de fuerza asociadas a las interacciones débil, fuerte y electromagnética. Pero se nos escapa una partícula que esté relacionada con la gravedad. Le hemos dado un nombre al hipotético vehículo de la fuerza de la gravedad —gravitón—, pero no lo hemos detectado todavía. Se han construido dispositivos grandes y sensibles para detectar las ondas de gravedad que han de generar, allá por el espacio, los sucesos astronómicos catastróficos (una supernova, por ejemplo, un agujero negro que se come una estrella desafortunada o la improbable colisión de dos estrellas de neutrones). No se ha conseguido todavía. Pero la búsqueda sigue.

La gravedad es nuestro problema número uno a la hora de combinar la física de partículas y la cosmología. En esto somos un poco como los antiguos griegos, a la espera, atentos a que ocurra algo, incapaces de experimentar. Si pudiésemos machacar una estrella contra otra en vez de dos protones, veríamos realmente algunos fenómenos. Si los cosmólogos tienen razón y la del big bang es de verdad una buena teoría —y hace poco, en una reunión, me han asegurado que aún lo es—, hubo una fase al principio del universo en la que todas las partículas se encontraban en un espacio muy pequeño. La energía por partícula era *enorme*. La fuerza gravitatoria, intensificada por toda esa energía, que es equivalente a la masa, era una fuerza respetable en el dominio del átomo. La teoría cuántica rige al átomo. Si no introducimos la fuerza gravitatoria en la familia de las fuerzas cuánticas, nunca conoceremos los detalles del big bang ni, en realidad, la estructura más profunda de las partículas elementales.

Isaac y sus átomos

La mayoría de los estudiosos de Newton coincide en que él creía que la materia estaba formada por partículas. La gravedad fue la única fuerza que Newton trató matemáticamente. Razonaba que la fuerza entre los cuerpos, sean la Tierra y la Luna o la Tierra y una manzana, tiene que ser consecuencia de la fuerza entre las partículas que los constituyen. Me atrevo a conjeturar que la invención por Newton del cálculo guarda alguna relación con su creencia en los átomos. Para conocer la fuerza que hay entre la Tierra y la Luna, hay que aplicar nuestra fórmula II. Pero ¿qué valor le damos a *R*, la distancia entre la Tierra y la Luna? Si la Tierra y la Luna fuesen muy pequeñas, no habría problema alguno en asignarle un valor a *R*. Sería la distancia entre los centros de los objetos. Sin embargo, sabemos cómo la fuerza de una partícula muy pequeña de la Tierra afecta a la Luna, y sumar todas las fuerzas de todas las partículas requiere la invención del cálculo integral, que es un procedimiento para la suma de un número infinito de infinitesimales. Y lo cierto es que Newton inventó el cálculo en y alrededor de ese año famoso, 1666, durante el cual se encontró, como dijo él mismo, en un estado «notablemente apropiado para la invención».

En el siglo XVII, las pruebas observacionales a favor del atomismo eran escasísimas. En los *Principia*, Newton dice que hemos de extrapolar a partir de las experiencias sensibles para entender cómo obran las partículas microscópicas que componen los cuerpos: «Como la dureza del todo dimana de la dureza de las partes, nosotros ... inferimos con justeza la dureza de las partículas individidas, y no sólo de las de los cuerpos que percibimos, sino de las de todos los demás».

Sus investigaciones sobre la óptica le llevaron, como a Galileo, a suponer que la luz estaba formada por corpúsculos. Al final de su libro *Opticks* repasaba las ideas que entonces había sobre la luz y se atrevía a dar este paso anonadante:

> ¿No tienen las Partículas de los Cuerpos ciertos Poderes, Virtudes o Fuerzas por los cuales actúan a distancia, no sólo sobre los rayos de Luz para reflejarlos, refractarlos o doblarlos, sino también las unas sobre las otras para producir una gran parte de los fenómenos de la naturaleza? Pues es bien sabido que los cuerpos actúan los unos sobre los otros mediante las Atracciones de la Gravedad, Magnetismo y Electricidad, y estos casos muestran el tenor y curso de la naturaleza y *hacen que no sea improbable que quizá haya más poderes atractivos que ésos ... otros que se extiendan hasta distancias pequeñas aunque por ahora no*

> *se los haya observado; y quizás las atracciones eléctricas puedan extenderse hasta distancias pequeñas aun sin que las excite la fricción* (la cursiva es mía).

Aquí hay presciencia, penetración e incluso, si queréis, indicios de la gran unificación, el Santo Grial de los físicos en los años noventa. ¿No llamaba Newton ahí a una búsqueda de fuerzas en el interior del átomo, las que hoy conocemos como interacciones fuerte y débil? ¿Fuerzas que sólo actúen a «distancias pequeñas», al contrario que la gravedad? Escribía a continuación:

> Considerando todo esto, me parece probable que Dios formase al Principio la materia en la forma de partículas sólidas, con masa, duras, impenetrables, móviles... y al ser sólidas estas partículas primitivas ... tan durísimas que nunca se desgasten o descompongan, no habiendo poder ordinario que pueda dividir lo que Dios Mismo hizo uno en la creación primera.

Las pruebas eran débiles, pero Newton les marcó a los físicos un rumbo cuyo sinuoso derrotero habría de encaminarse sin cesar hacia el micromundo de los quarks y los leptones. La búsqueda de una fuerza extraordinaria que dividiese «lo que Dios Mismo hizo uno» es hoy la frontera activa de la física de partículas.

Una sustancia fantasmagórica

En la segunda edición de *Opticks*, Newton defendió sus conclusiones en una serie de *Queries*, de cuestiones. Son tan perceptivas —y tan abiertas— que uno puede encontrar en ellas lo que quiera. Pero creer que Newton podría haber anticipado, de una manera profundamente intuitiva, la dualidad onda-partícula de la mecánica cuántica no estaría tan traído por los pelos. Una de las ramificaciones más inquietantes de la teoría de Newton es el problema de la acción a distancia. La Tierra tira de una manzana. Cae al suelo. El Sol tira de los planetas y éstos orbitan elípticamente. ¿Cómo? ¿Cómo pueden dos cuerpos, sin nada entre ellos salvo el espacio, transmitirse mutuamente una fuerza? Un modelo por entonces en boga proponía la hipótesis de un éter, cierto medio invisible e insustancial que impregnase el espacio entero, por medio del cual el objeto A pudiese hacer contacto con el objeto B.

Como veremos, James Clerk Maxwell tomó la idea del éter para que llevase sus ondas electromagnéticas. Esta idea fue destruida por Einstein en 1905. Pero como los de Paulina, los peligros del éter van y vienen, y hoy creemos que en una versión nueva del éter (en realidad el vacío de Demócrito y Anaximandro) es donde se esconde la Partícula Divina.

Newton acabó por rechazar la noción de que hubiese un éter. Su concepción atomista habría requerido un éter hecho de partículas, lo que le parecía objetable. Además, el éter habría de transmitir fuerzas sin estorbar el movimiento de, por ejemplo, los planetas en sus órbitas inviolables.

El siguiente párrafo de los *Principia* ilustra la actitud de Newton:

> Hay una causa sin la cual esas fuerzas motivas no se propagarían por todas las partes de los espacios; sea esa causa un cuerpo central (un imán en el centro de la fuerza magnética, por ejemplo) u otra cosa que no haya aparecido aún. Pues he tomado el designio de dar sólo una noción matemática de estas fuerzas, sin entrar en sus causas y acciones.

Al oír esto, el público, si estuviera formado por físicos que asisten a un seminario actual, se pondría de pie y aplaudiría, pues Newton atina con la idea, muy moderna, de que una teoría se comprueba cuando concuerda con el experimento y la observación. Entonces, ¿y qué si Newton (y sus admiradores de hoy) no saben *el porqué de la gravedad*? ¿Qué crea la gravedad? Será una cuestión filosófica hasta que alguien muestre que la gravedad es una consecuencia de un concepto más profundo, una simetría, quizá, de un espacio-tiempo de más dimensiones.

Basta de filosofía. Newton hizo que nuestra persecución del á-tomo avanzara enormemente al establecer un sistema riguroso de predicción y síntesis que se podía aplicar a un vasto conjunto de problemas físicos. A medida que estos principios se fueron difundiendo, tuvieron, como hemos visto, una influencia profunda en artes prácticas como la ingeniería y la tecnología. La mecánica newtoniana y sus nuevas matemáticas son verdaderamente la base de una pirámide sobre la cual se construyen todos los pisos de las ciencias físicas y de la tecnología. Su revolución supuso un cambio de perspectiva en el pensamiento humano. Sin ese cambio, no habría habido ni revolución industrial ni persecución sistemática y continua de un conocimiento y una tecnología nuevos. Esto marca la transición de una sociedad estática que espera que las cosas ocurran a una sociedad dinámica que quiere conocer, sabedora de que conocer significa controlar. Y la impronta newtoniana supuso para el reduccionismo un poderoso empuje.

Las contribuciones de Newton a la física y a las matemáticas y su adhesión a un universo atomístico están claramente documentadas. Lo que aún permanece neblinoso es el influjo que en su obra científica tuvo su «otra vida», sus extensas investigaciones alquímicas y su devoción por la filosofía religiosa ocultista, sobre todo por las ideas herméticas que se remontan a la antigua magia sacerdotal egipcia. Estas actividades fueron en muy gran medida subrepticias. Profesor lucasiano en Cambridge (Stephen Hawking es quien hoy ocupa esa cátedra) y luego miembro de los círculos políticos londinenses, Newton no podía dejar que su devoción a esas prácticas religiosas subversivas fuese conocida, pues ello le habría puesto en una situación sumamente embarazosa, si es que no hubiese supuesto su total desgracia.

Podemos dejar a Einstein el último comentario sobre la obra de Newton:

> Newton, perdóname; encontraste el camino que, en tu época, era casi el único posible para un hombre del más alto pensamiento y poder creativo. Los conceptos que creaste aún guían nuestro pensamiento físico, pero ahora sabemos que tendrán que ser reemplazados por otros muy alejados de la esfera de la experiencia inmediata, si nuestro propósito es un conocimiento más hondo de las relaciones existentes.

El profeta dálmata

Una nota final sobre esta primera etapa, la era de la mecánica, la gran era de la física clásica. La frase «por delante de su tiempo» se ha usado demasiado. De todas formas, yo voy a hacerlo también. No me refiero a Galileo o Newton. Ambos estaban por completo en el tiempo que les correspondía, no llegaron tarde ni pronto. La gravedad, la experimentación, la medición, las demostraciones matemáticas..., todo ello se olfateaba en el aire. Galileo, Kepler, Brahe y Newton fueron aceptados —¡aclamados!— en su propia época, pues propusieron ideas que la comunidad científica estaba dispuesta a aceptar. No todos son tan afortunados.

Roger Joseph Boscovich, de Dubrovnik pero que pasó buena parte de su carrera en Roma, nació en 1711, dieciséis años antes de que Newton muriera. Boscovich fue un gran defensor de las teorías de Newton, pero veía algunos problemas en la ley de la gravitación. Dijo de ella que era un «límite clásico», una aproximación adecuada donde las distancias sean grandes. Decía que era «casi correcta pero hay diferencias con respecto a la ley de la inversa del cuadrado, si bien son muy ligeras». Conjeturó que esa ley clásica debía fallar por completo a escala atómica, donde las fuerzas de atracción son reemplazadas por una oscilación entre las fuerzas atractivas y las repulsivas. Un pensamiento asombroso para un científico del siglo XVIII.

Boscovich se enfrentó también al viejo problema de la acción a distancia. Como era, más que nada, un geómetra, se le ocurrió la idea de los *campos de fuerza* para explicar de qué manera ejercen las fuerzas su control sobre los objetos a distancia. Pero esperad, ¡que hay más!

Boscovich tuvo esta otra idea, verdaderamente demencial para el siglo XVIII (o quizá para cualquier siglo). La materia se compone de á-tomos invisibles e indivisibles, decía. Nada particularmente nuevo hasta ahí. Leucipo, Demócrito, Galileo, Newton y otros habrían estado de acuerdo con él. Pero ahora viene lo bueno: Boscovich decía que esas partículas no tenían tamaño; es decir, que eran puntos geométricos. Claramente, como tantas ideas científicas, ésta tuvo precursores; en la Grecia antigua, probablemente, por no mencionar los indicios que aparecen en las obras de Galileo. Como quizá recordéis de la geometría del bachillerato, un punto es justo un lugar; no tiene dimensiones. ¡Y ahí viene Boscovich, con su proposición de que la materia está compuesta por partículas que no tienen dimensiones! Dimos hace veinte años con una partícula que encaja en tal descripción. Se llama quark.

Volveremos al señor Boscovich más adelante.

4

EN BUSCA, AÚN, DEL ÁTOMO: QUÍMICOS Y ELECTRICISTAS

El científico no desafía al universo. Lo acepta. El universo es el plato que saborea, el reino que explora; es su aventura y su delicia inagotable, es complaciente y huidizo, nunca obtuso; es maravilloso en lo grande y en lo pequeño. En pocas palabras, explorar el universo es la más alta ocupación para un caballero.

I. I. RABI

Hay que admitirlo: los físicos no han sido los únicos que han ido tras el átomo de Demócrito. Los químicos han puesto sus hitos en el camino, sobre todo durante la larga era (de 1600 a 1900 aproximadamente) que vio el desarrollo de la física clásica. La diferencia entre los químicos y los físicos no es en realidad insuperable. Yo empecé como químico, pero me pasé a la física, en parte porque era más fácil. Desde entonces he observado con frecuencia que algunos de mis mejores amigos les dirigen la palabra a los químicos.

Los químicos hicieron algo que no habían hecho los físicos que los antecedieron: realizaron experimentos relativos a los átomos. Galileo, Newton *et al.*, a pesar de sus considerables logros experimentales, trataron de los átomos de una forma puramente teórica. No es que fueran vagos; carecían del equipo necesario. Tocó a los químicos efectuar los primeros experimentos que manifestaron la presencia de los átomos. En este capítulo le prestaremos atención a la abundancia de pruebas experimentales que apoyaron la existencia del á-tomo de Demócrito. Veremos muchos arranques en falso, algunos despistes y resultados mal interpretados, la cruz siempre del experimentador.

El hombre que descubrió veinticuatro centímetros de nada

Antes de que hablemos de los químicos propiamente dichos hemos de mencionar a un científico, Evangelista Torricelli (1608-1647), que tendió un puente entre la mecánica y los químicos en un intento por restaurar el atomismo como concepto científico válido. Por repetir, Demócrito dijo: «Aparte de átomos y espacio vacío, nada existe; lo demás es opinión». Por lo tanto, para probar la validez del atomismo, hacen falta los átomos, pero también el espacio vacío entre ellos. Aristóteles se opuso a la mera idea del vacío, e incluso durante el Renacimiento la Iglesia siguió insistiendo en que «la naturaleza aborrece el vacío».

Ahí es donde Torricelli hace acto de presencia. En los últimos tiempos de Galileo, fue uno de sus discípulos, y en 1642 el maestro le encomendó un problema. Los poceros florentinos habían observado que en las bombas de succión el agua no subía más de diez metros. ¿Por qué? La hipótesis inicial, avanzada por Galileo y otros, consistía en que el vacío era una «fuerza» y que el vacío parcial producido por las bombas impulsaba el agua hacia arriba. Estaba claro que Galileo no quería molestarse personalmente en investigar el problema de los poceros, así que delegó en Torricelli.

Torricelli se figuró que el vacío no tiraba del agua en absoluto, sino que era más bien *empujada hacia arriba* por la presión normal del aire. Cuando la bomba hace que la presión del aire sobre la columna de agua disminuya, el aire normal que está fuera de la bomba aprieta con más fuerza al agua del fondo, con lo que se obliga al agua de la cañería a subir. Torricelli puso a prueba está teoría el año después de que Galileo muriera. Razonó que, como el mercurio es 13,5 veces más denso que el agua, el aire sólo podría elevar el mercurio a 1/13,5 veces la altura a la que elevaba el agua —unos 760 milímetros—. Torricelli consiguió un tubo de cristal grueso de alrededor de un metro de largo cerrado por el fondo y abierto por arriba, e hizo un experimento sencillo. Rellenó el tubo de mercurio hasta el borde, cubrió la abertura superior con un tapón, puso el tubo cabeza abajo, lo colocó en un recipiente con mercurio y sacó el tapón. Un poco de mercurio salió del tubo y se derramó en la vasija. Pero, como Torricelli había predicho, quedaron 760 milímetros de mercurio en el tubo.

Se suele describir este acontecimiento trascendente de la historia de la física diciendo que se trató del invento del primer barómetro, y desde luego así fue. Torricelli observó que la altura del mercurio variaba de día en día; estaba midiendo las fluctuaciones de la presión atmosférica. Para nuestros propósitos, sin embargo, significó algo más importante. Olvidémonos de los 760 milímetros de mercurio que llenan la mayor parte del tubo. Esos extraños 240 milímetros que quedan arriba son los que nos importan. Esos pocos centímetros en la parte de arriba del tubo —el extremo cerrado— no contienen nada. Nada, realmente. Ni mercurio, ni aire, nada. O mejor dicho, casi nada. Es un vacío bastante bueno, pero contiene un poco de vapor de mercurio, en una cantidad que depende de la temperatura. El vacío es de unos 10^{-6} torr. (Un torr, nombre que viene del de Evangelista, es una medida de presión; 10^{-6} torr viene a ser alrededor de una mil millonésima de la presión atmosférica normal.) Las bombas modernas pueden llegar a 10^{-11} torr y menos. En cualquier caso, Torricelli había logrado el primer vacío de alta calidad creado artificialmente. No había manera de escapar de esta conclusión. Puede que la naturaleza aborrezca el vacío o puede que no, pero no le queda más remedio que pechar con él. Ahora que hemos probado la existencia del espacio vacío, nos hacen falta unos átomos para ponerlos en él.

La compresión del gas

Entra Robert Boyle. A este químico irlandés (1627-1691) le criticaron sus compañeros porque pensaba demasiado como un físico y muy poco como un químico, pero está claro que sus hallazgos pertenecen más que nada al dominio de la química. Fue un experimentador cuyos experimentos se quedaban a menudo en nada, pero contribuyó a que la idea del atomismo avanzase en Inglaterra y en el continente. Se le ha llamado a veces «el padre de la química y el tío del conde de Cork».

Influido por el trabajo de Torricelli, Boyle se apasionó por los vacíos. Contrató a Robert Hooke, el mismo Hooke que tanto quería a Newton, para que le construyese una bomba de aire mejor. La bomba de aire inspiró un interés por los gases; Boyle se dio pronto cuenta de que éstos eran una de las claves del atomismo. Puede que le ayudase en esto un poco Hooke, quien señaló que la presión que un gas ejerce sobre las paredes de su recipiente —como el aire que tensa la superficie de un globo— podría tener su causa en el movimiento agitado de los átomos. No vemos que los átomos del globo marquen bultos en éste porque hay miríadas de ellos, lo que produce la impresión de un empuje hacia afuera regular.

Como en el experimento de Torricelli, en los de Boyle intervenía el mercurio. Sellaba el cabo del lado corto de un tubo de cinco metros en forma de J, y vertía mercurio por la boca del lado largo hasta cegar la curva de la J. Seguía añadiendo mercurio; cuanto más echaba, menos espacio le quedaba al aire atrapado en el extremo corto. En consecuencia, la presión del aire crecía en el volumen cada vez menor, como podía medir fácilmente por la altura adicional del mercurio en la rama abierta del tubo. Boyle descubrió que el volumen del gas variaba inversamente con la presión sobre él. La presión del gas atrapado en el lado corto se debe a la suma del peso adicional del mercurio más la atmósfera, que, en el cabo abierto, aprieta hacia abajo. Si al añadir el mercurio la presión se duplicaba, el volumen del aire se reducía a la mitad. Si la presión se triplicaba, el volumen se quedaba en la tercera parte, y así sucesivamente. A este fenómeno vino a llamársele ley de Boyle, una de las piedras angulares de la química hasta hoy.

Más importancia tiene una derivación sorprendente de este experimento: el aire, o cualquier gas, puede comprimirse. Una forma de explicarlo es pensar que el gas se compone de partículas separadas por espacio vacío. Bajo presión, las partículas se acercan. ¿Prueba esto que el átomo existe? Por desgracia, cabe imaginar otras explicaciones, y el experimento de Boyle sólo proporcionó pruebas observacionales compatibles con el atomismo. Estas pruebas, eso sí, eran lo bastante fuertes para que contribuyesen a convencer, entre otros, a Isaac Newton de que la teoría atómica de la naturaleza era el camino que debía seguirse. El experimento de la compresión de Boyle puso, como muy poco, en entredicho el supuesto aristotélico de que la materia era continua. Quedaba el problema de los líquidos y los sólidos, a los que no podía comprimirse con la misma facilidad que a los gases. Esto no quería decir que no estuviesen compuestos por átomos, sino, sólo, que tenían dentro menos espacio vacío.

Boyle fue un campeón de la experimentación; ésta, pese a las hazañas de Galileo y de otros, seguía siendo vista con suspicacia en el siglo XVII. Boyle mantuvo un largo debate con Baruch Spinoza, el filósofo (y fabricante de lentes) holandés, acerca de si el experimento podía proporcionar demostraciones. Para Spinoza sólo el pensamiento lógico podía valer como demostración; el experimento era simplemente un instrumento en la tarea de confirmar o refutar una idea. Científicos tan grandes como Huygens y Leibniz también ponían en duda el valor de los experimentos. Los experimentadores siempre hemos tenido la batalla cuesta arriba.

Los esfuerzos de Boyle por probar la existencia de los átomos (prefería la palabra «corpúsculos») hicieron que la ciencia de la química, por entonces sumida en cierta confusión, progresase. La creencia prevaleciente entonces era la vieja idea de los elementos, que se remontaba al aire, tierra, fuego y agua de Empédocles y que se había ido modificando a lo largo de los años para incluir la sal, el azufre, el mercurio, el flegma (¿flegma?), el aceite, el espíritu (de las bebidas espirituosas), el ácido y el álcali. A la altura del siglo XVII, estas no eran sólo las sustancias más simples que, según la teoría dominante, constituían la materia; se creía que eran los *ingredientes esenciales de todo*. Se esperaba que el ácido, por poner un ejemplo, estuviera presente en todos los compuestos. ¡Qué confusos tenían que estar los químicos! Con estos criterios, debía ser imposible analizar hasta las reacciones químicas más simples. Los corpúsculos de Boyle les llevaron a un método más reduccionista, y más simple, de analizar los compuestos.

El juego de los nombres

Uno de los problemas a los que se enfrentaron los químicos en los siglos XVII y XVIII era que los nombres que se habían dado a una variedad de sustancias químicas carecían de sentido. Antoine-Laurent Lavoisier (1743-1794) hizo que todo cambiara en 1787 con su obra clásica, *Méthode de Nomenclature Chimique*. A Lavoisier se le podría llamar el Isaac Newton de la química. (Quizá los químicos llamen a Newton el Lavoisier de la física.)

Fue un personaje asombroso. Competente geólogo, Lavoisier fue también pionero de la agricultura científica, financiero capaz y reformador social que hizo lo suyo por promover la Revolución francesa. Estableció un nuevo sistema de pesos y medidas que condujo al sistema métrico decimal, en uso hoy en las naciones civilizadas. (En los años noventa, los Estados Unidos, por no quedarse demasiado rezagados, se van acercando poco a poco al sistema métrico.)

El siglo anterior había producido una montaña de datos, pero en ellos reinaba una desorganización desesperante. Los nombres de las sustancias —pompholix, colcótar, mantequilla de arsénico, flores de zinc, oropimente, etíope marcial— eran llamativos, pero no indicaban que hubiese detrás orden alguno. Uno de sus mentores le dijo a Lavoisier: «El arte de razonar no es más que un lenguaje bien dispuesto», y Lavoisier hizo suya esta idea. El francés acabaría por asumir la tarea de reordenar la química y darle nuevos nombres. Cambió el etíope marcial por óxido de hierro; el oropimente se convirtió en el sulfuro arsénico. Los distintos prefijos, como «ox» y «sulf», y sufijos, como «uro» y «oso», sirvieron para organizar y catalogar los nombres incontables de los compuestos. ¿Qué importancia tiene un nombre? ¿Habría conseguido Archibald Leach tantos papeles en las películas si no hubiese cambiado el suyo y adoptado el de Cary Grant?

No fue tan sencillo en absoluto para Lavoisier. Antes de revisar la nomenclatura hubo de revisar la teoría química misma. Las mayores contribuciones de Lavoisier se refirieron a la naturaleza de los gases y la combustión. Los químicos del siglo XVIII creían que, si se calentaba agua, se transmutaba en aire; de éste creían que era el único gas auténtico. Gracias a los estudios de Lavoisier se cayó por primera vez en la cuenta de que todo elemento puede existir en tres estados: sólido, líquido y «vapor». Determinó, además, que el acto de la combustión era una reacción química en la que ciertas sustancias, el carbono, el azufre, el fósforo, se combinaban con el oxígeno. Arrumbó la teoría del flogisto, que era un obstáculo aristotélico para el verdadero conocimiento de las reacciones químicas. Aún más, el estilo investigador de Lavoisier —basado en la precisión, la técnica experimental más cuidadosa y el análisis crítico de los datos reunidos—puso a la química en sus derroteros modernos. Si bien la contribución directa de Lavoisier al atomismo fue de orden menor, sin los fundamentos establecidos por su obra no habrían podido descubrir los científicos del siglo siguiente la primera prueba directa de la existencia de los átomos.

El pelícano y el globo

A Lavoisier le fascinaba el agua. Por aquella época, muchos científicos aún estaban convencidos de que era un elemento básico, que no se podía descomponer en elementos menores. Algunos creían además en la transmutación, y pensaban que el agua se podía transmutar en tierra, entre otras cosas. Había experimentos que lo respaldaban. Si se pone a hervir un cacharro con agua el suficiente tiempo, acabará por formarse un residuo sólido en la superficie. Se trata de agua transmutada en otro elemento, decían esos científicos. Incluso el gran Robert Boyle creía en la transmutación. Había hecho experimentos donde se demostraba que las plantas crecían al absorber agua. Por lo tanto, el agua se transformaba en tallos, hojas, flores y demás. Os daréis cuenta de por qué tantos desconfiaban de los experimentos. Conclusiones así bastan para que uno empiece a estar de acuerdo con Spinoza.

Lavoisier vio que el fallo de esos experimentos se encontraba en la medición. Realizó su propio experimento. Hirvió agua destilada en una vasija especial, a la que se daba el nombre de «pelícano». El pelícano estaba diseñado de manera que el vapor de agua que se producía al bullir el agua quedase atrapado y se condensara en una cabeza esférica, de la que retornaba a la vasija de ebullición a través de dos tubos con forma de asa. De esta manera no se perdía agua. Lavoisier pesó cuidadosamente el pelícano y el agua destilada, y puso a hervir el agua durante 101 días. El largo experimento produjo una cantidad apreciable de residuo sólido. Lavoisier pesó entonces cada elemento: el pelícano, el agua y el residuo. El agua pesaba *exactamente lo mismo* tras 101 días de ebullición; algo dice esto de lo meticulosa que era la técnica de Lavoisier. El pelícano, sin embargo, pesaba un poco menos. El peso del residuo era igual al perdido por el recipiente. Por lo tanto, el residuo del agua en ebullición no era agua transmutada, sino vidrio disuelto, sílice, del pelícano. Lavoisier había demostrado que la experimentación, sin mediciones precisas, no vale para nada e incluso induce a error. La balanza química de Lavoisier era su violín; lo tocaba para revolucionar la química.

Esto por lo que se refiere a la transmutación. Pero muchos, Lavoisier incluido, creían aún que el agua era un elemento básico. Lavoisier acabó con esa ilusión al inventar un aparato que tenía dos pitones. La idea era inyectar un gas diferente por cada uno, con la esperanza de que se combinasen y se formara una tercera sustancia. Un día decidió trabajar con oxígeno e hidrógeno; creía que con ellos formaría algún tipo de ácido. Pero lo que le salió fue agua. Dijo que era «pura como el agua destilada». ¿Por qué no? La producía a partir de sus componentes básicos. Obviamente, el agua no era un elemento, sino una sustancia que se podía fabricar con dos partes de hidrógeno y una de oxígeno.

En 1783 ocurrió un acontecimiento histórico que contribuiría indirectamente al progreso de la química. Los hermanos Montgolfier efectuaron las primeras exhibiciones de vuelos tripulados de globos de aire caliente. Poco después, J. A. C. Charles, nada menos que profesor de física, se elevó a la altura de tres mil metros en un globo relleno de hidrógeno. Lavoisier quedó impresionado; vio en esos globos la posibilidad de subir por encima de las nubes para estudiar los fenómenos atmosféricos. Poco después se le nombró miembro de un comité que había de buscar métodos baratos para la producción del gas de los globos. Lavoisier puso en pie una operación a gran escala con el objetivo de producir hidrógeno mediante la descomposición del agua en sus partes constituyentes; para ello la colaba a través de un tubo de cañón relleno de anillas de hierro calientes.

En ese momento, nadie con un poco de sentido creía aún que el agua fuese un elemento. Pero Lavoisier se llevó una sorpresa mayor. Descomponía agua en grandes cantidades, y siempre le salían los mismos números. El agua producía unos pesos de oxígeno e hidrógeno en una razón que era siempre de ocho a uno. Estaba claro que actuaba algún tipo de mecanismo muy bien definido, un mecanismo que podría explicarse mediante un argumento basado en los átomos.

Lavoisier no le dio muchas vueltas al atomismo; se limitó a decir que en la química actuaban partículas indivisibles simples de las que no sabíamos mucho. Claro, nunca tuvo la oportunidad de retirarse a escribir sus memorias, donde podría haber reflexionado más sobre los átomos. Temprano partidario de la revolución, Lavoisier cayó en desgracia durante el reino del terror, y fue enviado a la guillotina en 1794, a los cincuenta años de edad.

El día siguiente a la ejecución de Lavoisier, el geómetra Joseph Louis Lagrange resumió la tragedia: «Hizo falta sólo un instante para cortar esa cabeza, y harán falta cien años para que salga otra igual».

De vuelta al átomo

Una generación después, un modesto maestro de escuela inglés, John Dalton (1766-1844), investigó las consecuencias de la obra de Lavoisier. En Dalton encontramos por fin la imagen del científico de una serie de televisión. Parece que llevó una vida privada absolutamente carente de acontecimientos. Nunca se casó; decía que «mi cabeza está demasiado llena de triángulos, procesos químicos y experimentos eléctricos, etcétera, para pensar demasiado en el matrimonio». Para él, un gran día consistía en dar una vuelta y puede que asistir a una reunión cuáquera.

En un principio, Dalton era un humilde maestro de un internado, donde llenaba sus horas libres leyendo las obras de Newton y de Boyle. Se tiró diez años en este trabajo, hasta que pasó a ocupar un puesto de profesor de matemáticas en un *college* de Manchester. Cuando llegó, se le informó de que también tendría que enseñar química. ¡Se quejaba porque tenía que dar veintiuna horas de clase por semana! En 1800 abandonó este trabajo para abrir su propia academia, lo que le dio tiempo para dedicarse a sus investigaciones químicas. Hasta que no hizo pública su teoría de la materia a poco de empezar el nuevo siglo (entre 1803 y 1808), se le consideraba en la comunidad científica poco más que un aficionado. Que sepamos, Dalton fue el primero en resucitar la palabra democritiana *átomo* para referirse a las minúsculas partículas invisibles que constituyen la materia. Había una diferencia, sin embargo. Recordad que Demócrito decía que los átomos de sustancias diferentes tenían diferentes formas. En el sistema de Dalton, el papel decisivo lo desempeñaba el peso.

La teoría atómica de Dalton fue su mayor contribución. Estuviera ya «en el aire» (lo estaba), fuese excesivo el mérito que la historia le atribuye a Dalton (como dicen algunos historiadores), nadie pone en duda el efecto tremendo que la teoría atómica tuvo en la química, disciplina que pronto iba a convertirse en una de las ciencias cuya influencia llegaría a más partes. Que la primera «prueba» experimental de la realidad de los átomos viniese de la química es muy apropiado. Recordad la pasión de los antiguos griegos: ver una «anche» inmutable en un mundo donde el cambio lo es todo. El átomo resolvió la crisis. Mediante la reordenación de los átomos se puede crear todo el cambio que se quiera, pero el pilar de nuestra existencia, el á-tomo, es inmutable. En química, un número de átomos hasta cierto punto pequeño da un enorme espacio para elegir, por las combinaciones posibles a que da lugar: el átomo de carbono con un átomo de oxígeno o dos, el hidrógeno con el oxígeno, el cloro o el azufre, y así sucesivamente. Pero los átomos de hidrógeno siempre son hidrógeno: idénticos unos a otros, inmutables. ¡Pero adónde vamos, que se nos olvida nuestro héroe Dalton!

Dalton, al observar que las propiedades de los gases se podían explicar mejor partiendo de la existencia de los átomos, aplicó esta idea a las reacciones químicas. Se percató de que un compuesto químico siempre contiene los mismos pesos de sus elementos constituyentes. Por ejemplo, el carbono y el oxígeno se combinan y forman monóxido de carbono (CO). Para hacer CO, siempre se necesitan 12 gramos de carbono y 16 gramos de oxígeno, o 12 libras y 16. Sea cual sea la unidad que se emplee, la proporción siempre ha de ser 12 a 16. ¿Cuál puede ser la explicación? Si un átomo de carbono pesa 12 unidades y un átomo de oxígeno pesa 16 unidades, los pesos macroscópicos del carbono y del oxígeno que desaparecen para generar el CO tendrán siempre la misma proporción. Esto solo no sería más que un argumento débil a favor de los átomos. Sin embargo, cuando se hacen compuestos de hidrógeno-oxígeno y de hidrógeno-carbono, los pesos relativos del hidrógeno, del carbono y del oxígeno son siempre 1 a 12 a 16. Uno empieza a quedarse sin otras explicaciones. Cuando se aplica el mismo razonamiento a docenas y docenas de compuestos, los átomos son la única conclusión sensata.

Dalton revolucionó la ciencia al declarar que el átomo es la unidad básica de los elementos químicos y que cada átomo químico tiene su propio peso. En sus propias palabras, escritas en 1808:

> Hay tres distinciones en los tipos de cuerpos, o tres estados, que han llamado más específicamente la atención de los químicos filosóficos; a saber, los que marcan las expresiones «fluidos elásticos», «líquidos» y «sólidos». Un caso muy famoso es el que se nos exhibe en el agua, el de un cuerpo que, en ciertas circunstancias, es capaz de tomar los tres estados. En el vapor reconocemos un fluido perfectamente elástico, en el agua un líquido perfecto y en el hielo un sólido completo. Estas observaciones han conducido, tácitamente, a la conclusión, que parece universalmente adoptada, de que todos los cuerpos de una magnitud sensible, sean líquidos o sólidos, están constituidos por un vasto número de partículas sumamente pequeñas, o átomos de materia a los que mantiene unidos una fuerza de atracción, que es más o menos poderosa según las circunstancias...

> Los análisis y síntesis químicos no van más allá de organizar la separación de unas partículas de las otras y su reunión. Ni la creación de nueva materia ni su destrucción están al alcance de la acción química. Podríamos lo mismo intentar que hubiera un nuevo planeta en el sistema solar, o aniquilar uno ya existente, que crear o destruir una partícula de hidrógeno. Todos los cambios que podemos producir consisten en separar las partículas que están en un estado de cohesión o combinación, y juntar las que previamente se hallaban a distancia.

Es interesante el contraste entre los estilos científicos de Lavoisier y Dalton. Lavoisier fue un medidor meticuloso. Insistía en la precisión, y ello rindió el fruto de una reestructuración monumental de la metodología química. Dalton se equivocó en muchas cosas. Como peso relativo del oxígeno respecto al hidrógeno, usó 7 en vez de 8. La composición que les suponía al agua y al amoniaco eran erróneas. Pero hizo uno de los descubrimientos científicos más profundos de la época: tras unos 2.200 años de cábalas y vagas hipótesis, Dalton estableció la realidad de los átomos. Presentó una concepción nueva que, «si quedase establecida, como no dudo que ocurrirá con el tiempo, se producirán los más importantes cambios en el sistema de la química y se reducirá en conjunto a una ciencia de gran simplicidad». Sus aparatos no eran microscopios poderosos ni aceleradores de partículas, sino unos cuantos tubos de ensayo, una balanza química, la literatura química de su época y la inspiración creadora.

Lo que Dalton llamaba átomo no era, ciertamente, el átomo que imaginó Demócrito. Ahora sabemos que un átomo de oxígeno, por ejemplo, no es indivisible. Tiene una subestructura compleja. Pero el nombre siguió usándose: a lo que hoy llamamos átomo es al átomo de Dalton. Es un átomo *químico*, una unidad simple de *elemento químico*, como el hidrógeno, el oxígeno, el carbono o el uranio.

Titular del *Royal Enquirer* en 1815:

QUÍMICO HALLA LA PARTÍCULA ÚLTIMA, ABANDONA LA BOA CONSTRICTOR Y LA ORINA

De ciento en ciento aparece un científico que hace una observación tan simple y elegante que tiene que ser cierta, una observación que parece resolver, de un plumazo, problemas que han atormentado a la ciencia durante siglos. De millar en millar resulta que el científico tenga razón.

Todo lo que cabe decir de William Prout es que le faltó muy poco. Prout propuso una de las grandes conjeturas «casi correctas» de su siglo. Fue rechazada por razones equivocadas y por el caprichoso dedo del destino. Alrededor de 1815, este químico inglés pensó que había hallado la partícula de la que estaba hecha toda la materia. Se trataba del átomo de hidrógeno.

Para ser justos, era una idea profunda, elegante, si bien «ligeramente» equivocada. Prout hacía lo que hace un buen científico: buscar la simplicidad, en la tradición griega. Buscaba un denominador común entre los veinticinco elementos químicos que se conocían en ese tiempo. Francamente, Prout estaba un poco fuera de su campo. Para los contemporáneos, su principal logro era haber escrito el libro definitivo sobre la orina. Realizó también amplios experimentos sobre el excremento de la boa constrictor. Cómo pudo esto conducirle al atomismo, no me molesto en intentar imaginármelo.

Prout sabía que el hidrógeno, con un peso atómico de 1, era el más ligero de todos los elementos conocidos. Quizá, decía Prout, el hidrógeno es la «materia primaria», y todos los demás elementos son, simplemente, combinaciones de hidrógenos. En el espíritu de los antiguos, llamó a su quintaesencia «protyle». Su idea tenía mucho sentido: los pesos atómicos de los elementos eran casi enteros, múltiplos del peso del hidrógeno. Así era porque, entonces, los pesos relativos se caracterizaban por su inexactitud. A medida que la precisión de los pesos atómicos mejoró, la hipótesis de Prout quedó aplastada (por una razón equivocada). Se halló, por ejemplo, que el cloro tenía un peso relativo de 35,5.

Esto aventó la idea de Prout: no se puede tener medio átomo. Ahora sabemos que el cloro natural es una mezcla de dos variedades o isótopos. Uno tiene 35 «hidrógenos» y el otro 37. Esos «hidrógenos» son en realidad neutrones y protones, que tienen casi la misma masa.

Prout había adivinado, en realidad, la existencia del nucleón (una de las dos partículas, el protón o el neutrón, que constituyen los núcleos) como ladrillo que construye los átomos. Prout se apuntó un tanto buenísimo. La voluntad de ir a por un sistema más simple que el conjunto de alrededor de veintisiete elementos estaba destinada a triunfar.

No en el siglo XIX, sin embargo.

Jugando a las cartas con los elementos

Este viaje de placer, con la lengua fuera, a lo largo de doscientos años de química termina aquí con Dmitri Mendeleev (1834-1907), el químico siberiano a quien se debe la tabla periódica de los elementos. La tabla fue un paso adelante enorme en lo que se refería a la clasificación, y al mismo tiempo hizo que la búsqueda del átomo de Demócrito progresase.

Aun así, Mendeleev tuvo que soportar un montón de estupideces en su vida. Este hombre extraño —parece que sobrevivía con una dieta que se basaba en la leche agria (comprobaba alguna manía médica)— sufrió a causa de su tabla muchas burlas de parte de sus colegas. Fue además un gran defensor de sus alumnos de la Universidad de San Petersburgo, y cuando estuvo con ellos durante una protesta hacia el final de su vida, la administración le echó.

Sin alumnos, quizá no habría construido nunca la tabla periódica. Cuando se le nombró para la cátedra de química en 1867, Mendeleev no pudo encontrar un texto aceptable para sus clases, así que se puso a escribir uno. Mendeleev veía la química como «la ciencia de la masa» —otra vez esa preocupación por la masa—, y en su libro propuso la sencilla idea de colocar los elementos conocidos según el orden de sus pesos atómicos.

Para ello jugó a las cartas. Escribió los símbolos de los elementos con sus pesos atómicos y diversas propiedades (por ejemplo, sodio: metal activo; argón: gas inerte) en tarjetas distintas. Mendeleev disfrutaba jugando a paciencia, un tipo de solitario. Jugó, pues, a paciencia con esa baraja de elementos que había hecho, dispuestas las cartas en orden creciente de pesos. Descubrió una cierta periodicidad. Cada ocho cartas, reaparecían en los correspondientes elementos propiedades químicas parecidas; por ejemplo, el litio, el sodio y el potasio eran metales activos químicamente, y sus posiciones la 3, la 11 y la 19. Similarmente, el hidrógeno (1), el flúor (9) y el cloro (17) son gases activos. Reordenó las cartas de forma que hubiera ocho columnas verticales, y tales que en cada una de ellas los elementos tuvieran propiedades similares.

Mendeleev hizo algo más, y no fue ortodoxo. No se sentía obligado a llenar todos los huecos de su rejilla de cartas. Como en un solitario, sabía que algunas cartas estaban ocultas todavía en el mazo. Quería que la tabla tuviese sentido leída no sólo fila a fila, a lo ancho, sino por las columnas hacia abajo. Si un hueco requería un elemento con unas propiedades particulares y ese elemento no existía, lo dejaba en blanco en vez de forzar un elemento existente en él. Hasta le puso nombre a los espacios vacíos. Utilizó el prefijo «eka», que en sánscrito significa «uno». Por ejemplo, el eka-aluminio y el eka-silicio eran los huecos que quedaban en las columnas verticales bajo el aluminio y el silicio, respectivamente.

Esos huecos en la tabla fueron una de las razones por las que Mendeleev recibió tantas burlas. Pero cinco años después, en 1875, se descubrió el galio y resultó que era el eka-aluminio, con todas las propiedades predichas por la tabla periódica. En 1886 se descubrió el germanio, y resultó ser el eka-silicio. Y el juego del solitario químico resultó no ser una chaladura tan grande.

Que los químicos hubieran conseguido ya una precisión mayor en la medición de los pesos atómicos de los elementos fue uno de los factores que hicieron posible la tabla de Mendeleev. El propio Mendeleev había corregido los pesos atómicos de varios elementos, y no es que ganase con ello muchos amigos entre los científicos importantes cuyas cifras había revisado.

Hasta que en el siglo siguiente no se descubrieron el núcleo y el átomo cuántico, nadie supo por qué aparecían esas regularidades en la tabla periódica. En realidad, el efecto que inicialmente tuvo la tabla periódica fue el de desanimar a los científicos. Había cincuenta sustancias o más llamadas «elementos», los ingredientes básicos del universo que, presumiblemente, no se podían subdividir más; es decir, más de cincuenta «átomos» diferentes, y el número pronto se inflaría hasta más de noventa, lo que caía muy lejos de un ladrillo último. A finales del siglo pasado, los científicos debían de tirarse de los pelos cuando le echaban un vistazo a la tabla periódica. ¿Dónde estaba la sencilla unidad que buscábamos desde hacía más de dos mil años? Sin embargo, el orden que Mendeleev halló en ese caos apuntaba hacia una simplicidad más profunda. Retrospectivamente, se ve que la organización y las regularidades de la tabla periódica pedían a gritos un átomo dotado de una estructura que se repitiese periódicamente. Los químicos, sin embargo, no estaban dispuestos a abandonar la idea de que los átomos químicos —el hidrógeno, el oxígeno y los demás— eran indivisibles. El problema se atacó más fructíferamente desde otro ángulo.

Pero no hay que culpar a Mendeleev de la complejidad de la tabla periódica. Se limitó a organizar la confusión lo mejor que pudo, e hizo lo que los buenos científicos hacen: buscar el orden en medio de la complejidad. En vida, sus colegas no llegaron a apreciarlo del todo, y no ganó el premio Nobel pese a que vivió unos cuantos años tras la institución del premio. A su muerte, en 1907, recibió, sin embargo, el mayor honor que le cabe a un maestro. Un grupo de estudiantes acompañó el cortejo fúnebre llevando en alto la tabla periódica. El legado de Mendeleev es la famosa carta de los elementos presente en cada laboratorio, en cada aula de bachillerato de cualquier lugar del mundo donde se enseñe química.

Al llegar al último estadio del oscilante desarrollo de la física clásica, le damos la espalda a la materia y a las partículas y volvemos otra vez a una fuerza. En este caso se trata de la electricidad. En el siglo XIX se consideraba que el estudio de la electricidad era casi una ciencia en sí mismo.

Era una fuerza misteriosa. Y a primera vista no parecía que ocurriera naturalmente, como no fuese en la amedrentadora forma del rayo. Los investigadores, pues, habían de hacer algo que no era «natural» para estudiar la electricidad. Tenían que «fabricar» el fenómeno antes de analizarlo. Hemos acabado por descubrir que la electricidad está en todas partes; la materia entera es eléctrica por naturaleza. Recordadlo cuando lleguemos a la época moderna y hablemos de las partículas exóticas que «fabricamos» en los aceleradores. A la electricidad se la consideraba tan exótica en el siglo XIX como a los quarks hoy. Y hoy la electricidad nos rodea por todas partes; es sólo un ejemplo más de cómo alteramos los seres humanos nuestro propio entorno.

En ese periodo inicial hubo muchos héroes de la electricidad y del magnetismo; la mayor parte de ellos han dejado su nombre en las diversas unidades eléctricas: Charles Augustin Coulomb (la unidad de carga), André Ampère (la de corriente), Georg Ohm (la de resistencia), James Watt (la de energía eléctrica) y James Joule (la de energía). Luigi Galvani nos dio el galvanómetro, aparato que sirve para medir las corrientes, y Alessandro Volta el voltio (unidad de potencial o fuerza electromotriz). Análogamente, C. F. Gauss, Hans Christian Oersted y W. E. Weber dejaron su huella y sus nombres en magnitudes eléctricas calculadas para sembrar el pánico y el odio en los futuros estudiantes de ingeniería. Sólo Benjamin Franklin se quedó sin darle su nombre a una unidad eléctrica, pese a sus importantes contribuciones. ¡Pobre Ben! Bueno, tiene la estufa Franklin y su efigie en los billetes de cien dólares. Observó que hay dos tipos de electricidad. Podría haberle llamado a una Joe y a la otra Moe, pero eligió los nombres de positiva (+) y negativa (–). Franklin denominó a la cantidad de electricidad de un objeto, negativa, por ejemplo, «carga eléctrica». Introdujo también el concepto de conservación de la carga: cuando se transfiere electricidad de un cuerpo a otro, la carga total debe sumar cero. Pero entre todos estos científicos los gigantes fueron dos ingleses, Michael Faraday y James Clerk Maxwell.

Ranas eléctricas

Nuestra historia empieza a finales de siglo con la invención por Galvani de la batería, que luego mejoraría otro italiano, Volta. El estudio de los reflejos de las ranas por Galvani —colgó músculos de rana en la celosía exterior de su ventana y vio que durante las tormentas eléctricas sufrían convulsiones— demostró la existencia de la «electricidad animal». Este trabajo fue el estímulo de la obra de Volta y, además, de algo que luego vendría muy bien. Imaginaos a Henri Ford instalando un cajón con ranas en sus coches y estas instrucciones para el conductor: «Hay que dar de comer a las ranas cada veinticinco kilómetros». Volta descubrió que la electricidad de las ranas tenía que ver con que alguna grosería de la rana separase dos metales diferentes; las ranas de Galvani estaban colgadas de ganchos de latón en una celosía de hierro. Volta fue capaz de producir corrientes eléctricas sin las ranas; para ello probó con pares de metales distintos separados por piezas de cuero (que hacían el papel de las ranas) empapadas de salmuera. Enseguida creó una «pila» de placas de cinc y cobre, y observó que cuanto mayor era la pila, más corriente impulsaba a lo largo de un circuito externo. El electrómetro que Volta inventó para medir la corriente tuvo un papel decisivo en esta investigación, que arrojó dos resultados importantes: un instrumento de laboratorio que producía corrientes y el descubrimiento de que podía generarse electricidad mediante reacciones químicas.

Otro progreso importante fue la medición que efectuó Coulomb de la intensidad y la naturaleza de la fuerza eléctrica entre dos bolas cargadas. Para ello inventó la balanza de torsión, aparato sumamente sensible a las fuerzas minúsculas. La fuerza que estudió fue, claro, la electricidad. Con su balanza de torsión, Coulomb determinó que la fuerza entre las cargas eléctricas variaba con el inverso del cuadrado de la distancia entre ellas. Descubrió además que las cargas del mismo signo (+ + o – –) se repelían y que las cargas de signo distinto (+ –) se atraían. La ley de Coulomb, que da la *F* de las cargas eléctricas, desempeñará un papel fundamental en nuestro conocimiento del átomo.

En un auténtico frenesí de actividad, se emprendieron muchos experimentos acerca de los fenómenos, que al principio se creían separados, de la electricidad y el magnetismo. En el breve periodo de cincuenta años que va, aproximadamente, de 1820 a 1870 esos experimentos condujeron a una gran síntesis que dio lugar a la teoría unificada que englobaría no sólo la electricidad y el magnetismo, sino también la luz.

El secreto del enlace químico: otra vez las partículas

Buena parte de lo que, en un principio, se fue sabiendo de la electricidad salió de descubrimientos químicos, en concreto de lo que hoy llamamos electroquímica. La batería de Volta enseñó a los científicos que una corriente eléctrica puede fluir, a lo largo de un circuito, por un cable que vaya de un polo de la batería al otro. Cuando se interrumpe el circuito mediante la conexión de los cables a unas piezas metálicas sumergidas en un líquido, circula corriente por éste y, como se descubrió, esa corriente genera un proceso químico de descomposición. Si el líquido es agua, aparecerá gas hidrógeno cerca de una de las piezas metálicas, y oxígeno junto a la otra. La proporción de 2 partes de hidrógeno por 1 de oxígeno indica que el agua se descompone en sus constituyentes. Una solución de cloruro de sodio hacía que uno de los «terminales» se cubriese de sodio y que en el otro apareciera el verdoso gas de cloro. Pronto nacería la industria del electrorrecubrimiento.

La descomposición de los compuestos químicos mediante una corriente eléctrica indicaba algo profundo: que el enlace atómico y las fuerzas eléctricas estaban relacionados. Fue ganando vigencia la idea de que las atracciones entre los átomos —es decir, la «afinidad» de una sustancia química por otra— era de naturaleza eléctrica.

El primer paso de la obra electroquímica de Michael Faraday fue la sistematización de la nomenclatura, lo que, como los nombres que Lavoisier dio a las sustancias químicas, resultó muy útil. Faraday llamó a los metales sumergidos en el líquido «electrodos». El electrodo negativo era el «cátodo», el positivo el «ánodo». Cuando la electricidad corría por el agua, impelía un desplazamiento de los átomos cargados a través del líquido, del cátodo al ánodo. Por lo general, los átomos son neutros, carentes de carga positiva o negativa. Pero la corriente eléctrica cargaba, de alguna forma, los átomos. Faraday llamó a esos átomos cargados «iones». Hoy sabemos que un ion es un átomo que está cargado porque ha perdido o ganado uno o más electrones. En la época de Faraday, no se conocían los electrones. No sabían qué era la electricidad. Pero ¿tuvo Faraday alguna idea de la existencia de los electrones? En la década de 1830 realizó una serie de espectaculares experimentos que se resumirían en dos sencillos enunciados a los que se conoce por el nombre de leyes de Faraday de la electrólisis:

1. La masa de los productos químicos desprendidos en un electrodo es proporcional a la corriente multiplicada por el lapso de tiempo durante el cual pasa. Es decir, la masa liberada es proporcional a la cantidad de electricidad que pasa por el líquido.

2. La masa liberada por una cantidad fija de electricidad es proporcional al peso atómico de la sustancia multiplicado por el número de átomos que haya en el compuesto.

Lo que estas leyes querían decir es que la electricidad no es continua, uniforme, sino que se divide en «pegotes». Dada la concepción atómica formulada por Dalton, las leyes de Faraday nos dicen que los átomos del líquido (los iones) se desplazan al electrodo, donde a cada ion se le entrega una cantidad unitaria de electricidad que lo convierte en un átomo libre de hidrógeno, oxígeno, plata o lo que sea. Las leyes de Faraday apuntan, pues, a una conclusión inevitable: hay *partículas de electricidad*. Esta conclusión, sin embargo, tuvo que esperar unos sesenta años a que el descubrimiento del electrón la confirmase rotundamente hacia el final del siglo.

Conmoción en Copenhague

Proseguimos la historia de la electricidad —eso que sale de los dos o tres agujeros de vuestros enchufes y que hay que pagar— yéndonos a Copenhague, Dinamarca. En 1820, Hans Christian Oersted hizo un descubrimiento decisivo —según algunos historiadores, *el* descubrimiento decisivo—. Generó una corriente eléctrica de la manera reconocida: con cables que conectaban los dos bornes de un dispositivo voltaico (una batería). La electricidad seguía siendo un misterio, pero se sabía que la corriente eléctrica tenía que ver con algo a lo que se llamaba carga eléctrica y que se movía por un hilo. No causaba sorpresa, hasta que Oersted colocó una aguja de brújula (un imán) cerca del circuito. Cuando pasaba la corriente, la aguja del compás viraba, y de apuntar al polo norte geográfico (su posición natural) iba a tomar una divertida posición perpendicular al cable. Oersted le dio vueltas a este fenómeno hasta que se le ocurrió que la brújula, al fin y al cabo, se había concebido de manera que detectase campos magnéticos. Por lo tanto, lo que ocurría es que la corriente del cable producía un campo magnético, ¿no? Oersted había descubierto una conexión entre la electricidad y el magnetismo: *las corrientes producen campos magnéticos*. También los imanes, claro, producen campos magnéticos, y estaba bien estudiada su capacidad de atraer pedazos de hierro (o de sujetar fotos en la puerta de la nevera). La noticia corrió por Europa y produjo un gran revuelo.

Provisto de esta información, el parisiense André Marie Ampère halló una relación matemática entre la corriente y el campo magnético. La intensidad y la dirección precisas de este campo dependían de la corriente y de la forma (recta, circular o la que fuera) del cable por el que pasase la corriente. Con una combinación de razonamientos matemáticos y muchos experimentos realizados apresuradamente, Ampère generó una encendida polémica consigo mismo de la que, a su debido tiempo, saldría una prescripción para calcular el campo magnético que produce una corriente eléctrica que pase por un hilo de la configuración que sea, recta, doblada, como un lazo circular o enrollada densamente en forma cilíndrica. Si pasan corrientes por dos hilos rectos, cada una de ellas producirá su propio campo magnético, y cada uno de éstos actuará sobre el hilo contrario. Cada hilo ejerce, en efecto, una fuerza sobre el otro. Este descubrimiento hizo posible que Faraday inventase el motor eléctrico. También era profundo el hecho de que un lazo circular de corriente produjese un campo magnético. ¿Y si esas piedras a las que los antiguos llamaban piedras imanes —los imanes naturales— estuviesen compuestas a escala atómica por corrientes circulares? Otra pista de la naturaleza eléctrica de los átomos.

Oersted, como tantos otros científicos, se sentía atraído por la unificación, la simplificación, la reducción. Creía que la gravedad, la electricidad y el magnetismo eran manifestaciones de una sola fuerza; de ahí que su descubrimiento de una conexión directa entre dos de esas fuerzas apasionase (¿conmocionase?) tanto. Ampère, también, buscaba la simplicidad; en esencia, intentó eliminar el magnetismo considerándolo un aspecto de la electricidad en movimiento (la electrodinámica).

Otro déjá vu *de cabo a cabo*

Entra Michael Faraday (1791-1867). (De acuerdo, ya ha entrado, pero esta es la presentación formal. Fanfarrias, por favor.) Si Faraday no fue el mayor experimentador de su época, ciertamente opta al título. Se dice que hay más biografías suyas que de Newton, Einstein o Marilyn Monroe. ¿Por qué? En parte porque su vida tiene un aire que recuerda a la de la Cenicienta. Nacido en la pobreza, a veces hambriento (una vez se le dio un pan para que comiese una semana entera), Faraday apenas si asistió a la escuela; su educación fue muy religiosa. A los catorce años era aprendiz de un encuadernador, y se las apañó para leer algunos de los libros a los que ponía tapas. Se educaba a sí mismo mientras desarrollaba una habilidad manual que le vendría muy bien en sus experimentos. Un día, un cliente llevó un ejemplar de la tercera edición de la *Encyclopaedia Britannica* para que se lo encuadernasen de nuevo. Contenía un artículo sobre la electricidad. Faraday lo leyó, se quedó enganchado con el tema y el mundo cambió.

Pensad en esto. Las redacciones de las cadenas informativas reciben dos noticias que les transmite *Associated Press*:

FARADAY DESCUBRE LA ELECTRICIDAD,
LA ROYAL SOCIETY FESTEJA LA HAZAÑA

y

NAPOLEÓN ESCAPA DE SANTA ELENA,
LOS EJÉRCITOS DEL CONTINENTE EN PIE DE GUERRA

¿Qué noticia abre las noticias de las seis? ¡Correcto! Napoleón. Pero durante los cincuenta años siguientes el descubrimiento de Faraday electrificó Inglaterra y puso en marcha el cambio más radical en la manera en que la gente vivía que jamás haya dimanado de las invenciones de un solo ser humano. Con que en la universidad se les hubieran exigido a los responsables del periodismo televisivo unos conocimientos verdaderamente científicos...

Velas, motores, dinamos

Esto es lo que Michael Faraday hizo. Empezó su vida profesional, a los veintiún años, como químico; descubrió algunos compuestos orgánicos, el benceno entre ellos. El paso a la física lo dio al poner en claro la electroquímica. (Si esos químicos de la Universidad de Utah que creían haber descubierto la fusión fría en 1989 hubiesen entendido mejor las leyes de Faraday de la electrólisis, puede que se hubieran ahorrado una situación embarazosa, y que nos la hubieran ahorrado a los demás.) Faraday se dedicó a continuación a realizar una serie de grandes descubrimientos en los campos de la electricidad y del magnetismo:

- descubrió la ley (que lleva su nombre) de la inducción, según la cual un campo magnético crea un campo eléctrico
- fue el primero en producir una corriente eléctrica a partir de un campo magnético
- inventó el motor eléctrico y la dinamo
- demostró que hay una relación entre la electricidad y el enlace químico
- descubrió el efecto del magnetismo en la luz
- ¡y mucho más!

¡Y todo esto sin un doctorado, sin una licenciatura, sin el bachillerato siquiera! Era además analfabeto en lo que se refería a las matemáticas. Escribió sus descubrimientos no con ecuaciones, sino en un claro lenguaje descriptivo, a menudo acompañado por imágenes que explicaban los datos.

En 1990 la Universidad de Chicago produjo una serie de televisión llamada *The Christmas Lectures* [Las conferencias de Navidad], y tuve el honor de dar la primera. La titulé «La vela y el universo». La idea la tomé prestada de Faraday, que en 1826 dio a los niños las primeras de las originales lecciones de Navidad. En su primera charla arguyó que una vela encendida ilustraba todos los procesos físicos conocidos. Era verdad en 1826, pero en 1990 sabemos que hay muchos procesos que *no* ocurren en la vela porque la temperatura es demasiado baja. Pero las lecciones de Faraday sobre la vela eran claras y entretenidas, y sería un gran regalo de Navidad para vuestros hijos que un actor de voz argentada grabase con ellas unos discos compactos. Así que sumadle otra faceta a este hombre notable: la de divulgador.

Ya hemos hablado de sus investigaciones sobre la electrólisis, que prepararon el camino para el descubrimiento de la estructura eléctrica de los átomos químicos y, realmente, de la existencia del electrón. Quiero contar ahora las dos contribuciones más destacadas de Faraday: la inducción electromagnética y su concepto, casi místico, de «campo».

El camino hacia la concepción moderna de la electricidad (o dicho con más propiedad, del electromagnetismo y del campo electromagnético) recuerda al famoso chiste de la combinación doble de béisbol en la que Tinker se la pasa a Evers, que se la pasa a Chance. En este caso, Oersted se la pasa a Ampère, que se la pasa a Faraday. Oersted y Ampère dieron los primeros pasos hacia el conocimiento de las corrientes eléctricas y los campos magnéticos. Las corrientes eléctricas que pasan por cables como los que tenéis en casa crean campos magnéticos. Se puede, por lo tanto, hacer un imán tan poderoso como se quiera, desde los imanes minúsculos que funcionan con baterías y mueven pequeños ventiladores hasta los gigantescos que se utilizan en los aceleradores de partículas y se basan en una organización de corrientes. Este conocimiento de los electroimanes ilumina la idea de que los imanes naturales contienen elementos de corriente a escala atómica que colectivamente forman el imán. Los materiales no magnéticos también tienen esas corrientes atómicas amperianas, pero sus orientaciones al azar no producen un magnetismo apreciable.

Faraday luchó durante mucho tiempo por unificar la electricidad y el magnetismo. Si la electricidad puede generar campos magnéticos, se preguntaba, ¿no podrá el magnetismo generar electricidad? ¿Por qué no? La naturaleza ama la simetría, pero le llevó más de diez años (de 1820 a 1831) probarlo. Fue, seguramente, su mayor logro.

A este descubrimiento experimental de Faraday se le da el nombre de inducción electromagnética. La simetría tras la que andaba surgió de una forma inesperada. El camino a la fama está empedrado con buenos inventos. Faraday se preguntó primero si un imán no podría hacer que un cable por el que pasase corriente se moviera. Para que las fuerzas se hiciesen visibles, montó un artilugio que consistía en un cable conectado por un extremo a una batería y cuyo otro cabo pendía suelto dentro de un recipiente lleno de mercurio. Se dejaba suelto a ese extremo para que pudiera dar vueltas alrededor de un imán de hierro que se sumergía en el mercurio. En cuanto pasó corriente, el cable comenzó a moverse en círculos alrededor del imán. Hoy conocemos este extraño invento con el nombre de motor eléctrico. Faraday había convertido la electricidad en movimiento, capaz de efectuar trabajo.

Saltemos a 1831 y a otro invento. Faraday enrolló, dándole muchas vueltas, un hilo de cobre en un lado de una rosquilla de hierro dulce, y conectó los dos cabos de esa bobina a un dispositivo que medía con sensibilidad la corriente, llamado galvanómetro. Enrolló una longitud parecida de cable en el otro lado de la rosquilla, y conectó sus extremos a una batería de manera que la corriente fluyese por la bobina. A este aparato se le llama hoy transformador. Recordemos. Tenemos dos bobinas enrolladas en lados opuestos de una rosquilla. Una, llamémosla A, está conectada a una batería; la otra, B, a un galvanómetro. ¿Qué pasa cuando la savia corre?

La respuesta es importante en la historia de la ciencia. Cuando pasa corriente por la bobina A, la electricidad produce magnetismo. Faraday razonaba que este magnetismo debería inducir una corriente en la bobina B. Pero en vez de eso obtuvo un fenómeno extraño. Al conectar la corriente, la aguja del galvanómetro conectado a la bobina B se movió —*voila*!, ¡la electricidad!—, pero sólo momentáneamente. Tras pegar un salto súbito, la aguja apuntaba a cero con una inamovilidad desquiciadora. Cuando desconectó la batería, la aguja se movió un instante en dirección opuesta. No sirvió de nada aumentar la sensibilidad del galvanómetro. Tampoco aumentar el número de vueltas en cada bobina. Ni utilizar una batería mucho más potente. Y en ésas, vino el instante del ¡Eureka! (en Inglaterra lo llaman el instante del *By Jove,* del ¡Por Júpiter!): a Faraday se le ocurrió que la corriente de la primera bobina inducía una corriente en la segunda, sí, pero sólo cuando la primera corriente variaba. Así, como los siguientes treinta años, más o menos, de investigación mostraron, un campo magnético *variable* genera un campo eléctrico.

La tecnología que, a su debido tiempo, saldría de todo esto fue la del generador eléctrico. Al rotar mecánicamente un imán, se produce un campo magnético que cambia constantemente y genera un campo eléctrico y, si éste se conecta a un circuito, una corriente eléctrica. Se puede hacer que un imán gire dándole vueltas con un manivela, mediante la fuerza de una caída de agua o gracias a una turbina de vapor. De esa forma tenemos una manera de generar electricidad, hacer que la noche se vuelva el día y darles energía a los enchufes que hay en casa y en la fábrica.

Pero somos científicos puros... Les seguimos la pista al átomo y la Partícula Divina; nos hemos detenido en la técnica sólo porque habría sido durísimo construir aceleradores de partículas sin la electricidad de Faraday. En cuanto a éste, lo más seguro es que la electrificación del mundo no le habría impresionado mucho, excepto porque así podría haber trabajado de noche.

El propio Faraday construyó el primer generador eléctrico; se accionaba a mano. Pero estaba demasiado centrado en el «descubrimiento de hechos nuevos... con la seguridad de que estas últimas [las aplicaciones prácticas] hallarán su desarrollo completo en adelante» para pensar en qué hacer con ellos. Se cuenta a menudo que el primer ministro británico visitó el laboratorio de Faraday en 1832 y, señalando a esa máquina tan divertida, le preguntó para qué servía. «No lo sé, pero apuesto a que algún día el gobierno le pondrá un impuesto», dijo Faraday. El impuesto sobre la generación de electricidad se estableció en Inglaterra en 1880.

Que el campo esté contigo

La mayor contribución *conceptual* de Faraday, crucial en nuestra historia del reduccionismo, fue *el campo*. Nos prepararemos para afrontar esta noción volviendo a Roger Boscovich, que había publicado una hipótesis radical unos setenta años antes de la época de Faraday y con ella hizo que la idea del á-tomo diese un importante paso hacia adelante. ¿Cómo chocan los á-tomos?, preguntó. Cuando las bolas de billar chocan, se deforman; su recuperación elástica impulsa las bolas y las aparta. Pero ¿y los átomos? ¿Cabe imaginarse un átomo deformado? ¿Qué se deformaría? ¿Qué se recuperaría? Esta línea de pensamiento condujo a que Boscovich redujese los átomos a puntos matemáticos carentes de dimensiones y de estructura. Ese punto es la fuente de las fuerzas, tanto de las atractivas como de las repulsivas. Elaboró un modelo geométrico detallado que abordaba las colisiones atómicas de una forma muy aceptable. El á-tomo puntual hacía todo lo que el «átomo duro y con masa» de Newton hacía, y ofrecía ventajas. Aunque no tenía extensión, sí poseía inercia (masa). El á-tomo de Boscovich influía más allá de sí mismo en el espacio mediante las fuerzas que radiaban de él. Es una idea de lo más presciente. También Faraday estaba convencido de que los á-tomos eran puntos, pero, como no podía ofrecer ninguna prueba, no lo defendió abiertamente. La idea de Boscovich-Faraday era esta: la materia está formada por á-tomos puntuales *rodeados por fuerzas*. Newton había dicho que las fuerzas actúan sobre la masa; por lo tanto, la concepción de Boscovich-Faraday era, claramente, una extensión de la newtoniana. ¿Cómo se manifiestan tales fuerzas?

«Vamos a hacer un juego», les digo a los estudiantes, en un aula grande. «Cuando el que esté a vuestra izquierda baje la mano, levantad y bajad la vuestra.» Al final de la fila, la señal salta a la fila de arriba y cambio la orden: ahora es «el que esté a vuestra derecha». Empezamos con la estudiante que esté más a la izquierda en la primera fila. Levanta la mano y, enseguida, la onda de «manos arriba» atraviesa la sala, sube, la atraviesa en dirección contraria y así hasta que se extingue al llegar arriba del todo. Lo que tenemos es una perturbación que se propaga a cierta velocidad por un medio de estudiantes. Es el mismo principio de la ola que hacen en los estadios de fútbol. Las ondas del agua tienen las mismas propiedades. La perturbación se propaga, pero las partículas del agua se quedan clavadas en su sitio; sólo oscilan arriba y abajo, y no participan de la velocidad horizontal de la perturbación. La «perturbación» es la altura de la onda. El medio es el agua, y la velocidad depende de sus propiedades. El sonido se propaga por el aire de una forma muy similar. Pero ¿cómo se extiende una fuerza de átomo a átomo a través del espacio entre ellos? Newton echó el balón fuera. «No urdo hipótesis», dijo. Urdida o no, la hipótesis común acerca de la propagación de la fuerza era la misteriosa *acción a distancia*, una especie de hipótesis interina, hasta que en el futuro se sepa cómo funciona la gravedad.

Faraday introdujo el concepto de *campo*, la capacidad

que tiene el espacio de que una *fuente* que está en alguna parte lo perturbe. El ejemplo más común es el del imán que actúa sobre unas limaduras de hierro. Faraday caracterizaba el espacio alrededor del imán o de la bobina con la palabra «tensado», tensado a causa de la fuente. El concepto de campo se fue constituyendo, laboriosamente, a lo largo de muchos años, en muchos escritos, y los historiadores disfrutan no poniéndose de acuerdo acerca de cómo y cuándo nació, y bajo qué forma. Esta es una nota de Faraday, escrita en 1832: «Cuando un imán actúa sobre un imán o una pieza de hierro distantes, la causa que influye en ellos ... procede gradualmente desde los cuerpos magnéticos y *su transmisión requiere tiempo* [la cursiva es mía]». Por lo tanto, la idea es que una «perturbación» —por ejemplo, un campo magnético con una intensidad de 0,1 tesla— viaja por el espacio y le comunica a un grano de polvo de hierro no sólo que ella, la perturbación, existe, sino que le está ejerciendo una fuerza. No otra cosa le hace una ola grande al bañista incauto. La ola —de un metro, digamos— necesita agua para propagarse. Hemos de vérnoslas todavía con lo que necesita el campo magnético. Lo haremos más adelante.

Las líneas magnéticas de fuerza se manifestaban en ese viejo experimento que hicisteis en el colegio: espolvorear polvo de hierro sobre una hoja de papel puesta sobre un imán. Le disteis al papel un golpecito para romper la fricción de la superficie, y el polvo de hierro se acumuló conforme a un patrón definido de líneas que conectaban los polos del imán. Faraday pensaba que esas líneas eran manifestaciones reales de su concepto de campo. No importan tanto las ambiguas descripciones que Faraday daba de esta alternativa a la acción a distancia como la manera en que la alteró y utilizó nuestro siguiente electricista, el escocés James Clerk (pronúnciese «clahk») Maxwell (1831-1879).

Antes de que dejemos a Faraday, deberíamos aclarar su actitud con respecto a los átomos. Nos dejó dos citas preciosas, de 1839:

> Aunque nada sabemos de qué es un átomo, no podemos, sin embargo, resistimos a formamos cierta idea de una partícula pequeña que, ante la mente, lo representa; hay una inmensidad de hechos que justifican que creamos que los átomos de materia están asociados de alguna forma con las fuerzas eléctricas, a las que deben sus cualidades más llamativas, entre ellas la afinidad química [atracción entre átomos],

y

> Debo confesar que veo con suspicacia el concepto de átomo, pues si bien es muy fácil hablar de los átomos, cuesta mucho formarse una idea clara de su naturaleza cuando se toman en consideración cuerpos compuestos.

Abraham Pais, tras citar estos párrafos en su libro *Inward Bound*, concluye: «Ese es el verdadero Faraday, experimentador hasta la médula, que sólo aceptaba lo que un fundamento experimental le obligaba a creer».

A la velocidad de la luz

Si en la primera jugada Oersted se la pasaba a Ampère y éste a Faraday, en la siguiente Faraday se la pasó a Maxwell y éste a Hertz. Faraday el inventor cambió el mundo, pero su ciencia no se aguantaba por sí sola y habría acabado en un callejón sin salida de no haber sido por la síntesis de Maxwell. Faraday proporcionó a Maxwell una intuición articulada a medias (es decir, sin forma matemática aún). Maxwell fue el Kepler del Brahe Faraday. Las líneas magnéticas de fuerza de Faraday hicieron las veces de andaderas hacia el concepto de campo, y su extraordinario comentario de 1832, según el cual las acciones electromagnéticas no se transmiten instantáneamente, sino que les lleva un tiempo bien definido hacerlo, desempeñó un papel decisivo en el gran descubrimiento de Maxwell.

Maxwell sentía la mayor admiración por Faraday, hasta por su analfabetismo matemático, que le obligaba a expresar sus ideas en un «lenguaje natural, no técnico». Maxwell afirmó que su propósito primario fue traducir la concepción de la electricidad y el magnetismo que había creado Faraday a una forma matemática. Pero el tratado que nació de ese propósito fue mucho más lejos que Faraday.

Entre los años 1860 y 1865 se publicaron los artículos de Maxwell —modelos de densa, difícil, compleja matemática (¡aj!)— que serían la gloria más alta del periodo eléctrico de la ciencia desde que, con el ámbar y las piedras imanes, tuviese su origen en la oscuridad de la historia. En esta forma final, Maxwell no sólo le puso a Faraday música matemática (aunque atonal), sino que estableció con ello la existencia de ondas electromagnéticas que se propagan por el espacio a cierta velocidad finita, como había predicho Faraday. Fue trascendental; muchos contemporáneos de Faraday y Maxwell creían que las fuerzas se transmitían instantáneamente. Maxwell especificó la acción del campo de Faraday. Éste había hallado experimentalmente que un campo magnético variable genera un campo eléctrico. Maxwell, en pos de la simetría y coherencia de sus ecuaciones, propuso que los campos eléctricos variables generaban campos magnéticos. En el reino de las matemáticas, estos dos fenómenos producían un vaivén de campos eléctricos y magnéticos que, según los cuadernos de notas de Maxwell, partían, espacio adelante, de sus fuentes a una velocidad que dependía de todo tipo de magnitudes eléctricas y magnéticas.

Pero hubo una sorpresa. El mayor descubrimiento de Maxwell fue la velocidad concreta de esas ondas electromagnéticas, que Faraday no había predicho. Maxwell examinó sus ecuaciones y, tras incluir en ellas los números experimentales apropiados, le salió una velocidad de 3×10^8 metros por segundo. «*Gor luv a duck!*», dijo, o lo que digan los escoceses cuando se quedan asombrados. Es que 3×10^8 metros por segundo es la velocidad de la luz (que se había medido por vez primera hacía unos cuantos años).

Como Newton y el misterio de las dos masas nos han enseñado, en la ciencia hay pocas coincidencias verdaderas. Maxwell llegó a la conclusión de que la luz no era sino un caso de onda electromagnética. La electricidad no tenía por qué estar encerrada en los cables, podía diseminarse por el espacio, como la luz. «A duras penas podremos dejar de inferir —escribió Maxwell— que la luz consiste en las ondulaciones transversales del mismo medio que causa los fenómenos eléctricos y magnéticos.» Maxwell abrió la posibilidad, que Heinrich Hertz aprovechó, de que su teoría se verificase mediante la generación experimental de ondas electromagnéticas. Quedó para otros, como Guglielmo Marconi y un enjambre de inventores más recientes, desarrollar la segunda «ola» de la tecnología electromagnética: las comunicaciones por radio, radar, televisión, microondas y láser.

Pasa de esta forma. Imaginaos un electrón en reposo. La carga que tiene genera un campo eléctrico en cada parte del espacio, más intenso cerca del electrón, más débil a medida que nos alejamos. El campo eléctrico «apunta» hacia el electrón. ¿Cómo sabemos que hay un campo? Es sencillo: poned una carga positiva en cualquier sitio, y sentirá una fuerza que apunta hacia el electrón. Haced ahora que éste se vaya acelerando por un cable. Ocurrirán dos cosas: el campo eléctrico cambiará, no instantáneamente, pero sí tan pronto como la información llegue al punto del espacio donde lo midamos; y como una carga en movimiento *es* una corriente, se creará además un campo magnético.

Apliquémosle ahora unas fuerzas tales al electrón (y a muchos amigos suyos) que oscile por el cable arriba y abajo en un ciclo regular. El *cambio* resultante de los campos eléctricos y magnéticos se propaga desde el cable a una velocidad finita, la de la luz. Eso es una onda electromagnética. Al cable le llamamos a menudo antena; y a la fuerza que mueve al electrón, señal de radiofrecuencia. La señal, por lo tanto, con el mensaje, el que sea, que contenga, se propaga a partir de la antena a la velocidad de la luz. Cuando llega a otra antena, hallará una multitud de electrones, a los que, a su vez, hará que bailen arriba y abajo, creándose así una corriente oscilante que se podrá detectar y convertir en informaciones de vídeo y de audio.

A pesar de su contribución monumental, Maxwell no causó sensación precisamente de la noche a la mañana. Veamos qué dijeron los críticos del tratado de Maxwell:

- «La concepción es un tanto burda» (sir Richard Glazebrook).
- «Una sensación de incomodidad, a menudo incluso de desconfianza se mezcla con la admiración...» (Henri Poincaré).
- «No prendió en Alemania, e incluso pasó casi desapercibido» (Max Planck).
- «Debo decir una cosa acerca de ella [la teoría electromagnética de la luz]. No creo que sea admisible» (lord Kelvin).

Con reseñas como estas cuesta convertirse en una superestrella. Hizo falta un experimentador para hacer de Maxwell una leyenda, pero no en su propio tiempo, pues, por unos diez años, murió demasiado pronto.

Hertz, al rescate

El verdadero héroe (para este aprendiz de historiador tan tendencioso) es Heinrich Hertz, quien en una serie de experimentos que se prolongaron durante más de diez años (1873-1888) confirmó todas las predicciones de la teoría de Maxwell.

Las ondas tienen una longitud de onda, que es la distancia entre las crestas. Las crestas de las olas en el mar suelen estar separadas de unos seis a nueve metros. Las longitudes de las ondas sonoras son del orden de unos cuantos centímetros. También el electromagnetismo adopta la forma de ondas. La diferencia entre las distintas ondas electromagnéticas —infrarrojas, microondas, rayos X, ondas de radio— estriba sólo en sus longitudes de onda. La luz visible —azul, verde, naranja, roja— cae por la mitad del espectro electromagnético. Las ondas de radio y las microondas tienen longitudes de onda mayores; la luz ultravioleta, los rayos X y los rayos gamma, más cortas.

Por medio de una bobina de alto voltaje y un dispositivo detector, Hertz halló una forma de generar ondas electromagnéticas y de medir su velocidad. Mostró que esas ondas tenían las mismas propiedades de reflexión, refracción y polarización que las luminosas, y que se podía enfocarlas. A pesar de las malas reseñas, Maxwell tenía razón. Hertz, al someter la teoría de Maxwell a experimentos rigurosos, la aclaró y la simplificó a un «sistema de cuatro ecuaciones», de las que trataremos en un momento.

Tras Hertz, se generalizó la aceptación de las ideas de Maxwell, y el viejo problema de la acción a distancia pasó a mejor vida. Las fuerzas, en forma de campos, se propagaban por el espacio a una velocidad finita, la de la luz. A Maxwell le parecía que necesitaba un medio que soportase los campos eléctricos y magnéticos, así que adoptó la idea de Faraday y Boscovich de un éter que lo impregnaba todo y donde vibraban los campos eléctricos y magnéticos. Lo mismo que el descartado éter de Newton, éste tenía extrañas propiedades, y pronto desempeñaría un papel crucial en la siguiente revolución científica.

El triunfo de Faraday-Maxwell-Hertz supuso otro éxito para el reduccionismo. Las universidades no tenían ya que contratar un profesor de electricidad, un profesor de magnetismo y un profesor de luz, de óptica. Estas tres ramas se habían unificado, y bastaba con cubrir una plaza (y así quedaba más dinero para el equipo de fútbol). Se abarcaba un vasto conjunto de fenómenos, cosas tanto creadas por la ciencia como naturales: motores, generadores y transformadores, la industria de la energía eléctrica entera, la luz solar y la de las estrellas, la radio, el radar y las microondas, la luz infrarroja, la ultravioleta, los rayos X, los rayos gamma y los láseres. La propagación de todas estas formas de radiación queda explicada por las cuatro ecuaciones de Maxwell, que, en su forma moderna y aplicadas a la electricidad en el espacio libre, se escriben:

$$c\,\nabla \times E = -\,(\delta B/\delta t)$$
$$c\,\nabla \times B = -\,(\delta E/\delta t)$$
$$\nabla \cdot B = 0$$
$$\nabla \cdot E = 0$$

En estas ecuaciones, E representa el campo eléctrico y B el magnético; c, la velocidad de la luz, es una combinación de magnitudes eléctricas y magnéticas que se pueden medir en la mesa del laboratorio. Observad la simetría de E y B. No os preocupéis por los garabatos incomprensibles; para nuestros propósitos, los entresijos de estas ecuaciones no son importantes. Lo que importa es la requisitoria científica que dictan: «¡Hágase la luz!».

En todo el mundo hay estudiantes de física e ingeniería que llevan camisetas donde hay escritas esas cuatro concisas ecuaciones. Las originales de Maxwell, sin embargo, no se parecían nada a las que hemos dado. Estas versiones simples son obra de Hertz, un raro ejemplo de alguien que fue algo más que el típico experimentador que de la teoría sólo sabe lo que necesita para ir tirando. Fue excepcional en ambas áreas. Como Faraday, era consciente de que su obra tenía una inmensa importancia práctica, pero no sentía interés por ello. Se lo dejó a mentes científicas menores, a Marconi y Larry King, por ejemplo. La obra teórica de Hertz consistió en buena medida en ponerle orden y claridad a Maxwell, en reducir y divulgar su teoría. Sin los esfuerzos de Hertz, los estudiantes de física habrían tenido que hacer pesas para llevar camisetas tres veces extralargas donde cupiesen las farragosas matemáticas de Maxwell.

Fieles a nuestra tradición y a la promesa que le hicimos a Demócrito, que hace poco nos ha mandado un fax para recordárnoslo, hemos de preguntarle a Maxwell (o a su legado) por los átomos. Ni que decir tiene que creía en su existencia. Fue también el autor de una teoría, que tuvo gran éxito, donde los gases consistían en una asamblea de átomos. Creía, correctamente, que los átomos químicos no eran tan sólo diminutos cuerpos rígidos, sino que tenían alguna estructura compleja. Le venía esta creencia de su conocimiento de los espectros ópticos, que serían, como veremos, importantes en el desarrollo de la teoría cuántica. Maxwell creía, incorrectamente, que sus átomos complejos eran indivisibles. Lo dijo de una bella manera en 1875: «Aunque ha habido catástrofes en el curso de las eras y puede que en los cielos todavía las haya, aunque puede que los sistemas antiguos se disuelvan y surjan otros nuevos de sus ruinas, los [átomos] de los que esos sistemas [la Tierra, el sistema solar y así sucesivamente] están hechos —las piedras angulares del universo material— siempre permanecerán enteros y sin desgaste alguno». Sólo con que hubiera usado las palabras «quarks y leptones» en vez de «átomos»...

El juicio definitivo sobre Maxwell procede otra vez de Einstein, quien afirmaba que la de Maxwell fue la contribución concreta más importante del siglo XIX.

El imán y la bola

Hemos pasado demasiado deprisa sobre algunos aspectos importantes de nuestra historia. ¿Cómo sabemos que los campos se propagan a una velocidad finita? ¿Cómo supieron los físicos del siglo XIX siquiera cuál era la velocidad de la luz? Y ¿cuál es la diferencia entre la acción a distancia instantánea y la reacción diferida?

Imaginaos que hay un electroimán muy poderoso en un extremo de un campo de fútbol y, en el otro extremo, una bola de hierro a la que un fino alambre suspende de un soporte muy alto. La bola se vencerá, poco, muy poco, hacia el imán alejado. Suponed ahora que desconectamos *muy deprisa* la corriente del imán. Las observaciones precisas de la bola y el alambre deberían registrar la reacción, cuando la bola volviese a su posición de equilibrio. Pero ¿es instantánea la reacción? Sí, dicen los de la acción a distancia. El imán y la bola de hierro están estrechamente conectados y, cuando el imán se apaga, la bola empieza *instantáneamente* a retroceder a la posición de desviación nula. «¡No!», dice la gente de la velocidad finita. La información «el imán está apagado, ahora puedes descansar» viaja por el campo a una velocidad definida, con lo que la reacción de la bola se retrasa.

Hoy conocemos la respuesta. La bola tiene que esperar; no demasiado, porque la información viaja a la velocidad de la luz, pero el retraso es medible. En la época de Maxwell este problema era el centro de un encarnizado debate. Estaba en juego la validez del concepto de campo. ¿Por qué no hicieron un experimento y zanjaron la cuestión? Porque la luz es tan rápida que cruzar el campo de fútbol entero le lleva sólo una millonésima de segundo. En el siglo pasado, ese era un lapso de tiempo difícil de medir. Hoy es una cosa corriente medir intervalos mil veces más cortos, así que la propagación a velocidad finita de los campos se calibra con facilidad. Hacemos, por ejemplo, que un rayo láser rebote en un reflector nuevo situado en la Luna y medimos de esa forma la distancia entre la Luna y la Tierra. El viaje de ida y vuelta dura alrededor de 1,0 segundo.

Un ejemplo a mayor escala. El 23 de febrero de 1987, exactamente a las 7:36 de hora universal u hora media de Greenwich, se observó la explosión de una estrella en el cielo meridional. Esta supernova estaba nada menos que en la Gran Nube de Magallanes, un cúmulo de estrellas y polvo que se halla a 160.000 años luz. En otras palabras, la información electromagnética necesitó 160.000 años para ir de la supernova a la Tierra. Y la supernova 87A era una vecina hasta cierto punto cercana. El objeto más distante que se ha observado está a unos 8.000 millones de años luz. Su luz partió hacia nuestro telescopio no mucho después del Principio.

La velocidad de la luz se midió por primera vez en un laboratorio terrestre. Lo hizo Armand-Hippolyte-Louis Fizeau, en 1849. Como no había osciloscopios ni relojes gobernados por cristal utilizó una ingeniosa disposición de espejos (que extendían el camino recorrido por la luz) y una rueda dentada rotatoria. Si sabemos a qué velocidad gira la rueda y su radio, sabremos calcular el tiempo en que un diente reemplaza a un hueco. Podremos ajustar la velocidad de rotación de forma que ese tiempo sea precisamente el tiempo que tarda la luz en ir del hueco al espejo lejano y volver al hueco y pasar por él hasta el ojo de M. Fizeau. *Mon Dieu! ¡Lo veo!* Acelérese entonces la rueda poco a poco hasta que el rayo quede bloqueado. Eso es. Ahora sabemos la distancia que ha recorrido el haz —de la fuente de luz por el hueco hasta el espejo y de vuelta al diente de la rueda— y el tiempo que le ha llevado hacerlo. Trajinando con este montaje consiguió Fizeau su famoso número: 300 millones (3×10^8) de metros por segundo.

No deja de sorprenderme la hondura filosófica de estos tipos del renacimiento electromagnético. Oersted creía (al contrario que Newton) que todas las fuerzas de la naturaleza (las de entonces: la gravedad, la electricidad y el magnetismo) eran manifestaciones diferentes de una sola fuerza primordial. ¡Es taaaan moderno! Los esfuerzos de Faraday por establecer la simetría de la electricidad y el magnetismo invocan la herencia griega de la simplicidad y la unificación, 2 de los 137 objetivos del Fermilab para la década de los años noventa.

¿La hora de volver a casa?

En estos dos últimos capítulos hemos cubierto más de trescientos años de física clásica, de Galileo a Hertz. He dejado fuera a gente muy buena. El holandés Christian Huygens, por ejemplo, nos contó un montón de cosas sobre la luz y las ondas. El francés René Descartes, el fundador de la geometría analítica, fue un destacado defensor del atomismo, pero sus amplias teorías de la materia y la cosmología, aunque imaginativas, no dieron en el blanco.

Hemos considerado la física clásica desde un punto de vista, el de la búsqueda del á-tomo de Demócrito, que no es el ortodoxo. Se suele abordar la física clásica como un examen de fuerzas: la gravedad y el electromagnetismo. Como ya hemos visto, la gravedad deriva de la atracción entre las masas. En la electricidad, Faraday reconoció un fenómeno diferente; la materia aquí no cuenta, dijo. Fijémonos en los campos de fuerza. Claro está, en cuanto se tiene una fuerza hay que recurrir a la segunda ley de Newton ($F = ma$) para hallar el movimiento resultante, y entonces sí que importa la masa inercial. El enfoque adoptado por Faraday de que la materia no contase parte de una intuición de Boscovich, pionero del atomismo. Y, claro, Faraday dio los primeros indicios de que había «átomos de la electricidad». Puede que se suponga que uno no debe mirar la historia de la ciencia de esta manera, como la persecución de un concepto, el de partícula última. Y, sin embargo, ahí está, bajo la superficie de las vidas intelectuales de muchos de los héroes de la física.

A finales del siglo XIX, los físicos creían que lo tenían todo a la vez. Toda la electricidad, todo el magnetismo, toda la luz, toda la mecánica, todas las cosas en movimiento, y además toda la cosmología y la gravedad: todo se conocía gracias a unas cuantas ecuaciones sencillas. Respecto a los átomos, la mayoría de los químicos pensaba que se trataba de un tema casi cerrado. Estaba la tabla periódica de los elementos. El hidrógeno, el helio, el carbono, el oxígeno y demás eran elementos indivisibles, cada uno con su propio átomo, invisible e indivisible.

Había en el cuadro algunas grietas misteriosas. El Sol, por ejemplo, era desconcertante. Basándose en las creencias por entonces corrientes en la química y en la teoría atómica, el científico británico lord Rayleigh calculó que el Sol debería haber consumido todo su combustible en 30.000 años. Los científicos sabían que el Sol era mucho más viejo. El asunto ese del éter planteaba también problemas. Sus propiedades mecánicas tenían que ser verdaderamente extrañas: había de ser transparente del todo y capaz de deslizarse entre los átomos de la materia sin perturbarlos, y sin embargo tenía que ser tan rígido como el acero para aguantar la velocidad enorme de la luz. Pero se esperaba que esos y otros misterios se resolverían a su debido tiempo. Si yo hubiese enseñado en 1890, a lo mejor habría estado tentado de decirles a mis alumnos que se buscasen otra disciplina más interesante. Todas las grandes preguntas tenían ya su respuesta. Las cuestiones que aún no se comprendían bien —la energía del Sol, la radiactividad y unos cuantos quebraderos de cabeza más—, bueno, todos creían que más tarde o más temprano sucumbirían ante el poder del monstruo teórico de Newton y Maxwell. A la física la habían empaquetado cuidadosamente en una caja y atado con un lazo.

Entonces, de pronto, a finales de siglo, el paquete entero empezó a desenvolverse. La culpa, como suele pasar, la tuvo la ciencia experimental.

La primera verdadera partícula

A lo largo del siglo XIX, los físicos se enamoraron de las descargas eléctricas que se producían en los tubos de cristal rellenos de gas cuando se disminuía la presión. Un soplador de vidrio hacía un impecable tubo de cristal de un metro de largo. Dentro del tubo quedaban sellados unos electrodos de metal. El experimentador extraía lo mejor que podía todo el aire del tubo e introducía el gas que se desease (hidrógeno, aire, dióxido de carbono) a baja presión. Cada electrodo se conectaba a una batería externa mediante unos cables y se aplicaban grandes voltajes eléctricos. Entonces, en una sala a oscuras, los investigadores se maravillaban ante el resplandor espléndido que aparecía, cuyo aspecto y tamaño variaba a medida que la presión disminuía. Cualquiera que haya visto un anuncio de neón conoce este tipo de resplandor. Cuando la presión era lo bastante baja, el brillo se convertía en un rayo, que iba del cátodo, el terminal negativo, al ánodo. Como es lógico, se le denominó rayo catódico. Estos fenómenos, de los que hoy sabemos que son bastante complejos, apasionaron a una generación de físicos y profanos interesados de toda Europa.

Los científicos sabían algunos detalles, que daban lugar a controversia, contradictorios incluso, acerca de estos rayos. Llevaban carga negativa. Se movían por líneas rectas. Podían hacer que diese vueltas una rueda de palas encerrada en el tubo. Los campos eléctricos *no* los desviaban. Los campos eléctricos *sí* los desviaban. Un campo magnético hacía que un haz estrecho de rayos catódicos se doblase y describiese un arco circular. Un espesor de metal detenía los rayos, pero atravesaban las hojas metálicas finas.

Son hechos interesantes, pero el misterio fundamental persistía: ¿qué eran esos rayos? A finales del siglo XIX, se hacían dos suposiciones. Algunos investigadores pensaban que los rayos catódicos eran vibraciones electromagnéticas del éter, carentes de masa. No era una suposición mala. Al fin y al cabo, resplandecían como un haz de luz, otro tipo de vibración electromagnética. Y era obvio que la electricidad, que es una forma de electromagnetismo, tenía algo que ver con los rayos.

Otro bando creía que los rayos eran una forma de materia. Según una buena suposición, se componían de moléculas del gas presente en el tubo que habían cogido de la electricidad una carga. Otra hipótesis era que los rayos catódicos estaban hechos de una forma nueva de materia, de pequeñas partículas que hasta entonces no se habían aislado. Por una serie de razones, se «mascaba» la idea de que había un portador básico de la carga. Nos iremos de la lengua ahora mismo. Los rayos catódicos ni eran vibraciones electromagnéticas ni eran moléculas de gas.

Si Faraday hubiese vivido a finales del siglo XIX, ¿qué habría dicho? Las leyes de Faraday daban a entender con fuerza que había «átomos de electricidad». Como recordaréis, realizó algunos experimentos similares, sólo que él hizo que la electricidad pasase por líquidos en vez de por gases y obtuvo iones, átomos cargados. Ya en 1874, George Johnstone Stoney, físico irlandés, había acuñado la palabra «electrón» para referirse a la unidad de electricidad que se pierde cuando un átomo se convierte en un ion. Si Faraday hubiera visto un rayo catódico, quizá, dentro de sí, habría sabido que estaba observando a los electrones en acción.

Puede que algunos científicos de este periodo sospechasen intensamente que los rayos catódicos eran partículas; quizá unos cuantos creyesen que por fin habían dado con el electrón. ¿Cómo saberlo? ¿Cómo probarlo? En el intenso periodo anterior a 1895, muchos investigadores destacados de Inglaterra, Escocia, Alemania y los Estados Unidos estudiaron las descargas eléctricas. Quien dio con el filón fue un inglés llamado J. J. Thomson. Otros anduvieron cerca. Nos fijaremos en dos de ellos y en lo que hicieron, sólo para que se vea lo despiadadamente cruel que es la vida científica.

El tipo que estuvo más cerca de ganar a Thomson fue Emil Weichert, físico prusiano. Exhibió su técnica a quienes asistieron a una de sus disertaciones en enero de 1887. Su tubo de cristal tenía unos cuarenta centímetros de largo y siete de ancho. Los luminosos rayos catódicos eran fácilmente visibles en una sala en penumbra.

Si queréis meter en el redil a una partícula, deberéis dar su carga (e) y su masa (m). Para solventar este problema, muchos investigadores recurrieron, cada uno por su lado, a una técnica inteligente: someter el rayo a unas fuerzas eléctricas y magnéticas conocidas, y medir su reacción. Recordad $F = ma$. Si los rayos estaban compuestos de verdad de partículas cargadas eléctricamente, la fuerza que experimentarían dependería de la cantidad de carga (e) que llevasen. La reacción quedaría amortiguada por su masa inercial (m). Por desgracia, pues, el efecto que se podía medir era el cociente de esas dos magnitudes, la razón *e/m*. En otras palabras, los investigadores no podían hallar los valores individuales de *e* o de *m*, sólo un número igual a uno de ellos dividido por el otro. Veamos un ejemplo sencillo. Se os da el número 21 y se os dice que es el cociente de dos números. El 21 es sólo una pista. Los dos números que buscáis podrían ser 21 y 1, 63 y 3, 7 y 1/3, 210 y 10, *ad infinitum*. Pero si tenéis una idea de cuál es uno de los números, podréis deducir el segundo.

En busca de *e/m*, Weichert puso su tubo en el entrehierro de un imán, que arqueó el haz de luz. El imán empuja la carga eléctrica de las partículas; cuanto más lentas sean, menos le costará al imán hacer que describan un arco de círculo. Una vez supo cuál era la velocidad, la desviación de las partículas por el imán le dio un valor bueno de *e/m*.

Weichert sabía que, si hacía una suposición justificada del valor de la carga eléctrica, podría deducir la masa aproximada de la partícula. Concluía: «No se trata de los átomos conocidos en química, pues la masa de estas partículas móviles [los rayos catódicos] resulta ser de unas 2.000 a unas 4.000 veces menor que el átomo químico más ligero que se conoce, el de hidrógeno». Weichert casi dio en el blanco. Sabía que estaba buscando algún tipo nuevo de partícula. Estuvo cerquísima de su masa. (La masa del electrón es 1.837 veces menor que la del hidrógeno.) Entonces, ¿por qué Thomson es famoso y Weichert una nota a pie de página? Porque sólo presupuso (conjeturó) el valor de la carga; no tenía pruebas observacionales al respecto. Además, Weichert se distrajo con un cambio de puesto y porque repartía su interés con la geofísica. Fue un científico que llegó a la conclusión correcta pero no tenía todos los datos. ¡No hay puro, Emil!

El segundo clasificado fue Walter Kaufmann, de Berlín. Llegó a la línea de meta en abril de 1897, y su debilidad fue la contraria de la que padecía Weichert. Sus cartas eran unos datos buenos y un pensamiento malo. También dedujo *e/m* mediante el uso de campos magnéticos y eléctricos, pero llevó el experimento un importante paso más allá. Le interesaba en especial cómo cambiaría el valor de *e/m* al cambiar la presión y el gas —aire, hidrógeno, dióxido de carbono— que rellenaba el tubo. Al contrario que Weichert, Kaufmann pensaba que las partículas de los rayos catódicos eran simplemente átomos cargados del gas que había en el tubo, así que, según el gas que se usase, deberían tener una masa diferente. Sorpresa: descubrió que *e/m no* cambia. Le salía siempre el mismo número, no importaba cuál fuese el gas, cuál la presión. Kaufmann se quedó perplejo y perdió el barco. Una pena, pues sus experimentos eran muy elegantes. Consiguió un valor de *e/m* mejor que el del campeón, J. J. Es una cruel ironía de la ciencia que no se percatase de lo que sus datos le estaban diciendo a gritos: ¡tus partículas son una forma nueva de materia, dummkopf! Y son constituyentes universales de todos los átomos; por eso, *e/m* no cambia.

Joseph John Thomson (1856-1940) empezó en la física matemática, y se sorprendió cuando, en 1884, se le nombró profesor de física experimental del famoso Laboratorio Cavendish de la Universidad de Cambridge. Sería curioso saber si realmente quería ser experimentador. Era célebre su torpeza con los aparatos experimentales, pero tuvo la suerte de contar con unos ayudantes excelentes que podían ejecutar sus órdenes y mantenerle lejos de tanto cristal quebradizo.

En 1896 Thomson se propone conocer la naturaleza de los rayos catódicos. En un extremo de los cuarenta centímetros de largo del tubo de cristal, el cátodo emite sus rayos misteriosos. Se dirigen hacia un ánodo en el que se ha hecho un agujero por el que pasan los rayos (léase los electrones). El haz estrecho que se forma así sigue hasta el final del tubo, donde da en una pantalla fluorescente, sobre la que produce una pequeña mancha verde. La siguiente sorpresa de Thomson consiste en introducir en el tubo de cristal un par de placas de unos quince centímetros de largo. El haz del cátodo pasa por la ranura entre ambas placas, que

Thomson ha conectado a una batería, con lo que se crea un campo eléctrico perpendicular al rayo catódico. Esa es la región de desviación.

Si el haz se mueve en respuesta al campo, es que lleva una carga eléctrica. Si, por otra parte, los rayos catódicos son fotones —partículas de luz—, ignorarán las placas de desviación y seguirán su camino en línea recta. Thomson, gracias a una batería muy potente, ve que la mancha de la pantalla fluorescente se mueve hacia abajo cuando la placa de arriba es negativa y hacia arriba cuando es positiva. Prueba, por lo tanto, que los rayos están cargados. Dicho sea de paso, si las placas desviadoras tienen un voltaje alterno (varían rápidamente de más a menos, de menos a más), la mancha verde se desplazará hacia arriba y hacia abajo deprisa y se creará una línea verde. Este es el primer paso hacia el tubo de televisión y ver a Dan Rather en las noticias de noche de la CBS.

Pero es 1896, y Thomson piensa en otras cosas. Como se sabe la fuerza (la intensidad del campo eléctrico), será fácil, *si* se ha podido determinar la velocidad de los rayos catódicos, calcular, con una sencilla mecánica newtoniana, a qué velocidad deberá moverse la mancha. En este punto, Thomson usa una treta. Coloca un campo magnético alrededor del tubo en una dirección tal que la desviación magnética anule exactamente la eléctrica. Como esta fuerza magnética depende de la velocidad desconocida, le basta leer la intensidad del campo eléctrico y del campo magnético para deducir el valor de la velocidad. Determinada la velocidad, podemos volver a comprobar la desviación del rayo en los campos eléctricos. Se obtiene un valor preciso de *e/m,* la razón de la carga eléctrica que transporta el rayo catódico dividida por su masa.

Trabajosamente, Thomson aplica campos, mide desviaciones, las anula, mide los campos y le salen números para *e/m.* Como Kaufmann, comprueba sus resultados cambiando el material del cátodo —aluminio, platino, cobre, latón— y repitiendo el experimento. Siempre sale el mismo número. Cambia el gas del tubo: aire, hidrógeno, dióxido de carbono. El mismo resultado. Thomson no repite el error de Kaufmann. Llega a la conclusión de que los rayos catódicos no son moléculas de gas cargadas, sino partículas fundamentales que han de formar parte de toda materia.

No satisfecho con que esto fuese prueba suficiente, ataca de nuevo y aplica la idea de la conservación de la energía. Captura los rayos catódicos con un bloque metálico. Se sabe su energía; es, simplemente, la energía eléctrica que imparte a las partículas el voltaje de la batería. Mide el calor engendrado por los rayos catódicos, y observa que al relacionar la energía que adquieren los hipotéticos electrones con la energía que se genera en el bloque sale la razón *e/m*. En una larga serie de experimentos, Thomson obtiene un valor de *e/m* ($2{,}0 \times 10^{11}$ culombios por kilogramo), que no difiere mucho de su primer resultado. En 1897 anuncia el resultado: «Tenemos en los rayos catódicos materia en un estado nuevo, estado en el que la subdivisión de la materia se lleva mucho más lejos que en el estado gaseoso ordinario». Esta «subdivisión de la materia» es un ingrediente de toda la materia y parte de la «sustancia con que están hechos los elementos químicos».

¿Qué nombre darle a esta nueva partícula? La palabra de Stoney «electrón» estaba a mano, así que con «electrón» se quedó. Thomson disertó y escribió sobre las propiedades corpusculares de los rayos catódicos desde abril hasta agosto de 1897. A esto se le llama mercadotecnia de los resultados que uno ha obtenido.

Quedaba un problema por resolver: los valores separados de *e* y *m*. Thomson se encontraba en el mismo atolladero que Weichert unos pocos años antes. Hizo algo inteligente. Como veía que la *e/m* de la nueva partícula era unas mil veces mayor que la del hidrógeno, el más ligero de todos los átomos químicos, o la *e* del electrón era mucho mayor o su *m* mucho menor. ¿Qué era: la *e* grande o la *m* pequeña? Intuitivamente, se quedó con la *m* pequeña. Valiente elección, pues con ella suponía que la nueva partícula tenía una masa minúscula, mucho más pequeña que la del hidrógeno. Recordad que la mayoría de los físicos y de los químicos todavía creía que el átomo químico era el á-tomo indivisible. Thomson decía ahora que el resplandor de su tubo probaba que había un ingrediente universal, un constituyente menor de todos los átomos químicos.

En 1898, Thomson se dedicó a medir la carga eléctrica de sus rayos catódicos, con lo que indirectamente medía también su masa. Empleó una técnica nueva, la cámara de niebla, inventada por un alumno suyo, el escocés C. T. R. Wilson, para estudiar las propiedades de la lluvia, bien no escaso en Escocia. La lluvia se produce cuando el vapor de agua se condensa sobre el polvo y forma gotas. Cuando el aire está limpio, los iones cargados eléctricamente pueden desempeñar el papel del polvo, y eso es lo que pasa en la cámara de niebla. Thomson medía la carga total de la cámara con una técnica electrométrica y determinaba la carga individual de cada gotita contándolas y dividiendo el total.

Tuve que construir una cámara de niebla de Wilson para mi tesis doctoral, y desde entonces las odio, y odio a Wilson, y a cualquiera que haya tenido algo que ver con este aparato terco como una mula que siempre te lleva la contraria. Que Thomson obtuviera el valor correcto de e y midiese, pues, la masa del electrón es milagroso. Y eso no es todo. Durante el proceso completo de caracterización de la partícula su dedicación no pudo ceder en un instante. ¿Cómo sabe el campo eléctrico? ¿Lee la etiqueta de la batería? No hay etiquetas. ¿Cómo sabe el valor preciso de su campo magnético, a fin de medir la velocidad? ¿Cómo mide la corriente? Leer una aguja en un contador tiene sus problemas. La aguja es un poco gruesa. Puede temblar y moverse. ¿Cómo se calibra la escala? ¿Tiene sentido? En 1897 los patrones absolutos no eran artículos de catálogo. La medición de los voltajes, las corrientes, las temperaturas, las presiones, las distancias, los intervalos de tiempo eran, en cada caso, un problema formidable. Cada una de esas mediciones requería un conocimiento detallado del funcionamiento de la batería, de los imanes, de los aparatos de medida.

Y luego venía el problema político: para empezar, ¿cómo se convence a los poderes de que te den los recursos necesarios para hacer el experimento? Ser el jefe, como era Thomson, ayudaba, la verdad. Y me he dejado el problema más crucial de todos: cómo se decide qué experimento hay que hacer. Thomson tenía el talento, el saber hacer político, el vigor para salir adelante donde otros habían fracasado. En 1898 anunció que los electrones son componentes del átomo y que los rayos catódicos son electrones que han sido separados del átomo. Los científicos creían que el átomo carecía de estructura y no se podía partir. Thomson lo había hecho trizas.

Se dividió el átomo, y hallamos nuestra primera partícula elemental, nuestro primer á-tomo. ¿Oís esa risa floja?

5

EL ÁTOMO DESNUDO

Algo está pasando aquí.
El qué, no está demasiado claro.

BUFFALO SPRINGFIELD

En la Nochevieja de 1999, mientras el resto del mundo se esté preparando para el último suspiro del siglo, los físicos, de Palo Alto a Novosibirsk, de Ciudad del Cabo a Reijkiavik, descansarán, exhaustos aún de haber festejado el centenario del descubrimiento del electrón casi dos años atrás (en 1998). A los físicos les encantan las celebraciones. Celebrarán el cumpleaños de cualquier partícula, por oscura que sea. Pero el electrón, ¡caray! Bailarán por las calles.

Descubierto el electrón, en el Laboratorio Cavendish de la Universidad de Cambridge, el lugar donde nació, se solía brindar por él con estas palabras: «¡Por el electrón! ¡Por que nunca sirva para nada!». Mala suerte: hoy, menos de un siglo después, toda nuestra superestructura tecnológica se basa en este pequeño compañero.

Apenas había nacido y ya planteaba problemas. Aún hoy nos deja perplejos. La «imagen» con que se lo representa es una esfera de carga eléctrica que gira deprisa alrededor de un eje y crea un campo magnético. J. J. Thomson luchó vigorosamente por medir la carga y la masa del electrón, pero ahora se conocen ambas magnitudes con un alto grado de precisión.

Veamos ahora los rasgos fantasmagóricos que le caracterizan. En el curioso mundo del átomo, se le da al electrón un radio nulo. Ello da lugar a unos cuantos problemas obvios:

- Si el radio es cero, ¿qué es lo que gira?
- ¿Cómo puede tener masa?
- ¿Dónde está la carga?
- Para empezar, ¿cómo sabemos que el radio es cero?
- ¿Me pueden devolver el dinero?

Aquí nos topamos de frente con el problema de Boscovich. Boscovich resolvía el problema de las colisiones de los «átomos» convirtiéndolos en puntos, en cosas sin dimensiones. Sus puntos eran literalmente puntos de matemático, pero dejaba que tuvieran propiedades corrientes: la masa y algo a lo que llamamos carga, la fuente de un campo de fuerza. Los puntos de Boscovich eran teóricos, especulativos. Pero el electrón es real. Es probable que sea una partícula puntual, pero con las demás propiedades intactas. Masa, sí. Carga, sí. Espín —giro alrededor de sí mismo—, sí. Radio, no.

Pensad en el gato de Cheshire de Lewis Carroll. Lentamente, el gato de Cheshire desaparece hasta que no queda de él más que la sonrisa. Nada de gato, sólo sonrisa. Imaginaos el radio de un fragmento de carga que se vaya contrayendo poco a poco hasta desaparecer, pero sin que su espín, su carga, su masa y su sonrisa cambien.

Este capítulo trata del nacimiento y del desarrollo de la teoría cuántica. Es la historia de lo que pasa dentro del átomo. Empiezo con el electrón, porque una partícula que gira alrededor de sí misma y tiene masa pero carece de dimensiones es, para la mayoría de las personas, contraria a la intuición. Pensar en semejante cosa viene a ser como hacer flexiones mentales. Podría hacerle un poco de daño al cerebro: habréis de usar ciertos oscuros músculos cerebrales que seguramente no se utilizan mucho.

Pero la idea de que el electrón es una masa puntual, una carga puntual, un giro puntual no deja de suscitar problemas conceptuales. La Partícula Divina está íntimamente unida a esta dificultad estructural. Sigue escapándosenos un conocimiento profundo de la masa, y en los años treinta y cuarenta el electrón fue el heraldo de esas dificultades. La medición del tamaño del electrón se convirtió en un trabajo a destajo, y generó doctorados a granel, de Nueva Jersey a Lahore. A lo largo de los años, experimentos cada vez más sensibles dieron números cada vez menores, todos compatibles con un radio nulo. Como si Dios hubiese tomado el electrón en Su mano y lo hubiera comprimido tanto como fuese posible. Con los grandes aceleradores construidos en los años setenta y ochenta, las mediciones fueron cada vez más precisas. En 1990 se midió que el radio era *menor que* 0,000000000000000001 centímetros o, en notación científica, 10^{-18} centímetros. Este es el mejor «cero» que la física puede ofrecer... por ahora. Si tuviera una buena idea experimental para añadir un cero más, lo dejaría todo e intentaría que se aprobase.

Otra propiedad interesante del electrón es el magnetismo, que se describe con un número, el llamado factor g. Por medio de la mecánica cuántica se calcula que el factor g del electrón es:

$$2 \times (1{,}001159652190)$$

¡Y qué cálculos! Para llegar a ese número hizo falta que unos teóricos capacitados dedicasen a la tarea años y una impresionante cantidad de tiempo de superordenador. Pero esa era la teoría. Para verificarla, los experimentadores idearon unos ingeniosos métodos a fin de medir el factor g con una precisión equivalente. El resultado:

$$2 \times (1{,}001159652193)$$

Como veis, la verificación llega a casi doce decimales. Se trata de una concordancia entre la teoría y el experimento espectacular. Lo que aquí nos importa es que el cálculo del factor g es una derivación de la mecánica cuántica, y en el corazón mismo de la teoría cuántica están las que se conocen como relaciones de incertidumbre de Heisenberg. En 1927 un físico alemán propuso una idea chocante: que es imposible medir *a la vez* la velocidad y la posición de una partícula con una precisión arbitraria. Esta imposibilidad no depende de la brillantez y del presupuesto del experimentador. Es una ley fundamental de la naturaleza.

Y sin embargo, a pesar de que la incertidumbre es uno de los hilos con que se teje la mecánica cuántica, ésta hace como churros predicciones, del estilo del factor g de antes, precisas hasta el undécimo decimal. A primera vista, la mecánica cuántica es una revolución científica que forma la roca madre sobre la que florece la ciencia del siglo XX... y que empieza por una confesión de incertidumbre.

¿De dónde salió esta teoría? Es una buena historia de detectives, y como en todo misterio, hay pistas, unas válidas, otras falsas. Por todas partes hay mayordomos, para confusión de los detectives. Los policías municipales, los del Estado, el FBI, chocan, discuten, cooperan, van cada uno por su lado. Hay muchos héroes. Hay golpes y contragolpes. Mi visión será muy parcial, en la esperanza de que podré dar una impresión de cómo evolucionaron las ideas desde 1900 hasta que, en los años treinta, los propios revolucionarios, ya maduros, le pusieron los toques «finales» a la teoría. Pero ¡andad sobre aviso! El micromundo ofende la intuición; las masas, las cargas, los giros puntuales son propiedades de las partículas que en el mundo atómico son experimentalmente coherentes, no magnitudes que podamos ver a nuestro alrededor en el mundo macroscópico normal. Si hemos de seguir siendo amigos hasta el final de este capítulo, habremos de aprender a reconocer las fijaciones que padecemos, debidas a nuestra estrecha experiencia como macrocriaturas. Así que olvidaos de la normalidad; esperad lo que os choque, lo que no os podréis creer. Niels Bohr, uno de los fundadores, decía que quien no quede conmocionado por la teoría cuántica es que no la entiende. Richard Feynman aseguraba que nadie entiende la teoría cuántica. («Entonces, ¿qué esperas de nosotros?», me dicen mis alumnos.) Einstein, Schrödinger y otros buenos científicos no aceptaron jamás lo que se desprendía de la teoría, pero en los años noventa se cree que sin ciertos elementos fantasmagóricos de naturaleza cuántica no cabe comprender el origen del universo.

En el arsenal de armas intelectuales que los exploradores llevaron consigo al nuevo mundo del átomo estaban la mecánica newtoniana y las ecuaciones de Maxwell. Todos los fenómenos macroscópicos parecían estar sujetos a esas síntesis poderosas. Pero los experimentos de la última década del siglo XIX empezaron a poner en apuros a los teóricos. Ya hemos hablado de los rayos catódicos, que condujeron al descubrimiento del electrón. En 1895 Wilhelm Roentgen descubrió los rayos X. En 1896 Antoine Becquerel descubrió por casualidad la radiactividad al guardar en un cajón unas placas fotográficas cerca de un poco de uranio. La radiactividad, llevó pronto al concepto de *vida media*. La materia radiactiva se desintegra en unos tiempos característicos cuyo promedio cabía medir, pero la desintegración de un átomo concreto era impredecible. ¿Qué quería decir esto? Nadie lo sabía. La verdad era que todos esos fenómenos desafiaban la explicación por medios clásicos.

Cuando el arco iris no basta

Los físicos empezaban también a estudiar en profundidad las propiedades de la luz. Newton, con un prisma de cristal, había mostrado que, cuando se desplegaba la luz blanca en su composición espectral, donde los colores van del rojo en un extremo del espectro al violeta en el otro según una gradación continua, se reproducía el arco iris. En 1815 Joseph von Fraunhofer, artesano muy hábil, refinó mucho el sistema óptico que se utilizaba para observar los colores que salían del prisma: al mirar por un pequeño telescopio, la gama de colores se distinguía con perfecta nitidez. Con este instrumento —¡bingo!— Fraunhofer hizo un descubrimiento. Sobre los espléndidos colores del espectro solar se veía una serie de finas rayas oscuras, que parecían estar irregularmente espaciadas. Fraunhofer llegó a registrar 576 de esas líneas. ¿Qué significaban? En los tiempos de Fraunhofer se sabía que la luz era un fenómeno ondulatorio. Más tarde, James Clerk Maxwell mostraría que las ondas de luz son campos eléctricos y magnéticos, y que la distancia entre las crestas de la onda, la longitud de onda, es un parámetro fundamental que determina el color.

Al conocer las longitudes de onda, podemos asignar una escala numérica a la banda de colores. La luz visible va del rojo oscuro, a 8.000 unidades angstrom (0,00008 cm), al violeta brillante, a unas 4.000 unidades angstrom. Con esta escala, Fraunhofer pudo localizar de forma precisa cada una de las finas rayas. Por ejemplo, una línea famosa, la llamada $H_{\text{verp135,}}$ o «hache subalfa» (si no os gusta hache subalfa, llamadla Irving), tiene una longitud de onda de 6.562,8 unidades angstrom, en el verde, cerca de la mitad del espectro.

¿Por qué nos interesan esas líneas? Porque en 1859 el físico alemán Gustav Robert Kirchhoff encontró una profunda conexión entre ellas y los elementos químicos. Este personaje calentaba diversos elementos —cobre, carbón, sodio, etcétera— con una llama caliente hasta que se volvían incandescentes, energizaba distintos gases encerrados en tubos y examinaba los espectros de la luz emitida por esos gases encendidos con aparatos visores aún más perfeccionados. Descubrió que cada elemento emitía una serie característica de líneas de color brillantes y muy nítidas, superpuestas a un resplandor más oscuro de colores continuos. Dentro del telescopio había una escala grabada, calibrada en longitudes de onda, de forma que pudiese precisarse la posición de cada línea brillante. Como el espaciamiento de las líneas era distinto para cada elemento, Kirchhoff y su colega, Robert Bunsen, pudieron caracterizar los elementos mediante sus *líneas espectrales.* (Kirchhoff necesitaba a alguien que le ayudase a calentar los elementos; ¿quién mejor que el hombre que inventó el mechero Bunsen?) Con un poco de habilidad, los investigadores fueron capaces de identificar las pequeñas impurezas de un elemento químico que hubiera presentes en otro. La ciencia tenía ahora una herramienta para examinar la composición de todo lo que emitiera luz —del Sol, por ejemplo, y, con el tiempo, hasta de las estrellas lejanas—. El descubrimiento de líneas espectrales que no se habían registrado antes fue un filón de elementos nuevos. En el Sol se identificó uno, el helio, en 1878. Pasarían diecisiete años antes de que se descubriese en la Tierra este elemento estelar.

Imaginaos la emoción que produjo el descubrimiento cuando se analizó la luz de la primera estrella brillante... y se halló que estaba hecha ¡de la misma pasta que hay aquí en la Tierra! Como la luz de las estrellas es muy tenue, es preciso dominar bien el telescopio y el espectroscopio para estudiar los colores y las líneas, pero la conclusión es inevitable: el Sol y las estrellas están hechos de la misma materia que la Tierra. De hecho, no hemos hallado ningún elemento en el espacio que no tengamos aquí en la Tierra. Somos puro material de estrellas. Para toda concepción global del mundo en que vivimos, este descubrimiento es a todas luces de una importancia increíble. Refuerza a Copérnico: no somos especiales.

¡Ah!, pero ¿por qué Fraunhofer, el tipo que empezó todo esto, hallaba esas líneas oscuras en el espectro del Sol? La explicación pronto estuvo lista. El núcleo caliente del Sol (al blanco vivo) emitía luz de todas las longitudes de onda. Pero a medida que esta luz se filtraba a través de los gases, fríos en comparación, de la superficie del Sol, éstos absorbían la luz precisamente de las longitudes de onda que les gusta emitir. Las líneas oscuras de Fraunhofer, pues, representaban la *absorción.* Las líneas brillantes de Kirchhoff eran *emisiones* de luz.

Aquí estamos, a finales del siglo XIX, y ¿qué hacemos con

todo esto? Se supone que los átomos químicos son á-tomos duros, con masa, sin estructura, indivisibles. Pero parece que cada uno puede emitir o absorber su propia serie característica de líneas nítidas de energía electromagnética. Para algunos científicos, esto decía a gritos una palabra: «¡estructura!». Era bien sabido que los objetos mecánicos tienen estructuras que resuenan con los impulsos regulares. Las cuerdas del piano y del violín vibran y dan notas musicales en los elaborados instrumentos a los que pertenecen, y las copas de vino se hacen pedazos cuando un gran tenor canta la nota perfecta. Si los soldados marchan con un paso desafortunado, el puente se moverá violentamente. Las ondas de luz son justo eso, impulsos cuyo «paso» es igual a la velocidad dividida por la longitud de onda. Estos ejemplos mecánicos suscitaron la cuestión: si los átomos carecían de estructura interna, ¿cómo podían exhibir propiedades resonantes del estilo de las líneas espectrales?

Y si los átomos tenían una estructura, ¿qué decían de ella las teorías de Newton y de Maxwell? Los rayos X, la radiactividad, el electrón y las líneas espectrales tenían una cosa en común: la teoría clásica era incapaz de explicarlos (aunque muchos científicos lo intentaron). Por otra parte, tampoco es que alguno de esos fenómenos contradijese abiertamente la teoría clásica de Newton-Maxwell. No podían ser explicados, nada más. Pero mientras no hubiese una prueba contundente en contra, quedaba la esperanza de que un tío listo acabara por dar con una forma de salvar la física clásica. Nunca pasaría eso. Pero la prueba contundente sí aparecería al fin. En realidad, aparecieron tres.

Prueba contundente número 1: la catástrofe ultravioleta

La primera prueba observacional que contradijo palmariamente a la teoría clásica fue «la radiación del cuerpo negro». Todos los objetos radian energía. Cuanto más calientes, más energía radian. Un ser humano vivo emite unos

200 watts de radiación en la región infrarroja invisible del espectro. (Los teóricos emiten 210 y los políticos llegan a los 250.)

Los objetos también absorben energía de su entorno. Si su temperatura es mayor que la de ese entorno, se enfrían, pues entonces radian más energía de la que absorben. «Cuerpo negro» es la expresión técnica que nombra a un absorbedor ideal, el que absorbe el 100 por 100 de la radiación que le llega. A un objeto así, cuando está frío, se le ve negro porque no refleja luz. Los experimentadores gustan de emplearlos como patrón para la medición de luz emitida. Lo interesante de la radiación de estos objetos —trozos de carbón, herraduras de caballo, las resistencias de una tostadora— es el espectro de color de la luz: cuánta luz desprenden en las distintas longitudes de onda; cuando los calentamos, nuestros ojos perciben al principio un oscuro resplandor rojo; luego, a medida que van estando más calientes, el rojo se vuelve brillante y acaba por convertirse en amarillo, blancoazulado y (¡cuánto calor!) blanco brillante. ¿Por qué al final llegamos al blanco?

El desplazamiento del espectro de color quiere decir que el pico de intensidad de la luz se mueve, a medida que la temperatura se eleva, del infrarrojo al rojo, al amarillo y al azul. Según se va desplazando, la distribución de la luz entre las longitudes de onda se ensancha, y cuando el pico llega a ser azul se radian tanto los otros colores que vemos blanco al cuerpo caliente. Al blanco vivo, diríamos. Hoy, los astrofísicos estudian la radiación del cuerpo negro que ha quedado como resto de la radiación más incandescente de la historia del universo: el big bang.

Pero me estoy desviando del tema. A finales del siglo XIX los datos acerca de la radiación del cuerpo negro no paraban de mejorar. ¿Qué decía la teoría de Maxwell de estos datos? ¡La catástrofe! Algo completamente equivocado. La teoría clásica predecía una forma de la curva de distribución de la intensidad de la luz entre los distintos colores, las distintas longitudes de onda, errónea. En particular, predecía que el pico de la cantidad de luz se emitía siempre en las longitudes de onda más cortas, hacia el extremo violeta del espectro e incluso en el ultravioleta invisible. Eso no es lo que pasa. De ahí la «catástrofe ultravioleta» y la prueba contundente.

En un principio se creyó que este fallo al aplicar las ecuaciones de Maxwell se resolvería cuando se conociese mejor la manera en que la materia generaba energía electromagnética. El primero que apreció la gravedad del fallo fue Albert Einstein en 1905, pero otro físico le había preparado el terreno al maestro.

Entra Max Planck, teórico berlinés cuarentón que tenía tras de sí una larga carrera de físico, experto en la teoría del calor. Era inteligente, y profesoral. Una vez se le olvidó en qué aula se suponía que debía dar clase y preguntó en la oficina de su cátedra: «Por favor, dígame en qué aula da clase hoy el profesor Planck». Se le dijo seriamente: «No vaya, joven. Es usted jovencísimo para entender las clases de nuestro sabio profesor Planck».

En cualquier caso, Planck tenía a mano los datos experimentales, buena parte de los cuales habían sido tomados por colegas de su laboratorio berlinés, y decidió que debía entenderlos. Tuvo la inspiración de encontrar una expresión matemática que casaba con los datos; no sólo con la distribución de la intensidad a una temperatura dada, sino también con la forma en que la curva (la distribución de longitudes de onda) cambia a medida que cambia la temperatura. Por lo que vendrá, conviene resaltar que una curva dada permite calcular la temperatura del cuerpo que emite la radiación. Planck tenía razones para estar orgulloso de sí mismo. «Hoy he hecho un descubrimiento tan importante como el de Newton», alardeó ante su hijo.

El siguiente problema de Planck era conectar su afortunada fórmula, que estaba basada en los hechos, con una ley de la naturaleza. Los cuerpos negros, insistían los datos, emiten muy poca radiación a longitudes de onda cortas. ¿Qué «ley de la naturaleza» daría lugar a la supresión de las longitudes de onda cortas, tan caras a la teoría de Maxwell clásica? Pocos meses después de haber publicado su exitosa ecuación, Planck dio con una posibilidad. El calor es una forma de energía, y por lo tanto el contenido de energía de un cuerpo radiante está limitado por su temperatura. Cuanto más caliente sea el objeto, más energía habrá disponible. En la teoría clásica esta energía se distribuye por igual entre las diferentes longitudes de onda. Pero (nos van a salir granos, maldita sea, estamos a punto de descubrir la teoría cuántica) suponed que la cantidad de energía depende de la longitud de onda. Suponed que las longitudes de onda cortas «cuestan» más energía. Entonces, cuando intentemos radiar con longitudes de onda más cortas, iremos quedándonos sin energía.

Planck halló que tenía que hacer explícitamente dos suposiciones para que su teoría tuviera sentido. En primer lugar, dijo que la energía radiada está relacionada con la longitud de onda de la luz; en segundo, que el fenómeno está inextricablemente vinculado a que su naturaleza sea corpuscular. Planck pudo justificar su fórmula y mantenerse en paz con las leyes del calor suponiendo que la luz se emitía en forma de puñados o «paquetes» discretos de energía o (ahí viene) «cuantos». La energía de cada puñado está relacionada con la frecuencia mediante una conexión simple: $E = hf$. Un cuanto de energía E es igual a la frecuencia, f, de la luz por una constante, h. Como la frecuencia guarda una relación inversa con la longitud de onda, las longitudes de onda cortas (o frecuencias altas) cuestan más energía. A cualquier temperatura dada, sólo se dispone de tanta energía, así que las frecuencias altas se suprimen. La naturaleza corpuscular fue esencial para que saliese la respuesta correcta. La frecuencia es la velocidad de la luz dividida por la longitud de onda.

La constante que Planck introdujo, h, venía determinada por los datos. Pero ¿qué es h? Planck la llamó el «cuanto de acción», pero la historia le da el nombre de constante de Planck, y por siempre jamás simbolizará la nueva física revolucionaria. La constante de Planck tiene un valor, 4,11 x 10^{-15} eV-segundo, que la mide. No os acordéis de memoria. Observad sólo que es un número muy pequeño, gracias al 10^{-15} (quince lugares tras la coma decimal).

Esto —la introducción del cuanto o puñado de energía de luz— es el punto decisivo, si bien ni Planck ni sus colegas comprendieron la profundidad del descubrimiento. Einstein, que reconoció el verdadero significado de los cuantos de Planck, fue la excepción, pero el resto de la comunidad científica tardó veinticinco años en asimilarlo. A Planck le perturbaba su propia teoría; no quería ver destruida la física clásica. «Hemos de vivir con la teoría cuántica», aceptó por fin. «Y creedme, va a crecer. No será sólo en la óptica. Entrará en todos los campos.» ¡Cuánta razón tenía!

Un comentario final. En 1990, el satélite Explorador del Fondo Cósmico (COBE) transmitió a sus encantados dueños astrofísicos datos sobre la distribución espectral de la radiación cósmica de fondo que impregna el espacio entero. Los datos, de una precisión sin precedentes, concordaban de forma exacta con la fórmula de Planck para la radiación del cuerpo negro. Recordad que la curva de la distribución de la intensidad de la luz permite definir la temperatura del cuerpo que emite la radiación. Con los datos del satélite COBE y de la ecuación de Planck, los investigadores pudieron calcular la temperatura promedio del universo. Hace frío: 2,73 grados sobre el cero absoluto.

Prueba contundente número 2: el efecto fotoeléctrico

Saltemos ahora a Albert Einstein, funcionario de la oficina suiza de patentes en Berna. Es el año 1905. Einstein obtuvo su doctorado en 1903 y se pasó el año siguiente dándole vueltas al sistema y sentido de la vida. Pero 1905 fue un buen año para él. En su transcurso se las apañó para resolver tres de los problemas más importantes de la física: el efecto fotoeléctrico (nuestro tema), la teoría del movimiento browniano (¡buscadla en un libro!) y, ¡oh, sí!, la teoría de la relatividad especial. Einstein comprendió que la conjetura de Planck implica que la emisión de la luz, la energía electromagnética, ocurre a golpes discretos de energía, hf, y no idílicamente, como en la teoría clásica, en la que a cada longitud de onda le sigue continua y regularmente otra.

Puede que esta percepción le diese a Einstein la idea de explicar una observación experimental de Heinrich Hertz. Para confirmar la teoría de Maxwell, Hertz había generado ondas de radio. Para ello hacía saltar chispas entre dos bolas metálicas. En el curso de su trabajo se percató de que las chispas cruzaban con mayor facilidad el vano si las bolas acababan de ser pulidas. Como era curioso, pasó un tiempo estudiando el efecto de la luz en las superficies metálicas. Observó que la luz azul-violácea de la chispa era esencial para la extracción de cargas de la superficie metálica, que alimentaban el ciclo al contribuir a la formación de más chispas. Hertz razonó que el pulimentado retira los óxidos que interfieren la interacción de la luz y la superficie metálica.

La luz azul-violácea promovía que los electrones saltasen del metal, fenómeno que por entonces parecía una rareza. Los experimentadores estudiaron sistemáticamente el fenómeno y obtuvieron estos hechos curiosos:

1. La luz roja no puede liberar electrones, ni siquiera cuando es extraordinariamente intensa.
2. La luz violeta, aunque sea más bien débil, libera electrones con facilidad.
3. Cuanto más corta sea la longitud de onda (cuanto más violeta sea la luz), mayor será la energía de los electrones liberados.

Einstein cayó en la cuenta de que la idea de Planck según la cual la luz viene a puñados podía ser la clave para resolver el misterio fotoeléctrico. Imaginaos un electrón, a lo suyo, en el metal de una de las bolas muy pulidas que utilizaba Hertz. ¿Qué tipo de luz podría darle energía suficiente para que saltase de la superficie? Einstein, por medio de la ecuación de Planck, vio que si la longitud de onda de la luz es suficientemente corta, el electrón recibirá una energía que bastará para que atraviese la superficie del metal y escape. O el electrón absorbe el puñado entero de energía o no lo hace, razonó Einstein. Ahora bien, si la longitud de onda del puñado absorbido es demasiado larga (no tiene la suficiente energía), el electrón no puede escapar; no tiene bastante energía. Empapar el metal con puñados de luz impotente (de longitud de onda larga) no sirve para nada. Según Einstein, es la energía del puñado lo que cuenta, no cuántos haya.

La idea de Einstein funciona a la perfección. En el efecto fotoeléctrico los cuantos de luz, o fotones, se absorben en vez de, como pasa en la teoría de Planck, emitirse. Parece que ambos procesos exigen cuantos cuya energía sea $E = hf$. El concepto de cuanto se llevaba el gato al agua. La idea del fotón no se probó de forma convincente hasta 1923, cuando el físico estadounidense Arthur Compton consiguió demostrar que un fotón podía chocar con un electrón como si fueran dos bolas de billar, cambiando con ello su dirección, energía y momento, y actuando en todo como una partícula, sólo que una muy especial, conectada de cierta forma a una frecuencia de vibración o longitud de onda.

Aquí apareció un fantasma. La naturaleza de la luz era de antiguo un campo de batalla. Acordaos de que Newton y Galileo sostenían que la luz estaba hecha de «corpúsculos». El astrónomo holandés Christian Huygens defendió una teoría ondulatoria. La batalla histórica entre los corpúsculos de Newton y las ondas de Huygens quedó zanjada a principios del siglo XIX por el experimento de la doble rendija de Thomas Young (del que hablaremos enseguida). En la teoría cuántica, el corpúsculo resucitó en la forma de fotón, y el dilema onda-corpúsculo revivió y tuvo un final sorprendente.

Pero la física clásica aún debió enfrentarse a más problemas, gracias a Ernest Rutherford y su descubrimiento del núcleo.

Prueba contundente número 3: ¿a quién le gusta el pudin de pasas?

Ernest Rutherford es uno de esos personajes que es casi demasiado bueno para ser de verdad, como si la Central de Repartos lo hubiera elegido para la comunidad científica. Rutherford, neozelandés grande y rudo que lucía un gran mostacho, fue el primer estudiante extranjero admitido en el célebre Laboratorio Cavendish, que por entonces dirigía J. J. Thomson. Rutherford llegó justo a tiempo para asistir al descubrimiento del electrón. Tenía, al contrario que su jefe, J. J., buenas manos, y fue un experimentador de experimentadores, digno de ser el rival de Faraday al título de mejor experimentador que haya habido jamás. Era bien conocida su creencia de que maldecir en un experimento hacía que funcionase mejor, idea que los resultados experimentales, si no la teoría, ratificaron. Al valorar a Rutherford hay que tener en cuenta especialmente a sus alumnos y posdoctorandos, quienes, bajo su terrible mirada, llevaron a cabo grandes experimentos. Fueron muchos: Charles D. Ellis (descubridor de la desintegración beta), James Chadwick (descubridor del neutrón) y Hans Geiger (famoso por el contador), entre otros. No penséis que es fácil supervisar a unos cincuenta estudiantes graduados. Para empezar, hay que leerse sus trabajos. Escuchad cómo empieza su tesis uno de mis mejores alumnos: «Este campo de la física es tan virgen que el ojo humano nunca ha puesto el pie en él». Pero volvamos a Ernest.

Rutherford a duras penas ocultaba su desprecio por los teóricos, aunque, como veremos, él mismo fue uno nada malo. Y es una suerte que a finales del siglo pasado la prensa no le hiciese tanto caso a la ciencia como ahora. De Rutherford se podrían haber citado tantas ocurrencias, que habría tenido que colgarse, de tantas toneladas de subvenciones. He aquí unos cuantos rutherfordismos que han llegado a nosotros a lo largo del tiempo:

- «Que no coja en mi departamento a alguien que hable del universo.»
- «¡Ah, eso [la relatividad]! En nuestro trabajo nunca nos hemos preocupado de ella.»
- «La ciencia, o es física, o es coleccionar sellos.»
- «Acabo de leer algunos de mis primeros artículos y, sabes, cuando terminé, me dije: "Rutherford, chico, eras un tío condenadamente listo".»

Este tipo condenadamente listo terminó su tiempo con Thomson, cruzó el Atlántico, trabajó en la Universidad McGill de Montreal y volvió a Inglaterra para ocupar un puesto en la Universidad de Manchester. En 1908 ganó un premio Nobel por sus trabajos sobre la radiactividad. Para casi cualquiera, este habría sido el clímax adecuado de toda una carrera, pero no para Rutherford. Entonces fue cuando empezó en serio (*earnest*) su trabajo.

No se puede hablar de Rutherford sin hablar del laboratorio Cavendish, creado en 1874 en la Universidad de Cambridge como laboratorio de investigación. El primer teórico fue Maxwell Qun, director de laboratorio). El segundo fue lord Rayleigh, al que siguió, en 1884, Thomson. Rutherford llegó del paraíso de Nueva Zelanda como estudiante investigador especial en 1895, un momento fantástico para los progresos rápidos. Uno de los ingredientes principales para tener éxito profesional en la ciencia es la suerte. Sin ella, olvidaos. Rutherford la tuvo. Sus trabajos sobre la recién descubierta radiactividad —rayos de Becquerel se la llamaba— le prepararon para su descubrimiento más importante, el núcleo atómico, en 1911. El descubrimiento lo efectuó en la Universidad de Manchester y volvió en triunfo al Cavendish, donde sucedió a Thomson como director.

Recordaréis que Thomson había complicado mucho el

problema de la materia al descubrir el electrón. El átomo químico, del que se creía que era la partícula indivisible planteada por Demócrito, tenía ahora cositas que revoloteaban en su interior. La carga de estos electrones era negativa, lo que suponía un problema. La materia es neutral, ni positiva ni negativa. Así que ¿qué compensa a los electrones?

El drama empieza muy prosaicamente. El jefe entra en el laboratorio. Allí están un posdoctorando, Hans Geiger, y un meritorio aún no graduado, Ernest Marsden. Están liados con unos experimentos de dispersión de partículas alfa. Una fuente radiactiva —por ejemplo, el radón 222— emite natural y espontáneamente partículas alfa. Resulta que las partículas alfa no son más que átomos de helio sin los electrones, es decir, núcleos de helio, como descubrió Rutherford en 1908. La fuente de radón se coloca en un recipiente de plomo en el que ha abierto un agujero angosto que dirige las partículas alfa hacia una lámina de oro finísima. Cuando las alfas atraviesan la lámina, los átomos de oro les desvían la trayectoria. El objeto de su estudio son los ángulos de esas desviaciones. Rutherford había montado el que llegaría a ser el prototipo de los experimentos de dispersión. Se disparan partículas a un blanco y se ve adónde van a parar. En este caso las partículas alfa eran pequeñas sondas y el propósito era descubrir cómo se estructuran los átomos. La hoja de oro que hace de blanco está rodeada por todas partes —360 grados— de pantallas de sulfuro de zinc. Cuando una partícula alfa choca con una molécula de sulfuro de zinc, ésta emite un destello de luz que permite medir el ángulo de desviación. La partícula alfa se precipita a la lámina de oro, choca con un átomo y se desvía a una de las pantallas de sulfuro de zinc. ¡Flash! Muchas de las partículas alfa son desviadas sólo ligeramente y chocan con la pantalla de sulfuro de zinc directamente por detrás de la lámina de oro. Fue dura la realización del experimento. No tenían contadores de partículas —Geiger no los había inventado todavía—, así que Geiger y Marsden no tenían más remedio que permanecer en una sala a oscuras durante horas hasta que su vista podía ver los destellos. Luego tenían que tomar nota y catalogar el número y las posiciones de las pequeñas chispas.

Rutherford —que no tenía que meterse en habitaciones a oscuras porque era el jefe— decía: «Ved si alguna de las partículas alfa se *refleja* en la lámina». En otras palabras, ved si alguna de las alfas da en la hoja de oro y retrocede hacia la fuente. Marsden recuerda que «para mi sorpresa observé ese fenómeno... Se lo dije a Rutherford cuando me lo encontré luego, en las escaleras que llevaban a su cuarto».

Los datos, publicados después por Geiger y Marsden, daban cuenta de que una de cada 8.000 partículas alfa se reflejaba en la lámina metálica. Esta fue la reacción de Rutherford, hoy célebre, a la noticia: «Fue el suceso más increíble que me haya pasado en la vida. Era como si disparases un cañón de artillería a una hoja de papel cebolla y la bala rebotase y te diera».

Esto fue en mayo de 1909. A principios de 1911 Rutherford, actuando esta vez como físico teórico, resolvió el problema. Saludó a sus alumnos con una amplia sonrisa: «Sé a qué se parecen los átomos y entiendo por qué se da la fuerte dispersión hacia atrás». En mayo de ese año se publicó el artículo donde declaraba la existencia del núcleo atómico. Fue el final de una era. Ahora se veía, correctamente, que el átomo era complejo, no simple, y divisible, en absoluto a-tómico. Fue el principio de una era nueva, la era de la física nuclear, y supuso la muerte de la física clásica, al menos dentro del átomo.

Rutherford hubo de pensar al menos dieciocho meses en un problema que hoy resuelven los estudiantes de primero de físicas. ¿Por qué le desconcertaron tanto las partículas alfa? La razón estribaba en la imagen que los científicos se hacían entonces del átomo. Ahí tenían la pesada y positivamente cargada partícula alfa que carga contra un átomo de oro y rebota hacia atrás. En 1909 había consenso en que la partícula alfa no debería hacer otra cosa que abrirse paso por la lámina de oro, como, por usar la metáfora de Rutherford, una bala de artillería a través del papel cebolla.

El modelo del papel cebolla del átomo se remontaba a Newton, quien decía que las fuerzas han de cancelarse para que haya estabilidad mecánica. Por lo tanto, las fuerzas eléctricas de atracción y repulsión habían de equilibrarse en un átomo estable del que pudiera uno fiarse. Los teóricos del nuevo siglo se entregaron a un frenesí realizador de modelos, con los que intentaban disponer los electrones de forma que se constituyese un átomo estable. Se sabía que los átomos tienen muchos electrones cargados negativamente. Habían, pues, de tener una cantidad igual de carga positiva distribuida de una manera desconocida. Como los electrones son muy ligeros y el átomo es pesado, o éste había de tener miles de electrones (para reunir ese peso) o el peso tenía que estar en la carga positiva. De los muchos modelos propuestos, hacia 1905 el dominante era el formulado por el mismísimo J. J. Thomson, el señor Electrón. Se le llamó el modelo del pudin de pasas porque en él la carga positiva se repartía por una esfera que abarcaba el átomo entero, con los electrones insertados en ella como las pasas en el pudin. Esta disposición era mecánicamente estable y hasta dejaba que los electrones vibrasen alrededor de posiciones de equilibrio. Pero la naturaleza de la carga positiva era un completo misterio.

Rutherford, por otra parte, calculó que la única configuración capaz de hacer que una partícula alfa retroceda consistía en que toda la masa y la carga positiva se concentren en un volumen muy pequeño en el centro de una esfera, enorme en comparación (de tamaño atómico). ¡El núcleo! Los electrones estarían por la esfera, espaciados. Con el tiempo y datos mejores, la teoría de Rutherford se refinó. La carga central positiva (el núcleo) ocupa un volumen de no más de una billonésima parte del volumen del átomo. Según el modelo de Rutherford, la materia es, más que nada, espacio vacío. Cuando tocamos una mesa, la percibimos sólida, pero es el juego entre las fuerzas eléctricas (y las reglas cuánticas) de los átomos y moléculas lo que crea la ilusión de solidez. El átomo está casi vacío. Aristóteles se habría quedado de piedra.

Puede apreciarse la sorpresa de Rutherford ante el rebote de las partículas alfa si abandonamos su cañón de artillería y pensamos mejor en una bola que va retumbando por la pista de la bolera hacia la fila de bolos. Imaginaos la conmoción del jugador si los bolos detuviesen la bola e hicieran que rebotara hacia él; tendría que correr para salvar el pellejo. ¿Podría pasar esto? Bueno, suponed que en medio de la disposición triangular de bolos hay un «bolo gordo» especial hecho de iridio sólido, el metal más denso que se conoce. ¡Ese bolo pesa! Cincuenta veces más que la bola. Una secuencia de fotos tomadas a intervalos de tiempo mostraría a la bola dando en el bolo gordo y deformándolo, y parándose. Entonces, el bolo, a medida que recuperase su forma original, y en realidad retrocediese un poco, impartiría una sonora fuerza a la bola, cuya velocidad original invertiría. Esto es lo que pasa en cualquier colisión elástica, la de una bola de billar y la banda de la mesa, por ejemplo. La metáfora militar, más pintoresca, que hizo Rutherford de la bala de artillería derivaba de su idea preconcebida, y de la de casi todos los físicos de ese momento, de que el átomo era una esfera de pudin tenuemente extendida por un gran volumen. Para un átomo de oro, éste se trataba de una «enorme» esfera de radio 10^{-9} metros.

Para hacernos una idea del átomo de Rutherford, representémonos el núcleo con el tamaño de un guisante (alrededor de medio centímetro de diámetro); entonces el átomo será una esfera de unos cien metros de radio, que podría abarcar seis campos de fútbol empacados en un cuadrado aproximado. También aquí brilla la suerte de Rutherford. Su fuente radiactiva producía precisamente alfas con una energía de unos 5 millones de electronvoltios (lo escribimos 5 MeV), la ideal para descubrir el núcleo. Era lo bastante baja para que la partícula alfa no se acercase nunca demasiado al núcleo; la fuerte carga positiva de éste la volvía hacia atrás. La masa de la nube de electrones que había alrededor era demasiado pequeña para que tuviese algún efecto apreciable en la partícula alfa. Si la alfa hubiera tenido una energía mucho mayor, habría penetrado en el núcleo y sondeado la interacción nuclear fuerte (sabremos de ella más adelante), con lo que el patrón de las partículas alfa dispersadas se habría complicado mucho (la gran mayoría de las alfas cruzan el átomo tan lejos del núcleo que sus desviaciones son pequeñas); tal y como era el patrón, según midieron a continuación Geiger y Marsden y luego un enjambre de rivales continentales, equivalía matemáticamente a lo que cabría esperar si el núcleo fuese un punto. Ahora sabemos que los núcleos no son puntos, pero si las partículas alfa no se acercaban demasiado, la aritmética es la misma.

A Boscovich le habría encantado. Los experimentos de Manchester respaldaban su visión. El resultado de una colisión lo determinan los campos de fuerza que rodean las cosas «puntuales». El experimento de Rutherford tenía consecuencias que iban más allá del descubrimiento del núcleo. Estableció que de las desviaciones muy grandes se seguía la existencia de pequeñas concentraciones «puntuales», idea crucial que los experimentadores emplearían a su debido tiempo para ir tras los verdaderos puntos, los quarks. En la concepción de la estructura del átomo que poco a poco iba formándose, el modelo de Rutherford fue un auténtico hito. Se trataba en muy buena medida de un sistema solar en miniatura: un núcleo central cargado positivamente con cierto número de electrones en varias órbitas de forma que la carga total negativa cancelase la carga nuclear positiva. Se recurría cuando convenía a Maxwell y Newton. El electrón orbital, como los planetas, obedecía el mandato de Newton, $F = ma$. F era en este caso la fuerza eléctrica (la ley de Coulomb) entre las partículas cargadas. Como se trata, al igual que la gravedad, de una fuerza del inverso del cuadrado, cabría suponer a primera vista que de ahí se seguirían órbitas planetarias, estables. Ahí lo tenéis, el hermoso y diáfano modelo del átomo como un sistema solar. Todo iba bien.

Bueno, todo iba bien hasta que llegó a Manchester un joven físico danés, de inclinación teórica. «Mi nombre es Bohr, Niels Henrik David Bohr, profesor Rutherford. Soy un joven físico teórico y estoy aquí para ayudarle.» Os podréis imaginar la reacción del rudo neozelandés, que no se andaba por las ramas.

La lucha

La revolución en marcha que se conoce por el nombre de teoría cuántica no nació ya crecida del todo en las cabezas de los teóricos. Fue gestándose poco a poco a partir de los datos que generaba el átomo químico. Cabe considerar el esfuerzo por comprender este átomo como un ensayo de la verdadera lucha, la del conocimiento del subátomo, de la jungla subnuclear.

El lento desarrollo del mundo es seguramente una bendición. ¿Qué habrían hecho Galileo o Newton si todos los datos que salen del Fermilab les hubiesen sido comunicados de alguna forma? A un colega mío de Columbia, un profesor muy joven, muy brillante, con gran facilidad de palabra, entusiasta, se le asignó una tarea pedagógica singular. Toma los cuarenta o más novatos que han optado por la física como disciplina académica principal y dales dos años de instrucción intensiva: un profesor, cuarenta aspirantes a físicos, dos años. El experimento resultó un desastre. La mayoría de los estudiantes se pasaron a otros campos. La razón la dio más tarde un estudiante de matemáticas: «Mel era terrible, el mejor profesor que jamás haya tenido. En esos dos años, no sólo fuimos viendo lo usual —la mecánica newtoniana, la óptica, la electricidad y demás—, sino que abrió una ventana al mundo de la física moderna y nos hizo vislumbrar los problemas con que se enfrentaba en sus propias investigaciones. Me pareció que no había manera de que pudiese vérmelas con un conjunto de problemas tan difíciles, así que me pasé a las matemáticas».

Esto suscita una cuestión más honda, la de si el cerebro humano estará alguna vez preparado para los misterios de la física cuántica, que en los años noventa siguen conturbando a algunos de los mejores entre los mejores físicos. El teórico Heinz Pagels (que murió trágicamente hace unos pocos años escalando una montaña) sugirió, en su excelente libro *The Cosmic Code*, que el cerebro humano podría no estar lo suficientemente evolucionado para entender la realidad cuántica. Quizá tenga razón, si bien unos cuantos de sus colegas parecen convencidos de que han evolucionado mucho más que todos nosotros.

Por encima de todo está el que la teoría cuántica, teoría muy refinada, la dominante en los años noventa, funciona. Funciona en los átomos. Funciona en las moléculas. Funciona en los sólidos complejos, en los metales, en los aislantes, los semiconductores, los superconductores y allá donde se la haya aplicado. El éxito de la teoría cuántica está tras una fracción considerable del producto nacional bruto (PNB) del mundo entero. Pero lo que para nosotros es más importante, no tenemos otra herramienta gracias a la cual podamos abordar el núcleo, con sus constituyentes, y aún más allá, la vasta pequeñez de la materia primordial, donde nos enfrentaremos al á-tomo y la Partícula Divina. Y allí es donde las dificultades conceptuales de la teoría cuántica, despreciadas por la mayoría de los físicos en activo como mera «filosofía», desempeñarán quizá un papel importante.

Bohr: en las alas de una mariposa

El descubrimiento de Rutherford, que vino tras varios resultados experimentales que contradecían la física clásica, fue el último clavo del ataúd. En la pugna en marcha entre el experimento y la teoría, habría sido una buena oportunidad para insistir una vez más: «¿Hasta qué punto tendremos que dejar las cosas claras los experimentadores antes de que los teóricos os convenzáis de que os hace falta algo nuevo?». Parece que Rutherford no se dio cuenta de cuánta desolación iba a sembrar su nuevo átomo en la física clásica.

Y en éstas aparece Bohr, el que sería el Maxwell del Faraday Rutherford, el Kepler de su Brahe. El primer puesto de Bohr en Inglaterra fue en Cambridge, adonde fue a trabajar con el gran J. J., pero irritó al maestro porque, con veinticinco años de edad, le descubría errores. Mientras estudiaba en el Laboratorio Cavendish, nada más y nada menos que con una ayuda de las cervezas Carlsberg, Bohr asistió en el otoño de 1911 a una disertación de Rutherford sobre su nuevo modelo atómico. La tesis de Bohr había consistido en un estudio de los electrones «libres» en los metales, y era consciente de que no todo iba bien en la física clásica. Sabía, por supuesto, hasta qué punto Planck y Einstein se habían desviado de la ortodoxia clásica. Y las líneas espectrales que emitían ciertos elementos al calentarlos daban más pistas acerca de la naturaleza del átomo. A Bohr le impresionó tanto la disertación de Rutherford, y su átomo, que dispuso las cosas para visitar Manchester durante cuatro meses en 1912.

Bohr vio la verdadera importancia del nuevo modelo. Sabía que los electrones que describían órbitas circulares alrededor de un núcleo central tenían que radiar, según las leyes de Maxwell, energía, como un electrón que se acelera arriba y abajo por una antena. Para que se satisfagan las leyes de conservación de la energía, las órbitas deben contraerse y el electrón, en un abrir y cerrar de ojos, caerá en espiral hacia el núcleo. Si se cumpliesen todas esas condiciones, la materia sería inestable. ¡El modelo era un desastre clásico! Sin embargo, no había en realidad otra posibilidad.

A Bohr no le quedaba otra salida que intentar algo que fuera muy nuevo. El átomo más simple de todos es el hidrógeno, así que estudió los datos disponibles acerca de cómo las partículas alfa se frenan en el hidrógeno gaseoso, por ejemplo, y llegó a la conclusión de que el átomo de hidrógeno tiene un solo electrón en una órbita de Rutherford alrededor de un núcleo cargado positivamente. Otras curiosidades alentaron a Bohr a no achicarse a la hora de romper con la teoría clásica. Observó que no hay nada en la física clásica que determine el radio de la órbita del electrón en el átomo de hidrógeno. En realidad, el sistema solar es un buen ejemplo de una variedad de órbitas planetarias. Según las leyes de Newton, se puede imaginar cualquier órbita planetaria; basta con que se arranque de la forma apropiada. Una vez se fija un radio, la velocidad del planeta en la órbita y su periodo (el año) quedan determinados. Pero parecía que todos los átomos de hidrógeno son exactamente iguales. Los átomos no muestran en absoluto la variedad que exhibe el sistema solar. Bohr hizo la afirmación, sensata pero absolutamente anticlásica, de que sólo ciertas órbitas estaban permitidas.

Bohr propuso, además, que en esas órbitas especiales el electrón *no* radia. En el contexto histórico, esta hipótesis fue increíblemente audaz. Maxwell se revolvió en su tumba, pero Bohr sólo intentaba dar un sentido a los hechos. Uno importante tenía que ver con las líneas espectrales que, como Kirchhoff había descubierto hacía ya muchos años, emitían los átomos. El hidrógeno encendido, como otros elementos, emite una serie distintiva de líneas espectrales. Para obtenerlas, Bohr se percató de que tenía que permitirle al electrón la posibilidad de elegir entre distintas órbitas correspondientes a contenidos energéticos diferentes. Por lo tanto, le dio al único electrón del átomo de hidrógeno un conjunto de radios permitidos que representaban un conjunto de estados de energía cada vez mayor. Para explicar las líneas espectrales se sacó de la manga que la radiación se produce cuando un electrón «salta» de un nivel de energía a otro inferior; la energía del fotón radiado es la diferencia entre los dos niveles de energía. Propuso entonces un verdadero delirio de regla para esos radios especiales que determinan los niveles de energía. Sólo se permiten, dijo, las órbitas en las que el momento orbital, magnitud de uso corriente que mide el impulso rotacional del electrón, tome, medido en una nueva unidad cuántica, un valor entero. La unidad cuántica de Bohr no era sino la constante de Planck, *h*. Bohr diría después que «estaba al caer el que se empleasen las ideas cuánticas ya existentes».

¿Qué está haciendo Bohr en su buhardilla, tarde ya, de noche, en Manchester, con un mazo de papel en blanco, un lápiz, una cuchilla afilada, una regla de cálculo y unos cuantos libros de referencia? Busca reglas de la naturaleza, reglas que concuerden con los hechos que listan sus libros de referencia. ¿Qué derecho tiene a inventarse las reglas por las que se conducen los electrones invisibles que dan vueltas alrededor del núcleo (invisible también) del átomo de hidrógeno? En última instancia, la legitimidad se la da el éxito a la hora de explicar los datos. Parte del átomo más simple, el de hidrógeno. Comprende que sus reglas han de dimanar, al final, de algún principio profundo, pero lo primero son las reglas. Así trabajan los teóricos. En Manchester, Bohr quería, en palabras de Einstein, conocer el pensamiento de Dios.

Bohr volvió pronto a Copenhague, para que la semilla de su idea germinase. Finalmente, en tres artículos publicados en abril, junio y agosto de 1913 (la gran trilogía), presentó su teoría cuántica del átomo de hidrógeno, una combinación de leyes clásicas y suposiciones totalmente arbitrarias (hipótesis) cuyo claro designio era obtener *la respuesta correcta*. Manipuló su modelo del átomo para que explicase las líneas espectrales conocidas. Las tablas de esas líneas espectrales, una serie de números, habían sido compiladas laboriosamente por los seguidores de Kirchhoff y Bunsen, y contrastadas en Estrasburgo y en Gotinga, en Londres y en Milán. ¿De qué tipo eran esos números? Estos son algunos: λ = 4.100,4, λ_2 = 4.339,0, λ_3 = 4.858,5, λ_4 = 6.560,6. (Perdón, ¿decía usted? No os preocupéis. No hace falta sabérselos de memoria.) ¿De dónde vienen estas vibraciones espectrales? ¿Y por qué sólo ésas, no importa cómo se le dé energía al hidrógeno? Extrañamente, Bohr le quitó luego importancia a las líneas espectrales: «Se creía que el espectro era maravilloso, pero con él no cabe hacer progresos. Es como si tuvieras un ala de mariposa, muy regular, qué duda cabe, con sus colores y todo eso. Pero a nadie se le ocurriría que uno pudiese sacar los fundamentos de la biología de un ala de mariposa». Y sin embargo, resultó que las líneas espectrales del hidrógeno proporcionaron una pista crucial.

La teoría de Bohr se confeccionó de forma que diese los números del hidrógeno que salen en los libros. En sus análisis fue decisivo el dominante concepto de *energía*, palabra que se definió con precisión en los tiempos de Newton, y que luego había ido evolucionando y creciendo. Dediquémosle, pues, un par de minutos a la energía.

Dos minutos para la energía

En la física de bachillerato se dice que un objeto de cierta masa y cierta velocidad tiene energía cinética (energía en virtud del movimiento). Los objetos tienen, además, energía por lo que son. Una bola de acero en lo más alto de las torres Sears tiene energía potencial porque alguien trabajó lo suyo para llevarla hasta allí. Si se la deja caer desde la torre, irá cambiando, durante la caída, su energía potencial por energía cinética.

La energía es interesante sólo porque se conserva. Imaginaos un sistema gaseoso complejo, con miles de millones de átomos que se mueven todos rápidamente y chocan con las paredes del recipiente y entre sí. Algunos átomos ganan energía; otros la pierden. Pero la energía total no cambia nunca. Hasta el siglo XVIII no se descubrió que el calor es una forma de energía. Las sustancias químicas desprenden energía por medio de reacciones como la combustión del carbón. La energía puede cambiar, y cambia, continuamente de una forma a otra. Hoy conocemos las energías mecánica, térmica, química, eléctrica y nuclear. Sabemos que la masa puede convertirse en energía mediante $E = mc^2$. A pesar de estas complejidades, estamos convencidos aún a un 100 por 100 de que en las reacciones químicas la energía total (que incluye la masa) se conserva siempre. Ejemplo: déjese que un bloque se deslice por un plano liso. Se para. Su energía cinética se convierte en calor y calienta, muy, muy ligeramente, el plano. Ejemplo: llenáis el depósito del coche; sabéis que habéis comprado cincuenta litros de energía química (medida en julios), con los que podréis dar a vuestro Toyota cierta energía cinética. La gasolina se agota, pero es posible medir su energía: 500 kilómetros, de Newark a North Hero. La energía se conserva. Ejemplo: una caída de agua se precipita sobre el rotor de un generador eléctrico y convierte su energía potencial natural en energía eléctrica para calentar e iluminar una ciudad lejana. En los libros de contabilidad de la naturaleza todo cuadra. Acabas con lo que trajiste.

¿Entonces?

Vale, ¿qué tiene esto que ver con el átomo? En la imagen que de él ofrecía Bohr, el electrón debe mantenerse dentro de órbitas específicas, cada una de ellas definidas por su radio. Cada uno de los radios permitidos corresponde a un estado (o nivel) de energía bien definida del átomo. Al radio menor le toca la energía más baja, el llamado estado fundamental. Si metemos energía en un volumen de hidrógeno gaseoso, parte de ella se empleará en agitar los átomos, que se moverán más deprisa. Pero el electrón absorberá parte de la energía; será un puñado muy concreto (recordad el efecto fotoeléctrico), que permitirá que el electrón llegue a otro de sus niveles de energía o radios. Los niveles se numeran 1, 2, 3, 4,..., y cada uno tiene su energía, E_1, E_2, E_3, E_4 y así sucesivamente. Bohr construyó su teoría de manera que incluyera la idea de Einstein de que la energía de un fotón determina su longitud de onda.

Si cayeran fotones de todas las longitudes de onda sobre un átomo de hidrógeno, el electrón acabaría por tragarse el fotón apropiado (un puñado de luz con una energía concreta) y saltaría de E_1 a E_2 o E_3, por ejemplo. De esta forma los electrones pueblan niveles de energía del átomo más altos. Esto es lo que pasa, por ejemplo, en un tubo de descarga. Cuando entra la energía eléctrica, el tubo resplandece con los colores característicos del hidrógeno. La energía mueve a algunos electrones de los billones de átomos que hay allí a saltar a niveles de energía altos. Si la cantidad de energía eléctrica que entra es suficientemente grande, muchos de los átomos tendrán electrones que ocuparán prácticamente todos los niveles altos de energía posibles.

En la concepción de Bohr los electrones de los estados de energía altos saltan espontáneamente a los niveles más bajos. Acordaos ahora de nuestra pequeña clase sobre la conservación de la energía. Si los electrones saltan hacia abajo, pierden energía, y de esa energía perdida hay que dar cuenta. Bohr dijo: «no es problema». Un electrón que cae emite un fotón cuya energía es igual a la diferencia de la energía de las órbitas. Si el electrón salta del nivel 4 al 2, por ejemplo, la energía del fotón es igual a $E_4 \rightarrow E_2$. Hay muchas posibilidades de salto, como $E_2 \rightarrow E_1$, $E_3 \rightarrow E_1$ o $E_4 \rightarrow E_1$. También se permiten los saltos multinivel, como $E_4 \rightarrow E_2$ y entonces $E_2 \rightarrow E_1$. Cada cambio de energía da lugar a la emisión de una longitud de onda correspondiente, y se observa una serie de líneas espectrales.

La explicación del átomo *ad hoc*, cuasiclásica de Bohr, fue una obra, aunque heterodoxa, de virtuoso. Echó mano de Newton y Maxwell cuando convenía. Los descartó cuando no. Recurrió a Planck y Einstein allí donde funcionaban. Algo monstruoso. Pero Bohr era brillante, y obtuvo la solución correcta.

Repasemos. Gracias a la obra de Fraunhofer y Kirchhoff en el siglo XIX conocimos las líneas espectrales. Supimos que los átomos (y las moléculas) emiten y absorben radiación a longitudes de onda específicas, y que cada átomo tiene su patrón de longitudes de onda característico. Gracias a Planck, supimos que la luz se emite en forma de cuantos. Gracias a Hertz y Einstein, supimos que se absorbe también en forma de cuantos. Gracias a Thomson, supimos que hay electrones. Gracias a Rutherford, supimos que el átomo tiene un núcleo pequeño y denso, vastos vacíos y electrones dispersos por ellos. Gracias a mi madre y a mi padre, aprendí todo eso. Bohr reunió estos datos, y muchos más. A los electrones sólo se les permiten ciertas órbitas, dijo Bohr. Absorben energía en forma de cuantos, que les hacen saltar a órbitas más altas. Cuando caen de nuevo a las órbitas más bajas emiten fotones, cuantos de luz, que se observan en la forma de longitudes de onda específicas, las líneas espectrales peculiares de cada elemento.

A la teoría de Bohr, desarrollada entre 1913 y 1925, se le da el nombre de «vieja teoría cuántica». Planck, Einstein y Bohr habían ido haciendo caso omiso de la mecánica clásica en uno u otro aspecto. Todos tenían datos experimentales sólidos que les decían que tenían razón. La teoría de Planck concordaba espléndidamente con el espectro del cuerpo negro, la de Einstein con las mediciones detalladas de los fotoelectrones. En la fórmula matemática de Bohr aparecen la carga y la masa del electrón, la constante de Planck, unos cuantos π, números —el 3— y un entero importante (el número cuántico) que numera los estados de energía. Todas estas magnitudes, multiplicadas y divididas oportunamente, dan una fórmula con la que se pueden calcular todas las líneas espectrales del hidrógeno. Su acuerdo con los datos era notable.

A Rutherford le encantó la teoría de Bohr. Planteó, sin embargo, la cuestión de cuándo y cómo el electrón decide que va a saltar de un estado a otro, algo de lo que Bohr no había tratado. Rutherford recordaba un problema anterior: ¿cuándo decide un átomo radiactivo que va a desintegrarse? En la física clásica, no hay acción que no tenga una causa. En el dominio atómico no parece que se dé ese tipo de causalidad. Bohr reconoció la crisis (que no se resolvió en realidad hasta el trabajo que publicó Einstein en 1916 sobre las «transiciones espontáneas») y apuntó una dirección posible. Pero los experimentadores, que seguían explorando los fenómenos del mundo atómico, hallaron una serie de cosas con las que Bohr no había contado.

Cuando el físico estadounidense Albert Michelson, un fanático de la precisión, examinó con mayor atención las líneas espectrales, observó que cada una de las líneas espectrales del hidrógeno consistía en realidad en dos líneas muy juntas, dos longitudes de onda muy parecidas. Esta duplicación de las líneas significaba que cuando el electrón va a saltar a un nivel inferior puede optar por dos estados de energía más bajos. El modelo de Bohr no predecía ese desdoblamiento, al que se llamó «estructura fina». Arnold Sommerfeld, contemporáneo y colaborador de Bohr, percibió que la velocidad de los electrones en el átomo de hidrógeno es una fracción considerable de la velocidad de la luz, así que había que tratarlos conforme a la teoría de la relatividad de Einstein de 1905; dio así el primer paso hacia la unión de las dos revoluciones, la teoría cuántica y la teoría de la relatividad. Cuando incluyó los efectos de la relatividad, vio que donde la teoría de Bohr predecía una órbita, la nueva teoría predecía dos muy próximas. Esto explicaba el desdoblamiento de las líneas. Al efectuar sus cálculos, Sommerfeld introdujo una «nueva abreviatura» de algunas constantes que aparecían con frecuencia en sus ecuaciones. Se trataba de $27\ \pi e^2/hc$, que abrevió con la letra griega alfa (α). No os preocupéis de la ecuación. Lo interesante es esto: cuando se meten los números conocidos de la carga del electrón, e, la constante de Planck, h, y la velocidad de la luz, c, sale $\alpha = 1/137$. Otra vez el 137, número puro.

Los experimentadores siguieron añadiéndole piezas al modelo del átomo de Bohr. En 1896, antes de que se descubriese el electrón, un holandés, Pieter Zeeman, puso un mechero Bunsen entre los polos de un imán potente y en el mechero un puñado de sal de mesa. Examinó la luz amarilla del sodio con un espectrómetro muy preciso que él mismo había construido. Podemos estar seguros de que las amarillas líneas espectrales se ensancharon, lo que quería decir que el campo magnético dividía en realidad las líneas. Mediciones más precisas fueron confirmando este efecto, y en 1925 dos físicos holandeses, Samuel Goudsmit y George Uhlenbeck, plantearon la peculiar idea de que el efecto podría explicarse si se confería a los electrones la propiedad del giro o «espín». En un objeto clásico, una peonza, digamos, el giro alrededor de sí misma es la rotación de la punta de arriba alrededor de su eje de simetría. El espín del electrón es la propiedad cuántica análoga a ésa.

Todas estas ideas nuevas eran válidas en sí mismas, pero estaban conectadas al modelo atómico de Bohr de 1913 con muy poca gracia, como si fuesen productos cogidos de aquí y allá en una tienda de accesorios. Con todos esos pertrechos, la teoría de Bohr ahora tan potenciada, un viejo Ford remozado con aire acondicionado, tapacubos giratorios y aletas postizas, podía explicar una cantidad muy impresionante de datos experimentales exactos brillantemente obtenidos.

El modelo sólo tenía un problema. Que estaba equivocado.

Un vistazo bajo el velo

La teoría de retales iniciada por Niels Bohr en 1912 se iba viendo en dificultades cada vez mayores. En ésas, un estudiante de doctorado francés descubrió en 1924 una pista decisiva, que reveló en una fuente improbable, la farragosa prosa de una tesis doctoral, y que en tres años haría que se produjese una concepción de la realidad del micromundo totalmente nueva. El autor era un joven aristócrata, el príncipe Louis-Victor de Broglie, que pechaba con su doctorado en París. Le inspiró un artículo de Einstein, quien en 1909 había estado dándole vueltas al significado de los cuantos de luz. ¿Cómo era posible que la luz actuara como un enjambre de puñados de energía —es decir, como partículas— y al mismo tiempo exhibiera todos los comportamientos de las ondas, la interferencia, la difracción y otras propiedades que requerían que hubiese una longitud de onda?

De Broglie pensó que este curioso carácter dual de la luz podría ser una propiedad fundamental de la naturaleza y que cabría aplicarla también a objetos materiales como los electrones. En su teoría fotoeléctrica, siguiendo a Planck, Einstein había asignado una cierta energía al cuanto de luz relacionada con su longitud de onda o frecuencia. De Broglie sacó entonces a colación una simetría nueva: si las ondas pueden ser partículas, las partículas (los electrones) pueden ser ondas. Concibió un método para asignar a los electrones una longitud de onda relacionada con su energía. Su idea rindió inmediatamente frutos en cuanto se la aplicó a los electrones del átomo de hidrógeno. La asignación de una longitud de onda dio una explicación de la misteriosa regla *ad hoc* de Bohr según la cual al electrón sólo se le permiten ciertos radios. ¡Está claro como el agua! ¿Lo está? Seguro que sí. Si en una órbita de Bohr el electrón tiene una longitud de onda de una pizca de centímetro, sólo se permitirán aquellas en cuya circunferencia quepa un número entero de longitudes de onda. Probad con la cruda visualización siguiente. Coged una moneda de cinco centavos y un puñado de peniques. Colocad la moneda de cinco centavos (el núcleo) en una mesa y disponed un número de peniques en círculo (la órbita del electrón) a su alrededor. Veréis que os harán falta siete peniques para formar la órbita menor. Ésta define un radio. Si queréis poner ocho peniques, habréis de hacer un círculo mayor, pero no *cualquier* círculo mayor; sólo saldrá con cierto radio. Con radios mayores podréis poner nueve, diez, once o más peniques. De este tonto ejemplo podréis ver que si os limitáis a poner peniques enteros —o longitudes de onda enteras— sólo estarán permitidos ciertos radios. Para obtener círculos intermedios habrá que superponer los peniques, y si representan longitudes de onda, éstas no casarán regularmente alrededor de la órbita. La idea de De Broglie era que la longitud de onda del electrón (el diámetro del penique) determina el radio permitido. La clave de esta idea era la asignación de una longitud de onda al electrón.

De Broglie, en su tesis, hizo cábalas acerca de si sería posible que los electrones mostrasen otros efectos ondulatorios, como la interferencia y la difracción. Sus tutores de la Universidad de París, aunque les impresionaba el virtuosismo del joven príncipe, estaban desconcertados con la noción de las ondas de partícula. Uno de sus examinadores quiso contar con una opinión ajena, y le envió una copia a Einstein, quien remitió este cumplido hacia De Broglie: «Ha levantado una punta del gran velo». Su tesis doctoral se aceptó en 1924, y al final le valdría un premio Nobel, con lo que De Broglie ha sido hasta ahora el único físico que haya ganado el premio gracias a una tesis doctoral. Pero el mayor triunfador sería Erwin Schrödinger, él fue quien vio el auténtico potencial de la obra de De Broglie.

Ahora viene un interesante *pas de deux* de la teoría y el experimento. La idea de De Broglie no tenía respaldo experimental. ¿Una onda de electrón? ¿Qué quiere decir? El respaldo necesario apareció en 1927, y, de todos los sitios, tuvo que ser en Nueva Jersey, no la isla del canal de la Mancha, sino un estado norteamericano cercano a Newark. Los laboratorios de Teléfonos Bell, la famosa institución dedicada a la investigación industrial, estaban estudiando las válvulas de vacío, viejo dispositivo electrónico que se utilizaba antes del alba de la civilización y la invención de los transistores. Dos científicos, Clinton Davisson y Lester Germer, bombardeaban varias superficies metálicas recubiertas de óxido con chorros de electrones. Germer, que trabajaba bajo la dirección de Davisson, observó que ciertas superficies metálicas que no estaban recubiertas de óxido reflejaban un curioso patrón de electrones.

En 1926 Davisson viajó a un congreso en Inglaterra, y allí conoció la idea de De Broglie. Corrió de vuelta a los laboratorios Bell y se puso a analizar sus datos desde el punto de vista del comportamiento ondulatorio. Los patrones que había observado casaban perfectamente con la teoría de que los electrones actúan como ondas cuya longitud de onda está relacionada con la energía de las partículas del bombardeo. Él y Germer no perdieron un momento antes de publicar sus datos. No fue demasiado pronto. En el laboratorio Cavendish, George P. Thomson, hijo del famoso J. J., estaba realizando unas investigaciones similares. Davisson y Germer compartieron el premio Nobel de 1938 por haber sido los primeros en observar las ondas de electrón.

Dicho sea de paso, hay sobradas pruebas de la afección filial de J. J. y G. P. en su cálida correspondencia. En una de sus cartas más emotivas, se lee esta efusión de G. P.:

> Estimado Padre:
> Dado un triángulo esférico de lados ABC...
> [Y tras tres páginas densamente escritas del mismo tenor]
> Tu hijo, George

Así, pues, ahora el electrón lleva asociada una onda, esté encerrado en un átomo o viaje por una válvula de vacío. Pero ¿en qué consiste ese electrón que hace ondas?

El hombre que no sabía nada de baterías

Si Rutherford era el experimentador prototípico, Werner Heisenberg (1901-1976) tiene todas las cualidades para que se le considere su homólogo teórico. Habría satisfecho la definición que I. I. Rabi daba de un teórico: uno «que no sabe atarse los cordones de los zapatos». Heisenberg fue uno de los estudiantes más brillantes de Europa, y sin embargo estuvo a punto de suspender su examen oral de doctorado en la Universidad de Munich; a uno de sus examinadores, Wilhelm Wien, pionero en el estudio de los cuerpos negros, le cayó mal. Wien empezó por preguntarle cuestiones prácticas, como esta: ¿Cómo funciona una batería? Heisenberg no tenía ni idea. Wien, tras achicharrarle con más preguntas sobre cuestiones experimentales, quiso catearlo. Quienes tenían la cabeza más fría prevalecieron, y Heisenberg salió con el equivalente a un aprobado: un acuerdo de caballeros.

Su padre fue profesor de griego en Munich; de adolescente, Heisenberg leyó el *Timeo*, donde se encuentra toda la teoría atómica de Platón. Heisenberg pensó que Platón estaba chiflado —sus «átomos» eran pequeños cubos y pirámides—, pero le apasionó el supuesto básico de Platón: no se podrá entender el universo hasta que no se conozcan los componentes menores de la materia. El joven Heisenberg decidió que dedicaría su vida a estudiar las menores partículas de la materia.

Heisenberg probó con ganas hacerse una imagen mental del átomo de Rutherford-Bohr, pero no sacó nada en limpio. Las órbitas electrónicas de Bohr no se parecían a nada que pudiese imaginar. El pequeño, hermoso átomo que sería el logotipo de la Comisión de Energía Atómica durante tantos años —un núcleo circundado por órbitas con radios «mágicos» donde los electrones no radian— carecía del menor sentido. Heisenberg vio que las órbitas de Bohr no eran más que construcciones artificiales que servían para que los números saliesen bien y librarse o (mejor) burlar las objeciones clásicas al modelo atómico de Rutherford. Pero ¿eran reales esas órbitas? No. La teoría cuántica de Bohr no se había despojado hasta donde era necesario del bagaje de la física clásica. La única forma de que el espacio atómico permitiese sólo ciertas órbitas requería una proposición más radical. Heisenberg acabó por caer en la cuenta de que este nuevo átomo no era visualizable en absoluto. Concibió una guía firme: no trates de nada que no se pueda medir. Las órbitas no se podían medir. Pero las líneas espectrales *sí*. Heisenberg escribió una teoría llamada «mecánica de matrices», basada en unas formas matemáticas, las matrices. Sus métodos eran difíciles matemáticamente, y aún era más difícil visualizarlos, pero estaba claro que había logrado una mejora de gran fuste de la vieja teoría de Bohr. Con el tiempo, la mecánica de matrices repitió todos los triunfos de la teoría de Bohr sin recurrir a radios mágicos arbitrarios. Y además las matrices de Heisenberg obtuvieron nuevos éxitos donde la vieja teoría había fracasado.

Pero a los físicos les parecía que las matrices eran difíciles de usar.

Y fue entonces cuando hubo las más famosas vacaciones de la historia de la física.

Las ondas de materia y la dama en la villa

Pocos meses después de que Heisenberg hubiese completado su formulación matricial, Erwin Schrödinger decidió que necesitaba unas vacaciones. Sería unos diez días antes de la Navidad de 1925. Schrödinger era profesor de física de la Universidad de Zurich, competente pero poco notable, y todos los profesores de universidad se merecen unas vacaciones de Navidad. Pero estas no fueron unas vacaciones ordinarias. Schrödinger dejó a su esposa en casa, alquiló durante dos semanas y media una villa en los Alpes suizos y marchó allá con sus cuadernos de notas, dos perlas y una vieja amiga vienesa. Schrödinger se había impuesto a sí mismo la misión de salvar la remendada y chirriante teoría cuántica de esa época. El físico vienés se ponía una perla en cada oído para que no lo distrajese ningún ruido, y en la cama, para inspirarse, a su amiga. Schrödinger había cortado la tarea a su medida. Tenía que crear una nueva teoría y contentar a la dama. Por fortuna, estuvo a la altura de las circunstancias. (No os hagáis físicos si no estáis preparados para exigencias así.)

Schrödinger empezó siendo experimentador, pero se pasó a la teoría bastante pronto. Era viejo para ser un teórico: treinta y ocho años tenía esas navidades. Claro está, hay montones de teóricos de mediana edad y aún más viejos, pero lo usual es que hagan sus mejores trabajos cuando tienen veintitantos años; luego, a los treinta y tantos, se retiran, intelectualmente hablando, y se convierten en «veteranos hombres de estado» de la física. Este fenómeno meteórico fue especialmente cierto en los primeros días de la mecánica cuántica, que vieron a Dirac, Werner Heisenberg,

Wolfgang Pauli y Niels Bohr concebir sus mejores teorías cuando eran muy jóvenes. Cuando Dirac y Heisenberg fueron a Estocolmo a recibir sus premios Nobel, les acompañaban sus madres. Dirac escribió:

> La edad, claro está, es un mal frío
> que temer debe todo físico.
> Mejor muerto estará que vivo
> en cuanto sus años treinta hayan sido.

(Ganó el premio Nobel de física, no el de literatura.) Por suerte para la ciencia, Dirac no se tomó en serio sus versos, y vivió hasta bien pasados los ochenta años.

Una de las cosas que Schrödinger se llevó a sus vacaciones fue el artículo de De Broglie sobre las partículas y las ondas. Trabajó febrilmente y extendió aún más la concepción cuántica. No se limitó a tratar los electrones como partículas con características ondulatorias. Enunció una ecuación en la que los electrones *son* ondas, ondas de materia. Un actor clave en la famosa ecuación de Schrödinger es el símbolo griego psi, o Ψ. A los físicos les encanta decir que la ecuación lo reduce, pues, todo a suspiros, porque psi puede leerse en inglés de forma que suene como suspiro (*sigh*). A Ψ se le llama *función de ondas,* y contiene todo lo que sabemos o podamos saber sobre el electrón. Cuando se resuelve la ecuación de Schrödinger, da cómo varía Ψ en el espacio y con el tiempo. Luego se aplicó la ecuación a sistemas de muchos electrones y al final a cualquier sistema que haya que tratar cuánticamente. En otras palabras, la ecuación de Schrödinger, o la «mecánica ondulatoria», se aplica a los átomos, las moléculas, los protones, los neutrones y, lo que hoy es especialmente importante para nosotros, a los cúmulos de quarks, entre otras partículas.

Schrödinger quería rescatar la física clásica. Insistía en que los electrones eran verdaderamente ondas clásicas, como las del sonido, las del agua o las ondas electromagnéticas maxwellianas de luz o de radio, y que su aspecto de partículas era ilusorio. Eran *ondas de materia*. Las ondas se conocían bien y visualizarlas era fácil, al contrario de lo que pasaba con los electrones del átomo de Bohr y sus saltos aleatorios de órbita en órbita. En la interpretación de Schrödinger, Ψ (en realidad el cuadrado de Ψ, o Ψ^2) describía la distribución de esta onda de materia. Su ecuación describía esas ondas sujetas a la influencia de las fuerzas eléctricas del átomo. En el átomo de hidrógeno, por ejemplo, las ondas de Schrödinger se concentraban donde la vieja teoría de Bohr hablaba de órbitas. La ecuación daba el radio de Bohr automáticamente, sin ajustes, y proporcionaba las líneas espectrales, no sólo del hidrógeno sino también de otros elementos.

Schrödinger publicó su ecuación de ondas unas semanas después de que dejara la villa. Causó sensación de inmediato; era una de las herramientas matemáticas más poderosas que jamás se hubiesen concebido para abordar la estructura de la materia. (Hacia 1960 se habían publicado más de 100.000 artículos científicos basados en la aplicación de la ecuación de Schrödinger.) Escribió cinco artículos más, en rápida sucesión; los seis artículos se publicaron en un periodo de seis meses que cuenta entre los mayores estallidos de creatividad científica de la historia de la ciencia. J. Robert Oppenheimer decía de la teoría de la mecánica ondulatoria que era «quizá una de las más perfectas, más precisas y más hermosas que el hombre haya descubierto». Arthur Sommerfeld, el gran físico y matemático, decía que la teoría de Schrödinger «era el más asombroso de todos los asombrosos descubrimientos del siglo XX».

Por todo esto, yo, en lo que a mí respecta, perdono las veleidades románticas de Schrödinger; al fin y al cabo, sólo les interesan a los biógrafos, historiadores sociológicos y colegas envidiosos.

La onda de probabilidad

Los físicos se enamoraron de la ecuación de Schrödinger porque podían resolverla y funcionaba bien. Parecía que tanto la mecánica de matrices de Heisenberg como la ecuación de Schrödinger daban las respuestas correctas, pero la mayoría de los físicos se quedó con el método de Schrödinger porque se trataba de una ecuación diferencial de las de toda la vida, una forma cálida y familiar de matemáticas. Pocos años después se demostró que las ideas físicas y las consecuencias numéricas de las teorías de Heisenberg y Schrödinger eran idénticas. Lo único que ocurría es que estaban escritas en lenguajes matemáticos diferentes. Hoy se usa una mezcla de los aspectos más convenientes de ambas teorías.

El único problema de la ecuación de Schrödinger es que la interpretación que él le daba era errónea. Resultó que el objeto Ψ no podía representar ondas de materia. No había duda de que representaba alguna forma de onda, pero la pregunta era: ¿Qué se ondula?

La respuesta la dio el físico alemán Max Born, todavía en el año 1926, tan lleno de acontecimientos. Born recalcó que la única interpretación coherente de la función de onda de Schrödinger era que Ψ^2 representase la *probabilidad* de hallar la partícula, el electrón, en las diversas localizaciones. Ψ varía en el espacio y en el tiempo. Donde Ψ^2 es grande, es muy probable que se encuentre el electrón. Donde $\Psi = 0$, el electrón no se halla nunca. La función de onda es una onda de probabilidad.

A Born le influyeron unos experimentos en los que se dirigía una corriente de electrones hacia algún tipo de barrera de energía. Ésta podía ser, por ejemplo, una pantalla de hilos conectada al polo negativo de una batería, digamos que a –10 voltios. Si los electrones tenían una energía de sólo 5 voltios, según la concepción clásica la «barrera de 10 voltios» debería repelerlos. Si la energía de los electrones es mayor que la de la barrera, la sobrepasarán como una pelota arrojada por encima de un muro. Si es menor, el electrón se reflejará, como una pelota a la que se tira contra la pared. Pero la ecuación de Schrödinger indica que una parte de la onda-Ψ penetra en la barrera y parte se refleja. Es un comportamiento típico de la luz. Cuando pasáis ante un escaparate veis los artículos, pero también vuestra propia imagen, difusa. A la vez, las ondas de luz se transmiten a través del cristal y se reflejan en él. La ecuación de Schrödinger predice unos resultados similares. ¡Pero nunca veremos una fracción de electrón!

El experimento se realiza de la manera siguiente: enviamos 1.000 electrones hacia la barrera. Los contadores Geiger hallan que 550 penetran en la barrera y 450 se reflejan, pero en cualquier caso siempre se detectan electrones enteros. Las ondas de Schrödinger, cuando se toma adecuadamente su cuadrado, dan 550 y 450 como predicción estadística. Si aceptamos la interpretación de Born, un solo electrón tiene una probabilidad del 55 por 100 de penetrar y un 45 por 100 de reflejarse. Como un solo electrón nunca se divide, la onda de Schrödinger no puede ser el electrón. Sólo puede ser una probabilidad.

Born, como Heisenberg, formaba parte de la escuela de Gotinga, un grupo compuesto por varios de los físicos más brillantes de aquellos días, cuyas vidas profesionales e intelectuales giraban alrededor de la Universidad alemana de Gotinga. La interpretación estadística dada por Born a la psi de Schrödinger procedía del convencimiento que tenía la escuela de Gotinga de que los electrones son partículas. Hacían que los contadores Geiger sonasen a golpes. Dejaban rastros definidos en las cámaras de niebla de Wilson. Chocaban con otras partículas y rebotaban. Y ahí está la ecuación de Schrödinger, que da las respuestas correctas pero describe los electrones como ondas. ¿Cómo se podía convertirla en una ecuación de partículas?

La ironía es compañera constante de la historia, y la idea que todo lo cambió fue dada (¡otra vez!) por Einstein, en un ejercicio especulativo de 1911 que trataba de la relación entre los fotones y las ecuaciones clásicas del campo electromagnético formuladas por Maxwell. Einstein apuntaba que las magnitudes del campo guiaban a los fotones a los lugares de mayor probabilidad. La solución que Born le dio al conflicto entre partículas y ondas fue simplemente esta: el electrón (y amigos) actúa como una partícula por lo menos cuando se le ha detectado, pero su distribución en el espacio entre las mediciones sigue los patrones ondulatorios de probabilidad que salen de la ecuación de Schrödinger. En otras palabras, la magnitud psi de Schrödinger describe la localización probable de los electrones. Y esa probabilidad se porta como una onda. Schrödinger hizo la parte dura: elaborar la ecuación en que se cimenta la teoría. Pero fue a Born, inspirado por el artículo de Einstein, a quien se le ocurrió qué predecía en realidad la ecuación. La ironía está en que Einstein nunca aceptó la interpretación probabilista de la función de onda concebida por Born.

Qué quiere decir esto, o la física del corte de trajes

La interpretación de Born de la ecuación de Schrödinger es el cambio concreto más espectacular y de mayor fuste en nuestra visión del mundo desde Newton. No sorprende que a Schrödinger le pareciera la idea totalmente inaceptable y lamentase haber ideado una ecuación que daba lugar a semejante locura. Sin embargo, Bohr, Heisenberg, Sommerfeld y otros la aceptaron sin apenas protestar porque «la probabilidad se mascaba en el ambiente». El artículo de Born hacía una afirmación reveladora: la ecuación sólo puede predecir la probabilidad pero la forma matemática de ésta va por caminos perfectamente predecibles.

En esta nueva interpretación, la ecuación trata de las ondas de probabilidad, Ψ, que predicen qué hace el electrón, cuál es su energía, dónde estará, etc. Sin embargo, esas predicciones tienen la forma de probabilidades. En el electrón, son esas predicciones de probabilidad las que se «ondulan».

Estas soluciones ondulatorias de las ecuaciones pueden concentrarse en un lugar y generar una probabilidad grande, y anularse en otros lugares y dar probabilidades pequeñas. Cuando se comprueban estas predicciones, hay, en efecto, que hacer el experimento un número enorme de veces. Y en la mayor parte de las pruebas el electrón acaba donde la ecuación dice que la probabilidad es alta; sólo en muy raras ocasiones acaba donde es baja. Hay una concordancia cuantitativa. Lo chocante es que en dos experimentos manifiestamente iguales puedan obtenerse resultados del todo diferentes.

La ecuación de Schrödinger con la interpretación probabilista de Born de la función de ondas ha tenido un éxito gigantesco. Es fundamental a la hora de conocer el hidrógeno y el helio y, si se tiene un ordenador lo bastante grande, el uranio. Sirvió para saber cómo se combinan dos elementos y forman una molécula, con lo que se dio a la química un derrotero mucho más científico. Gracias a la ecuación pueden diseñarse microscopios electrónicos e incluso protónicos; en el periodo 1930-1950 se la llevó al núcleo y se vio que allí era tan productiva como en el átomo.

La ecuación de Schrödinger predice con un grado de exactitud muy alto, pero lo que predice, repito, es una probabilidad. ¿Qué quiere decir esto? La probabilidad se parece en la física y en la vida. Es un negocio de mil millones de dólares, te certifican los ejecutivos de las compañías de seguros, los fabricantes de ropa y buena parte de la lista de las quinientas empresas más importantes que publica la revista *Fortune*. Los actuarios nos dicen que el varón norteamericano blanco no fumador nacido en, digamos, 1941, vivirá hasta los 76,4 años. Pero no podrán tomarte el pelo con tu hermano Sal, que nació ese mismo año. Que sepamos, podría atropellarle un camión mañana o morir de una uña infectada dentro de dos años.

En una de mis clases en la Universidad de Chicago, hago de magnate de la industria del vestido para mis alumnos. Tener éxito en el negocio de los trapos es como hacer una carrera en la física de partículas. En ambos casos hace falta un fuerte sentido de la probabilidad y un conocimiento efectivo de las chaquetas de tweed. Les pido a mis alumnos que vayan cantando sus estaturas mientras las represento en un gráfico. Tengo dos alumnos que miden uno 1,42 y otro 1,47 metros, cuatro 1,58 y así sucesivamente. Hay uno que mide 1,98, mucho más que los otros. (¡Si Chicago sólo tuviera un equipo de baloncesto!) El promedio es de 1,70. Tras encuestar a 166 estudiantes tengo una estupenda línea escalonada con forma de campana que sube hasta 1,70 metros y luego baja hasta la anomalía del 1,98 metros. Ahora tengo una «curva de distribución» de estaturas de alumnos de primero, y si puedo estar razonablemente seguro de que escoger ciencias no distorsiona la curva, tengo una muestra representativa de las estaturas de los estudiantes de la Universidad de Chicago. Puedo leer los porcentajes mediante la escala vertical; por ejemplo, puedo sacar el porcentaje de alumnos que están entre 1,58 y 1,63. Con mi gráfica puedo además leer que hay una probabilidad del 26 por 100 de que el próximo estudiante que aparezca mida entre 1,62 y 1,67, si es que me interesa saberlo.

Ya estoy listo para hacer trajes. Si esos estudiantes fuesen mi mercado (previsión improbable si estuviera en el negocio de la confección), puedo calcular qué tanto por ciento de mis trajes tendrían que ser de las tallas 36, 38 y así sucesivamente. Si no tuviera la gráfica de las estaturas, tendría que adivinarlo, y si me equivocase, al final de la temporada tendría 137 trajes de la talla 46 sin vender (y le echaría la culpa a mi socio Jake, ¡el muy bruto!).

Cuando se resuelve la ecuación de Schrödinger para cualquier situación en la que intervengan procesos atómicos, se genera una curva análoga a la distribución de estaturas de los estudiantes. Sin embargo, puede que el perfil sea muy distinto. Si quiero saber por dónde está el electrón en el átomo de hidrógeno —a qué distancia está del núcleo—, hallaremos una distribución que caerá bruscamente a unos 10^{-8} centímetros, con una probabilidad de un 80 por 100 de que el electrón esté dentro de la esfera de 10^{-8} centímetros. Ese es el estado fundamental. Si excitamos el electrón al siguiente nivel de energía, obtendremos una curva de Bell cuyo radio medio es unas cuatro veces mayor. Podemos también computar las curvas de probabilidad de otros procesos. Aquí debemos diferenciar claramente las predicciones de *probabilidad* de las *posibilidades.* Los niveles de energía posibles se conocen con mucha precisión, pero si preguntamos en qué estado de energía se encontrará el electrón, calculamos sólo una probabilidad, que depende de la historia del sistema. Si el electrón tiene más de una opción a la hora de saltar a un estado de energía inferior, podemos también calcular las probabilidades; por ejemplo, un 82 por 100 de saltar a E_1 un 9 por 100 de saltar a E_2, etc. Demócrito lo dijo mejor cuando proclamó: «Nada hay en el universo que no sea fruto del azar y la necesidad». Los distintos estados de energía son necesidades, las únicas condiciones posibles. Pero sólo podemos predecir las probabilidades de que el electrón esté en cualquiera de ellos. Es cosa del azar.

Los expertos actuariales conocen hoy bien los conceptos de probabilidad. Pero eran perturbadores para los físicos educados en la física clásica de principios de siglo (y siguen perturbando a muchos hoy). Newton describió un mundo determinista. Si tirases una piedra, lanzaras un cohete o introdujeras un planeta nuevo en el sistema solar, podrías predecir adónde irían a parar con toda certidumbre, al menos en principio, mientras conozcas las fuerzas y las condiciones iniciales. La teoría cuántica decía que no: las condiciones iniciales son inherentemente inciertas. Sólo se obtienen probabilidades como predicciones de lo que se mida: la posición de la partícula, su energía, su velocidad o lo que sea. La interpretación de Schrödinger que dio Born perturbó a muchos físicos, que en los tres siglos pasados desde Galileo y Newton habían llegado a aceptar el determinismo como una forma de vida. La teoría cuántica amenazaba con transformarlos en actuarios de alto nivel.

Sorpresa en la cima de una montaña

En 1927, el físico inglés Paul Dirac intentaba extender la teoría cuántica, que en ese momento no casaba con la teoría especial de la relatividad de Einstein. Sommerfeld ya había presentado una teoría a la otra. Dirac, con la intención de hacer que las dos teorías fuesen felizmente compatibles, supervisó el matrimonio y su consumación. Al hacerlo dio con una ecuación nueva y elegante para el electrón (curiosamente, la llamamos ecuación de Dirac). De esta poderosa ecuación sale la orden *a posteriori* de que los electrones deben tener espín y producir magnetismo. Recordad el factor g del principio de este capítulo. Los cálculos de Dirac mostraron que la intensidad del magnetismo del electrón tal y como lo medía g era 2,0. (Sólo mucho más tarde vinieron los refinamientos que condujeron al valor preciso dado antes.) ¡Aún más! Dirac (que tenía veinticuatro años o así) halló, al obtener las ondas de electrón que resolvían su ecuación, que había otra solución con extrañas consecuencias. Tenía que haber otra partícula cuyas propiedades fuesen idénticas a las del electrón, pero con carga eléctrica opuesta. Matemáticamente, se trata de un concepto sencillo. Como sabe hasta un niño, la raíz cuadrada de cuatro es más dos, pero además está menos dos porque menos dos por menos dos es también cuatro: 2 x 2 = 4 y −2 x −2 = 4. Así que hay dos soluciones. La raíz cuadrada de cuatro es más *o* menos dos.

El problema es que la simetría implícita en la ecuación de Dirac quería decir que para cada partícula tenía que existir otra partícula de la misma masa pero carga opuesta. Por eso, Dirac, conservador caballero que carecía hasta tal punto de carisma que ha dado lugar a leyendas, luchó con esa solución negativa y acabó por predecir que la naturaleza tiene que contener electrones positivos además de electrones negativos. Alguien acuñó la palabra *antimateria*. Esta antimateria debería estar en todas partes, y sin embargo nadie había dado con ella.

En 1932, un joven físico del Cal Tech, Carl Anderson, construyó una cámara de niebla diseñada para registrar y fotografiar las partículas subatómicas. El aparato estaba circundado por un imán poderoso; su misión era doblar la trayectoria de las partículas, lo que daba una medida de su energía. Anderson metió en el saco una partícula nueva y rara —o, mejor dicho, su traza— gracias a la cámara de niebla. Llamó a este extraño objeto nuevo *positrón*, porque era idéntico al electrón excepto porque tenía carga positiva en vez de negativa. La comunicación de Anderson no hacía referencia a la teoría de Dirac, pero enseguida se ataron los cabos. Había hallado una nueva forma de materia, la antipartícula que había saltado de la ecuación de Dirac unos pocos años antes. Las trazas habían sido dejadas por los rayos cósmicos, la radiación que viene de las partículas que dan en la atmósfera procedentes de los confines de nuestra galaxia. Anderson, para obtener mejores datos todavía, transportó el aparato de Pasadena a lo alto de una montaña de Colorado, donde el aire es fino y los rayos cósmicos más intensos.

Una fotografía de Anderson que apareció en la primera plana del *New York Times* anunciando el descubrimiento inspiró al joven Lederman, y por primera vez cayó bajo el influjo de la romántica aventura de llevar a cuestas un equipo científico a la cima de una montaña muy alta para hacer mediciones de importancia. La antimateria dio mucho de sí y se unió inextricablemente a la vida de los físicos de partículas; prometo decir más de ella en los capítulos siguientes. Otro triunfo de la teoría cuántica.

La incertidumbre y esas cosas

En 1927 Heisenberg concibió sus relaciones de incertidumbre, que coronaron la gran revolución científica a la que damos el nombre de teoría cuántica. La verdad es que la teoría cuántica no se completó hasta finales de los años cuarenta. En realidad, su evolución sigue hoy, en su versión de teoría cuántica de campos, y la teoría no estará completa hasta que se combine plenamente con la gravitación. Pero para nuestros propósitos el principio de incertidumbre es un buen sitio para acabar. Las relaciones de incertidumbre de Heisenberg son una consecuencia matemática de la ecuación de Schrödinger. También podrían haber sido postulados lógicos, o supuestos, de la nueva mecánica cuántica. Como las ideas de Heisenberg son fundamentales para entender cómo es el nuevo mundo cuántico, hemos de demorarnos aquí un poco.

Los ideadores cuánticos insisten en que sólo las mediciones, tan caras a los experimentadores, cuentan. Todo lo que podemos pedirle a una teoría es que prediga los resultados de los hechos que quepa medir. Parecerá una obviedad, pero olvidarla conduce a las paradojas que tanto les gusta explotar a los escritores populares carentes de cultura. Y, debería añadir, es en la teoría de la medición donde la teoría cuántica encuentra sus críticos pasados, presentes y, sin duda, futuros.

Heisenberg anunció que nuestro conocimiento *simultáneo* de la posición de una partícula y de su movimiento es limitado y que la incertidumbre combinada de esas dos propiedades debe ser mayor que..., cómo no, la constante de Planck, h, que encontramos por vez primera en la fórmula $E = hf$. Nuestras mediciones de la posición de una partícula y de su movimiento (en realidad, de su momento) guardan una relación recíproca. Cuanto más sabemos de una, menos sabemos de la otra. La ecuación de Schrödinger nos da las probabilidades de esos factores. Si concebimos un experimento que determine con exactitud la posición de una partícula —es decir, que está en alguna coordenada con una incertidumbre sumamente pequeña—, la dispersión de los valores posibles del momento será, en la medida correspondiente, grande, como dicta la relación de Heisenberg. El producto de las dos incertidumbres (podemos asignarles números) es siempre mayor que la ubicua h de Planck. Las relaciones de Heisenberg prescinden, de una vez por todas, de la representación clásica de las órbitas. El mismo concepto de posición o lugar es ahora menos definido. Volvamos a Newton y a algo que podamos visualizar.

Suponed que tenemos una carretera recta por la que va tirando un Hyundai a una velocidad respetable. Decidimos que vamos a medir su posición en un instante de tiempo determinado mientras pasa zumbando ante nosotros. Queremos saber además lo deprisa que va. En la física newtoniana, la determinación exacta de la posición y la velocidad de un objeto en un instante concreto de tiempo le permite a uno predecir con precisión dónde estará en cualquier momento futuro. Sin embargo, al montar nuestras reglas y relojes, flases y cámaras, vemos que cuando medimos con más cuidado la posición, menor es nuestra capacidad de medir la velocidad y viceversa. (Recordad que la velocidad es el cambio de la posición dividido por el tiempo.) Sin embargo, en la física clásica podemos mejorar sin cesar nuestra exactitud en ambas magnitudes hasta un grado de precisión indefinido. Basta con que le pidamos a una oficina gubernamental más fondos para construir un equipo mejor.

En el dominio atómico, por el contrario, Heisenberg propuso que hay una incognoscibilidad básica que no se puede reducir por mucho equipo, ingenio o fondos que se inviertan. Enunció que es una propiedad fundamental de la naturaleza que el producto de las dos incertidumbres es siempre mayor que la constante de Planck. Por extraño que suene, esta incertidumbre en la mensurabilidad del micromundo tiene una base física firme. Intentemos, por ejemplo, determinar la posición de un electrón. Para ello, debemos «verlo». Es decir, hay que hacer que la luz, un haz de fotones, rebote en el electrón. ¡Vale, ahí está! Ahora vemos el electrón. Sabemos su posición en un momento dado. Pero un fotón que dé en un electrón cambia el estado de movimiento de éste. Una medición socava a la otra. En la mecánica cuántica, la medición produce inevitablemente un cambio porque uno se las ve con sistemas atómicos, y los instrumentos de medición no se pueden hacer más pequeños, suaves o amables que ellos. Los átomos tienen una diez mil millonésima de centímetro de radio y pesan una billonésima de una billonésima de gramo, así que no cuesta mucho afectarlos a fondo. Por el contrario, en un sistema clásico se puede estar seguro de que el acto de medir apenas influye en el sistema que se mide. Suponed que queremos medir la temperatura del agua. No cambiamos la temperatura de un lago, digamos, cuando metemos en él un pequeño termómetro. Pero sumergir un termómetro gordo en un dedal de agua sería una estupidez, pues el termómetro cambiaría la temperatura del agua. En los sistemas atómicos, dice la teoría cuántica, debemos incluir la medición como parte del sistema.

La tortura de la rendija doble

El ejemplo más famoso e instructivo de que la naturaleza de la teoría cuántica va contra la intuición es el experimento de la rendija doble; el médico Thomas Young fue el primero que lo realizó, en 1804, y se celebró como la prueba experimental de la naturaleza ondulatoria de la luz. El experimentador dirigía un haz de luz amarilla, por ejemplo, a una pared donde había abierto dos rendijas paralelas muy finas y separadas por una distancia muy pequeña. Una pantalla alejada recoge la luz que brota a través de las rendijas. Cuando Young cubría una de ellas, se proyectaba en la pantalla una imagen simple, brillante, ligeramente ensanchada de la otra. Pero cuando estaban descubiertas las dos rendijas, el resultado era sorprendente. Un examen cuidadoso del área encendida sobre la pantalla mostraba una serie de franjas brillantes y oscuras igualmente espaciadas. Las franjas oscuras son lugares donde no llega la luz.

Las franjas son la prueba, decía Young, de que la luz es una onda. ¿Por qué? Forman parte de un patrón de interferencia, de los que se producen cuando las ondas del tipo que sean chocan entre sí. Cuando dos ondas de agua, por ejemplo, chocan cresta con cresta, se refuerzan mutuamente y se crea una onda mayor. Cuando chocan valle con cresta, se anulan y la onda se allana.

Young interpretó que en el experimento de la rendija doble las perturbaciones ondulatorias de las dos rendijas llegaban a la pantalla en ciertos sitios con las fases justas para anularse mutuamente: un pico de la onda de luz de la rendija uno llega exactamente en el valle de luz de la rendija dos. Se produce una franja oscura. Estas anulaciones son las indicaciones quintaesenciales de la interferencia ondulatoria. Cuando coinciden sobre la pantalla dos picos o dos valles tenemos una franja brillante. Se aceptó que el patrón de franjas era la prueba de que la luz era un fenómeno ondulatorio.

Ahora bien, en principio cabe efectuar el mismo experimento con electrones. En cierta forma, eso es lo que Davisson hizo en los laboratorios Bell. Cuando se usan electrones, el experimento arroja también un patrón de interferencia. La pantalla se cubre con contadores Geiger minúsculos, que suenan cuando un electrón da en ellos. El contador Geiger detecta *partículas*. Para comprobar que los contadores funcionan, ponemos una pieza de plomo gruesa sobre la rendija dos: los electrones no pueden atravesarla. En este caso, todos los contadores Geiger sonarán si esperamos lo suficiente para que unos miles de electrones pasen a través de la otra rendija, la que está abierta. Pero cuando las dos rendijas lo están, ¡hay columnas de contadores Geiger que no suenan nunca!

Esperad un minuto. Prestad atención a esto. Cuando se cierra una rendija, los electrones, que brotan a través de la otra, se dispersan, y unos van a la izquierda, otros en línea recta, otros a la derecha, y hacen que se forme a lo largo y ancho de la pantalla un patrón más o menos uniforme de ruidos de contadores, lo mismo que la luz amarilla de Young creaba una ancha línea brillante en su experimento de una sola rendija. En otras palabras, los electrones se comportan, lo que es bastante lógico, como partículas. Pero si retiramos el plomo y dejamos que pasen algunos electrones por la rendija dos, el patrón cambia y ningún electrón llega a esas columnas de contadores Geiger que están donde caen las franjas oscuras. Los electrones actúan entonces como ondas. Sin embargo, sabemos que son partículas porque los contadores suenan.

Quizá, podríais argüir, pasen dos o más electrones a la vez por las rendijas y simulen un patrón de interferencia ondulatoria. Para que quede claro que no pasan dos electrones a la vez por las rendijas, reducimos el ritmo de los electrones a uno por minuto. Los mismos patrones. Conclusión: los electrones que atraviesan la rendija uno «saben» que la rendija dos está abierta o cerrada porque según sea lo uno o lo otro sus patrones cambian.

¿Cómo se nos ocurre esta idea de los electrones «inteligentes»? Poneos en el lugar del experimentador. Tenéis un cañón de electrones, así que sabéis que estáis disparando partículas a las rendijas. Sabéis también que al final tenéis partículas en el lugar de destino, la pantalla, pues los contadores Geiger suenan. Un ruido significa una partícula. Luego, tengamos una rendija abierta o las dos, empezamos y terminamos con partículas. Sin embargo, dónde aterricen las partículas dependerá de que estén abiertas una o dos rendijas. Por lo tanto, da la impresión de que una partícula que pase por la rendija uno sabrá si la rendija dos está abierta o cerrada, ya que parece que cambia su camino conforme a esa información. Si la rendija dos está cerrada, se dice a sí misma: «Muy bien, puedo caer donde quiera en la pantalla». Si la rendija dos está abierta, se dice: «¡Oh!, ¡ah!, tengo que evitar ciertas bandas de la pantalla, para que se cree un patrón de franjas». Como las partículas no pueden «saber», nuestra ambigüedad entre ondas y partículas crea una crisis lógica.

La mecánica cuántica dice que podemos predecir la probabilidad de que los electrones pasen por las rendijas y lleguen a continuación a la pantalla. La probabilidad es una onda, y las ondas exhiben patrones de interferencia para las dos rendijas. Cuando las dos están abiertas, las ondas de probabilidad Ψ pueden interferir de forma que resulte una probabilidad nula ($\Psi = 0$) en ciertos lugares de la pantalla. La queja antropomórfica del párrafo anterior es un atolladero clásico; en el mundo cuántico, «¿cómo sabe el electrón por qué rendija ha de pasar?» no es una pregunta que la medición pueda responder. La trayectoria detallada, punto a punto, del electrón, no se está observando, y por lo tanto la pregunta «¿por qué rendija pasa el electrón?» no es una cuestión operativa. Las relaciones de incertidumbre de Heisenberg resuelven, además, nuestra fijación clásica al señalar que, cuando se trata de medir la trayectoria del electrón entre el cañón de electrones y la pared, se cambia por completo el movimiento del electrón y se destruye el experimento. Podemos conocer las condiciones iniciales (el electrón que dispara el cañón); podemos conocer los resultados (el electrón da en alguna parte de la pantalla); *no podemos* conocer el camino de A a B a menos que estemos dispuestos a cargarnos el experimento. Esta es la naturaleza fantasmagórica del nuevo mundo atómico.

La solución que da la mecánica cuántica, «¡no te preocupes!, ¡no podemos medirlo», es bastante lógica, pero no satisface a la mayoría de los espíritus humanos, que luchan por comprender los detalles del mundo que nos rodea. Para algunas almas torturadas, la incognoscibilidad cuántica es aún un precio demasiado alto que hay que pagar. Nuestra defensa: esta es la única teoría que por ahora conozcamos que funciona.

Newton frente a Schrödinger

Hay que cultivar una nueva intuición. Nos pasamos años enseñando a los estudiantes de física la física clásica, para luego dar un giro y enseñarles la teoría cuántica. Los estudiantes graduados necesitan dos o más años para desarrollar una intuición cuántica. (Se espera que vosotros, afortunados lectores, realicéis esta pirueta en el espacio de sólo un capítulo.)

La pregunta obvia es: ¿cuál es correcta?, ¿la teoría de Newton o la de Schrödinger? El sobre, por favor. Y el ganador es... ¡Schrödinger! La física de Newton se desarrolló para las cosas grandes; no vale dentro del átomo. La teoría de Schrödinger se concibió para los microfenómenos. Sin embargo, cuando se aplica la ecuación de Schrödinger a las situaciones macroscópicas da resultados idénticos a la de Newton.

Veamos un ejemplo clásico. La Tierra da vueltas alrededor del Sol. Un electrón da vueltas —por usar el viejo lenguaje de Bohr— alrededor de un núcleo. Pero el electrón está obligado a moverse en ciertas órbitas. ¿Le están permitidas a la Tierra sólo ciertas órbitas cuánticas alrededor del Sol? Newton diría que no, que el planeta puede orbitar por donde quiera. Pero la respuesta correcta es sí. Podemos aplicar la ecuación de Schrödinger al sistema Tierra-Sol. La ecuación de Schrödinger nos daría el usual conjunto discreto de órbitas, pero habría un número enorme de ellas. Al usar la ecuación, se metería la masa de la Tierra (en vez de la masa del electrón) en el denominador, con lo que el espaciamiento entre las órbitas allá donde la Tierra está, es decir, a 150 millones de kilómetros del Sol, resultaría tan pequeño —una millonésima de billonésima de centímetro— que sería de hecho continuo. Para todos los propósitos prácticos, se llega al resultado newtoniano de que *todas* las órbitas se permiten. Cuando tomas la ecuación de Schrödinger y la aplicas a los macroobjetos, ante tus ojos se convierte en... ¡$F = ma$! O casi. Fue Roger Boscovich, dicho sea de paso, quien conjeturó en el siglo XVIII que las fórmulas de Newton eran meras aproximaciones que valían en las grandes distancias pero no sobrevivirían en el micromundo. Por lo tanto, nuestros estudiantes graduados no tienen que tirar sus libros de mecánica. Quizá consigan un trabajo en la NASA o con los Chicago Cubs, preparando trayectorias de reentrada para los cohetes o tarjetas de esas que se levantan al abrirlas con las buenas y viejas ecuaciones newtonianas.

En la teoría cuántica, el concepto de órbita, o qué hace el electrón en el átomo o en un haz, no es útil. Lo que importa es el resultado de la medición, y ahí los métodos cuánticos sólo pueden predecir la probabilidad de cualquier resultado posible. Si se mide dónde está el electrón, en el átomo de hidrógeno por ejemplo, el resultado será un número, la distancia del electrón al núcleo. Y se hará, no midiendo un solo electrón, sino repitiendo la medición muchas veces. Se obtiene un resultado diferente cada vez, y al final se dibuja una curva que represente gráficamente todos los resultados. Ese gráfico es el que se puede comparar con la teoría. La teoría no puede predecir el resultado de una medición dada cualquiera. Es una cuestión estadística. Volviendo a mi comparación con la confección de trajes, aunque sepamos que la estatura media de los alumnos de primero de la Universidad de Chicago es de 1,70 metros, el próximo alumno de primero que entre en ella podría medir 1,60 o 1,85. No podemos predecir la estatura del próximo alumno de primero; sólo podemos dibujar una especie de curva actuarial.

Donde se vuelve fantasmagórica es al predecir el paso de una partícula por una barrera o el tiempo que tarda en desintegrarse un átomo radiactivo. Preparamos muchos montajes *idénticos*. Disparamos un electrón de 5,00 MeV a una barrera de potencial de 5,50 MeV. Predecimos que 45 veces de cada 100 penetrará en ella. Pero nunca podemos estar seguros de qué hará un electrón dado. Uno la atraviesa; el siguiente, idéntico en todos los aspectos, no. Experimentos idénticos arrojan resultados diferentes. Ese es el mundo cuántico. En la ciencia clásica insistimos en lo importante que es que se repitan los experimentos. En el mundo cuántico podemos repetirlo todo menos el resultado.

De la misma forma, tomad el neutrón, que tiene una «semivida» de 10,3 minutos, lo que quiere decir que si se empieza con 1.000 neutrones, la mitad se habrá desintegrado en 10,3 minutos. Pero ¿y un neutrón dado? Puede que se desintegre en 3 segundos o en 29 minutos. El momento exacto en que se desintegrará es desconocido. Einstein odiaba esta idea. «Dios no juega a los dados con el universo», decía. Otros críticos decían: suponed que hay, en cada neutrón o en cada electrón, un mecanismo, un muelle, una «variable oculta» que haga que cada neutrón sea diferente, como los seres humanos, que también tienen una vida media. En el caso de los seres humanos hay una multitud de cosas no tan ocultas —genes, arterias obstruidas y cosas así— que pueden en principio servir para predecir el día en que un individuo fallecerá, excepción hecha de ascensores que se caigan, líos amorosos catastróficos o un Mercedes fuera de control.

La hipótesis de la variable oculta está en esencia refutada por dos razones: en todos los millones y millones de experimentos hechos con electrones no se ha manifestado nunca, y nuevas y mejoradas teorías relativas a los experimentos mecanocuánticos la han descartado.

Tres cosas que hay que recordar sobre la mecánica cuántica

Se puede decir que la mecánica cuántica tiene tres cualidades destacables: 1) va contra la intuición; 2) funciona; y 3) tiene aspectos que la hicieron inaceptable a los afines a Einstein y Schrödinger y que han hecho que en los años noventa sea una fuente continua de estudios. Veamos cada una de ellas.

1. Va contra la intuición. La mecánica cuántica sustituye la continuidad por lo discreto. Metafóricamente, no es un líquido que se vierte en un vaso, sino una arena muy fina. El zumbido regular que oís es el impacto de números enormes de átomos en vuestros tímpanos. Y está el carácter fantasmagórico del experimento de la rendija doble, que ya hemos comentado.

Otro fenómeno que va contra la intuición es el «efecto túnel». Hemos hablado del envío de electrones hacia una barrera de energía. La analogía clásica es hacer que una bola ruede cuesta arriba. Si se da a la bola el suficiente empuje (energía) inicial, llegará a lo más alto. Si la energía inicial es demasiado pequeña, la bola volverá a bajar. O imaginaos una montaña rusa, el coche en una hondonada entre dos subidas terroríficas. Suponed que el coche rueda hasta la mitad de una de las subidas y se queda sin fuerza motriz. Se deslizará hacia abajo, subirá casi hasta la mitad de la otra pendiente y oscilará atrás y adelante, atrapado en la hondonada. Si pudiésemos eliminar la fricción, el coche oscilaría para siempre, aprisionado entre dos subidas insuperables. En la teoría atómica cuántica, a un sistema así se le conoce con el nombre de «estado ligado». Sin embargo, nuestra descripción de lo que les pasa a los electrones que se dirigen hacia una barrera de energía o a un electrón atrapado entre dos barreras debe tener en cuenta las ondas probabilistas. Resulta que parte de la onda puede «gotear» a través de la barrera (en los sistemas atómicos o nucleares la barrera es una fuerza o de tipo eléctrico o del tipo fuerte), y por lo tanto hay una probabilidad finita de que la partícula atrapada aparezca fuera de la trampa. Esto no sólo iba contra la intuición, sino que se consideró una paradoja de orden mayor, pues el electrón a su paso por la barrera debía tener una energía cinética negativa, lo que, desde el punto de vista clásico, es absurdo. Pero cuando se desarrolla la intuición cuántica, uno responde que la condición de que el electrón «esté en el túnel» no es observable y por lo tanto no es un problema de la física. Lo que uno observa es que sale fuera. Este fenómeno, el paso por efecto túnel, se utilizó para explicar la radiactividad alfa. Es la base de un importante dispositivo electrónico, el diodo túnel. Por fantasmagórico que sea, este efecto túnel les es esencial a los ordenadores modernos y a otros dispositivos electrónicos.

Partículas puntuales, paso por efecto túnel, radiactividad, la tortura de la rendija doble: todo esto contribuyó a las nuevas intuiciones que los físicos cuánticos necesitaban a medida que fueron desplegando su nuevo armamento intelectual a finales de los años veinte y durante los treinta en busca de fenómenos inexplicados.

2. Funciona. Gracias a los acontecimientos de 1923-1927, se comprendió el átomo. Aun así, en esos días previos a los ordenadores, sólo se podían analizar adecuadamente los átomos simples —el hidrógeno, el helio, el litio y los átomos a los que se les han quitado algunos electrones (ionizado)—. Logró un gran avance Wolfgang Pauli, uno de los *wunderkinder*, que entendió la teoría de la relatividad a los diecinueve años y, en sus días de «hombre de estado veterano», se convirtió en el «enfant terrible» de la física.

No se puede evitar aquí una digresión sobre Pauli. Se caracterizaba por su severa vara de medir y por su irascibilidad, y fue la conciencia de la física de su época. ¿O era, simplemente, sincero? Abraham Pais cuenta que Pauli se quejó una vez ante él de las dificultades que tenía para encontrar un problema en el que trabajar que le plantease retos: «Quizá es porque sé demasiado». No era una baladronada, sino el mero enunciado de un hecho. Os podréis imaginar que era duro con los ayudantes. Cuando uno nuevo, joven, Victor Weisskopf, que habría de ser uno de los teóricos más destacados, se presentó ante él en Zurich, Pauli le miró de arriba abajo, meneó la cabeza y murmuró: «Ach, tan joven y todavía es usted desconocido». Unos cuantos meses después, Weisskopf le presentó a Pauli un trabajo teórico. Pauli le echó un vistazo y dijo: «Ach, ¡no está ni equivocado!». A un posdoctorando le dijo: «No me importa que piense despacio. Me importa que publique más deprisa de lo que piensa». Nadie estaba a salvo de Pauli. Al recomendarle a Einstein una persona como ayudante, Pauli le escribió a aquél, sumergido en sus últimos años en el exotismo matemático de su estéril persecución de una teoría unificada: «Querido Einstein. Este estudiante es bueno, pero no capta con claridad la diferencia entre las matemáticas y la física. Por otra parte, a usted, querido

Maestro, se le ha escapado esa distinción hace mucho». Ese es nuestro chico Wolfgang.

En 1924 propuso un principio fundamental que explicaba la tabla periódica de los elementos de Mendeleev. El problema: formamos los átomos de los elementos químicos más pesados añadiendo cargas positivas al núcleo y electrones a los distintos estados de energía permitidos del átomo (órbitas, en la vieja teoría cuántica). ¿Adónde van los electrones? Pauli enunció el que ha venido a llamarse principio de exclusión de Pauli: no hay dos electrones que puedan ocupar el mismo estado cuántico. Al principio fue una suposición inspirada, pero, como se vería, derivaba de una profunda y hermosa simetría.

Veamos cómo hace Santa Claus, en su taller, los elementos químicos. Tiene que hacerlo bien porque trabaja para Él, y Él es duro. El hidrógeno es fácil. Lleva un protón, el núcleo. Le añade un electrón, que ocupa el estado de energía más bajo posible; en la vieja teoría de Bohr (que aún es útil pictóricamente), la órbita con el menor radio permitido. Santa no tiene que poner cuidado; le basta con dejar caer el electrón en cualquier parte cerca del protón, que ya acabará por «saltar» a su estado más bajo o «fundamental», emitiendo fotones por el camino. Ahora el helio. Ensambla el núcleo de helio, que tiene dos cargas positivas. Por lo tanto, ha de dejar caer dos electrones. Y con el litio hacen falta tres para formar el átomo eléctricamente neutro. El problema es: ¿adónde van a parar los electrones? En el mundo cuántico, sólo se permiten ciertos estados. ¿Se acumulan todos los electrones en el fundamental, tres, cuatro, cinco... electrones? Ahí es donde entra el principio de Pauli. No, dice Pauli, no pueden estar dos electrones en el mismo estado cuántico. En el helio *se permite* que el segundo electrón se una al primero en el estado de menor energía *sólo* si su espín va en sentido opuesto al de su compañero. Cuando se añade el tercer electrón, para el átomo de litio, queda excluido del nivel más bajo de energía y ha de ir al siguiente nivel más bajo. Éste tiene un radio mucho mayor (de nuevo dicho a la manera de la teoría de Bohr), lo que explica la actividad química del litio, es decir, la facilidad con que emplea ese electrón solitario para combinarse con otros átomos. Tras el litio tenemos el átomo de cuatro electrones, el berilio, en el que el cuarto electrón se une al tercero en la misma «capa» de éste, como se llama a los niveles de energía.

A medida que procedemos alegremente —el berilio, el boro, el carbono, el nitrógeno, el oxígeno, el neón—, añadimos electrones hasta que cada capa se llene. Ni uno más en esa capa, dice Pauli. Empieza una nueva. En pocas palabras, la regularidad de las propiedades y de los comportamientos químicos procede por completo de esta construcción cuántica por medio del principio de Pauli. Unos decenios antes, los científicos se habían burlado de la insistencia de Mendeleev en alinear los elementos en filas y columnas de acuerdo con sus características. Pauli mostró que esa periodicidad estaba ligada de forma precisa a las capas y estados cuánticos distintos de los electrones: en la primera capa se pueden acomodar dos, ocho en la segunda, ocho en la tercera y así sucesivamente. La tabla periódica tenía, en efecto, un significado más profundo.

Resumamos esta importante idea. Pauli inventó una regla que se aplicaba a la manera en que los elementos químicos cambiaban su estructura electrónica. Esta regla explica las propiedades químicas (gas inerte, metal activo y demás) ligándolas al número de electrones y a sus estados, especialmente de los que están en las capas más exteriores, donde es más fácil que entren en contacto con otros átomos. La consecuencia más llamativa del principio de Pauli es que, si se llena una capa, es imposible añadirle un electrón más. La fuerza que se resiste a ello es enorme. Esta es la verdadera razón de la impenetrabilidad de la materia. Aunque los átomos son en mucho más de un 99,99 por 100 espacio vacío, atravesar una pared me supone un auténtico problema. Lo más probable es que compartáis conmigo esta frustración. ¿Por qué? En los sólidos, donde los átomos se unen mediante complicadas atracciones eléctricas, la imposición de los electrones de vuestro cuerpo sobre el sistema de los átomos de la «pared» topa con la prohibición de Pauli de que los electrones estén demasiado juntos. Una bala puede penetrar en una pared porque rompe las ligaduras entre átomos y, como un bloqueador del fútbol americano, deja sitio para sus propios electrones. El principio de Pauli desempeña también un papel crucial en sistemas tan peculiares y románticos como las estrellas de neutrones y los agujeros negros. Pero me salgo del tema.

Una vez que sabemos cómo están hechos los átomos, resolvemos el problema de cómo se combinan para construir moléculas, H_20 o NaCl, por ejemplo. Las moléculas se forman gracias a complejos de fuerzas que actúan entre los electrones y los núcleos de los átomos que se combinan. La disposición de los electrones en sus capas proporciona la clave para crear una molécula estable. La teoría cuántica le dio a la química una firme base científica, y la química cuántica es hoy un campo floreciente, del que han salido nuevas disciplinas, como la biología molecular, la ingeniería genética y la medicina molecular. En la ciencia de materiales, la teoría cuántica nos sirve para explicar y controlar las propiedades de los metales, los aislantes, los superconductores y los semiconductores. Los semiconductores llevaron al descubrimiento del transistor, cuyos inventores reconocen que toda su inspiración les vino de la teoría cuántica de los metales. Y de ese descubrimiento salieron los ordenadores y la microelectrónica y la revolución en las comunicaciones y en la información. Y además están los máseres y los láseres, que son sistemas cuánticos por completo.

Cuando nuestras mediciones llegaron al núcleo atómico —una escala 100.000 veces menor que la del átomo—, la teoría cuántica era un instrumento esencial en ese nuevo régimen. En la astrofísica, los procesos estelares producen objetos de lo más peculiar: soles, gigantes rojas, enanas blancas, estrellas de neutrones y agujeros negros. El curso de la vida de estos objetos se basa en la teoría cuántica. Desde el punto de vista de la utilidad social, como hemos calculado, la teoría cuántica da cuenta de más del 25 por 100 del PNB de todas las potencias industriales. Pensad sólo en esto: unos físicos europeos se obsesionan con la manera en que funciona el átomo, y sus esfuerzos acaban por generar billones de dólares de actividad económica. Con que a unos gobiernos sabios y prescientes se les hubiera ocurrido poner una tasa del 0,1 por 100 a los productos de tecnología cuántica, destinada a la investigación y a la educación... En cualquier caso, ya lo creo que funciona.

3. Tiene problemas. Tienen que ver con la función de onda (psi, o Ψ) y lo que significa. A pesar de su gran éxito práctico e intelectual, no podemos estar seguros de qué significa la teoría cuántica. Puede que nuestra incomodidad sea intrínseca a la mente humana, o quizás un genio acabará por hallar un esquema conceptual que haga felices a todos. Si no la podéis tragar, no os preocupéis. Estáis en buena compañía. La teoría cuántica ha hecho infelices a muchos físicos, Planck, Einstein, De Broglie y Schrödinger entre ellos.

Hay una rica literatura sobre las objeciones a la naturaleza probabilista de la teoría cuántica. Einstein dirigió la batalla, y sus numerosos intentos (cuesta seguirlos) de socavar las relaciones de incertidumbre fueron una y otra vez desbaratados por Bohr, quien había establecido lo que ahora se llama la «interpretación de Copenhague» de la función de onda. Einstein y Bohr se lo tomaron realmente en serio. Einstein concebía un experimento mental que era una flecha disparada al corazón de la nueva teoría cuántica, y Bohr, por lo general tras un largo fin de semana de duro trabajo, hallaba el fallo en el argumento de Einstein. Einstein era el chico malo, el que azuzaba en los debates. Como al niño que crea problemas en la clase de catecismo («Si Dios es todopoderoso, ¿puede hacer una roca tan pesada que ni siquiera Él pueda levantarla?»), a Einstein no dejaban de ocurrírsele paradojas de la teoría cuántica. Bohr era el sacerdote que no dejaba de responder a las objeciones de Einstein.

Se cuenta que muchas de las discusiones tuvieron lugar durante paseos por el bosque. Me imagino lo que pasaba cuando se encontraban con un oso enorme. Bohr sacaba inmediatamente de su mochila un par de zapatillas Reebok Pump de 300 dólares y se ponía a atárselas. «¿Qué haces, Niels? Sabes que no puedes correr más que un oso», le decía Einstein con lógica. «¡Ah!, no tengo que correr más que el oso, querido Albert», respondía Bohr. «Sólo tengo que correr más que tú.»

Hacia 1936 Einstein había aceptado a regañadientes que la teoría cuántica describe correctamente todos los experimentos posibles, al menos los que se pueden imaginar. Hizo entonces un cambio de marchas y decidió que la mecánica cuántica no podía ser una descripción completa del mundo, aun cuando diese correctamente la probabilidad de los distintos resultados de las mediciones. La defensa de Bohr fue que la imperfección que preocupaba a Einstein no era un fallo de la teoría, sino una cualidad del mundo en que vivimos. Estos dos siguieron discutiendo sobre la mecánica cuántica en la tumba, y estoy completamente seguro de que no han dejado de hacerlo, a no ser que el «Viejo», como Einstein llamaba a Dios, por una preocupación fuera de lugar, les haya zanjado la cuestión.

Hacen falta libros enteros para contar el debate entre Einstein y Bohr, pero intentaré ilustrar el problema con un ejemplo. Recuerdo el punto principal de Heisenberg: nunca podrá tener un éxito completo ningún intento de medir a la vez dónde está una partícula y adónde va. Preparad una medición para localizar el átomo; ahí lo tendréis, con tanta precisión como queráis. Preparad una medición para ver lo deprisa que va; presto, tenemos su velocidad. Pero no podemos tener las dos. La realidad que descubren esos experimentos depende de la estrategia que adopte el experimentador. Esta subjetividad pone en entredicho nuestros conceptos de causa y efecto tan queridos. Si un electrón parte del punto A y se ve que llega al punto B, parece «natural» que se dé por sentado que tomó un camino concreto entre

A y B. La teoría cuántica lo niega, y dice que no se puede conocer el camino. Todos los caminos son posibles, y cada uno tiene su probabilidad.

Para exponer la imperfección de esta noción de la trayectoria fantasma, Einstein propuso un experimento decisivo. No puedo hacer justicia a su idea, pero intentaré dejar claro lo esencial. Se le llama el experimento mental EPR, por Einstein, Podolski y Rosen, los tres que lo concibieron. Propusieron un experimento con dos partículas en el que el destino de cada una está ligado al de la otra. Hay maneras de crear un par de partículas que se mueven separándose entre sí de forma que si una tiene el espín hacia arriba la otra lo tenga hacia abajo, o si una lo tiene hacia la derecha la otra lo tenga hacia la izquierda. Enviamos una partícula a toda velocidad a Bangkok, la otra a Chicago. Einstein decía: muy bien, aceptemos que no podemos saber nada de una partícula hasta que la midamos. Midamos, pues, la partícula A en Chicago y descubramos que tiene el espín hacia la derecha. Ergo, ahora sabemos lo que respecta a la partícula B, en Bangkok, cuyo espín está a punto de medirse. Antes de la medición de Chicago, la probabilidad del espín hacia la izquierda y del espín hacia la derecha es de 1/2. Tras la medición de Chicago, sabemos que la partícula B tiene el espín hacia la izquierda. Pero ¿cómo sabe la partícula B el resultado del experimento de Chicago? Aunque llevase una pequeña radio, las ondas de radio viajan a la velocidad de la luz y al mensaje le llevaría un tiempo el llegar. ¿Qué mecanismo de comunicación es ese, que ni siquiera tiene la cortesía de viajar a la velocidad de la luz? Einstein lo llamó «acción fantasmagórica a distancia». La conclusión de EPR es que la única manera de comprender la conexión entre lo que pasa en A (la decisión de medir en A) y el resultado de B es proporcionar más detalles, lo que la mecánica cuántica no puede hacer. ¡Ajá!, gritó Albert, la mecánica cuántica no es completa.

Cuando Einstein dio a Bohr de lleno con el EPR, hasta el tráfico se paró en Copenhague mientras Bohr ponderaba el problema. Einstein intentaba burlar las relaciones de incertidumbre de Heisenberg mediante la medición de una partícula cómplice. Finalmente, la réplica de Bohr sería que no cabe separar los sucesos A y B, que el sistema debe incluir A, B y el observador que decide cuándo se hace una medición. Se pensó que esta respuesta holística tenía ciertos ingredientes de misticismo religioso oriental y se han escrito (demasiados) libros sobre esas conexiones. El problema es si la partícula A y el observador, o detector, A tienen una existencia einsteiniana real o si sólo son unos fantasmas intermedios carentes de importancia antes de la medición. Este problema en particular se resolvió gracias a un gran avance teórico y (¡ajá!) un experimento brillante.

Gracias a un teorema desarrollado en 1964 por un teórico de partículas llamado John Bell, quedó claro que una forma modificada del experimento EPR podría efectuarse de verdad en el laboratorio. Bell concibió un experimento para el que se predecía una cantidad diferente de correlación a larga distancia entre las partículas A y B dependiendo de que la razón la tuviese el punto de vista de Einstein o el de Bohr. El teorema de Bell tiene casi el predicamento de una secta actual, en parte a causa de que cabe en una camiseta. Por ejemplo, hay por lo menos un club de mujeres, en Springfield seguramente, que se reúne cada jueves por la tarde para discutir sobre él. Para disgusto de Bell, algunos proclamaron que su teorema era la «prueba» de que había fenómenos paranormales y psíquicos.

La idea de Bell dio lugar a una serie de experimentos, de los cuales el que mayor éxito ha tenido fue el realizado por Alain Aspect y sus colegas en 1982 en París. El experimento midió el número de veces que el detector A se correlacionaba con los resultados del detector B, es decir, espín hacia la izquierda y espín hacia la izquierda, o espín hacia la derecha y espín hacia la derecha. El análisis de Bohr permitía predecir esa correlación mediante la interpretación de Bohr de una «teoría cuántica todo lo completa que es posible» en contraposición a la noción de Einstein de que tiene que haber variables ocultas que determinen la correlación. El experimento mostró claramente que el análisis de Bohr era correcto y el de Einstein, erróneo. Se ve que esas correlaciones a larga distancia entre las partículas son la manera en que la naturaleza actúa.

¿Se acabó así el debate? En absoluto. Hoy es tumultuoso. Uno de los lugares que más dan que pensar dónde ha aparecido la fantasmagoría cuántica es en la misma creación del universo. En la primera fase de la creación, el universo tenía dimensiones subatómicas y la física cuántica se aplicaba al universo entero. Puede que hable por la muchedumbre de físicos al decir que seguiré investigando con los aceleradores, pero estoy contentísimo de que alguien se preocupe aún por los fundamentos conceptuales de la teoría cuántica.

Para los demás, Schrödinger, Dirac y las más recientes ecuaciones de la teoría cuántica de campos son nuestras armas pesadas. El camino hacia la Partícula Divina —o al menos su arranque— se nos muestra ahora muy claro.

Interludio B

LOS MAESTROS DANZANTES DE MOO-SHU

Durante el proceso incesante de avivar, y volver a avivar, el entusiasmo por la construcción del SSC (el Supercolisionador Superconductor), visité la oficina del senador Bennett Johnston, demócrata de Luisiana cuyo apoyo fue importante para el destino del Supercolisionador, del que se espera que cueste ocho mil millones de dólares. Para ser un senador de los Estados Unidos, Johnston es un tipo curioso. Le gusta hablar de los agujeros negros, de las distorsiones del tiempo y de otros fenómenos. Cuando entré en su despacho, se levantó tras la mesa y agitó un libro ante mi cara. «Lederman —me rogó—, tengo que hacerle un montón de preguntas sobre esto.» El libro era *The Dancing Wu Li Masters*, de Gary Zukav. Durante nuestra conversación, alargó mis «quince minutos» hasta el punto de que nos pasamos una hora hablando de física. Estuve buscando un pie, una pausa, una frase que me sirviese para meter baza con mi perorata sobre el Supercolisionador. («Hablando de protones, tengo esta máquina...») Pero Johnston no cejaba. Hablaba de física sin parar. Cuando su secretaria de citas le interrumpió por cuarta vez, se sonrió y dijo: «Mire, sé por qué ha venido. Si usted me hubiese soltado su perorata le habría prometido "hacer lo que pueda". ¡Pero esto ha sido mucho más divertido! Y haré lo que pueda». En realidad, hizo mucho.

Para mí fue un poco perturbador que este senador de los Estados Unidos, hambriento de conocimiento, satisficiese su curiosidad con el libro de Zukav. En los últimos años ha habido una lluvia de libros —*The Tao of Physics* es otro ejemplo— que intentan explicar la física moderna a partir de la religión oriental y del misticismo. Los autores son capaces de concluir extasiadamente que todos somos parte del cosmos y que el cosmos es parte de nosotros. ¡Todos somos uno! (Pero, inexplicablemente, American Express nos pasa las facturas por separado.) Lo que me preocupaba era que un senador pudiese sacar algunas ideas alarmantes de esos libros justo antes de que tuviese lugar una votación relativa a una máquina de ocho mil millones de dólares o más que se pondría en manos de los físicos. Por supuesto, Johnston está instruido científicamente y conoce a muchos científicos.

Esos libros se inspiran por lo normal en la teoría cuántica y en lo que hay en ella de inherentemente fantasmagórico. Uno de los libros, del que no diremos el título, presenta unas sobrias explicaciones de las relaciones de incertidumbre de Heisenberg, del experimento mental de Einstein-Podolski-Rosen y del teorema de Bell, y a continuación se lanza a una arrobada discusión de los viajes de LSD, los poltergeists y un ente muerto hace mucho, Seth, que comunicaba sus ideas por medio de la voz y la mano escritora de un ama de casa de Elmira, Nueva York. Es evidente que una de las premisas de ese libro, y de muchos otros por el estilo, es que la teoría cuántica es fantasmagórica, así que ¿por qué no aceptar otras materias extrañas también como hechos científicos?

Por lo general, uno no se preocuparía de libros así si se los encontrase en las secciones de religión, fenómenos paranormales o poltergeist de las librerías. Por desgracia, están puestos a menudo en la categoría de ciencia, probablemente porque se usan en sus títulos palabras como «cuántico» y «física». Una parte excesiva de lo que el público lector sabe de física lo sabe por haber leído esos libros. Cojamos sólo dos de ellos, los más prominentes: *The Tao of Physics* y *The Dance Wu Li Masters*, ambos publicados en los años setenta. Para ser justos, *Tao*, de Fritjof Capra, que tiene un doctorado por la Universidad de Viena, y *Wu Li*, de Gary Zukav, que es un escritor, han introducido a mucha gente en la física, lo que es bueno. Y lo cierto es que nada malo hay en encontrar paralelismos entre la nueva física cuántica y el hinduismo, el budismo, el taoísmo, el Zen o, tanto da, la cocina de Hunan. Capra y Zukav han hecho además muchas cosas bien. En ambos libros no faltan buenas páginas de física, lo que les da una sensación de credibilidad. Por desgracia, los autores saltan de conceptos científicos sólidos, bien probados, a conceptos ajenos a la física y hacia los cuales el puente lógico apenas si se tiene en pie o no existe.

En *Wu Li*, por ejemplo, Zukav hace un trabajo excelente al explicar el famoso experimento de la rendija doble de Thomas Young. Pero su análisis de los resultados es bastante peculiar. Como ya se ha comentado, salen patrones diferentes de fotones (o electrones) según haya una o dos rendijas abiertas, así que una experimentadora podría preguntarse: «¿Cómo sabe la partícula cuántas rendijas están abiertas?». Esta es, claro, una forma caprichosa de expresar un problema de mecanismos. El principio de incertidumbre de Heisenberg, noción que es la base de la teoría cuántica, dice que no se puede determinar por qué rendija se cuela la partícula sin destruir el experimento. Según el curioso pero eficaz rigor de la teoría cuántica, esas preguntas no son pertinentes.

Pero Zukav extrae un mensaje diferente del experimento de la rendija doble: la partícula *sabe* si hay una rendija o dos abiertas. ¡Los fotones son inteligentes! Esperad, es todavía mejor. «Apenas si nos queda otra salida; hemos de reconocer —escribe Zukav— que los fotones, que son energía, parecen procesar información y actuar en consecuencia, y, por lo tanto, por extraño que parezca, da la impresión de que son orgánicos.» Es divertido, puede que filosófico, pero nos hemos apartado de la ciencia.

Paradójicamente, Zukav está dispuesto a atribuirles conciencia a los fotones, pero se niega a aceptar la existencia de los átomos. Escribe: «Los átomos nunca fueron en absoluto cosas "reales". Los átomos son entes hipotéticos construidos para que las observaciones experimentales sean inteligibles. Nadie, ni una sola persona, ha visto jamás un átomo». Ahí sale otra vez la señora del público que nos quiere poner en apuros con la pregunta: «¿Ha visto usted alguna vez un átomo?». En favor de la señora, hay que decir que estaba dispuesta a escuchar la respuesta. Zukav ya la ha respondido, con un no. Incluso literalmente está hoy fuera de lugar. Desde que se publicó su libro, son muchos los que han visto átomos gracias al microscopio de barrido por efecto túnel, que toma bellas imágenes de estos pequeños chismes.

En cuanto a Capra, es mucho más inteligente y juega a dos barajas en sus apuestas y con su lenguaje, pero, en lo esencial, tampoco es creyente. Insiste en que «la simple imagen mecanicista de los ladrillos con que se construyen las cosas» debería abandonarse. A partir de una descripción razonable de la mecánica cuántica, construye unas elaboradas ampliaciones de la misma carentes de la menor comprensión de la delicadeza con que se entrelazan el experimento y la teoría y hasta qué punto ha habido sangre, sudor y lágrimas en cada penoso avance.

Si la descuidada falta de seriedad de estos autores carece de interés para mí, los verdaderos charlatanes hacen que me desconecte. En realidad, *Tao* y *Wu Li* constituyen un nivel medio relativamente respetable entre los libros científicos buenos y el sector lunático de timadores, charlatanes y locos. Esta gente te garantiza la vida eterna si no comes otra cosa que raíces de zumaque. Te dan pruebas de primera de mano de la visita de extraterrestres. Sacan a la luz la falacia de la relatividad en favor de una versión sumeria del *Almanaque del Granjero*. Escriben para el *New York Inquirer* y contribuyen al correo delirante que todo científico destacado recibe. La mayoría de estas personas son inofensivas, como la mujer de setenta años de edad que me contaba, en ocho páginas de apretada caligrafía, la conversación que tuvo con unos pequeños visitantes verdes del espacio. Pero no todos son inofensivos. Una secretaria de la revista *Physical Review* fue asesinada a tiros por un hombre al que se le rechazó un artículo incoherente.

Lo importante, creo, es esto: todas las disciplinas, todo campo de actividad, tienen un «orden establecido», sea la colectividad de los profesores de físicas de cierta edad de las universidades prestigiosas, los magnates del negocio de las comidas rápidas, los dirigentes de la Asociación Norteamericana de la Abogacía o los viejos jefes de la Orden Fraternal de los Trabajadores Postales. En ciencia, el camino del progreso es más rápido cuando se derriba a los gigantes. (Sabía que me saldría de todo esto una buena metáfora mezclada.) Por lo tanto, se buscan con celo iconoclastas y rebeldes con bombas (intelectuales); hasta el propio régimen científico los busca. Por supuesto, a ningún teórico le divierte que tiren su teoría a la basura; algunos hasta pueden reaccionar —momentánea, instintivamente— como un régimen político ante una rebelión. Pero la tradición del derrocamiento está demasiado enraizada. Alimentar y premiar al joven y creativo es una obligación sagrada del régimen científico. (Lo más triste que te pueden decir de fulano de tal es que no basta con ser joven.) Esta lección moral —que debemos mantenernos abiertos a lo joven, lo heterodoxo y lo rebelde— deja un resquicio para los charlatanes y los descarriados, que pueden hacer presa en los periodistas y editores —y otros responsables de los medios de comunicación— descuidados y científicamente analfabetos. Algunos timadores han tenido notable éxito, como el mago israelí Uri Geller o el escritor Immanuel Velikovsky, incluso ciertos doctores en ciencias (un doctorado es aún una garantía de la verdad menor que un premio Nobel) que han promovido cosas tan fuera de quicio como las «manos que ven», la «psicoquinesia», la «ciencia de la creación», la «poliagua», la «fusión fría» y tantas otras ideas fraudulentas. Lo usual es que se diga que la verdad revelada está siendo suprimida por el acomodado régimen, que quiere así preservar el *statu quo* con todos sus derechos y privilegios.

Sin duda, eso puede pasar. Pero en nuestra disciplina, hasta los miembros del orden establecido hacen campaña contra el régimen. Nuestro santo patrón, Richard Feynman, en el ensayo «¿Qué es la ciencia?», hacía al estudiante esta admonición: «Aprende de la ciencia que debes dudar de los expertos .... La ciencia es la creencia en la ignorancia de los expertos». Y más adelante: «Cada generación que descubre algo a partir de su experiencia debe transmitirlo, pero debe transmitirlo guardando un delicado equilibrio entre el respeto y la falta de respeto, para que la raza ... no imponga con demasiada rigidez sus errores a sus jóvenes, sino que transmita junto a la sabiduría acumulada la sabiduría de que quizá no sea tal sabiduría».

Este elocuente pasaje expresa la educación que todos los que laboramos en el viñedo de la ciencia tenemos profundamente imbuida. Por supuesto, no todos los científicos pueden reunir la agudeza crítica, la mezcla de pasión y percepción que Feynman era capaz de ponerle a un problema. Eso es lo que diferencia a los científicos, y también es verdad que muchos grandes científicos se toman a sí mismos demasiado en serio. Se ven entonces lastrados a la hora de aplicar su capacidad crítica a su propio trabajo o, lo que es peor todavía, al trabajo de los chicos que les están poniendo en la estacada. No hay especialidad perfecta. Pero lo que raras veces entienden los profanos es lo presta, ansiosa, desesperadamente que la comunidad científica de una disciplina dada le abre los brazos al iconoclasta intelectual... si él o ella tienen lo que hace falta.

En todo esto lo trágico no son los escritores pseudocientíficos chapuceros, ni el vendedor de seguros de Wichita que sabe exactamente dónde se equivocó Einstein y publica su propio libro al respecto, ni el timador que dirá lo que sea por ganar unos duros, los Geller o los Velikovsky. Lo trágico es el daño que se le hace al público común, crédulo y científicamente analfabeto, a quien con tanta facilidad se le toma el pelo. Ese público construirá pirámides, pagará una fortuna por inyecciones de glándula de mono, mascará huesos de albaricoque, irá adonde sea y hará lo que sea tras los pasos del charlatán de feria que, habiendo progresado de la trasera de un carromato a la hora punta de un canal de televisión, venderá lenitivos aún más escandalosos en el nombre de la «ciencia».

¿Por qué somos, y me refiero a nosotros, el público, tan vulnerables? Una respuesta posible es que los profanos se sienten incómodos con la ciencia, porque la manera en que se desenvuelve y progresa no les es familiar. El público ve la ciencia como un edificio monolítico de reglas y creencias inflexibles, y a los científicos —gracias al retrato que ofrecen los medios de ellos como envarados ratones de biblioteca de bata blanca— como unos plúmbeos, vetustos, escleróticos defensores del *statu quo*. En verdad, la ciencia es algo mucho más flexible. La ciencia no tiene que ver con el *statu quo*. La ciencia tiene que ver con la revolución.

El rumor de la revolución

La teoría cuántica es un blanco fácil para los escritores que la declaran afín a alguna forma de religión o misticismo. Se suele pintar a menudo a la física clásica newtoniana como segura, lógica, intuitiva. Y la teoría cuántica, contraria a la intuición, fantasmagórica, viene y la «reemplaza». Cuesta entenderla. Es amenazadora. Una solución —la solución de algunos de los libros que se han comentado antes— es pensar en la física cuántica como si fuese una religión. ¿Por qué no considerarla una forma del hinduismo (o del budismo, etc.)? De esa manera podemos, simplemente, abandonar la lógica por completo.

Otra vía es pensar en la teoría cuántica como, bueno, una ciencia. Y no dejarse engañar por esa idea de que «reemplaza» a lo que vino antes. La ciencia no tira por la ventana ideas que tienen cientos de años por capricho, sobre todo si esas ideas han funcionado. Merece la pena hacer aquí una breve digresión, para explorar cómo suceden las revoluciones en la física.

La nueva física no tiene por qué, necesariamente, tomar al asalto a la vieja. Las revoluciones tienden en la ciencia a ejecutarse conservadoramente y buscándole el mayor rendimiento a lo que cuestan. Quizá tengan consecuencias filosóficas anonadantes, y puede que parezca que abandonan lo que se daba por sabido acerca de la manera en que el mundo actúa. Pero lo que en realidad pasa es que el dogma establecido se extiende a un nuevo dominio.

Pensad en Arquímedes, de la Grecia antigua. En el año 100 a.C. resumió los principios de la estática y de la hidrostática. La estática es el estudio de la estabilidad de las estructuras, de las escaleras, los puentes y los arcos, por ejemplo, de cosas, habitualmente, que el hombre ha concebido para sentirse más a gusto. La obra de Arquímedes sobre la hidrostática tenía que ver con los líquidos y con qué flota y qué se hunde, con qué cosas flotan de pie y cuáles se tumban, con los principios de la flotabilidad y por qué uno grita «¡Eureka!» en la bañera, y más cosas. Estos problemas y el tratamiento que Arquímedes les dio son hoy tan válidos como hace dos mil años.

En 1600 Galileo examinó las leyes de la estática y de la hidrostática, pero extendió sus mediciones a los objetos en movimiento, a los objetos que ruedan por los planos inclinados, a las bolas que se dejan caer desde una torre, a las cuerdas de laúd, tensadas por pesos, que oscilaban de un lado a otro en el taller de su padre. La obra de Galileo incluía en sí la de Arquímedes, pero explicaba mucho más. Hasta explicaba las características de la superficie de la Luna y de las lunas de Júpiter. Galileo no tomó al asalto a Arquímedes. Lo englobó. Si hemos de representar gráficamente su obra, sería algo parecido a esto:

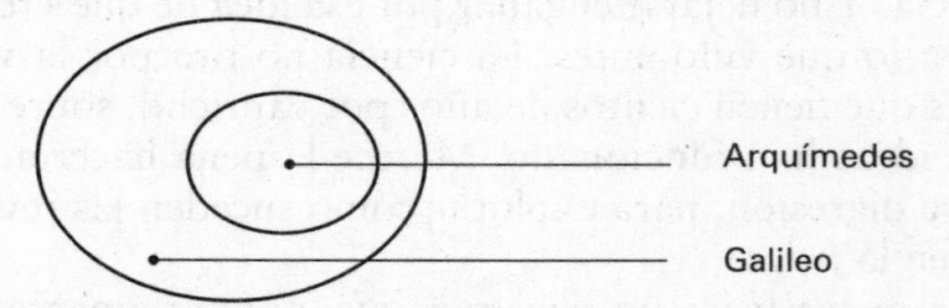

Newton llegó mucho más lejos que Galileo. Al añadir la causación, pudo examinar el sistema solar y las mareas diurnas. La síntesis de Newton incluyó nuevas mediciones del movimiento de los planetas y de sus lunas. Nada había en la revolución newtoniana que arrojase duda alguna sobre las contribuciones de Galileo o Arquímedes, pero extendió las regiones del universo que quedaban sujetas a esa gran síntesis.

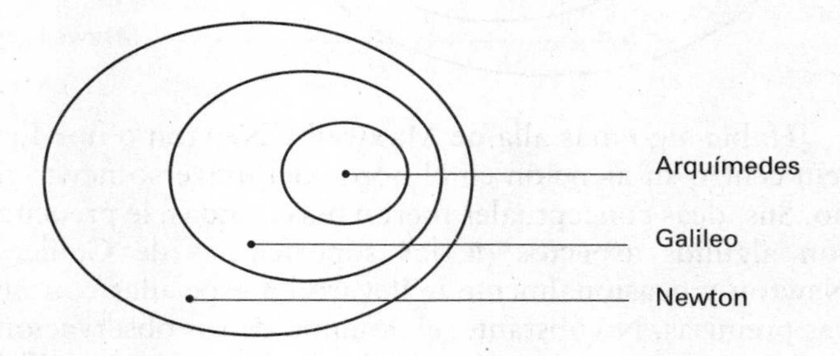

En los siglos XVIII y XIX, los científicos empezaron a estudiar un fenómeno que estaba más allá de la experiencia humana normal. Excepción hecha de los amedrentadores relámpagos, si se quería estudiar un fenómeno eléctrico había que prepararlo (lo mismo que algunas partículas han de ser «fabricadas» en los aceleradores). La electricidad era entonces tan exótica como los quarks hoy. Lentamente, las corrientes y los voltajes, los campos eléctricos y magnéticos fueron siendo conocidos e incluso controlados. James Maxwell extendió y codificó las leyes de la electricidad y del magnetismo. A medida que Maxwell, y luego Heinrich Hertz, y luego Guglielmo Marconi, y luego Charles Steinmetz, y luego muchos otros dieron utilidad a esas ideas, el entorno humano fue cambiando. La electricidad nos rodea, las comunicaciones vibran en el aire que respiramos. Pero el respeto de Maxwell por todos los que le precedieron no tenía quiebras.

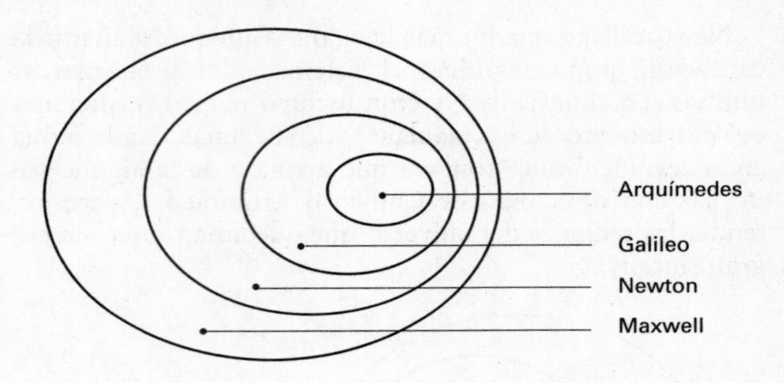

¿Había algo más allá de Maxwell y Newton o no? Einstein centró su atención en el borde del universo newtoniano. Sus ideas conceptuales fueron más hondas; le preocuparon algunos aspectos de las suposiciones de Galileo y Newton y ocasionalmente le llevaron a especular con nuevas premisas. No obstante, el dominio de sus observaciones incluía cosas que se movían a velocidad considerable. Tales fenómenos eran considerados irrelevantes por los observadores anteriores al siglo XX, pero como los seres humanos examinaban los átomos, ideaban ingenios nucleares y empezaban a considerar los acontecimientos acaecidos en los primeros momentos de la existencia del universo, las observaciones de Einstein adquirieron relevancia.

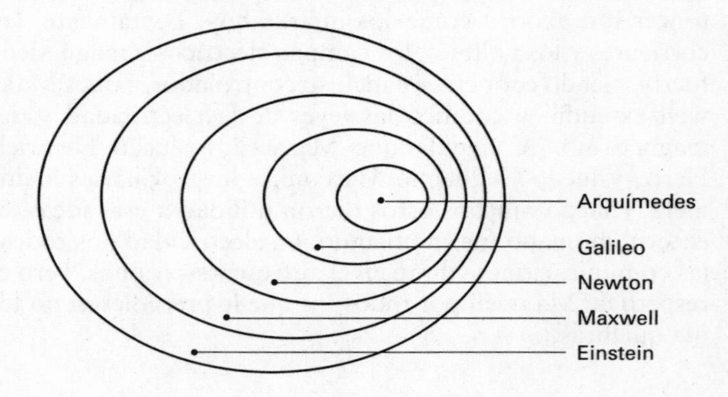

La teoría de la gravedad de Einstein fue también más allá que la de Newton; abarcaba la dinámica del universo (Newton creía en un universo estático) y su expansión a partir de un cataclismo inicial. Pero cuando se dirigen las ecuaciones de Einstein al universo newtoniano, dan resultados newtonianos.

Pues ya tenemos todo el pastel, ¿no? ¡No! Todavía teníamos que mirar en el átomo, y cuando lo hicimos, nos hicieron falta conceptos que iban mucho más allá de Newton (y que fueron inaceptables para Einstein), que extendieron el mundo hasta el átomo, el núcleo y, por lo que sabemos, aún más allá. (¿Dentro?) Nos hacía falta la física cuántica. Otra vez, nada había en la revolución cuántica que retirase a Arquímedes, pusiese en almoneda a Galileo, empalase a Newton o bajase de su pedestal a la relatividad de Einstein. En vez de eso, se había vislumbrado un nuevo dominio, se habían encontrado nuevos fenómenos. Se vio que la ciencia de Newton era inadecuada, y al llegar el momento se descubrió una nueva síntesis.

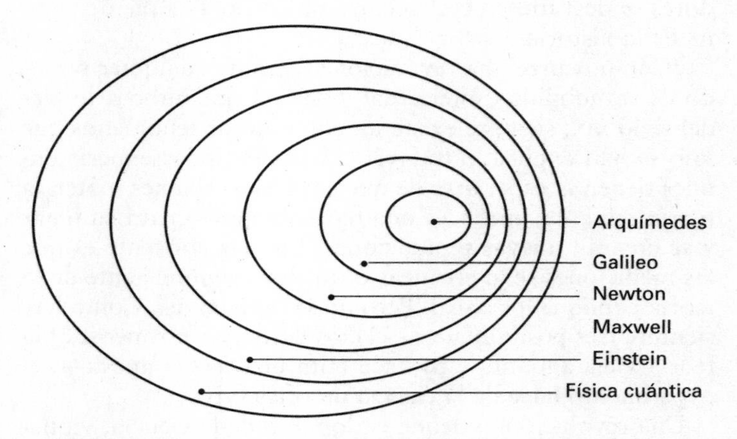

Recordad que en el capítulo 5 dijimos que la ecuación de Schrödinger se creó para los electrones y otras partículas, pero que al aplicarla a las pelotas de béisbol y a otros objetos grandes se transforma ante nuestros ojos en la $F = ma$ de Newton, o casi. La ecuación de Dirac, la que predijo la antimateria, fue un «refinamiento» de la ecuación de Schrödinger, concebida para tratar los electrones «rápidos» que se muevan a una fracción considerable de la velocidad de la luz. Sin embargo, cuando la ecuación de Dirac se aplica a los electrones que se mueven despacio, sale... la ecuación de Schrödinger, sólo que mágicamente revisada de forma que incluye el espín del electrón. Pero ¿arrumbar a Newton? En absoluto.

Si esta marcha del progreso suena maravillosamente eficiente, merece la pena señalar que genera también una buena cantidad de desechos. Cuando abrimos nuevas áreas a la observación con nuestras invenciones y nuestra indomable curiosidad (y cantidad de ayudas federales a la investigación), los datos suelen dar lugar a una cornucopia de ideas, teorías y sugerencias, la mayor parte de las cuales son erróneas. En el duelo por el control de la frontera hay, por lo que se refiere a los conceptos, sólo un ganador. Los perdedores se desvanecen en la ceniza de las notas a pie de página de la historia.

¿Cómo ocurre una revolución? Durante cualquier periodo de tranquilidad intelectual, como el que hubo a finales del siglo XIX, siempre existe un conjunto de fenómenos que «no se han explicado todavía». Los científicos experimentales tienen la esperanza de que sus observaciones maten la teoría reinante; entonces una teoría mejor tomará su lugar y se crearán nuevas reputaciones. Lo más corriente es que las mediciones sean erróneas o que un uso inteligente de la teoría explique los datos. Pero no siempre es así. Como hay siempre tres posibilidades —1) los datos son erróneos, 2) la teoría vieja aguanta y 3) hace falta una teoría nueva—, el experimento hace de la ciencia un oficio vivo.

Una revolución extiende el dominio de la ciencia, y puede que influya además profundamente en nuestra concepción del mundo. Un ejemplo: Newton creó no sólo la ley universal de la gravitación, sino también una filosofía determinista que hizo que los teólogos le diesen a Dios un papel nuevo. Las reglas newtonianas establecieron las ecuaciones matemáticas que determinaban el futuro de cualquier sistema si se conocían las condiciones iniciales. Por el contrario, la física cuántica, aplicable al mundo atómico, suaviza la concepción determinista y permite a los sucesos atómicos individuales los placeres de la incertidumbre. En realidad, los desarrollos posteriores indican que incluso fuera del mundo subatómico el orden determinista newtoniano es una idealización excesiva. Las complejidades que componen el mundo macroscópico prevalecen hasta tal punto en muchos sistemas, que el cambio más insignificante en las condiciones iniciales produce cambios enormes en el resultado. Sistemas tan simples como el agua que fluye cuesta abajo o un par de péndulos oscilantes exhibirán un comportamiento «caótico». La ciencia de la dinámica no lineal, o «caos», nos dice que el mundo real no es tan determinista como antes se pensaba.

Lo que no quiere decir que la ciencia y las religiones orientales hayan descubierto de pronto que tienen mucho en común. En cualquier caso, si las metáforas religiosas ofrecidas por los autores de los textos que comparan la nueva física con el misticismo oriental os ayudan, de una forma u otra, a apreciar las revoluciones modernas de la física, entonces no dudéis en usarlas. Pero las metáforas sólo son metáforas. Son mapas burdos. Y tomando prestado un viejo dicho: no confundáis nunca el mapa con el territorio. La física no es una religión. Si lo fuese, nos sería mucho más fácil conseguir dinero.

6

LOS ACELERADORES: ESTRELLAN ÁTOMOS, ¿NO?

> SENADOR JOHN PASTORE: ¿Hay algo que tenga alguna relación con las esperanzas que suscita este acelerador y que, de una forma o de otra, afecte a la seguridad de este país?
> ROBERT R. WILSON: No, señor. No lo creo.
> PASTORE: ¿Nada en absoluto?
> WILSON: Nada en absoluto.
> PASTORE: ¿Carece de importancia en lo que a ella se refiere?
> WILSON: Sólo tiene que ver con el respeto con que nos miramos unos a otros, la dignidad de los hombres, nuestro amor por la cultura. Tiene que ver con: ¿somos buenos pintores, buenos escultores, grandes poetas? Me refiero a todas las cosas que realmente veneramos y honramos en nuestro país y que excitan nuestro patriotismo. No tiene nada que ver directamente con la defensa de nuestro país salvo que hace que merezca la pena defenderlo.

Tenemos una tradición en el Fermilab. Cada primero de junio, llueva o haga sol, a las siete de la mañana se invita a la plantilla a correr los más de seis kilómetros alrededor del anillo principal del acelerador por la carretera de la superficie, que sirve además de pista de jogging. Corremos siempre en la dirección en que se aceleran los antiprotones. Mi último tiempo oficioso alrededor del anillo fue de 38 minutos. El actual director del Fermilab, mi sucesor John Peoples, comunicó, el primer verano que ocupó el puesto, que invitaba a la plantilla a correr el 1 de junio con «un director más joven y que corre más». Correr, corría más, pero ninguno de nosotros es lo suficientemente rápido para batir a los antiprotones. Completan el circuito en unas 22 millonésimas de segundo, lo que quiere decir que cada antiprotón me dobla unos cien millones de veces.

La plantilla del Fermilab sigue siendo humillada por los antiprotones. Pero vamos a la par; fuimos nosotros los que diseñamos los experimentos. Conducimos a los antiprotones a que choquen de frente contra los protones que corren justo a la misma velocidad en dirección contraria. El proceso de conseguir que las partículas choquen es la esencia de este capítulo.

El examen de los aceleradores que vamos a hacer será un poco un desvío. Hemos corrido a lo largo de siglos de progreso científico como un camión sin frenos. Vayamos un poco más despacio. No vamos a hablar aquí tanto de descubrimientos, ni de físicos siquiera, como de máquinas. Los instrumentos están unidos inseparablemente al progreso científico, del plano inclinado de Galileo a la cámara de chispas de Rutherford. Ahora, un instrumento ocupa el escenario central. No se puede entender la física de las últimas décadas si no se conoce la naturaleza de los aceleradores y la serie de detectores que los acompañan, los instrumentos dominantes en la especialidad durante los últimos cuarenta años. Al aprender sobre los aceleradores, aprendemos además mucha física, pues esta máquina incorpora muchos principios que los físicos han perfeccionado gracias a siglos de trabajo.

A veces pienso en la torre de Pisa como si hubiera sido el primer acelerador de partículas, un acelerador (casi) vertical que Galileo utilizó en sus estudios. Pero la historia verdadera empieza mucho más tarde. El desarrollo del acelerador dimana de nuestro deseo de llegar hasta el átomo. Dejando aparte a Galileo, la historia empieza con Ernest Rutherford y sus alumnos, que se convirtieron en maestros del arte de sacar provecho de la partícula alfa para explorar el átomo.

La partícula alfa es un regalo. Cuando un material radiactivo por naturaleza se desintegra espontáneamente, lanza estas partículas pesadas y de gran energía. La energía característica de una partícula alfa es de 5 millones de electronvoltios. Un electronvoltio (eV) es la cantidad de energía que un solo electrón recibiría si cruzase desde la carcasa (negativa) de la pila de 1 voltio de una linterna a su polo positivo. Cuando hayáis terminado los dos capítulos siguientes, el electronvoltio os será tan familiar como el centímetro, la caloría o el megabyte. Estas son cuatro abreviaturas que deberíais conocer antes de seguir adelante:

KeV: mil electronvoltios (K de kilo)
MeV: un millón de electronvoltios (M de mega)
GeV: mil millones de electronvoltios (G de giga)
TeV: billón de electronvoltios (T de tera)

Más allá del TeV recurrimos a la notación de potencias de diez: 10^{12} eV es un TeV. La tecnología previsible no pasa de 10^{14}, y ahí entramos en el dominio de las partículas de los rayos cósmicos, que bombardean la Tierra desde el espacio exterior. El número de partículas de los rayos cósmicos es pequeño, pero sus energías pueden tomar cualquier valor hasta 10^{21} eV.

En la física de partículas, 5 MeV no es mucho; las alfas de Rutherford a duras penas rompían los núcleos de los átomos de nitrógeno en las que quizá fueron las primeras colisiones nucleares deliberadas. Y de ellas sólo salieron vislumbres tentadores de lo que había que descubrir. La teoría cuántica nos dice que cuanto menor sea el objeto que se estudia, más energía hace falta; es como afilar el cuchillo de Demócrito. Para partir eficazmente el núcleo necesitamos energías de muchas decenas o incluso cientos de MeV. Cuanto mayores sean, mejor.

¿Se le va ocurriendo a Dios todo esto sobre la marcha?

Una digresión filosófica. Como contaré, los científicos de partículas iban construyendo tan contentos aceleradores cada vez más poderosos por todas las razones por las que cualquiera de nosotros, *sapiens*, hacemos algo: la curiosidad, el ego, el poder, la avaricia, la ambición... Muy a menudo, unos cuantos, en quieta contemplación ante una cerveza, le daremos vueltas a la cuestión de si el mismísimo Dios sabe qué producirá nuestra próxima máquina (por ejemplo, el «monstruo» de 30 GeV que en 1959 estaba a punto de terminarse en Brookhaven). ¿No estaremos acaso inventándonos nuestros propios problemas al conseguir esas nuevas, inauditas energías? ¿Dios, en Su inseguridad, mira por encima del hombro de GellMann o Feynman u otros de Sus teóricos favoritos para descubrir qué hay que hacer a esas energías gigantescas? ¿Convoca a un comité de ángeles residentes —Rabí Newton, Einstein, Maxwell— con el objeto de que le indiquen qué hay que hacer a los 30 GeV? La brusquedad de la historia de la teoría da de vez en cuando alas a este punto de vista, como si a Dios se le ocurriesen las cosas a medida que nosotros vamos hacia adelante. Sin embargo, el progreso en la astrofísica y en la investigación de los rayos cósmicos nos certifica enseguida que eso no es más que una tontería «del viernes por la noche antes del sabbath». Nuestros colegas que miran hacia arriba nos dicen con seguridad que al universo sí le importan mucho los 30 GeV, los 300 GeV, hasta los 3.000 millones de GeV. El espacio es barrido por partículas de energías astronómicas (¡uf!) y lo que hoy es un acontecimiento raro, exótico en un punto de colisión infinitesimal de Long Island o Batavia o Tsukuba era, nada más haber nacido el universo, ordinario, cotidiano, uno entre tantos.

Y ahora volvamos a las máquinas.

¿Por qué tanta energía?

El acelerador más potente que existe hoy, el Tevatrón del Fermilab, produce colisiones a unos 2 TeV o 400.000 veces la energía que se creaba en las colisiones de las partículas alfa de Rutherford. El Supercolisionador Superconductor, aún por construir, se ha concebido para que opere a unos 40 TeV.

40 TeV suena como si fuese muchísima energía, y de hecho lo es cuando se invierte en una sola colisión de dos partículas. Pero deberíamos poner esto en perspectiva. Cuando encendemos una cerilla, participan unos 10^{21} átomos en la reacción, y cada proceso libera unos 10 eV, así que la energía total es aproximadamente 10^{22} eV, o unos 10.000 millones de TeV. En el Supercolisionador habrá 100 millones de colisiones por segundo, cada una de las cuales liberará 40 TeV, lo que da un total de unos 4.000 millones de TeV, ¡una cantidad no muy distinta de la energía que se libera al encender una cerilla! Pero la clave es que la energía se concentra en unas pocas partículas y no en los billones y billones y billones de partículas que hay en una pizca de materia visible.

Podemos ver todo el complejo del acelerador —de la estación de energía alimentada con petróleo, pasando por las líneas de energía eléctrica, al laboratorio donde los transformadores llevan la energía eléctrica a los imanes y las cavidades de radiofrecuencia— como un gigantesco dispositivo que concentra, con una eficiencia bajísima, la energía química del petróleo en unos insignificantes mil millones o así de protones por segundo. Si la cantidad macroscópica de petróleo se calentase hasta que cada uno de los átomos que la constituyen tuviese 40 TeV, la temperatura sería de 4×10^{17} grados, 400.000 billones de grados en la escala Kelvin. Los átomos se derretirían en los quarks que los forman. Ese era el estado del universo entero menos de una mil billonésima de segundo tras la creación.

Entonces, ¿qué hacemos con toda esa energía? La teoría

cuántica exige que, para estudiar cosas cada vez menores, los aceleradores sean cada vez más potentes. Esta es una tabla de la energía aproximada que hace falta para descerrajar varias estructuras interesantes:

Energía (aproximada)	*Tamaño de la estructura*
0,1 eV	Molécula, átomo grande, 10^{-8} metros
1,0 eV	Átomo, 10^{-9} m
1.000 eV	Región atómica central, 10^{-11} m
1 MeV	Núcleo gordo, 10^{-14} m
100 MeV	Región central del núcleo, 10^{-15} m
1 GeV	Neutrón o protón, 10^{-16} m
10 GeV	Efectos de quark, 10^{-17} m
100 GeV	Efectos de quark, 10^{-18} m (con más detalle)
10 TeV	Partícula Divina, 10^{-20} m

Observad lo predeciblemente que la energía necesaria aumenta a medida que el tamaño disminuye. Observad, además, que para estudiar los átomos sólo hace falta 1 eV, pero se necesitan 10.000 millones de eV para empezar a estudiar los quarks.

Los aceleradores son como los microscopios que utilizan los biólogos, sólo que para estudiar cosas muchísimo menores. Los microscopios corrientes iluminan con luz la estructura de, digamos, los glóbulos rojos de la sangre. Los microscopios electrónicos, tan queridos por los cazadores de microbios, son más poderosos precisamente porque los electrones tienen mayor energía que la luz del microscopio óptico. Gracias a las longitudes de onda más cortas de los electrones, los biólogos pueden «ver» y estudiar. Es la longitud de onda del objeto que bombardea la que determina el tamaño de lo que podemos «ver» y estudiar. En la teoría cuántica sabemos que a medida que la longitud de onda se hace más corta la energía aumenta; nuestra tabla no hace otra cosa que demostrar esa conexión.

En 1927, Rutherford, en un discurso dado en la Royal Society británica, expresó su esperanza de que un día los científicos hallasen una forma de acelerar las partículas cargadas hasta energías mayores que las proporcionadas por la desintegración radiactiva. Previó que se inventarían máquinas capaces de generar muchos millones de voltios. Había, aparte de la pura energía, una razón para construir máquinas así. A los físicos les hacía falta disparar un número mayor de proyectiles a un blanco dado. Las fuentes de partículas alfa que proporciona la naturaleza no eran precisamente boyantes: se podían dirigir hacia un blanco de un centímetro cuadrado menos de un millón de partículas por segundo. Un millón parece mucho, pero los núcleos ocupan sólo una centésima de una millonésima del área del blanco. Hacen falta al menos mil veces más partículas aceleradas (1.000 millones) y, como ya se ha dicho, mucha más energía —muchos millones de voltios (los físicos no estaban seguros de cuántos)— para sondear el núcleo. A finales de los años veinte, esta tarea parecía poco menos que imponente, pero los físicos de muchos laboratorios se pusieron a trabajar en el problema. A partir de ahí vino una carrera hacia la creación de máquinas que acelerasen el enorme número de partículas requerido hasta al menos un millón de voltios. Antes de examinar los avances de la técnica de los aceleradores, deberíamos hablar de algunos conceptos básicos.

El hueco

No es difícil explicar la física de la aceleración de partículas (¡prestad atención!). Conectad los bornes de una batería DieHard a dos placas metálicas (las llamaremos terminales), separadas, por ejemplo, unos treinta centímetros. A este montaje se le llama el hueco. Encerrad los dos terminales en un recipiente del que se haya extraído el aire. Organizad el equipo de forma que una partícula cargada eléctricamente —los electrones y los protones son los proyectiles primarios— pueda moverse con libertad a través del hueco. Un electrón, con su carga negativa, correrá satisfecho hacia el terminal positivo y ganará una energía de (mirad la etiqueta de la batería) 12 eV. El hueco, pues, produce una aceleración. Si el terminal metálico positivo es una rejilla en vez de una placa sólida, la mayoría de los electrones lo atravesarán y se creará un haz directo de electrones de 12 eV. Ahora bien, un electronvoltio es una unidad de energía pequeñísima. Lo que hace falta es una batería de 1.000 millones de voltios, pero Sears no trabaja ese artículo. Para conseguir grandes voltajes es necesario ir más allá de los dispositivos químicos. Pero no importa lo grande que sea un acelerador; hablemos de un Cockcroft-Walton de los años veinte o del Supercolisionador de 87 kilómetros de circunferencia, el mecanismo básico es el mismo: el hueco a través del cual las partículas ganan energía.

El acelerador toma partículas normales, respetuosas de la ley, y les da una energía extra. ¿De dónde sacamos las partículas? Los electrones son fáciles de obtener. Calentamos un cable hasta la incandescencia y los electrones manan. Tampoco cuesta conseguir los protones. El protón es el núcleo del átomo de hidrógeno (los núcleos de hidrógeno no tienen neutrones), así que lo único que hace falta es gas hidrógeno del que está a la venta. Se pueden acelerar otras partículas, pero tienen que ser estables —es decir, sus vidas medias han de ser largas— porque el proceso de aceleración lleva tiempo. Y han de tener carga eléctrica, pues está claro que el hueco no funciona con una partícula neutra. Los candidatos principales a ser acelerados son los protones, los antiprotones, los electrones y los positrones (los antielectrones). También se pueden acelerar núcleos más pesados, los deuterones y las partículas alfa, por ejemplo; tienen usos especiales. Una máquina inusual que se está construyendo en Long Island, Nueva York, acelerará los núcleos de uranio hasta miles de millones de electronvoltios.

El ponderador

¿Qué hace el proceso de aceleración? La respuesta sencilla, pero incompleta, es que acelera a las afortunadas partículas. En los primeros tiempos de los aceleradores, esta explicación funcionó muy bien. Una descripción mejor es que eleva la *energía* de las partículas. A medida que los aceleradores se hicieron más poderosos, pronto consiguieron velocidades cercanas a la suprema: la de la luz. La teoría de la relatividad especial de Einstein de 1905 afirma que nada puede viajar más deprisa que la luz. A causa de la relatividad, el concepto de «velocidad» no es muy útil. Por ejemplo, una máquina podría acelerar los protones a, digamos, el 99 por 100 de la velocidad de la luz, y una mucho más cara, construida diez años después, llegaría al 99,9 por 100. Un montón. ¡Vete a explicárselo al congresista que votó por semejante rosquilla sólo para conseguir otro 0,9 por 100!

No es la velocidad la que afila el cuchillo de Demócrito y ofrece nuevos dominios de observación. Es la energía. Un protón a un 99 por 100 de la velocidad de la luz tiene una energía de unos 7 GeV (el Bevatrón de Berkeley, 1955), mientras que uno a un 99,95 por 100 la tiene de 30 GeV (Brookhaven AGS, 1960) y uno a 99,999 por 100, de 200 GeV (Fermilab, 1972). Así que la relatividad de Einstein, que rige la manera en que la velocidad y la energía cambian, hace que sea ocioso hablar de la velocidad. Es la energía lo que importa. Una propiedad relacionada con ella es el momento, que para una partícula de alta energía se puede considerar una energía dirigida. Dicho sea de paso, la partícula acelerada se vuelve también más pesada a causa de $E = mc^2$. En la relatividad, una partícula en reposo aún tiene una energía dada por $E = m_0c^2$, donde m_0 se define como la «masa en reposo» de la partícula. Cuando se acelera la partícula, su energía, E, y por lo tanto su masa crecen. Cuanto más cerca se esté de la velocidad de la luz, más pesada se vuelve y por consiguiente más difícil es aumentar su velocidad. Pero la energía sigue creciendo. La masa en reposo del protón es alrededor de 1 GeV, lo que viene muy bien. La masa de un protón de 200 GeV es más de doscientas veces la del protón que reposa cómodamente en la botella de gas hidrógeno. Nuestro acelerador es en realidad un «ponderador».

La catedral de Monet, o trece formas de mirar un protón

Ahora bien, ¿cómo usamos esas partículas? Dicho con sencillez, las obligamos a que produzcan colisiones. Como este es el proceso central gracias al que podemos aprender acerca de la materia y la energía, debemos entrar en detalles. Está bien olvidarse de las distintas peculiaridades de la maquinaria y de la manera en que se aceleran las partículas, por interesantes que puedan ser. Pero acordaos de esta parte. El meollo del acelerador está por completo en la colisión.

Nuestra técnica de observar y, al final, de conocer el mundo abstracto del dominio subnuclear es similar a la manera en que conocemos cualquier otra cosa, un árbol, por ejemplo. ¿Cuál es el proceso? Para empezar, nos hace falta luz. Usemos la del Sol. El flujo de fotones que viene del Sol se dirige hacia el árbol y se refleja en las hojas y en la corteza, en las ramas grandes y en las pequeñas, y nuestro ojo recoge una fracción de esos fotones. El objeto, podemos decir, dispersa los fotones hacia el detector. La lente del ojo detecta los fotones y clasifica las distintas cualidades: el color, el matiz, la intensidad. Se organiza esta información y se envía al procesador en línea, el lóbulo occipital del cerebro, que se especializa en los datos visuales. Al final, el procesador fuera de línea llega a una conclusión: «¡Por Júpiter, un árbol! ¡Qué bonito!».

Puede que la información que llega al ojo haya sido filtrada por gafas, para ver o de sol, lo que añade distorsión a la que el ojo introduce de por sí. Toca al cerebro corregir esas distorsiones. Reemplacemos el ojo por una cámara, y ahora, una semana después, con un grado mayor de abstracción, se ve el árbol proyectado en un pase de diapositivas familiares. O una grabadora de vídeo puede convertir los datos ofrecidos por los fotones dispersados en una información electrónica digital... ceros y unos. Para aprovechar esto, se pone en funcionamiento mediante la televisión, que reconvierte la señal digital en analógica, y un árbol aparece en la pantalla. Si se quisiera enviar «árbol» a nuestros colegas científicos del planeta Uginza, puede que no se convirtiese la información digital en analógica, pero aquélla transmitiría, con la máxima precisión, la configuración a la que los terráqueos llamamos árbol.

Por supuesto, las cosas no son tan simples en un acelerador. Las partículas de tipos diferentes se usan de maneras diferentes. Pero todavía podemos llevar la metáfora otro paso adelante para las colisiones y dispersiones nucleares. Los árboles se ven de forma diferente por la mañana, al mediodía, al ponerse el sol. Cualquiera que haya visto los numerosos cuadros que Monet pintó de la fachada de la catedral de Ruán a diferentes horas del día sabe hasta qué punto la cualidad de la luz establece diferencias. ¿Cuál es la verdad? Para el artista la catedral tiene muchas verdades. Cada una reverbera en su propia realidad: la luz neblinosa de la mañana, los duros contrastes del sol al mediodía o el rico resplandor del final de la tarde. A cada una de esas luces se exhibe un aspecto diferente de la verdad. Los físicos trabajan con el mismo enfoque. Necesitamos toda la información que podamos obtener. El artista emplea la luz cambiante del sol. Nosotros empleamos partículas diferentes: un flujo de electrones, un flujo de muones o de neutrinos, a energías siempre cambiantes.

Las cosas son como sigue.

De una colisión se *sabe* qué entra y qué sale (y cómo sale). ¿Qué pasa en el minúsculo volumen de la colisión? La desquiciadora verdad es que no podemos verlo. Es como si una caja negra cubriese la región de colisión. En el mundo cuántico, fantasmagórico, lleno de reflejos, los detalles mecánicos internos de la colisión no son observables —apenas si somos capaces siquiera de imaginarlos—. Lo que tenemos es un modelo de las fuerzas que actúan y, donde sea pertinente, de la estructura de los objetos que chocan. Vemos qué entra y qué sale, y preguntamos si nuestro modelo de lo que hay en la caja predice los patrones.

En un programa educativo del Fermilab para niños de diez años les hacemos afrontar ese problema. Les damos una caja cuadrada vacía para que la midan, la meneen, la pesen. Ponemos a continuación algo dentro de la caja, un bloque de madera, por ejemplo, o tres bolas de acero. Pedimos entonces a los estudiantes que otra vez pesen, meneen, inclinen y escuchen, y que nos digan todo lo que puedan acerca de los objetos: el tamaño, la forma, el peso... Es una metáfora instructiva de nuestros experimentos de dispersión. Os sorprendería cuán a menudo aciertan los chicos.

Pasemos a los adultos y a las partículas. Supongamos que se quiere descubrir el tamaño de los protones. Tomémosle la idea a Monet: mirémoslos bajo diferentes formas de luz. ¿Podrían los protones ser puntos? Para saberlo, los físicos golpearon los protones con otros protones de una energía muy baja con el objeto de explorar la fuerza electromagnética entre los dos objetos cargados. La ley de Coulomb dice que esta fuerza se extiende al infinito, disminuyendo su intensidad con el cuadrado de la distancia. El protón que hace de blanco y el acelerado están, claro, cargados positivamente, y como las cargas iguales se repelen, el protón blanco repele sin dificultad al protón lento, que no llega nunca a acercarse demasiado. Con este tipo de «luz», el protón parece, en efecto, un punto, un punto de carga eléctrica. Así que aumentemos la energía de los protones acelerados. Ahora, las desviaciones en los patrones de dispersión de los protones indican que van penetrando con la hondura suficiente para tocar la llamada interacción fuerte, la fuerza de la que ahora sabemos que mantiene unidos a los constituyentes del protón. La interacción fuerte es cien veces más intensa que la fuerza eléctrica de Coulomb, pero, al contrario que ésta, su alcance no es en absoluto infinito. Se extiende sólo hasta una distancia de unos 10^{-13} centímetros, y luego cae deprisa a cero.

Al incrementar la energía de la colisión, desenterramos más y más detalles de la interacción fuerte. A medida que aumenta la energía, la longitud de onda de los protones (acordaos de De Broglie y Schrödinger) se encoge. Y, como hemos visto, cuanto menor sea la longitud de onda, más detalles cabe discernir en la partícula que se estudie.

Robert Hofstadter, de la Universidad de Stanford, tomó en los años cincuenta algunas de las mejores «imágenes» del protón. En vez de un haz de protones, la «luz» que utilizó fue un haz de *electrones*. El equipo de Hofstadter apuntó un haz bien organizado de electrones de, digamos, 800 MeV a un pequeño recipiente de hidrógeno líquido. Los electrones bombardearon los protones del hidrógeno y el resultado fue un patrón de dispersión, el de los electrones que salían en una variedad de direcciones con respecto a su movimiento original. No es muy diferente a lo que hizo Rutherford. Al contrario que el protón, el electrón no responde a la interacción nuclear fuerte. Responde sólo a la carga eléctrica del protón, y por ello los científicos de Stanford pudieron explorar la forma de la distribución de carga del protón. Y esto, de hecho, revela el tamaño del protón. Claramente, no era un punto. Se midió que el radio era de $2,8 \times 10^{-13}$ centímetros; la carga se acumula en el centro, y se desvanece en los bordes de lo que llamamos el protón. Se obtuvieron resultados parecidos cuando se repitieron los experimentos con haces de muones, que también ignoran la interacción fuerte. Hofstadter recibió en 1961 un premio Nobel por su «fotografía» del protón.

Alrededor de 1968, los físicos del Centro del Acelerador Lineal de Stanford (SLAC) bombardearon los protones con electrones de mucha mayor energía —de 8 a 15 GeV— y obtuvieron un conjunto muy diferente de patrones de dispersión. A esta luz dura, el protón presentaba un aspecto completamente distinto. Los electrones de energía relativamente baja que empleó Hofstadter podían ver sólo un protón «borroso», una distribución regular de carga que hacía que el electrón pareciese una bolita musgosa. Los electrones del SLAC sondearon con mayor dureza y dieron con unos personajillos que correteaban dentro del protón. Fue la primera indicación de la realidad de los quarks. Los nuevos y los viejos datos no se contradecían —como no se contradicen los cuadros de la mañana y del anochecer de Monet—, pero los electrones de baja energía sólo podían revelar distribuciones de carga medias. La visualización que ofrecieron los electrones de energía mayor mostró que nuestro protón contiene tres constituyentes puntuales en movimiento rápido. ¿Por qué el experimento del SLAC mostró este detalle, y el estudio de Hofstadter no? Una colisión de energía que sea lo bastante alta (determinada por lo que entre y lo que salga) congela los quarks en su sitio y «siente» la fuerza puntual. Es, de nuevo, la virtud de las longitudes de onda cortas. Esta fuerza produce inmediatamente dispersiones a grandes ángulos (recordad a Rutherford y el núcleo) y grandes cambios de energía. El nombre formal de este fenómeno es «dispersión inelástica profunda». En los experimentos previos, los de Hofstadter, el movimiento de los quarks se emborronaba y los protones parecían «regulares» y uniformes por dentro a causa de la menor energía de los electrones sondeadores. Imaginad que se saca una fotografía de tres bombillas diminutas que vibran rápidamente con una exposición de un minuto. La película mostraría un solo objeto grande, borroso, indiferenciado. El experimento del SLAC usó —hablando burdamente— un obturador más rápido, que congelaba las manchas de luz para que se las pudiese contar fácilmente.

Como la interpretación basada en los quarks de la dispersión de los electrones de gran energía se salía mucho de lo corriente y era de tremenda importancia, estos experimentos se repitieron en el Fermilab y en el CERN (acrónimo del Centro Europeo de Investigaciones Nucleares) con muones cuya energía era diez veces la energía del SLAC (150 Gev) y con neutrinos. Los muones, como los electrones, comprueban la estructura electromagnética del protón, pero los neutrinos, impermeables a la fuerza electromagnética y a la interacción fuerte, tantean la llamada distribución de la interacción débil. La interacción débil es la fuerza nuclear responsable de la desintegración radiactiva, entre otras cosas. Cada uno de estos experimentos enormes, efectuados en acalorada competencia, llegó a la misma conclusión: el protón está formado por tres quarks. Y aprendimos algunos detalles de cómo se mueven los quarks. Su movimiento define lo que llamamos «protón».

El análisis detallado de los tres tipos de experimentos —con electrones, con muones y con neutrinos— acertó también a detectar un nuevo tipo de partícula, el gluón. Los gluones son los vehículos de la interacción fuerte, y sin ellos los datos no se podrían explicar. Este mismo análisis dio detalles cuantitativos de la manera en que los quarks dan vueltas los unos alrededor de los otros en su prisión protónica. Veinte años de este tipo de estudio (el nombre técnico es «funciones de estructura») nos han dado un depurado modelo que explica todos los experimentos de colisión en los que se dirijan protones, neutrones, electrones, muones y neutrinos, y además fotones, piones y antiprotones, contra protones. Esto es Monet exagerado. Quizá el poema de Wallace Stevens «Trece maneras de mirar a un mirlo» sería una comparación más oportuna.

Como podéis ver, aprendemos muchas cosas para explicar qué entra y qué sale. Aprendemos acerca de las fuerzas y de cómo originan estructuras complejas del estilo de los protones (formados por tres quarks) y los mesones (compuestos por un quark y un antiquark). Con tanta información complementaria, cada vez importa menos que no podamos ver dentro de la caja negra donde en realidad sucede la colisión.

Uno no puede por menos que sentirse impresionado por la secuencia de «semillas dentro de las semillas». La molécula está formada por átomos. La región central del átomo es el núcleo. El núcleo está formado por protones y neutrones. El protón y el neutrón están formados por quarks. Los quarks están formados por... ¡so, quietos! No se pueden descomponer los quarks, pensamos, pero, por supuesto, no estamos seguros. ¿Quién se atrevería a decir que hemos llegado al final del camino? Sin embargo, el consenso es ese —en el momento presente— y, al fin y al cabo, Demócrito no puede vivir para siempre.

Materia nueva: unas recetas

Tenemos todavía que examinar un proceso importante que puede ocurrir durante una colisión. Podemos hacer partículas nuevas. Pasa todo el rato en casa. Mirad la lámpara que valientemente intenta iluminar esta oscura página. ¿Cuál es la fuente de la luz? La electricidad, a la que agita la energía eléctrica que se vierte en el filamento de la bombilla o, si sois eficientes en el uso de la energía, en el gas de la lámpara fluorescente. Los electrones *emiten fotones*. Ese es el proceso. En el lenguaje más abstracto del físico de partículas, el electrón puede radiar en el proceso de colisión un fotón. El electrón (por mediación del enchufe de la pared) proporciona la energía gracias a un proceso de aceleración.

Ahora tenemos que generalizar. En el proceso de creación, nos constriñen las leyes de la conservación de la energía, el momento, la carga y el respeto a todas las demás reglas cuánticas. Además, el objeto que, de la forma que sea, es responsable de la creación de una nueva partícula tiene que estar «conectado» a la partícula que se crea. Ejemplo: un protón choca con otro, y se hace una nueva partícula, un pión. Lo escribimos de esta forma:

$$p^+ + p^+ \rightarrow p^+ + \pi^+ + n$$

Es decir, los protones chocan y producen otro protón, un pión positivo (π^+) y un neutrón. Todas estas partículas están conectadas mediante la interacción fuerte; se trata de un proceso de creación típico. De forma alternativa, cabe ver este proceso como un protón que está «bajo la influencia» de otro protón, que se disuelve en un «pi más» y un neutrón.

Otro tipo de creación, un proceso raro y apasionante que lleva el nombre de aniquilación, tiene lugar cuando chocan la materia y la antimateria. La palabra *aniquilación* se usa en su más estricto sentido del diccionario, en el de que algo desaparezca de la existencia. Cuando un electrón choca con su antipartícula, el positrón, la partícula y la antipartícula desaparecen, y en su lugar aparece momentáneamente energía en la forma de un fotón. A las leyes de la conservación no les gusta este proceso, así que el fotón es temporal y deben crearse pronto dos partículas en su lugar (por ejemplo, otro electrón y otro positrón). Con menor frecuencia el fotón se puede disolver en un muón y un antimuón, o incluso en un protón positivo y un antiprotón negativo. La aniquilación es el único proceso que es totalmente eficiente en convertir masa en energía de acuerdo con la ley de Einstein, $E = mc^2$. Cuando estalla una bomba nuclear, por ejemplo, sólo una fracción de un 1 por 100 de su masa atómica se convierte en energía. Cuando chocan la materia y la antimateria, desaparece el 100 por 100 de la masa.

Cuando estamos haciendo partículas nuevas, el requisito primario es que haya bastante energía, y $E = mc^2$ es nuestra herramienta de contabilidad. Por ejemplo, ya mencionamos que la colisión entre un electrón y un positrón puede dar lugar a un protón y un antiprotón, o un p y un p barra, como los llamamos. Como la energía de la masa en reposo de un protón es de alrededor de 1 GeV, las partículas de la colisión original deben aportar al menos 2 GeV para que se produzca el par p/p barra. Una energía mayor aumenta la probabilidad de este resultado y da a los objetos recién producidos alguna energía cinética, lo que hace más fácil detectarlos.

La naturaleza «glamourosa» de la antimateria ha suscitado la noción de ciencia ficción de que podría resolver la crisis de la energía. La verdad es que un kilogramo de antimateria proporcionaría suficiente energía para que los Estados Unidos tirasen durante un día. La razón es que toda la masa del antiprotón (más el protón que se lleva a la aniquilación total) se convierte en energía según $E = mc^2$. Al quemar carbón o petróleo sólo una mil millonésima de la masa se convierte en energía. En los reactores de fisión ese número es el 0,1 por 100, y en el suministro de energía por la fusión, hace tanto tiempo esperado, es de alrededor del (¡no contengáis la respiración!) 0,5 por 100.

Las partículas que salen del vacío

Otra forma de considerar estas cosas es imaginarse que todo el espacio, hasta el espacio vacío, está barrido por partículas, todas las que la naturaleza en su infinita sabiduría puede proporcionar. No es una metáfora. Una de las consecuencias de la teoría cuántica es que en el vacío saltan partículas verdaderamente a la existencia y salen de ella. Esas partículas, de todos los tamaños y formas, son sin excepción temporales. Se crean, y enseguida desaparecen; es un bazar de frenética actividad. Como quiera que ocurre en el espacio donde nada hay, en el vacío, no ocurre en realidad nada. Es una fantasmagoría cuántica, pero quizá sirva para explicar qué pasa en una colisión. Aquí aparece y desaparece un par de quarks encantados (un cierto tipo de quark y su antiquark); allí se juntan un quark *bottom* y su antiquark. Y esperad, por allá, ¿qué es eso? Bueno, cualquier cosa: un X y un anti-X aparecen, algo que no conozcamos todavía en 1993.

Hay reglas en esta locura caótica. Los números cuánticos deben sumar cero, el cero del vacío. Otra regla: cuanto más pesados sean los objetos, menos frecuente será su evanescente aparición. Toman «prestada» energía al vacío para aparecer durante la más insignificante fracción de segundo; luego desaparecen porque deben devolverla en un tiempo que especifican las relaciones de incertidumbre de Heisenberg. La clave es esta: si se puede proporcionar la energía desde el exterior, la aparición virtual transitoria de estas partículas originadas en el vacío puede que se convierta en una existencia real, que quepa detectar con las cámaras de burbujas o los contadores. ¿Proporcionada cómo? Bueno, si una partícula de gran energía, recién salida del acelerador y a la caza de nuevas partículas, puede permitirse pagar el precio —es decir, por lo menos la masa en reposo del par de quarks o de X—, se lo reembolsa al vacío, y decimos que nuestra partícula acelerada ha creado un par quark-antiquark. Está claro que cuanto más pesadas sean las partículas que se quieran crear, más energía necesitaremos que nos dé la máquina. En los capítulos 7 y 8 conoceréis muchas partículas nuevas que vinieron a la existencia justo de esa manera. Dicho sea de paso, esta fantasía cuántica de un vacío que todo lo impregna lleno de «partículas virtuales» tiene otras consecuencias experimentales; modifica, por ejemplo, la masa y el magnetismo de los electrones y los muones. Lo explicaremos con detalle más adelante, cuando lleguemos al experimento «g menos 2».

La carrera

A partir de la era de Rutherford se puso en marcha la carrera cuya meta era la construcción de dispositivos que pudiesen alcanzar energías muy grandes. A lo largo de los años veinte las compañías eléctricas contribuyeron a este esfuerzo porque la energía eléctrica se transmite más eficazmente cuando el voltaje es alto. Otra motivación fue la creación de rayos X para el tratamiento del cáncer. El radio ya se usaba para destruir tumores, pero era carísimo y se creía que una radiación de mayor energía supondría una gran ventaja. Por lo tanto, las compañías eléctricas y los institutos de investigación médica apoyaron el desarrollo de generadores de alto voltaje. Rutherford, como era característico en él, marcó la pauta cuando planteó a la Metropolitan-

Vickers Electrical Company de Inglaterra el reto de que «nos diese un potencial del orden de los diez millones de voltios que pudiese instalarse en una sala de tamaño razonable... y un tubo en el que se haya hecho el vacío capaz de soportar ese voltaje».

Los físicos alemanes intentaron embridar el inmenso voltaje de las tormentas alpinas. Colgaron un cable aislado entre dos picos de montaña; canalizó cargas de nada menos que 15 millones de voltios e indujo chispas enormes que saltaron cinco metros y medio entre dos esferas metálicas. Espectacular, pero no muy útil. Este método se abandonó cuando un científico murió mientras estaba ajustando el aparato.

El fracaso del equipo alemán demostró que se necesitaba algo más que energía. Había que encerrar los terminales del hueco en un tubo de rayos o en una cámara de vacío que fuese un aislante muy bueno. (A los grandes voltajes les encanta formar arcos entre los aislantes a menos que el diseño sea muy preciso.) El tubo tenía que ser además lo suficientemente resistente para soportar que se le extrajese el aire. Era esencial un vacío de alta calidad; si quedaban muchas moléculas residuales flotando en el tubo interferían con el haz. Y el alto voltaje tenía que ser lo bastante estable para que acelerase muchas partículas. Se trabajó en estos y otros problemas técnicos de 1926 a 1933, hasta que se resolvieron.

La competencia fue intensa en toda Europa, y las instituciones y los científicos estadounidenses se unieron al jaleo. Un generador de impulsos construido por la Allgemeine Elektrizität Gesellschaft en Berlín llegó a los 2,4 millones de voltios pero no producía partículas. La idea pasó a la General Electric en Schenectady, que mejoró la cantidad de energía y la llevó a los 6 millones de voltios. En la Institución Carnegie de Washington, distrito de Columbia, el físico Merle Tuve consiguió con una bobina de inducción varios millones de voltios en 1928, pero tenía un tubo de rayos adecuado. Charles Lauritsen, del Cal Tech, fue capaz de construir un tubo de vacío que soportase 750.000 voltios. Tuve tomó el tubo de Lauritsen y produjo un haz de 10^{13} (10 billones) de protones por segundo a 500.000 voltios, en teoría una energía y un número de partículas suficiente para sondear el núcleo. Tuve, en realidad, consiguió que hubiese colisiones nucleares, pero sólo en 1933, y por entonces otros dos proyectos se le habían adelantado.

Otro corredor en la carrera fue Robert Van de Graaff, de Yale y luego del MIT, que construyó una máquina que llevaba las cargas eléctricas con una banda de seda sin fin a una gran esfera metálica, aumentando gradualmente el voltaje de la esfera hasta que, al llegar a unos pocos millones de voltios, lanzaba un tremendo arco a la pared del edificio. Este era el hoy famoso generador de Van de Graaff, conocido por los estudiantes de física de bachillerato en todas partes. Al aumentar el radio de la esfera se pospone la descarga. Meter la esfera entera en nitrógeno líquido servía para incrementar el voltaje. Al final, los generadores de Van de Graaff serían las máquinas preferidas en la categoría de menos de 10 millones de voltios, pero hicieron falta años para perfeccionar la idea.

La carrera continuó durante los últimos años de la década de 1920 y los primeros de la siguiente. Ganó una pareja de la banda del Cavendish de Rutherford, John Cockcroft y Ernest Walton, pero por un pelo. Y (tengo que reconocerlo a regañadientes) tuvieron la preciosa ayuda de un teórico. Cockcroft y Walton intentaban, tras numerosos fracasos, llegar al millón de voltios que parecía necesario para sondear el núcleo. Un teórico ruso, George Gamow, había estado visitando a Niels Bohr en Copenhague, y decidió darse una vuelta por Cambridge antes de volver a casa. Allí tuvo una discusión con Cockcroft y Walton, y les dijo a estos experimentadores que no les hacía falta tanto voltaje como se traían entre manos. Argumentó que la nueva teoría cuántica permitía que se penetrase con éxito en el núcleo aun cuando la energía no fuese lo bastante alta para superar la repulsión eléctrica del núcleo. Explicó que la teoría cuántica daba a los protones propiedades ondulatorias que podían atravesar como por un túnel la «barrera» de la carga nuclear; lo hemos examinado en el capítulo 5. Cockcroft y Walton tomaron por fin nota y modificaron el diseño de su aparato para que diese 500.000 voltios. Por medio de un transformador y un circuito multiplicador de voltaje aceleraron los protones que salían de un tubo de descarga del tipo que J. J. Thomson había utilizado para generar los rayos catódicos.

En la máquina de Cockcroft y Walton se aceleraban erupciones de protones, alrededor de un billón por segundo, por el tubo de vacío, y se las estrellaba contra blancos de plomo, litio y berilio. Era 1930 y por fin se habían provocado reacciones nucleares mediante partículas aceleradas. El litio se desintegró con protones de tan sólo 400.000 eV, muy por debajo de los millones de electronvoltios que se había creído eran necesarios. Fue un acontecimiento histórico. Se disponía, pues, de un nuevo tipo de «cuchillo», si bien todavía en su forma más primitiva.

Emprendedor y agitador en California

La acción pasa ahora a Berkeley, California, adonde Ernest Orlando Lawrence, nativo de Dakota del Sur, había llegado en 1928 tras un brillante comienzo en la investigación física en Yale. E. O. Lawrence inventó una técnica radicalmente diferente de acelerar las partículas; empleaba una máquina que llevaba el nombre de ciclotrón, por la que recibió el premio Nobel en 1939. Lawrence conocía bien las engorrosas máquinas electrostáticas, con sus voltajes enormes y sus frustrantes derrumbamientos eléctricos, y se le ocurrió que tenía que haber un camino mejor. Rastreando por la literatura en busca de maneras de conseguir una gran energía sin grandes voltajes, dio con los artículos de un ingeniero noruego, Rolf Wideröe. A Wideröe se le ocurrió que cabía doblar la energía de una partícula sin doblar el voltaje si se la hacía pasar por dos huecos en fila. La idea de Wideröe es el fundamento de lo que hoy se llama un acelerador lineal. Se pone un hueco tras otro a lo largo de una línea, y las partículas toman energía en cada uno de ellos.

El artículo de Wideröe, sin embargo, le dio a Lawrence una idea aún mejor. ¿Por qué no usar un solo hueco con un voltaje modesto, pero por el que se pasase una y otra vez? Lawrence razonó que cuando una partícula cargada se mueve en un campo magnético su trayectoria se curva y se convierte en un círculo. El radio del círculo está determinado por la intensidad del imán (a imán más fuerte, radio menor) y el momento de la partícula cargada (a mayor momento, mayor radio). El momento es simplemente la masa de la partícula por su velocidad. Esto quiere decir que un imán intenso guiará a la partícula de forma que se mueva por un círculo diminuto, pero si la partícula gana energía y por lo tanto momento, el radio del círculo crecerá.

Imaginaos una caja de sombreros emparedada entre los polos norte y sur de un gran imán. Haced la caja de latón o de acero inoxidable, de algo que sea fuerte pero no magnético. Extraedle el aire. Dentro de la caja hay dos estructuras de cobre huecas en forma de D que casi llenan la caja: los lados rectos de las D están abiertos y se encaran con un pequeño hueco entre ambas, los lados curvos están cerrados. Suponed que una D está cargada positivamente, la otra negativamente, con una diferencia de potencial de, digamos, 1.000 voltios. Una corriente de protones generados (no importa cómo) cerca del centro del círculo se dirige, a través del hueco, de la D positiva a la negativa. Los protones ganan 1.000 voltios y su radio de giro crece porque el momento es mayor. Giran dentro de la D, y cuando vuelven al hueco, gracias a una conmutación inteligente, ven de nuevo un voltaje negativo. Se aceleran otra vez, y tienen ahora 2.000 eV. El proceso sigue. Cada vez que cruzan el hueco, ganan 1.000 eV. A medida que ganan momento van luchando contra el poder constrictivo del imán, y el radio de su trayectoria no deja de crecer. El resultado es que describen una espiral a partir del centro de la caja hacia el perímetro. Allí dan en un blanco, ocurre una colisión, y la investigación empieza.

La clave de la aceleración en el sincrotrón estriba en asegurarse de que los protones vean siempre una D negativa al otro lado del hueco. La polaridad tiene que saltar rápidamente de D a D de una manera sincronizada exactamente con la rotación de las partículas. Pero, os preguntaréis quizá, ¿no es difícil sincronizar el voltaje alterno con los protones, cuyas trayectorias no dejan de describir círculos cada vez mayores a medida que continúa la aceleración? La respuesta es no. Lawrence descubrió que, gracias a lo listo que es Dios, los protones que giran en espiral compensan que su camino sea más largo acelerándose. Completan cada semicírculo en el mismo tiempo; a este proceso se le da el nombre de aceleración resonante. Para que las órbitas de los protones casen, hace falta un voltaje alterno de frecuencia fija, técnica que se conocía bien gracias a la radiofonía. De ahí el nombre del mecanismo conmutador de la aceleración: generador de radiofrecuencia. En este sistema los protones llegan al borde del hueco justo cuando la D opuesta tiene un máximo de voltaje negativo.

Lawrence elaboró la teoría del ciclotrón en 1929 y 1930. Más tarde diseñó, sobre el papel, una máquina en la que los protones daban cien vueltas con una generación de 10.000 voltios a través del hueco de la D. De esa forma obtenía un haz de protones de 1 MeV (10.000 voltios x 100 vueltas =1 MeV). Un haz así sería «útil para el estudio de los núcleos atómicos». El primer modelo, construido en realidad por Stanley Livingston, uno de los alumnos de Lawrence, se quedó muy corto: sólo llegó a los 80 KeV (80.000 voltios). Lawrence se convirtió por entonces en una estrella. Consiguió una subvención enorme (¡1.000 dólares!) para que construyese una máquina que produjera desintegraciones nucleares. Las piezas polares (las piezas que hacían de polos norte y sur del imán) tenían veinticinco centímetros de diámetro, y en 1932 la máquina aceleró los protones hasta una energía de 1,2 MeV. Se utilizaron para producir colisiones nucleares en el litio y en otros elementos sólo unos cuantos meses después de que lo hiciese el grupo de Cockcroft y Walton en Cambridge. En segundo lugar, pero Lawrence todavía se fumó un puro.

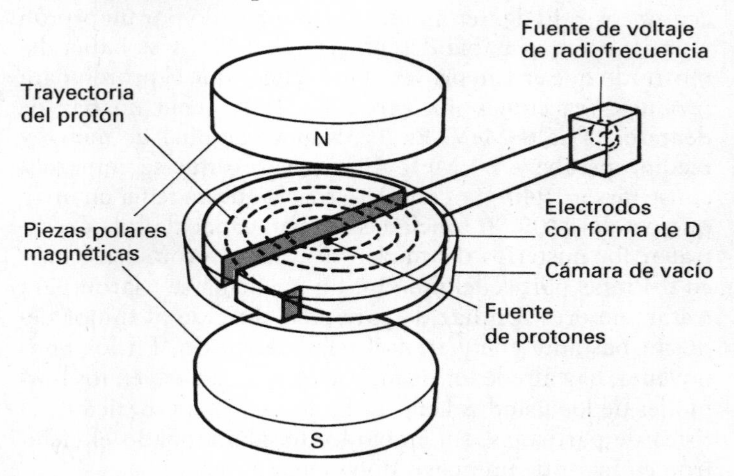

La Gran Ciencia y la mística californiana

Lawrence fue un emprendedor y agitador de energía y capacidad enormes. Fue el padre de la Gran Ciencia. La expresión se refiere a las instalaciones centralizadas y gigantescas de gran complejidad y coste compartidas por un gran número de científicos. En su evolución, la Gran Ciencia creó nuevas formas de llevar a cabo la investigación con *equipos* de científicos. Creó también agudos problemas sociológicos, de los que hablaremos más adelante. No se había visto a nadie como Lawrence desde Tycho Brahe, el Señor de Uraniborg, el laboratorio de Hven. En el terreno experimental, Lawrence hizo de los Estados Unidos un serio participante en el mundo de la física. Contribuyó a la mística de California, a ese amor por las extravagancias técnicas, por las empresas complejas y caras. Eran retos que tentaban a la joven California y, en realidad, a los jóvenes Estados Unidos.

A la altura de 1934 Lawrence había producido haces de deuterones de 5 MeV con un ciclotrón de noventa y cuatro centímetros. El deuterón, un núcleo formado por un protón y un neutrón, se había descubierto en 1931, y se había demostrado que era un proyectil más eficaz que el protón para producir reacciones nucleares. En 1936 tenía un haz de deuterones de 8 MeV. En 1939 una máquina de metro y medio operaba a 20 MeV. Un monstruo que se empezó a construir en 1940 y se completó tras la guerra tenía un imán que pesaba ¡10.000 toneladas! Por su capacidad de desentrañar los misterios del núcleo se construyeron ciclotrones en distintas partes del mundo. En medicina se usaron para tratar tumores. Un haz de partículas dirigido al tumor deposita bastante energía en él para destruirlo. En los años noventa, hay alrededor de mil ciclotrones en uso en los hospitales de los Estados Unidos. La investigación básica de la física de partículas, sin embargo, ha abandonado el ciclotrón en favor de un nuevo tipo de máquina.

El sincrotrón: tantas vueltas como uno quiera

El impulso para crear energías aún mayores se intensificó y se extendió por todo el mundo. A cada nuevo dominio de energía se hicieron nuevos descubrimientos. Nacieron también nuevos problemas que había que resolver y que no hacían sino que creciera el deseo de obtener energías mayores. La riqueza de la naturaleza parecía oculta en el micromundo nuclear y subnuclear.

Al ciclotrón lo limita su propio diseño. Como las partículas giran en espiral hacia afuera, el número de órbitas queda, como es obvio, limitado por la circunferencia del aparato. Para obtener más órbitas y más energía, hace falta un ciclotrón mayor. Hay que aplicar el campo magnético a toda el área espiral, así que los imanes deben ser grandes...

y caros. Entra el sincrotrón. Si se pudiera lograr que la órbita de las partículas, en vez de describir una espiral hacia afuera, mantuviese un radio constante, sólo se necesitaría el imán a lo largo de la trayectoria estrecha de la órbita. A medida que las partículas ganasen energía, se podría incrementar sincrónicamente el campo magnético para mantenerlas encerradas en una órbita de radio constante. ¡Inteligente! Se ahorraron toneladas y toneladas de hierro, pues así era posible reducir las piezas magnéticas polares, transversales al camino del haz, a un tamaño de unos cuantos centímetros, en vez de decímetros.

Deben mencionarse dos detalles importantes antes de que procedamos con los años noventa. En un ciclotrón, las partículas cargadas (protones o deuterones) viajan a lo largo de miles —a ese número se llegó— de vueltas en una cámara de vacío pinzada entre los polos de un imán. Para evitar que las partículas se desperdigasen y golpeasen las paredes de la cámara, era absolutamente esencial que hubiese algún tipo de proceso de enfoque. Lo mismo que una lente enfoca la luz de un destello en un haz (casi) paralelo, la fuerza magnética se usa para comprimir las partículas en un haz bien apretado.

En el ciclotrón esta acción de enfoque la provee la forma en que el campo magnético cambia a medida que los protones se mueven hacia el borde exterior del imán. Robert R. Wilson, joven alumno de Lawrence que más tarde construiría el acelerador del Fermilab, fue el primero en percatarse del efecto, sutil pero decisivo, que tenían las fuerzas magnéticas de evitar que los protones se desperdigasen. En los primeros sincrotrones se daba a las piezas polares unas formas que ofreciesen esas fuerzas. Más tarde se usaron unos imanes cuadripolares especialmente diseñados (con dos polos norte y dos polos sur) para que enfocasen las partículas, mientras, aparte, unos imanes dipolares las conducían por una órbita fija.

El Tevatrón del Fermilab, una máquina de un billón de electronvoltios que se terminó en 1983, es un buen ejemplo. Las partículas son llevadas por una órbita circular mediante poderosos imanes superconductores, de manera parecida a como las vías guían el tren por una curva. El conducto del haz, donde se ha hecho un alto vacío, es un tubo de acero inoxidable (no magnético) de sección oval, de unos ocho centímetros de ancho y cinco de alto, centrado entre los polos norte y sur de los imanes. Cada imán (guiador) dipolar tiene 64 metros de largo. Los «quads», los imanes cuadripolares, miden metro y medio. Hacen falta más de mil imanes para cubrir la longitud del tubo. El conducto, el haz y la combinación de los imanes completan un círculo cuyo radio es de un kilómetro; toda una diferencia con respecto al primer modelo de Lawrence, que medía diez centímetros. Podéis ver aquí la ventaja del diseño sincrotrónico. Se necesitan muchos imanes, pero no son, hasta cierto punto, muy voluminosos; su ancho es el justo para cubrir la conducción de vacío. Si el Tevatrón fuera un ciclotrón, nos haría falta un imán cuyas piezas polares tuvieran un diámetro de ¡dos kilómetros, para cubrir los más de seis de longitud de la máquina!

Las partículas dan 50.000 vueltas por segundo a esa pista de seis kilómetros y pico. En diez segundos viajan más de tres millones de kilómetros. Cada vez que pasan por un *hueco* —en realidad una serie de cavidades especialmente construidas—, un voltaje de radiofrecuencia les propina una energía de alrededor de 1 MeV. Los imanes que las mantienen enfocadas las dejan desviarse de las rutas que se les asignan apenas un cuarto de centímetro en todo el viaje. No es perfecto, pero sí lo bastante bueno. Es como apuntar con un rifle a un mosquito que está en la Luna y darle en el ojo que no es. Para mantener los protones en la misma órbita mientras se los acelera, la intensidad de los imanes debe aumentar en sincronía precisa con la ganancia de energía de aquéllos.

El segundo detalle importante tiene que ver con la teoría de la relatividad: los protones se vuelven, de forma detectable, más pesados cuando su energía supera los 20 MeV, más o menos. Este incremento de la masa destruye la «resonancia ciclotrónica» que Lawrence descubrió y gracias a la cual los protones que giran en espiral compensan con exactitud la mayor longitud de su trayectoria acelerándose. Gracias a esa resonancia se puede sincronizar la rotación con una frecuencia fija del voltaje que acelera las partículas a través del hueco. A una energía mayor, el tiempo de rotación crece, y ya no se puede aplicar un voltaje de radiofrecuencia constante. Para contrarrestar la ralentización, la frecuencia aplicada debe disminuir, y por ello se utilizan voltajes aceleradores de frecuencia modulada (FM), con los que se sigue el incremento de masa de los protones. El sincrociclotrón, un ciclotrón de frecuencia modulada, fue el primer ejemplo del efecto de la relatividad en los aceleradores.

El sincrotrón de protones resuelve el problema de una manera aún más elegante. Es un poco complicado, pero se basa en que la velocidad de la partícula (99 coma lo que sea por 100 de la velocidad de la luz) es esencialmente constante. Suponed que la partícula cruza el hueco en esa parte del ciclo de radiofrecuencia en que el voltaje acelerador es cero. No hay aceleración. Aumentemos ahora el campo magnético un poco. La partícula describe un círculo más cerrado y llega un poco antes al hueco; ahora la radiofrecuencia está en una fase que acelera. La masa, pues, crece, el radio de la órbita también y estamos de vuelta a donde empezamos pero con una energía mayor. El sistema se corrige a sí mismo. Si la partícula gana demasiada energía (masa), su radio de giro aumentará, llegará más tarde al hueco y verá un voltaje desacelerador, lo que corregirá el error. El aumento del campo magnético tiene el efecto de incrementar la energía de masa de nuestra heroína la partícula. Este método depende de la «estabilidad de fase», que se estudia en este mismo capítulo, más adelante.

Ike y los piones

Uno de los primeros aceleradores me fue cercano y querido: el sincrociclotrón de 400 MeV de la Universidad de Columbia, construido en una finca de Irvington-on-Hudson, Nueva York, a no muchos minutos de Manhattan. La finca, a la que se puso el nombre de la ancestral montaña escocesa Ben Nevis, fue creada en la época colonial por Alexander Hamilton. Más tarde la poseyó una rama de la familia Du Pont, y luego la Universidad de Columbia. El ciclotrón de Nevis, construido entre 1947 y 1949, fue uno de los aceleradores de partículas más productivos del mundo durante sus veintitantos años de funcionamiento (1950-1972). Produjo además ciento cincuenta y tantos doctores, alrededor de la mitad de los cuales se quedaron en el campo de la física de partículas y fueron profesores de Berkeley, Stanford, Cal Tech, Princeton y muchas otras instituciones de tres al cuarto. La otra mitad fue a todo tipo de sitios: pequeñas instituciones de enseñanza, laboratorios gubernamentales, a la investigación industrial, a las finanzas...

Yo era un estudiante graduado cuando el presidente (de Columbia) Dwight Eisenhower inauguró la instalación en junio de 1950 con una pequeña ceremonia celebrada sobre el césped de la hermosa finca —árboles magníficos, arbustos, unas cuantas construcciones de ladrillo rojo—, que se inclinaba hacia el impresionante río Hudson. Tras el correspondiente discurseo, Ike le dio a un botón y por los altavoces salieron los «pitidos» amplificados de un contador Geiger, que señalaban la existencia de radiación. Producía los pitidos una fuente radiactiva que yo sostenía cerca de un contador de partículas porque la máquina había escogido justo ese momento para romperse. Ike nunca se enteró.

¿Por qué 400 MeV? La partícula de moda en 1950 era el pión, o mesón pi, como se le llama también. Un físico teórico japonés, Hideki Yukawa, predijo el pión en 1936. Se creía que era la clave de la interacción fuerte, en esos días el gran misterio. Hoy pensamos en ella basándonos en los gluones. Pero volviendo a aquellos días, los piones, que van y vienen entre los protones y los neutrones para mantenerlos muy juntos en el núcleo, eran la clave, y necesitábamos hacerlos y estudiarlos. Para producir piones en las colisiones nucleares, la partícula que sale del acelerador debe tener una energía mayor que $m(\text{pión})c^2$, es decir, mayor que la masa en reposo del pión. Al multiplicar la masa en reposo del pión por la velocidad de la luz al cuadrado, nos sale 140 MeV, la energía de esa masa en reposo. Como sólo una parte de la energía de colisión va a parar a la producción de partículas nuevas, necesitábamos una energía extra, y nos quedamos en 400 MeV. La máquina de Nevis se convirtió en una fábrica de piones.

Las señoras de Beppo

Pero esperad. Antes hay que decir unas palabras acerca de cómo supimos que existían los piones. A finales de los años cuarenta, los científicos de la Universidad de Bristol, en Inglaterra, se percataron de que una partícula alfa «activa» al atravesar una emulsión fotoeléctrica depositaba sobre una placa de cristal las moléculas que caían en su trayectoria. Al procesar la película, se ve una traza definida por los granos de bromuro de plata, que se discierne con facilidad mediante un microscopio de poco poder de resolución. El grupo de Bristol envió en globo lotes de emulsiones muy espesas hasta la parte más alta de la atmósfera, donde la intensidad de los rayos cósmicos es mucho mayor que a nivel del mar. Esta fuente de radiación producida «naturalmente» aportaba una energía que excedía en mucho a las insignificantes alfas de 5 MeV de Rutherford. En esas emulsiones expuestas a los rayos cósmicos, Cesare Lattes, brasileño, Giuseppe Occiallini, italiano, y C. F. Powell, el profesor residente en Bristol, descubrieron, en 1947, el pión.

El más llamativo del trío era Occiallini, a quien sus amigos conocían por Beppo. Espeleólogo aficionado, bromista compulsivo, era la fuerza que movía al grupo. Instruyó a una legión de mujeres jóvenes para que hiciesen el penoso trabajo de estudiar las emulsiones con el microscopio. El supervisor de mi tesis, Gilberto Bernardini, muy amigo de Beppo, le visitó un día en Bristol. Como le señalaban a dónde tenía que ir en perfecto inglés, idioma que le parecía muy difícil, Bernardini se perdió enseguida. Finalmente, fue a parar a un laboratorio donde varias señoras muy inglesas miraban por unos microscopios y maldecían en un argot italiano que se habría prohibido en los muelles de Génova. «Ecco! ¡Ese —exclamó Bernardini con su acento característico— es el laboratorio de Beppo!»

Lo que las trazas de esas emulsiones mostraban era una partícula, el pión, que entra a gran velocidad, se frena gradualmente (la densidad de los granos de bromuro de plata aumenta a medida que la partícula se frena) y acaba por pararse. Al final de la traza aparece una nueva partícula; lleva mucha energía y sale a toda velocidad. El pión es inestable y se desintegra en una centésima de microsegundo en un muón (la nueva partícula al final de la traza) y algo más. Ese algo más resultó que era un neutrino, que no deja trazas en la emulsión. La reacción se escribe $\pi \rightarrow \mu + \nu$. Es decir, un pión da (termina por dar) lugar a un muón y un neutrino. Como la emulsión no ofrece información sobre la secuencia temporal, había que efectuar un análisis meticuloso de las trazas de media docena de esos raros acontecimientos para saber de qué partícula se trataba y cómo se desintegró. Tenían que estudiar la nueva partícula, pero el uso de rayos cósmicos ofrecía sólo un puñado de sucesos así *por año*. Como pasaba con las desintegraciones nucleares, se requerían aceleradores que tuvieran una energía lo bastante alta.

En Berkeley, el ciclotrón de 467 centímetros de Lawrence empezó a producir piones, como la máquina de Nevis. El pión en sus interacciones fuertes con los neutrones y los protones pronto fue estudiado por los sincrociclotrones de Rochester, Liverpool, Pittsburgh, Chicago, Tokyo, París y Dubna (cerca de Moscú), así como la interacción débil en la desintegración radiactiva del pión. Otras máquinas, en Cornell, en el Cal Tech, en Berkeley y en la Universidad de Illinois, utilizaban electrones para producir los piones, pero las máquinas que tuvieron más éxito fueron los sincrociclotrones de protones.

El primer haz externo: ¡hagan sus apuestas!

Ahí estaba yo, en el verano de 1950, con una máquina que pasaba por las penalidades del parto y mi necesidad de unos datos con los que pudiera obtener un doctorado y ganarme la vida. Se jugaba a los piones. Dale a un trozo de algo —carbón, cobre, *cualquier cosa* que contenga núcleos— con los protones de 400 MeV de la máquina de Nevis, y deberías generar piones. Berkeley había contratado a Lattes, y éste enseñó a los físicos la manera de exponer y procesar las emulsiones muy sensibles que se utilizaron con tanto éxito en Bristol. Insertaron una pila de emulsiones en el tanque de vacío del haz y dejaron que los protones diesen en un blanco próximo a la pila. Sacad las emulsiones por una cámara hermética, procesadlas (una semana de trabajo) y sometedlas por fin a estudio microscópico (¡meses!). Tanto esfuerzo sólo le dio al equipo de Berkeley unas pocas docenas de sucesos de pión. Tenía que haber un camino más sencillo. El problema era que había que instalar los detectores de partículas dentro de la máquina, en la región del potente imán acelerador, para registrar los piones, y el único dispositivo práctico era la pila de emulsiones. De hecho, Bernardini planeaba un experimento de emulsiones en la máquina de Nevis similar al que la gente de Berkeley había realizado. La gran, elegante cámara de niebla que yo había construido para mi doctorado era un detector mucho mejor, pero era imposible que encajase entre los polos de un imán dentro de un acelerador. Y no sobreviviría como detector de partículas en la intensa radiación que había dentro del acelerador. Entre el imán del ciclotrón y el área experimental había un muro de hormigón de tres metros de espesor que encerraba la radiación descarriada.

Había llegado a Columbia un nuevo posdoctorando, John Tinlot, procedente del afamado grupo de rayos cósmicos de Bruno Rossi en el MIT. Tinlot era la quintaesencia del físico. Poco antes de cumplir los veinte años había sido violinista con calidad de concertista, pero abandonó el violín tras tomar la agónica decisión de estudiar física. Fue el primer doctor joven con el que trabajé, y aprendí muchísimo de él. No sólo física. John llevaba el juego, a las cartas, a los dados, a los caballos, en los genes: long shots, blackjack, craps, ruleta, póquer, mucho póquer. Jugaba durante los experimentos, mientras se tomaban los datos. Jugaba en las vacaciones, en los trenes y en los aviones. Era una manera moderadamente cara de aprender física; mis pérdidas las moderaban los demás jugadores, los estudiantes, técnicos y guardas de seguridad que John reclutase. No tenía piedad.

John y yo nos sentábamos en el suelo del acelerador, que-todavía-no-funcionaba-en-realidad, tomábamos cerveza y hablábamos de lo habido y por haber. «¿Qué les pasa realmente a los piones que salen del blanco?», me preguntaba de pronto. Yo había aprendido a ser cauto. John jugaba en física como a los caballos. «Bueno, si el blanco está dentro de la máquina [y tenía que estarlo, no sabíamos cómo sacar los piones acelerados del ciclotrón], el imán es tan potente que los desperdigará en todas las direcciones», respondí con cautela.

JOHN: ¿Saldrá *alguno* de la máquina y dará en el muro protector?
YO: Seguro, pero por todas partes.
JOHN: ¿Por qué no los encontramos?
YO: ¿Cómo?
JOHN: Hagamos una delineación magnética.
YO: Eso es trabajo. [Eran las ocho de la tarde de un viernes.]
JOHN: ¿Tenemos la tabla de los campos magnéticos medidos?
YO: Se supone que tengo que irme a casa.
JOHN: Usaremos esos rollos enormes de papel marrón de embalar y dibujaremos las trayectorias de los piones a una escala de uno a uno...
YO: ¿El lunes?
JOHN: Tú te encargas de la regla de cálculo [era 1950] y yo dibujo las trayectorias.

Bueno, a las cuatro de la madrugada del sábado habíamos hecho un descubrimiento fundamental que cambiaría la manera en que se usaban los ciclotrones. Habíamos trazado los caminos de unas ochenta partículas ficticias o así que salían de un blanco introducido en el acelerador con direcciones y energías verosímiles; usamos 40, 60, 80 y 100 MeV. Para nuestra estupefacción, las partículas no iban «a cualquier sitio». Por el contrario, a causa de las propiedades del campo magnético cerca y más allá del borde del imán del ciclotrón, se curvaban alrededor de la máquina en un haz apretado. Habíamos descubierto lo que se vendría a conocer con el nombre de «enfoque del campo por el borde». Girando las grandes láminas de papel —es decir, escogiendo una posición concreta del blanco—, conseguimos que el haz de piones, con una generosa banda de energía en torno a 60 MeV, fuese derecho a mi flamante cámara de niebla. La única traba era la pared de hormigón que había entre la máquina y el área experimental donde estaba mi principesca cámara.

Nadie había caído antes en la cuenta de lo que nosotros habíamos descubierto. El lunes por la mañana nos acomodamos ante el despacho del director para echarnos encima de él en cuanto apareciese y contárselo. Teníamos tres sencillas peticiones que hacer: 1) una nueva colocación del blanco en la máquina; 2) una ventana mucho más delgada entre la cámara de vacío del haz del ciclotrón y el mundo exterior de forma que se minimizase la influencia de una placa de acero inoxidable de dos centímetros y medio sobre los piones que emergieran; y 3) un nuevo agujero de unos diez centímetros de alto por veinticinco de ancho, calculábamos, abierto en el muro de hormigón de tres metros de espesor. ¡Todos esto de parte de un humilde estudiante graduado y de un posdoctorando!

Nuestro director, el profesor Eugene Booth, era un caballero de Georgia y un académico de Rhodes que raras veces decía «mecachis». Hizo una excepción con nosotros. Razonamos, explicamos, engatusamos. Pintamos visiones de gloria. ¡Se haría famoso! ¡Imagínese un haz de piones externo, el primero que haya habido jamás!

Booth nos echó fuera, pero después del almuerzo nos llamó de nuevo. (Habíamos estado sopesando las ventajas de la estricnina con respecto al arsénico.) Bernardini se había dejado caer, y Booth le colocó nuestra idea a tan eminente profesor visitante. Mi sospecha es que los detalles, expresados con la musiquilla georgiana de Booth, fueron demasiado para Gilberto, que una vez me confió: «Booos, Boosth, ¿quién puede pronunciar esos nombres norteamericanos?». Sin embargo, Bernardini nos apoyó con una exageración típicamente latina, y caímos en gracia.

Un mes más tarde, todo funcionaba bien y salía justo como en los bosquejos del papel de embalar. En unos pocos días mi cámara de niebla había registrado más piones que todos los otros laboratorios del mundo juntos. Cada fotografía (tomamos una por minuto) tenía seis o siete bellas trazas de piones. Cada tres o cuatro fotografías mostraban un rizo en la traza del pión, como si se desintegrase en un muón y «algo más». Las desintegraciones de los piones me sirvieron de tesis. En seis meses habíamos construido cuatro haces, y Nevis estaba en plena producción en cuanto fábrica de datos sobre las propiedades de los piones. A la primera oportunidad, John y yo fuimos al hipódromo de Saratoga, donde, con su suerte de siempre, consiguió un 28 a 1 en la octava carrera, contra la que se había jugado nuestra cena y el dinero de la gasolina para volver a casa. Quería de verdad a ese tipo.

John Tinlot hubo de tener una intuición extraordinaria para sospechar la existencia del enfoque del campo por el borde, que a todos los demás que se dedicaban al negocio del ciclotrón se les había escapado. Tendría luego una distinguida carrera como profesor de la Universidad de Rochester, pero murió de cáncer a los cuarenta y tres años de edad.

Un desvío por la ciencia social: el origen de la Gran Ciencia

La segunda guerra mundial marcó una divisoria crucial entre la investigación científica de antes y después de la guerra. (¿Qué tal como afirmación polémica?) Pero marcó además una nueva fase en la búsqueda del á-tomo. Contemos algunos de los caminos. La guerra generó un salto adelante tecnológico, en muy buena parte centrado en los Estados Unidos, que no fue aplastado por el potente sonido de las cercanas explosiones que Europa sufría. El desarrollo en tiempo de guerra del radar, la electrónica, la bomba nuclear (por usar el nombre más propio) fue en cada caso un ejemplo de lo que la colaboración entre la ciencia y los ingenieros podía hacer (mientras no la maniatasen las consideraciones presupuestarias).

Vannevar Bush, el científico que dirigió la política científica de los Estados Unidos durante la guerra, expuso la nueva relación entre la ciencia y el gobierno en un elocuente informe que remitió al presidente Franklin D. Roosevelt. Desde ese momento en adelante, el gobierno de los Estados Unidos se comprometió a apoyar la investigación científica básica. El apoyo a la investigación, básica y aplicada, ascendió tan deprisa que podemos reírnos de la subvención de mil dólares por la que tan duro trabajó E. O. Lawrence a principios de los años treinta. Aun ajustándola a la inflación, esa cifra se queda en nada ante la ayuda federal a la investigación básica en 1990: ¡unos doce mil millones de dólares! La segunda guerra mundial vio además cómo una invasión de refugiados científicos procedentes de Europa se convertía en una parte fundamental del auge de la investigación en los Estados Unidos.

A principios de los años cincuenta, unas veinte universidades tenían aceleradores con los que se podían realizar las investigaciones de física nuclear más avanzadas. A medida que fuimos conociendo mejor el núcleo, la frontera se desplazó al dominio subnuclear, donde hacían falta máquinas mayores —más caras—. La época pasó a ser de consolidación: fusiones y adquisiciones científicas. Se agruparon nueve universidades para construir y gestionar el laboratorio del acelerador de Brookhaven, Long Island. Encargaron una máquina de 3 GeV en 1952 y una de 30 GeV en 1960. Las universidades de Princeton y de Pennsylvania se unieron para construir una máquina de protones cerca de Princeton. El MIT y Harvard construyeron el Acelerador de Electrones de Cambridge, una máquina de electrones de 6 GeV.

A lo largo de los años, según fue creciendo el tamaño de los consorcios, el número de máquinas de primera línea disminuyó. Necesitábamos energías cada vez mayores para abordar la pregunta «¿qué hay dentro?» y buscar los verdaderos átomos, o el cero y el uno de nuestra metáfora de la biblioteca. A medida que se fueron proponiendo máquinas nuevas, se dejaron de construir, para liberar fondos, las viejas, y la Gran Ciencia (expresión que suelen usar como insulto los comentaristas ignorantes) se hizo más grande. En los años cincuenta, se podían hacer quizá dos o tres experimentos por año con grupos de dos a cuatro científicos. En las décadas siguientes, la escala de los proyectos en colaboración fue cada vez mayor y los experimentos duraban más y más, llevados en parte por la necesidad de construir detectores que no dejaban de ser más complejos. En los años noventa, sólo en la Instalación del Detector del Colisionador, en el Fermilab, trabajaban 360 científicos y estudiantes de doce universidades, dos laboratorios nacionales e instituciones japonesas e italianas. Las sesiones programadas se extendían durante un año o más de toma de datos, sin más interrupciones que las navidades, el 4 de julio o cuando se estropeaba algo.

Las riendas de la evolución desde una ciencia que se hacía sobre una mesa a la que se basa en unos aceleradores que miden varios kilómetros las tomó el gobierno de los Estados Unidos. El programa de la bomba durante la segunda guerra mundial dio lugar a la Comisión de Energía Atómica (la AEC), institución civil que supervisó las investigaciones relativas a las armas nucleares y su producción y almacenamiento. Se le dio, además, la misión, a modo de consorcio nacional, de financiar y supervisar la investigación básica que se refiriese a la física nuclear y a la que más tarde vendría a llamarse física de partículas.

La causa del á-tomo de Demócrito llegó incluso a los salones del Congreso, que creó el Comité Conjunto (de la Cámara de Representantes y del Senado) para la Energía Atómica con la finalidad de que prestase su supervisión. Las audiencias del comité, publicadas en unos densos folletos verdes gubernamentales, son un Fort Knox de información para los historiadores de la ciencia. En ellos se leen los testimonios de E. O. Lawrence, Robert Wilson, I. I. Rabi, J. Robert Oppenheimer, Hans Bethe, Enrico Fermi, Murray Gell-Mann y muchos otros que responden pacientemente las preguntas que se les hacían sobre cómo iban las investigaciones acerca de la partícula final... y por qué requería otra máquina más. El intercambio de frases reproducido al principio de este capítulo entre el espectacular director fundador del Fermilab, Robert Wilson, y el senador John Pastore está tomado de uno de esos libros verdes.

Para completar la sopa de letras, la AEC se disolvió en la ERDA (la Oficina de Investigación y Desarrollo de la Energía), que pronto fue sustituida por el DOE (el Departamento de Energía de los Estados Unidos), del que, en el momento en que se escribe esto, dependen los laboratorios nacionales donde funcionan los estrelladores de átomos. Actualmente hay cinco laboratorios de este tipo en los Estados Unidos: el SLAC, el de Brookhaven, el de Cornell, el Fermilab y el del Supercolisionador Superconductor, aún en construcción.

Por lo general, el propietario de los laboratorios de los aceleradores es el gobierno, pero de su funcionamiento se encarga una contrata, que puede corresponder a una universidad, como la de Stanford en el caso del SLAC, o a un consorcio de universidades e instituciones, como es el caso del Fermilab. Los adjudicatarios nombran un director, y se ponen a rezar. El director lleva el laboratorio, toma todas las decisiones importantes y suele permanecer en el puesto demasiado tiempo. Como director del Fermilab de 1979 a 1989, mi principal tarea fue llevar a la práctica el sueño de Robert R. Wilson: la construcción del Tevatrón, el primer acelerador superconductor. Tuvimos además que crear un inmenso colisionador de protones y antiprotones que observase colisiones frontales a casi 2 TeV.

Mientras fui director del Fermilab me preocupó mucho el proceso de investigación. ¿Cómo podían los estudiantes y los posdoctorandos jóvenes experimentar la alegría, el aprendizaje, el ejercicio de la creatividad que experimentaron los alumnos de Rutherford, los fundadores de la teoría cuántica, mi propio grupito de compañeros mientras nos rompíamos la cabeza con los problemas en el suelo del ciclotrón Nevis? Pero cuanto más me fijaba en lo que pasaba en el laboratorio, mejor me sentía. Las noches que visitaba el CDF (y el viejo Demócrito no estaba allí), veía a los estudiantes excitadísimos mientras realizaban sus experimentos. Los sucesos centelleaban en una pantalla gigante, reconstruidos por el ordenador para que a la docena o así de físicos que estuviesen de turno les fueran inteligibles. De vez en cuando, un suceso daba a entender hasta tal punto que se trataba de una «física nueva», que se oía con claridad una exclamación.

Cada proyecto de investigación en colaboración a gran escala consta de muchos grupos de cinco o diez personas: un profesor o dos, varios posdoctorandos y varios estudiantes graduados. El profesor mira por su camada, para que no se le pierda en la multitud. Al principio no hacen otra cosa que diseñar, construir y probar el equipo. Luego viene el análisis de los datos. Hay tantos datos en uno de esos experimentos de colisionador, que una buena parte ha de esperar a que algún grupo complete un solo análisis antes de pasar al siguiente problema. Cada científico joven, quizá aconsejado por su profesor, escoge un problema específico que recibe la aprobación consensuada del consejo de los jefes del grupo. Y los problemas abundan. Por ejemplo, cuando se producen partículas W^+ y W^- en las colisiones de protones y antiprotones, ¿cuál es la forma precisa del proceso? ¿Cuánta energía se llevan los W? ¿Con qué ángulos se emiten? Y así sucesivamente. Esto o aquello podría ser un detalle interesante, o un indicio que conduzca a un mecanismo fundamental de las interacciones fuerte y débil. La tarea más apasionante de los años noventa es hallar el quark *top* y medir sus propiedades. Hasta mediados de 1992 se encargaron de esa búsqueda, en el Fermilab, cuatro subgrupos del proyecto en colaboración CDF, a cargo de cuatro análisis independientes.

Ahí los físicos jóvenes actúan por su cuenta y se las ven con los complejos programas de ordenador y las inevitables distorsiones que genera un aparato imperfecto. Su problema es sacar conclusiones válidas acerca de la manera en que la naturaleza funciona, poner una pieza más del rompecabezas del micromundo. Tienen la suerte de contar con un grupo de apoyo enorme: expertos en programación, en el análisis teórico, en el arte de buscar pruebas que confirmen las conclusiones tentativas. Si hay una anomalía interesante en la forma en que los W salen de las colisiones, ¿se trata de un efecto espurio del aparato (metafóricamente, de una pequeña grieta en la lente del microscopio)? ¿Es un gazapo del programa informático? ¿O es real? Y si es real, ¿no habrá visto el compañero Henri un fenómeno similar en su análisis de las partículas Z, o quizá Marjorie al analizar los chorros de retroceso?

La Gran Ciencia no es el feudo particular de los físicos de partículas. Los astrónomos comparten telescopios gigantes y juntan sus observaciones para sacar conclusiones válidas acerca del cosmos. Los oceanógrafos comparten unos barcos de investigación elaboradamente equipados con sonar, vehículos de inmersión y cámaras especiales. La investigación del genoma es el programa de Gran Ciencia de los microbiólogos. Hasta los químicos necesitan espectrómetros de masas, caros láseres tintados y ordenadores enormes. Inevitablemente, en una disciplina tras otra, los científicos comparten las caras instalaciones que hacen falta para progresar.

Una vez dicho todo esto, debo recalcar que es también de la mayor importancia para los físicos jóvenes que puedan trabajar de una manera más tradicional, apiñados en torno a un experimento de mesa con sus compañeros y un profesor. Ahí tendrán la espléndida posibilidad de apretar un botón, de apagar las luces e irse a casa a pensar, y si hay suerte a dormir. La «ciencia pequeña» es también una fuente de descubrimientos, de variedad e innovación que contribuye inmensamente al avance del conocimiento. Debemos atinar con el equilibrio adecuado en nuestra política científica y dar gracias sinceramente por la existencia de ambas opciones. En cuanto a quienes practican la física de alta energía, uno puede lloriquear y añorar los buenos y viejos días, cuando un científico solitario se ponía a mezclar elixires de colores en su entrañable laboratorio. Es un sueño encantador, pero nunca nos llevará hasta la Partícula Divina.

De vuelta a las máquinas: tres grandes avances técnicos

De los muchos avances técnicos que permitieron la aceleración hasta energías en esencia ilimitadas (es decir, ilimitadas salvo por lo que se refiere a los presupuestos), nos fijaremos de cerca en tres.

El primero fue el concepto de *estabilidad de fase*, descubierto por V. I. Veksler, un genio soviético, e independiente y simultáneamente por Edwin McMillan, físico de Berkeley. Nuestro ubicuo ingeniero noruego, Rolf Wideröe, patentó, con independencia de los otros, la idea. La estabilidad de fase es lo bastante importante para echar mano de una metáfora. Imaginaos dos cuencos hemisféricos idénticos que tengan un fondo plano muy pequeño. Poned uno de los cuencos cabeza abajo y colocad una bola en el pequeño fondo plano, que ahora es la parte más alta. Colocad una segunda bola en el fondo del cuenco que no se ha invertido. Ambas bolas están en reposo. ¿Son estables las dos? No. La prueba consiste en dar un golpecito a cada una. La bola número uno rueda por la pared externa del cuenco abajo y su condición cambia radicalmente. Es inestable. La bola número dos sube un poco por el lado, vuelve al fondo, lo sobrepasa y oscila alrededor de su posición de equilibrio. Es estable.

Las matemáticas de las partículas en los aceleradores tienen mucho en común con estas dos condiciones. Si una perturbación pequeña —por ejemplo, la colisión suave de una partícula con un átomo de gas residual o con una partícula acelerada compañera— produce grandes cambios en el movimiento, no hay estabilidad básica, y más pronto o más tarde la partícula se perderá. Por el contrario, si esas perturbaciones producen pequeñas excursiones oscilatorias alrededor de una órbita ideal, tenemos estabilidad.

El progreso en el diseño de los aceleradores fue una mezcla espléndida del estudio analítico (ahora muy computarizado) y de la invención de dispositivos ingeniosos, muchos de ellos construidos a partir de las técnicas de radar desarrolladas durante la segunda guerra mundial. El concepto de estabilidad de fase se llevó a cabo en una serie de máquinas mediante la aplicación de fuerzas eléctricas de radiofrecuencia (rf). La estabilidad de fase en un acelerador se produce cuando organizamos la radiofrecuencia aceleradora de manera que la partícula llegue a un hueco en un instante ligeramente equivocado, lo que dará lugar a un pequeño cambio en la trayectoria de la partícula; la próxima vez que la partícula pase por el hueco, el error se habrá corregido. Antes se dio un ejemplo con el sincrotrón. Lo que realmente pasa es que el error se corrige con exceso, y la fase de la partícula, relativa a la radiofrecuencia, oscila alrededor de una fase ideal en la se consigue la aceleración buena, como la bola en el fondo del cuenco.

El segundo gran avance ocurrió en 1952, mientras el Laboratorio de Brookhaven terminaba su Cosmotrón, un acelerador de 3 GeV. El grupo del acelerador esperaba una visita de sus colegas del CERN de Ginebra, donde se diseñaba una máquina de 10 GeV. Tres físicos hicieron un descubrimiento importante mientras preparaban la reunión. Stanley Livingston (alumno de Lawrence), Ernest Courant y Hartland Snyder eran miembros de una nueva especie: los teóricos de aceleradores. Dieron con un principio al que se conoce por el nombre de *enfoque fuerte*. Antes de que describa este segundo gran avance, debería comentar que los aceleradores de partículas se han convertido en una disciplina refinada y erudita. Merece la pena repasar las ideas fundamentales. Tenemos un hueco, o una cavidad de radiofrecuencias, que se encarga de dar a la partícula su aumento de energía cada vez que cruza por él. Para usarlo una y otra vez, guiamos las partículas con imanes por un círculo aproximado. La máxima energía de las partículas que cabe conseguir en un acelerador viene determinada por dos factores: 1) el radio mayor que consiente el imán y 2) el campo magnético más intenso que es posible con ese radio. Podemos construir máquinas de mayor energía haciendo que el radio sea mayor, que el campo magnético sea más intenso o ambas cosas.

Una vez se establecen esos parámetros, si se les da demasiada energía a las partículas, saldrán fuera del imán. Los ciclotrones de 1952 podían acelerar las partículas a no más de 1.000 MeV. Los sincrotrones proporcionaban campos magnéticos que guiaban a las partículas por un radio fijo. Recordad que la intensidad del imán del sincrotrón empieza siendo muy pequeña (para coincidir con la pequeña energía de las partículas inyectadas) al principio del ciclo de aceleración y sube gradualmente hasta su valor máximo. La máquina tiene forma de rosquilla, y el radio de la rosquilla de las diversas máquinas que se construyeron en esa época iba de los tres a los quince metros. Las energías logradas llegaban a los 10 GeV.

El problema que ocupó a los inteligentes teóricos de Brookhaven era el de mantener a las partículas estrechamente apelotonadas y estables con respecto a una partícula idealizada que se moviese sin perturbaciones por unos campos magnéticos de perfección matemática. Como los tránsitos son tan largos, basta con que haya perturbaciones e imperfecciones magnéticas pequeñísimas para que la partícula se aleje de la órbita ideal. Enseguida nos quedamos sin haz. Por lo tanto, debemos crear las condiciones para que la aceleración sea estable. Las matemáticas son lo bastante complicadas, dijo un guasón, como para «que se le ricen las cejas a un rabí».

El enfoque fuerte supone que se configuren los campos magnéticos que guían a las partículas de forma que se mantengan mucho más cerca de una órbita ideal. La idea clave es dar a las piezas polares unas curvas apropiadas de manera que las fuerzas magnéticas sobre la partícula generen rápidas oscilaciones de amplitud minúscula en torno a la órbita ideal. Eso es la estabilidad. Antes del enfoque fuerte, las cámaras de vacío con forma de rosquilla habían de tener una anchura de medio metro a un metro, y requerían polos magnéticos de un tamaño similar. El gran avance de Brookhaven permitió que se redujese el tamaño de la cámara de vacío del imán y fuera sólo de siete a trece centímetros. ¿El resultado? Un enorme ahorro en el coste por MeV de energía acelerada.

El enfoque fuerte cambió la economía y, enseguida, hizo concebible la construcción de un sincrotrón que tuviera un radio de unos sesenta metros. Más adelante hablaremos del otro parámetro, la intensidad del campo magnético; mientras se use el hierro para guiar las partículas, está limitada a 2 teslas, el campo magnético más intenso que soporta el hierro sin enfurecerse. La descripción correcta del enfoque fuerte fue un gran avance. Se aplicó por primera vez a una máquina de electrones de 1 GeV que construyó Robert Wilson el Rápido en Cornell. ¡Se dijo que la propuesta de Brookhaven al AEC de construir una máquina de protones de enfoque fuerte consistió en una carta de dos páginas! (Aquí nos podríamos quejar del crecimiento de la burocracia, pero no serviría de nada.) Se aprobó, y el resultado fue la máquina de 30 GeV conocida como AGS y que se completó en Brookhaven en 1960. El CERN desechó sus planes de una máquina de 10 GeV de enfoque débil y recurrió a la idea del enfoque fuerte de Brookhaven para construir un acelerador de 25 GeV de enfoque fuerte por el mismo precio. Lo pusieron en marcha en 1959.

A finales de los años sesenta, la idea de usar piezas polares tortuosas para conseguir el enfoque fuerte había dado paso a un planteamiento donde las funciones estaban separadas. Se instala un imán de guía dipolar «perfecto» y se segrega la función de enfoque con un imán cuadripolar dispuesto simétricamente alrededor del conducto del haz.

Gracias a las matemáticas, los físicos aprendieron cómo dirigen y enfocan los campos magnéticos complejos las partículas; los imanes con números grandes de polos norte y sur —sexapolos, octapolos, decapolos— se convirtieron en componentes de refinados sistemas de acelerador diseñados para que ejerciesen un control preciso sobre las órbitas de las partículas. Desde los años sesenta en adelante, los ordenadores fueron cada vez más importantes en el manejo y control de las corrientes, los voltajes, las presiones y las temperaturas de las máquinas. Los imanes de enfoque fuerte y la automatización computarizada hicieron posibles las notables máquinas que se construyeron en los años sesenta y setenta.

La primera máquina de GeV (mil millones de electronvoltios) fue el modestamente denominado Cosmotrón, que empezó a funcionar en Brookhaven en 1952. Cornell vino a continuación, con una máquina de 1,2 GeV. Estas son las otras estrellas de esa época:

Acelerador	*Energía*	*Localización*	*Año*
Bevatrón	6 GeV	Berkeley	1954
AGS	30 GeV	Brookhaven	1960
ZGS	12,5 GeV	Argonne (Chicago)	1964
El «200»	200 GeV	Fermilab	1972 (ampliado a 400 GeV en 1974)
Tevatrón	900 GeV	Fermilab	1983

En otras partes del mundo estaban el Saturne (Francia, 3 GeV), Nimrod (Inglaterra, 10 GeV), Dubna (URSS, 10 GeV), KEK PS (Japón, 13 GeV), PS (CERN/Ginebra, 25 GeV), Serpuhkov (URSS, 70 GeV), SPS (CERN/Ginebra, 400 GeV).

El tercer gran avance fue la *aceleración de cascada*, cuya idea se atribuye a Matt Sands, físico del Cal Tech. Sands decidió que, cuando se va a por una gran energía, no es eficaz hacerlo todo en una sola máquina. Concibió una secuencia de aceleradores diferentes, cada uno optimizado para un intervalo de energía concreto, digamos de 0 a 1 MeV, de 1 a 100 MeV, y así sucesivamente. Las varias etapas se pueden comparar a las marchas de un coche, cada una de las cuales se diseña para elevar la velocidad hasta el siguiente nivel de manera óptima. A medida que la energía aumenta, el haz acelerado se aprieta más. En las etapas de mayor energía, las dimensiones transversales menores requieren, pues, imanes también menores y más baratos. La idea de la cascada ha dominado todas las máquinas desde los años sesenta. Sus ejemplos más expresivos son el Tevatrón (cinco etapas) y el Supercolisionador en construcción en Texas (seis etapas).

Más grande ¿es mejor?

Un punto que quizá se haya perdido en las consideraciones técnicas precedentes es por qué viene bien hacer ciclotrones y sincrotrones grandes. Widertie y Lawrence demostraron que no hay por qué producir voltajes enormes, como los pioneros que les precedieron creían, para acelerar las partículas hasta energías grandes. Basta con enviar las partículas a través de una serie de huecos o diseñar una órbita circular a fin de que se pueda usar múltiples veces un solo hueco. Por lo tanto, en las máquinas circulares sólo hay dos parámetros: la intensidad del imán y el radio con que giran las partículas. Los constructores de aceleradores ajustan estos dos factores para obtener la energía que quieren. El radio está limitado, más que nada, por el dinero. La intensidad de los imanes, por la tecnología. Si no podemos elevar el campo magnético, hacemos mayor el círculo para incrementar la energía. En el Supercolisionador sabemos que queremos producir 20 TeV en cada haz. Y sabemos (o creemos que sabemos) hasta qué punto puede ser intenso el imán que construyamos. De ello podemos deducir lo grande que debe ser el tubo: 85 kilómetros.

Un cuarto gran avance: la superconductividad

Retrocediendo a 1911, un físico holandés descubrió que ciertos metales, cuando se los enfriaba a temperaturas extremadamente bajas —sólo unos pocos grados por encima del cero absoluto de la escala Kelvin (–273 grados centígrados)—, perdían toda resistencia a la electricidad. A esa temperatura un lazo de cable transportaría una corriente para siempre sin gastar nada de energía.

En casa, una amable compañía eléctrica os suministra la energía eléctrica, mediante cables de cobre. Los cables se calientan a causa de la resistencia friccional que ofrecen al paso de la corriente. Este calor desperdiciado gasta energía y abulta la factura. En los electroimanes corrientes de los motores, los generadores y los aceleradores, los cables de cobre llevan corrientes que producen campos magnéticos. En un motor, el campo magnético pone a dar vueltas haces de cables que conducen corriente. Notáis lo caliente que está el motor. En un acelerador, el campo magnético conduce y enfoca las partículas. Los cables de cobre del imán se calientan y para enfriarlos se emplea un poderoso flujo de agua, que pasa normalmente por unos agujeros practicados en los espesos enrollamientos de cobre. Para que os hagáis una idea de a dónde va a parar el dinero, la factura de la electricidad que se pagó en 1975 por el acelerador del Fermilab fue de unos quince millones de dólares, alrededor de un 90 por 100 de la cual correspondía a la energía utilizada en los imanes del anillo principal de 400 GeV.

A principios de los años sesenta tuvo lugar un gran avance técnico. Gracias a unas aleaciones nuevas de metales exóticos fue posible mantener el frágil estado de superconductividad mientras se conducían corrientes enormes y se producían grandes campos magnéticos. Y todo ello a unas temperaturas más razonables, de 5 a 10 grados sobre el cero absoluto, que las muy difíciles de 1 o 2 grados que hacían falta con los metales ordinarios. El helio es un verdadero líquido a los 5 grados (todo lo demás se solidifica a esa temperatura), por lo que surgió la posibilidad de una superconductividad práctica. La mayoría de los grandes laboratorios se puso a trabajar con cables hechos de aleaciones del tipo niobio-titanio o niobio estaño-3 en lugar de cobre, rodeados de helio líquido para enfriarlos hasta temperaturas superconductoras.

Se construyeron para los detectores de partículas vastos imanes que empleaban las nuevas aleaciones —para rodear, por ejemplo, una cámara de burbujas—, pero no para los aceleradores, en los que los campos magnéticos habían de ser más intensos a medida que las partículas ganaban energía. Las corrientes cambiantes en los imanes generan efectos friccionales (corrientes de remolino) que por lo general destruyen el estado superconductor. Muchas investigaciones afrontaron este problema en los años sesenta y setenta, y el líder en ese campo fue el Fermilab, dirigido por Robert Wilson. El equipo de Wilson emprendió el I+D de los imanes superconductores en 1973, poco después de que el acelerador «200» original empezase a funcionar. Uno de los motivos fue el aumento explosivo del costo de la energía eléctrica a causa de la crisis del petróleo de aquella época. El otro era la competencia del consorcio europeo, el CERN, radicado en Ginebra.

Los años setenta fueron de vacas flacas por lo que se refería a los fondos de investigación en los Estados Unidos. Tras la segunda guerra mundial, el liderazgo mundial de la investigación había pertenecido sólidamente a este país, mientras el resto del mundo trabajaba para reconstruir las economías e infraestructuras científicas destrozadas por la guerra. A finales de los años setenta había empezado a restaurarse el equilibrio. Los europeos estaban construyendo una máquina de 400 GeV, el Supersincrotrón de Protones (el SPS), mejor financiada y mejor dotada con los caros detectores que determinan la calidad de la investigación. (Esta máquina marcó el principio de otro ciclo de colaboración y competencia internacionales. En los años noventa, Europa y Japón siguen por delante de los Estados Unidos en algunos campos de investigación y no muy por detrás en casi todos los demás.)

La idea de Wilson era que si se podía resolver el problema de los campos magnéticos variables, un anillo superconductor ahorraría una cantidad enorme de energía eléctrica y sin embargo produciría unos campos magnéticos más poderosos, lo que, para un radio dado, supone una energía mayor. Con la ayuda de Alvin Tollestrup, profesor del Cal Tech que pasaba un año sabático en el Fermilab (acabaría por alargar su permanencia), Wilson estudió con gran detalle de qué manera las corrientes y los campos cambiantes creaban un calentamiento local. Las investigaciones que se proseguían en otros laboratorios, sobre todo en el Rutherford de Inglaterra, ayudaron al grupo del Fermilab a construir cientos de modelos. Trabajaron con metalúrgicos y científicos de materiales, y, entre 1973 y 1977, consiguieron resolver el problema; se logró que los imanes magnéticos saltasen de una corriente nula a una de 5.000 amperios en 10 segundos, sin que la superconductividad desapareciese. En 1978-1979 una línea de producción emprendió la producción de imanes de seis metros y medio con propiedades excelentes, y en 1983 el Tevatrón empezó a funcionar en el complejo del Fermilab como un «posquemador». La energía iba de 400 GeV a 900 GeV, y el consumo de energía se redujo de 60 megawatts a 20, la mayor parte del cual se gastaba en producir helio líquido.

Cuando Wilson puso en marcha su programa de I+D en 1973, la producción anual de material superconductor de los Estados Unidos era de unos cuantos cientos de kilogramos. El consumo que hizo el Fermilab de algo más de 60.000 kilogramos de material superconductor alentó a los productores y cambió radicalmente la postura de la industria. Los mayores consumidores son hoy las firmas que hacen aparatos de producción de imágenes por resonancia magnética para el diagnóstico médico. El Fermilab puede arrogarse un poco el mérito de que exista este sector industrial que ingresa 500 millones de dólares al año.

El vaquero que dirigió un laboratorio

Y el hombre al que corresponde buena parte del mérito de que exista el propio Fermilab es nuestro primer director, el artista/vaquero/diseñador de máquinas Robert Rathbun Wilson. ¡Y hablan de carisma! Wilson creció en Wyoming, donde montaba a caballo y estudiaba con ganas en la escuela, hasta ganarse una beca para Berkeley. Allí fue alumno de E. O. Lawrence.

Ya he descrito las hazañas arquitectónicas del hombre del Renacimiento que construyó el Fermilab; también era grande su refinamiento técnico. Wilson se convirtió en el director fundador del Fermilab en 1967 y recibió una dotación de 250 millones de dólares para construir (eso decían las especificaciones) una máquina de 200 GeV con siete líneas de haz. La construcción, empezada en 1968, debía durar cinco años, pero Wilson terminó la máquina en 1972, antes de la fecha prevista. En 1974 funcionaba regularmente a 400 GeV con catorce líneas de haz y 10 millones de dólares sobrantes de la asignación inicial, y todo ello con la arquitectura más esplendida que jamás se hubiese visto en una instalación del gobierno de los Estados Unidos. Hace poco he calculado que si Wilson hubiera estado al cargo de nuestro presupuesto de defensa durante los últimos quince años con el mismo tino, los Estados Unidos disfrutarían hoy de un superávit presupuestario decente y el mundo del arte hablaría de nuestros tanques.

Se cuenta que a Wilson se le ocurrió lo del Fermilab a principios de los años sesenta en París, donde era profesor en un proyecto de intercambio. Se encontró un día bosquejando, junto a otros artistas, a una bella y bien curvada modelo desnuda en una sesión de dibujo pública en la Grande Chaumière. Se discutía por entonces en Norteamérica acerca del «200», y a Wilson no le gustaba lo que leía en su correspondencia. Mientras otros dibujaban pechos, Wilson dibujaba círculos para tubos de haces y los adornaba con cálculos. Eso es dedicación.

Wilson no era perfecto. Tomó por el camino más corto varias veces durante la construcción del Fermilab, y no siempre acertó. Se quejaba amargamente de que una estupidez le había costado un año (podría haber acabado en 1971) y 10 millones de dólares más. También se puso furioso, y en 1978, disgustado por el lento ritmo de la financiación federal de los trabajos sobre la superconducción, dimitió. Cuando se me pidió que fuese su sucesor, fui a verle. Amenazó con perseguirme si no aceptaba el puesto, y ello hizo efecto. La perspectiva de verme perseguido por Wilson a lomos de su caballo era demasiado. Así que acepté el puesto y preparé tres sobres.

Un día de la vida de un protón

Podemos ilustrar todo lo que se ha explicado en este capítulo mediante la descripción del acelerador de cascada del Fermilab, con sus cinco máquinas secuenciales (siete si queréis contar los dos anillos donde hacemos antimateria). El Fermilab es una coreografía compleja de cinco aceleradores diferentes, cada uno un paso por encima en energía y elaboración, como la ontogenia que recapitula a la filogenia (o lo que recapitule).

Para empezar, nos hace falta algo que acelere. Corremos a Avíos El As y compramos una botella presurizada de gas hidrógeno. El átomo de hidrógeno consiste en un electrón y un núcleo simple, de un solo protón. En la botella hay bastantes protones para que el Fermilab funcione durante un año. Coste: unos veinte dólares, si se devuelve la botella. La primera máquina de la cascada es nada menos que un acelerador electrostático Cockcroft-Walton, diseño de los años treinta. Aunque es el más antiguo de la serie de aceleradores del Fermilab, es el de pinta más futurista, adornado como está con unas bolas muy grandes y lustrosas y anillos con apariencia de rosquillas que a los fotógrafos les encanta fotografiar. En el Cockcroft-Walton, una chispa arranca el electrón del átomo y deja un protón de carga positiva, prácticamente en reposo. La máquina acelera entonces esos protones y crea un haz de 750 KeV dirigido a la entrada de la máquina siguiente, que es un acelerador lineal, o *linac*. El linac envía los protones por una serie, de 150 metros de largo, de cavidades (huecos) de radiofrecuencia para que alcancen los 200 MeV.

A esta respetable energía se los transfiere, mediante la guía magnética y el enfoque, al «impulsor», un sincrotrón, que hace dar vueltas a los protones y que su energía suba a 8 GeV. Fijaos en esto: ahí, ya hemos producido energías mayores que en el Bevatrón de Berkeley, el primer acelerador de GeV, y aún nos faltan dos anillos. Este cargamento de protones se inyecta entonces en el anillo principal, la máquina «200» de unos seis kilómetros de perímetro, que en los años 1974-1982 trabajaba a 400 GeV, el doble de la energía oficial para la que se la diseñó. El anillo principal era el caballo percherón del complejo del Fermilab.

Una vez se conectó el Tevatrón, en 1983, el anillo principal empezó a tomarse la vida con un poco más de desahogo. Ahora lleva los protones sólo hasta 150 GeV y los transfiere entonces al anillo superconductor del Tevatrón, cuyo tamaño es exactamente el mismo que el del anillo principal y está muy pocos metros debajo de él. En el uso corriente del Tevatrón, los imanes superconductores hacen dar vueltas y más vueltas a las partículas de 150 GeV, 50.000 por segundo, que así ganan 700 KeV por vuelta hasta que, tras unos 25 segundos, llegan a los 900 GeV. A esas alturas, los imanes, alimentados por corrientes de 5.000 amperios, han incrementado la intensidad de sus campos hasta 4,1 teslas, más del doble del campo que los viejos imanes de hierro podían ofrecer. Y la energía que se requiere para mantener los 5.000 amperios es ¡aproximadamente cero! La tecnología de las aleaciones superconductoras no para de mejorar. Hacia 1990 la tecnología de 1980 del Tevatrón ya había sido superada, así que el Supercolisionador usará campos de 6,5 teslas, y el CERN está trabajando duro para llevar la técnica al que quizá sea el límite de las aleaciones de niobio: 10 teslas. En 1987 se descubrió un nuevo tipo de superconductor, basado en materiales cerámicos que necesitaban sólo enfriamiento de nitrógeno. Se suscitaron esperanzas de que era inminente un gran progreso en lo que se refería al coste, pero los campos magnéticos fuertes que se requieren no existen aún, y nadie puede hacerse una idea de cuándo reemplazarán estos materiales nuevos al niobio-titanio, o siquiera si lo reemplazarán alguna vez.

En el Tevatrón, 4,1 teslas es el límite, y las fuerzas electromagnéticas empujan a los protones a una órbita que los saca de la máquina hacia un túnel, donde se dividen entre unas catorce líneas de haz. Aquí disponen los grupos experimentales los blancos y los detectores para hacer sus experimentos. Unos mil físicos trabajan en el programa de blanco fijo. La máquina funciona en ciclos. Lleva unos treinta segundos hacer toda la aceleración. El haz se evacua durante otros veinte segundos, a fin de no abrumar a los experimentadores con un ritmo de partículas demasiado alto para sus experimentos. Este ciclo se repite cada minuto.

La línea externa del haz se enfoca muy apretadamente. Mis compañeros y yo preparamos un experimento en el «Centro de Protones», donde se extrae, enfoca y guía un haz de protones a lo largo de unos dos kilómetros y medio a un blanco de un cuarto de milímetro de ancho, el grosor de una hoja de afeitar. Los protones chocan con ese fino borde. Cada minuto, día tras día, durante semanas, un estallido de protones golpea en ese blanco sin que se desvíen en más de una pequeña fracción de su anchura.

El otro modo de usar el Tevatrón, el modo colisionador, es muy diferente, y lo consideraremos en detalle. En este modo, los protones inyectados derivan por el Tevatrón a 150 GeV a la espera de los antiprotones, que en su debido momento son emitidos por la fuente de p-barra y enviados alrededor del anillo en la dirección opuesta. Cuando los dos haces están en el Tevatrón, empezamos a elevar la intensidad de los imanes y a acelerar los dos haces. (Enseguida se darán más explicaciones sobre cómo funciona esto.)

En cada fase de la secuencia, los ordenadores controlan los imanes y los sistemas de radiofrecuencia, para mantener los protones estrechamente agrupados y bajo control. Los sensores informan sobre las corrientes, los voltajes, las presiones, las temperaturas, la localización de los protones y los últimos promedios del Dow Jones. Un funcionamiento defectuoso podría mandar los protones, desbocados, fuera de su conducto de vacío a través de la estructura del imán que lo rodea, taladrando un agujero muy bien hecho y muy caro. Nunca ha pasado: al menos, no por ahora.

Decisiones, decisiones: protones o electrones

Hemos hablado aquí mucho de las máquinas de protones, pero no sólo se trabaja con protones. Lo bueno que tienen es que cuesta hasta cierto punto poco acelerarlos. Podemos acelerarlos hasta billones de electronvoltios. El Supercolisionador los acelerará hasta los 20 billones de electronvoltios. En realidad, podría no haber teóricamente un límite de lo que podemos hacer. Por otra parte, los protones están llenos de otras partículas: los quarks y los gluones. Ello hace que las colisiones sean embarulladas, complicadas. Esa es la razón de que algunos físicos prefieran acelerar electrones, que son puntuales, a-tómicos. Como son puntos, sus colisiones son más limpias que las de los protones. La cara negativa es que su masa es pequeña, así que es difícil y caro acelerarlos. Sus masas pequeñas producen una gran cantidad de radiación electromagnética cuando se los hace dar vueltas en círculo. Hay que invertir mucha más energía para compensar la pérdida por radiación. Desde el punto de vista de la aceleración, esa radiación no es sino un desecho, pero para algunos investigadores se trata más bien de una bonificación secundaria que es toda una bendición porque es muy intensa y su longitud de onda muy corta. Se dedican actualmente muchos aceleradores circulares a producir esta radiación de sincrotrón. Entre los clientes están los biólogos, que usan los intensos haces de fotones para estudiar la estructura de moléculas enormes, los constructores de chips electrónicos, para hacer litografía de rayos X, los científicos de materiales, que estudian la estructura de los materiales, y muchos otros de tipo práctico.

Una forma de evitar esta pérdida de energía es usar un acelerador lineal, como el linac de Stanford, de más de tres kilómetros de largo, que se construyó a principios de los años sesenta. A la máquina de Stanford se le llamaba al principio «M», de monstruo, y para su época fue una máquina espantosa. Empieza en el campus de Stanford, a medio kilómetro, más o menos, de la Falla de San Andrés, y se abre paso hacia la bahía de San Francisco. El Centro del Acelerador Lineal de Stanford debe su existencia al ímpetu y el entusiasmo de su fundador y primer director, Wolfgang Panofsky. J. Robert Oppenheimer contaba que el brillante Panofsky y su hermano gemelo, el no menos brillante Hans, asistieron a Princeton juntos y ambos consiguieron unos expedientes académicos estelares, pero uno de ellos lo hacía un pelo mejor que el otro. Desde entonces, decía Oppenheimer, se convirtieron en el Panofsky «listo» y el Panofsky «tonto». ¿Quién es quién? «¡Eso es secreto!», dice Wolfgang. A decir la verdad, casi todos lo llamamos Pief.

Las diferencias entre el Fermilab y el SLAC son obvias. Uno hace protones; el otro electrones. Uno es circular, el otro recto. Y cuando decimos que un acelerador lineal es recto, queremos decir recto. Por ejemplo, supongamos que construimos un tramo de carretera de tres kilómetros de largo. Los topógrafos nos aseguran que es recto, pero no lo es. Sigue la muy suave curvatura de la Tierra. A un topógrafo que está sobre la superficie de la Tierra le parece recto, pero visto desde el espacio es un arco. El tubo del haz del SLAC, por el contrario, es *recto*. Si la Tierra fuese una esfera perfecta, el linac sería una tangente de la superficie de la Tierra de tres kilómetros de longitud. Proliferaron por el mundo las máquinas de electrones, pero el SLAC siguió siendo el más espectacular, capaz de acelerar los electrones hasta 20 GeV en 1960, hasta 50 GeV en 1989. Entonces los europeos lo superaron.

Colisionadores o blancos

Muy bien, estas son nuestras opciones hasta aquí. Se pueden acelerar protones o se pueden acelerar electrones, y se los puede acelerar en círculo o en línea recta. Pero hay que tomar una decisión más.

Por lo general, se sacan los haces de los límites de la prisión magnética, y se los transporta siempre por las conducciones de vacío, hasta el blanco donde se producen las colisiones. Hemos explicado de qué forma el análisis de las colisiones proporciona información sobre el mundo subnuclear. La partícula acelerada aporta una cierta cantidad de energía, pero sólo se dispone de una parte de ella para explorar la naturaleza a distancias pequeñas o para fabricar nuevas partículas conforme a $E = mc^2$. La ley de la conservación del momento dice que parte de la energía de entrada se mantendrá y será dada a los productos finales de las colisiones. Por ejemplo, si un autobús en movimiento choca con un camión parado, buena parte de la energía del autobús acelerado se irá en empujar los distintos trozos de hoja metálica, de vidrio y de goma, energía que se sustrae de la que podría demoler el camión todavía más.

Si un protón de 1.000 GeV golpea a un protón en reposo, la naturaleza insiste en que cualquier partícula que salga debe tener el suficiente movimiento hacia adelante para igualar el momento hacia adelante del protón incidente. Resulta que esto deja un máximo de sólo 42 GeV para hacer partículas nuevas.

A mediados de los años sesenta nos dimos cuenta de que, si se pudiera conseguir que dos partículas, cada una de las cuales tuviera toda la energía del haz del acelerador, chocasen de frente, tendríamos una colisión muchísimo más violenta. Se aportaría a la colisión el doble de la energía del acelerador, y *toda ella* estaría disponible, pues el momento total inicial es cero (los objetos que chocan tienen momentos iguales y opuestos). Por lo tanto, en un acelerador de 1.000 GeV una colisión frontal de dos partículas, cada una de las cuales tenga 1.000 GeV, libera 2.000 GeV para la creación de nuevas partículas, lo que hay que comparar con los 42 GeV de que se dispone cuando el acelerador está en el modo de blanco estacionario. Pero hay una penalización. Una ametralladora puede dar con mucha facilidad a la fachada de un caserón, pero es más difícil que dos ametralladoras se disparen entre sí y sus balas choquen en el aire. Esto os dará cierta idea del problema que supone manejar un acelerador de haces en colisión.

La fabricación de antimateria

Tras su colisionador original, Stanford construyó en 1973 un acelerador muy productivo, el SPEAR (acrónimo que quiere decir lanza), para el Anillo del Acelerador de Positrones y Electrones de Stanford. Aquí, los haces de electrones se aceleran en un acelerador de más de tres kilómetros de largo hasta una energía entre 1 y 2 GeV, y se los inyecta en un pequeño anillo de almacenamiento magnético. Una secuencia de reacciones producía las partículas de Carl Anderson, los positrones. Primero, el intenso haz de electrones incide en un blanco y produce, entre otras cosas, un intenso haz de fotones. La ceniza de partículas cargadas es barrida con imanes, que no afectan a los fotones, neutros. Así se consigue que un limpio haz de fotones golpee en un blanco delgado, de platino, por ejemplo. El resultado más común es que la pura energía del fotón se convierta en un electrón y un positrón, que compartirán la energía original del fotón menos la masa en reposo del electrón y del positrón.

Un sistema de imanes recoge cierta fracción de los positrones, que se inyecta en un anillo de almacenamiento donde los electrones han estado pacientemente dando vueltas y vueltas. Los flujos de positrones y de electrones, que tienen cargas eléctricas opuestas, se curvan bajo el efecto de un imán en direcciones opuestas. Si uno de los flujos va en el sentido de las agujas del reloj, el otro va al revés que el reloj. El resultado es obvio: colisiones frontales. SPEAR hizo varios descubrimientos importantes, los colisionadores se volvieron muy populares y una plétora de acrónimos poéticos (¿?) invadió el mundo. Antes de SPEAR estuvo ADONE (Italia, 2 GeV); tras SPEAR, DORIS (Alemania, 6 GeV) y luego PEP (otra vez Stanford, 30 GeV), PETRA (Alemania, 30 GeV), CESR (Cornell, 8 GeV), VEPP (URSS), TRISTAN (Japón, de 60 a 70 GeV), LEP (CERN, 100 GeV) y SLC (Stanford, 100 GeV). Obsérvese que se tasa a los colisionadores por la suma de las energías de los haces. El LEP, por ejemplo, tiene 50 GeV en cada haz; por lo tanto, es una máquina de 100 GeV.

En 1972, se dispuso de colisiones frontales de protones en el pionero Anillo Intersector de Almacenamiento (ISR) del CERN, instalado en Ginebra. En él se entrelazan dos anillos independientes; los protones van en direcciones opuestas en cada anillo y chocan de frente en ocho puntos de intersección diferentes. La materia y la antimateria, los electrones y los positrones, por ejemplo, pueden circular en el mismo anillo porque los imanes los hacen circular en direcciones opuestas, pero hacen falta dos anillos separados para machacar unos protones contra otros.

En el ISR, cada anillo se llena de protones de 30 GeV procedentes del acelerador del CERN más convencional, el PS. El ISR tuvo finalmente un gran éxito. Pero cuando se puso en marcha en 1972, obtuvo sólo unos cuantos miles de colisiones por segundo en los puntos de colisión de «alta luminosidad». «Luminosidad» es la palabra que se usa para describir el número de colisiones por segundo, y los problemas iniciales del ISR demostraron lo difícil que era conseguir que dos balas de ametralladora (los dos haces) chocaran. La máquina acabó por mejorar hasta producir más de 5 millones de colisiones por segundo. Por lo que se refiere a la física, se hicieron algunas mediciones importantes, pero, en general, el ISR fue más que nada una experiencia de aprendizaje valiosa acerca de los colisionadores y las técnicas de detección. El ISR era una máquina elegante, tanto técnicamente como por su apariencia: una típica producción suiza. Trabajé allí durante mi año sabático de 1972, y volví con frecuencia a lo largo de los diez años siguientes. Enseguida me llevé a I. I. Rabi, que visitaba Ginebra por un congreso de «Átomos para la Paz», a dar una vuelta por allí. En cuanto entramos en el elegante túnel del acelerador, Rabi se quedó con la boca abierta, y exclamó: «¡Ah, Patek Philippe!».

El colisionador más difícil de todos, el que enfrenta a los protones contra los antiprotones, llegó a ser posible gracias al invento de un ruso fabuloso, Gershon Budker, que trabajaba en la Ciudad de la Ciencia Soviética, en Novosibirsk. Budker había estado construyendo máquinas de electrones en Rusia, en competencia con su amigo norteamericano Wolfgang Panofsky. Se trasladó su actividad a Novosibirsk, a un nuevo complejo universitario en Siberia. Como dice Budker, Panosfsky no fue trasladado a Alaska; la competición, pues, no era justa y él se vio obligado a innovar.

En Novosibirsk, en los años cincuenta y sesenta, Budker llevó un floreciente sistema capitalista de vender a la industria soviética pequeños aceleradores de partículas a cambio de materiales y dinero que permitieran a sus investigaciones seguir adelante. Le apasionaba la perspectiva de usar los antiprotones, o p-barras, como elemento que chocase contra otros en un acelerador, pero sabía que eran un bien escaso. El único lugar donde se les encuentra es en las colisiones de alta energía, donde se producen gracias, sí, a $E = mc^2$. Una máquina de muchas decenas de GeV tendrá unos cuantos p-barras entre las cenizas de las colisiones. Si quería reunir suficientes para que las colisiones ocurrieran a unos ritmos útiles, tenía que acumularlos durante muchas horas. Pero a medida que los p-barras salen de un blanco golpeado, se mueve cada uno por su sitio. A los expertos en aceleradores les gusta expresar esos movimientos mediante su dirección principal y energía (¡justo!) y los movimientos laterales superfluos que tienden a llenar el espacio disponible de la cámara de vacío. Budker vio —este fue su hallazgo— la posibilidad de «enfriar» las componentes laterales de sus movimientos y comprimir los p-barras en un haz mucho más denso a medida que se almacenaban. Es un asunto complicado. Deben alcanzarse unos niveles de control del haz, de estabilidad magnética y de ultravacío inauditos. Hay que almacenar los antiprotones, enfriarlos y acumularlos más de diez horas antes de que haya suficientes para inyectarlos en el colisionador, donde se los acelerará. Era una idea poética, pero el programa era demasiado complejo para los limitados recursos de Budker en Siberia.

Entra Simon Van der Meer, ingeniero holandés del CERN que hizo avanzar esta técnica de enfriamiento a finales de los años setenta y contribuyó a construir la primera fuente de p-barra, para que se usase en el primer colisionador de protones y antiprotones. Utilizó el anillo de 400 GeV del CERN como dispositivo a la vez de almacenamiento y colisión, y las primeras colisiones p/p-barra quedaron conectadas al sistema en 1981. Van de Meer compartió el premio Nobel de 1985 con Carlo Rubbia por haber contribuido con su «enfriamiento estocástico» al programa de investigación que había preparado Carlo Rubbia y que dio lugar al descubrimiento de las partículas W^+, W^- y Z^0, de las que hablaremos más adelante.

Carlo Rubbia tiene una personalidad tan llamativa que merecería un libro entero, y al menos hay uno sobre él (*Nobel Dreams*, de Gary Taubes). Carlo, uno de los graduados más brillantes de la asombrosa Scuola Normale de Pisa, donde fue estudiante Enrico Fermi, es una dinamo que no puede nunca ir más despacio. Ha trabajado en Nevis, en el CERN, en Harvard, en el Fermilab, otra vez en el CERN y luego otra vez en el Fermilab. Como ha viajado tanto, inventó un complejo sistema de minimizar gastos intercambiando las mitades de ida y vuelta de los billetes. Una vez le convencí por un rato de que se retiraría con ocho billetes de más, todos de oeste a este. En 1989 fue nombrado director del CERN; por entonces, el laboratorio del consorcio europeo había ido en cabeza durante unos seis años por lo que se refería a las colisiones de protones y antiprotones. Sin embargo, el Tevatrón se puso en cabeza de nuevo en 1987-1988, cuando el Fermilab hizo unas mejoras importantes en el montaje del CERN y puso en funcionamiento su propia fuente de antiprotones.

Los p-barras no crecen en los árboles y no podréis comprarlos en Avíos El As. En los años noventa el Fermilab es la mayor reserva mundial de antiprotones, que se almacenan en un anillo magnético. Un estudio futurista de la Fuerza Aérea de los Estados Unidos y de la Rand Corporation ha determinado que un miligramo de antiprotones sería el combustible ideal de un cohete, pues contendría la energía equivalente a unas dos toneladas de petróleo. Como el Fermilab es el líder mundial en la producción de antiprotones (10^{10} por hora), ¿cuánto le llevaría hacer un miligramo? Al ritmo actual, unos pocos millones de años, funcionando las veinticuatro horas del día. Algunas extrapolaciones de la tecnología actual increíblemente optimistas podrían reducir esta cifra a unos cuantos miles de años. Mi consejo es, pues, que no invirtáis en la Mutua P-Barra de Fidelidad.

El montaje del colisionador del Fermilab funciona como sigue. El viejo acelerador de 400 GeV (el anillo principal), que opera a 120 GeV, arroja los protones contra un blanco cada dos segundos. Cada colisión de unos 10^{12} protones hace unos 10 millones de antiprotones, que apuntan en la dirección correcta con la energía correcta. Con cada p-barra hay miles de piones, kaones y otros residuos indeseados, pero son todos inestables y desaparecen más pronto o más tarde. Los p-barras se enfocan en un anillo magnético, el anillo «desapelotonador», donde se los procesa, organiza y comprime, y a continuación se los transfiere al anillo acumulador. Ambos anillos tienen alrededor de ciento cincuenta metros de circunferencia y almacenan p-barras a 8 GeV, la misma energía que el acelerador impulsor. El almacenamiento es un asunto delicado, pues todos nuestros equipos están hechos de materia (¿de qué si no?), y los p-barras son antimateria. Si entran en contacto con la materia... la aniquilación. Tenemos, por tanto, que mantener con el mayor cuidado a los p-barras dando vueltas cerca del centro del tubo de vacío. Y la calidad del vacío ha de ser extraordinaria, la mejor «nada» que la técnica pueda conseguir.

Tras la acumulación y la compresión continua durante unas diez horas, ya estamos listos para inyectar los p-barras de vuelta al acelerador de donde salieron. En un procedimiento que recuerda a un lanzamiento de la NASA, una tensa cuenta atrás tiene como objeto que haya la certidumbre de que cada voltaje, cada corriente, cada imán y cada conmutador están en condiciones. Se lanzan los p-barras a toda velocidad dentro del anillo principal, donde circulan en sentido contrario a las agujas del reloj a causa de su carga negativa. Se los acelera a 150 GeV y se los transfiere, de nuevo por medio de una prestidigitación magnética, al anillo superconductor del Tevatrón. Ahí, los protones, recién inyectados desde el impulsor a través del anillo principal, han estado esperando con paciencia, circulando incansablemente en el acostumbrado sentido del reloj. Ahora tenemos dos haces, que corren en direcciones opuestas por los más de seis kilómetros del anillo.

Cada haz consta de seis pelotones de partículas, cada uno de los cuales tiene alrededor de 10^{12} protones, con un número algo menor de p-barras por pelotón.

Ambos haces se aceleran desde los 150 GeV, la energía que se les impartió en el anillo principal, hasta toda la energía que puede dar el Tevatrón: 900 GeV. El paso final es «apretar». Como los haces circulan en sentidos opuestos por el mismo y pequeño tubo, se han estado cruzando, inevitablemente, durante la fase de aceleración. Sin embargo, su densidad es tan baja que hay muy pocas colisiones entre las partículas. «Apretar» energiza unos imanes superconductores cuadrupolares especiales que comprimen el diámetro de los haces, y de tener el mismo que una paja para sorber (unos pocos milímetros) pasan a no ser más gruesos que un cabello humano (micras). Esto aumenta la densidad de partículas enormemente. Ahora, cuando se cruzan los haces hay al menos una colisión por cruce. Los imanes están retorcidos de manera que las colisiones ocurran en el centro de los detectores. El resto corre de su cuenta.

Una vez se ha establecido un funcionamiento estable, se encienden los detectores y empiezan a recoger datos. Lo normal es que esto dure de diez a veinte horas, mientras se van acumulando más p-barras con la ayuda del viejo anillo principal. Con el tiempo, los pelotones de protones y antiprotones se despueblan y se vuelven más difusos, y así se reduce el ritmo con que ocurren los sucesos. Cuando la luminosidad (el número de colisiones por segundo) disminuye alrededor de un 30 por 100, y si hay suficientes p-barras nuevos almacenados en el anillo acumulador, se apagan los haces y se emprende una nueva cuenta atrás, como la de la NASA. Lleva una media hora rellenar el colisionador del Tevatrón. Se considera que alrededor de 2.000 millones de antiprotones es un buen número para inyectar. Cuantos más, mejor. Se enfrentan a unos 500.000 millones de protones, mucho más fáciles de obtener, para producir unas 100.000 colisiones por segundo. Las mejoras que se harán a todo esto y que, según se prevé, estarán instaladas en los años noventa, aumentarán esas cantidades en un factor de diez, más o menos.

En 1990, el colisionador del CERN de p y p-barras fue retirado, con lo que todo el campo quedó en manos de la instalación del Fermilab, con sus dos poderosos detectores.

Se abre la caja negra: los detectores

Aprendemos acerca del dominio subnuclear observando, midiendo y analizando las colisiones que producen las partículas de grandes energías. Ernest Rutherford encerró a sus colaboradores en una habitación a oscuras para que pudiesen ver y contar los destellos generados por las partículas alfa al dar en las pantallas de sulfuro de cinc. Nuestras técnicas de conteo de partículas han evolucionado considerablemente desde entonces, en especial durante el periodo posterior a la segunda guerra mundial.

Antes de la segunda guerra mundial, la cámara de niebla fue un instrumento de gran importancia. Anderson descubrió con una de ellas el positrón, y las había en los laboratorios de todo el mundo donde se investigasen los rayos cósmicos. La labor que se me asignó en Columbia fue construir una que habría de funcionar con el ciclotrón Nevis. Como yo era entonces un estudiante graduado que estaba absolutamente verde, no era consciente de las sutilezas de las cámaras de niebla, y competí con expertos de Berkeley, el Cal Tech, Rochester y otros sitios así. Las cámaras de niebla son un fastidio, y pueden «envenenarse», es decir, sufrir impurezas que crean gotas indeseadas, que se confunden con las que delinean las trazas de las partículas. Nadie tenía en Columbia experiencia con estos temibles detectores. Me leí toda la literatura y adopté todas las supersticiones: limpiar el cristal con hidróxido de sodio y lavarlo con agua triplemente destilada; hervir el diafragma de goma en alcohol metílico de cien grados; mascullar los ensalmos adecuados... Rezar un poco no hace daño.

Desesperado, intenté que un rabino bendijera mi cámara de niebla. Por desgracia, escogí al rabino equivocado. Era ortodoxo, muy religioso, y cuando le pedí que le echase una *brucha* (hebreo: bendición) a mi cámara de niebla, exigió saber antes qué era una cámara de niebla. Le enseñé una foto, y se puso furioso de que le hubiera sugerido ese sacrilegio. El tipo siguiente con el que probé, un rabino conservador, tras ver la imagen, me preguntó cómo funcionaba la cámara. Se lo expliqué. Me escuchó, movió la cabeza de arriba abajo, se pasó la mano por la barba y finalmente, con tristeza, me dijo que no podía hacerlo. «La ley...» Así que fui al rabino de la Reforma. Cuando llegué a su casa, acababa de bajarse de su Jaguar XKE. «Rabino, ¿podría echarle una brucha a mi cámara de niebla?», le rogué. «¿Brucha?», respondió. «¿Qué es una brucha?» Así que me dejaron con un palmo de narices.

Al final estuve listo para la gran prueba. Al llegar a ese punto, todo tenía que funcionar, pero cada vez que ponía en marcha la cámara no me salía más que un denso humo blanco. Por entonces llegó a Columbia Gilberto Bernardini, un verdadero experto, y se puso a mirar lo que yo hacía.

—¿«Cosa e la varila» de metal metida en la cámara? —preguntaba.

—Es mi fuente radiactiva —le decía—, la que produce las trazas. Pero no me sale nada más que humo blanco.

—Sácala

—¿Que la saque?

—Sí, sí, fuera.

Así que la saqué, y unos cuantos minutos después... ¡trazas! Por la cámara se abrían paso unas hermosas trazas ondulantes. La imagen más bella que jamás hubiese visto. Lo que pasaba era que mi fuente de milicurios era tan intensa que llenaba la cámara de iones y cada uno hacía crecer su propia gota. El resultado: un humo denso, blanco. No me hacía falta una fuente radiactiva. Los rayos cósmicos, omnipresentes en el espacio a nuestro alrededor, proporcionan amablemente bastante radiación. Ecco!

La cámara de niebla resultó ser un instrumento muy productivo porque con ella se podía fotografiar el rastro de las gotas minúsculas que se formaban a lo largo de la traza de las partículas que la atravesaban. Equipada con un campo magnético, las trazas se curvan, y al medir el radio de esa curvatura obtenemos el momento de las partículas. Cuanto más cerca estén las trazas de ser rectas (menos curvatura), mayor energía tienen las partículas. (Acordaos de los protones en el ciclotrón de Lawrence, que ganaban momento y entonces describían grandes círculos.) Tomamos miles de imágenes que descubrían una variedad de datos sobre las propiedades de los piones y de los muones. La cámara de niebla —vista como un instrumento, no como la fuente de mi doctorado y de mi plaza— nos permitía observar unas cuantas docenas de trazas por fotografía. Los piones tardan alrededor de una mil millónesima de segundo en atravesar la cámara. Es posible formar una capa densa de material en la que tenga lugar una colisión, lo que ocurre quizá en una de cada cien fotografías. Como sólo se puede tomar una imagen por minuto, el ritmo de acumulación de datos está más limitado.

Burbujas y alegría, penas y fatigas

El siguiente avance fue la cámara de burbujas, inventada a mediados de los años cincuenta por Donald Glaser, por entonces en la Universidad de Michigan. La primera cámara de burbujas fue un dedal de hidrógeno líquido. La última que se usó —fue retirada del Fermilab en 1987— era una vasija de cuatro metros y medio por tres de acero inoxidable y cristal.

En una cámara llena de líquido, a menudo hidrógeno licuado, se forman unas burbujas diminutas a lo largo del rastro de las partículas que la atraviesan. Las burbujas indican que se produce una ebullición debida a la disminución súbita deliberada de la presión del líquido. Así, éste se pone por encima del punto de ebullición, que depende tanto de la temperatura como de la presión. (Puede que hayáis sufrido lo difícil que es cocer un huevo en vuestro chalé de la montaña. A la baja presión de las cimas de las montañas, el agua hierve bien por debajo de los 100 °C.) Un líquido limpio, no importa lo caliente que esté, se resiste a hervir. Por ejemplo, si calentáis un poco de aceite en un pote hondo por encima de su temperatura de ebullición normal, y todo está realmente limpio, no hervirá. Pero echad un solo trozo de patata, y se pondrá a hervir explosivamente. Así que para producir burbujas, hacen falta dos cosas: una temperatura por encima del punto de ebullición y algún tipo de impureza que aliente la formación de una burbuja. En la cámara de burbujas se sobrecalienta el líquido mediante la disminución súbita de la presión. La partícula cargada, en sus numerosas colisiones suaves con el líquido, deja un rastro de átomos excitados que, tras la disminución de la presión, es ideal para la nucleación de las burbujas. Si se produce en la vasija una colisión entre la burbuja incidente y un protón (núcleo de hidrógeno), todos los productos cargados que se generan se hacen también visibles. Como el medio es un líquido, no se necesitan placas densas, y el punto de colisión se ve claramente. Los investigadores de todo el mundo tomaron millones de fotografías de las colisiones en las cámaras de burbujas, ayudados en sus análisis por dispositivos automáticos de lectura.

Funciona así. El acelerador dispara un haz de partículas hacia la cámara de burbujas. Si se trata de un haz de partículas cargadas, diez o veinte trazas empiezan a poblar la cámara. En un milisegundo o así tras el paso de las partículas, se mueve rápidamente un pistón, que hace que descienda la presión y con ello empiece la formación de las burbujas. Tras otro milisegundo o así de tiempo de crecimiento, se enciende un destello de luz, la película se mueve y ya estamos listos para otro ciclo.

Se dice que Glaser (que ganó el premio Nobel por su cámara de burbujas e inmediatamente se hizo biólogo) sacó su idea de la nucleación de burbujas estudiando el truco de hacer que el copete de espuma de un vaso de cerveza sea mayor echándole sal. Los bares de Ann Arbor, Michigan, engendraron, pues, uno de los instrumentos que más éxito haya tenido de los que se han empleado para seguir las huellas de la Partícula Divina.

El análisis de las colisiones tiene dos claves: el espacio y el tiempo. Nos gustaría registrar la trayectoria de una partícula en el espacio y el tiempo preciso de su paso. Por ejemplo, una partícula entra en el detector, se para, se desintegra y da lugar a una partícula secundaria. Un buen ejemplo de partícula que se para es el muón, que puede desintegrarse en un electrón, separado temporalmente una millónesima de segundo más o menos del momento de la detención. Cuanto más preciso sea el detector, mayor será la información. Las cámaras de burbujas son excelentes para el análisis espacial del suceso. Las partículas dejan trazas, y en la cámara de burbujas podemos localizar puntos en esas trazas con una precisión de alrededor de un milímetro. Pero no ofrecen información temporal.

Los contadores de centelleo pueden localizar las partículas tanto en el espacio como en el tiempo. Están hechos de plásticos especiales y producen un destello de luz cuando incide en ellos una partícula cargada. Van envueltos en plástico negro opaco, y se hace que cada uno de esos minúsculos destellos de luz confluya en un fotomultiplicador electrónico que convierte la señal, indicadora del paso de una partícula, en un impulso eléctrico nítidamente definido. Cuando ese impulso se superpone a un tren electrónico de impulsos de reloj, se puede registrar la llegada de una partícula con una precisión de unas pocas mil millonésimas de segundo. Si se usan muchas tiras de centelleo, la partícula dará en varias sucesivamente y dejará una serie de impulsos que describirán su trayectoria espacial. La localización espacial depende del tamaño del contador; por lo general, la determina con una precisión de unos cuantos centímetros.

La cámara proporcional de hilos (PWC) fue un avance de

la mayor importancia. La inventó un francés prolífico que trabaja en el CERN, Georges Charpak. Héroe de la segunda guerra mundial y de la resistencia, prisionero en un campo de concentración, Charpak llegó a ser el inventor más destacado de aparatos detectores de partículas. En su PWC, un aparato ingenioso y «simple», se tiende una serie de hilos finos sobre un bastidor, separados sólo unos pocos milímetros. El bastidor mide normalmente sesenta centímetros por ciento veinte, y hay unos cuantos cientos de hilos de sesenta centímetros de largo tendidos en ese espacio de un metro y veinte centímetros. Se organizan los voltajes de forma que cuando pase una partícula cerca de un hilo, se genere en éste un impulso eléctrico, que se registra. La localización precisa del hilo afectado determina un punto de la trayectoria. Se obtiene el instante en que se ha producido el impulso por comparación con un reloj electrónico. Gracias a mejoras adicionales, las definiciones espacial y temporal pueden afinarse hasta, aproximadamente, 0,1 milímetros y 10^{-8} segundos. Con muchos planos como este apilados en una caja hermética rellena de un gas apropiado se pueden definir con precisión las trayectorias de las partículas. Como la cámara sólo se activa durante un corto intervalo de tiempo, los sucesos aleatorios de fondo quedan suprimidos y cabe usar haces intensísimos. Los PWC de Charpak han formado parte de todos los experimentos importantes de física de partículas desde 1970, más o menos. En 1992, Charpak ganó el premio Nobel (¡él solo!) por su invento.

Todos estos sensores de partículas, y otros, se incorporaron en los depurados detectores de los años ochenta. El detector CDF del Fermilab es un caso típico entre los sistemas más complejos. Tiene tres pisos de altura, pesa 5.000 toneladas y su construcción costó 60 millones de dólares; se diseñó para observar las colisiones frontales de los protones y los antiprotones en el Tevatrón. En él, 100.000 sensores, entre los cuales hay contadores de centelleo e hilos cuyas configuraciones se han diseñado con el mayor cuidado, alimentan con corrientes de información en la forma de impulsos electrónicos un sistema que organiza, filtra y, por último, registra los datos para su análisis futuro.

Como en todos los detectores semejantes, hay demasiada información para que pueda ser manejada en tiempo real —es decir, inmediatamente—, así que los datos se codifican en forma digital y se organizan para grabarlos en una cinta magnética. El ordenador debe decidir qué colisiones son «interesantes» y cuáles no, pues en el Tevatrón se producen más de 100.000 por segundo, y se espera que esta cifra se incremente en la primera mitad de los años noventa hasta un millón de colisiones por segundo. Ahora bien, la mayoría de esas colisiones carece de interés. Las más preciosas son aquellas en las que un quark de un protón le da realmente un beso a un antiquark o incluso a un gluón del p-barra. Estas colisiones duras son raras.

El sistema que maneja la información tiene menos de una millonésima de segundo para examinar una colisión en concreto y tomar una decisión fatal: ¿es interesante este suceso? Para un ser humano, es una velocidad que da vértigo, pero no para un ordenador. Todo es relativo. En una de nuestras grandes ciudades, una banda de caracoles atacó y robó a una tortuga. Cuando más tarde le preguntó la policía, la tortuga dijo: «No sé. ¡Todo pasó tan deprisa!».

Para aliviar la toma electrónica de decisiones, se ha desarrollado un sistema de niveles secuenciales de selección de sucesos. Los experimentadores programan los ordenadores con varios «disparadores», indicadores que le dicen al sistema qué sucesos ha de registrar. Un suceso que descargue una gran cantidad de energía en el detector, por ejemplo, es un disparador típico, pues es más probable que ocurran fenómenos nuevos a altas energías que a bajas. Establecer los disparadores es como para que a uno le entren sudores fríos. Si son demasiado laxos, abrumas la capacidad y la lógica de las técnicas de registro. Si los pones demasiado estrictos, puede que te pierdas alguna física nueva o que hayas hecho el experimento para nada. Hay disparadores que saltarán a «vale» cuando se detecte que de la colisión sale un electrón de mucha energía. A otro disparador le convencerá la estrechez de un chorro de partículas, y así sucesivamente. Lo normal es que haya de diez a veinte configuraciones diferentes de sucesos de colisión a los que se permite que activen un disparador. El número total de sucesos que los disparadores dejan pasar puede ser de 5.000 a 10.000 por segundo, pero el ritmo de sucesos es así lo bastante bajo (uno cada diezmilésima de segundo) para que dé tiempo a «pensar» y a examinar —¡ejem!; a que examine el ordenador— los candidatos con más cuidado. ¿Queréis de verdad registrar este suceso? El filtrado prosigue a través de cuatro o cinco niveles hasta que no queden más de unos diez sucesos por segundo.

Cada uno de esos sucesos se graba en una cinta magnética con todo detalle. A menudo, en las etapas donde rechazamos sucesos, se graba una muestra de, digamos, uno de cada cien para estudiarlos más adelante y determinar si se está perdiendo una información importante. El sistema entero de adquisición de datos (DAQ) es posible gracias a una alianza nada santa de los físicos que creen que saben lo que quieren saber, los inteligentes ingenieros electrónicos que se esfuerzan duramente por agradar y, ¡oh, sí!, una revolución en la microelectrónica comercial basada en los semiconductores.

Los genios de toda esta tecnología son demasiado numerosos para citarlos, pero, desde mi punto de vista subjetivo, uno de los innovadores más destacados fue un tímido ingeniero electrónico que trabajaba en una buhardilla del Laboratorio de Nevis de la Universidad de Columbia, donde yo me formé. William Sippach iba muy por delante de los físicos bajo cuyo control estaba. Nosotros dábamos las especificaciones; él diseñaba y construía el DAQ. Una y otra vez le llamaba a las tres de la madrugada quejándome de que habíamos dado con una seria limitación de su (siempre era *suya* cuando había un problema) electrónica. Él escuchaba tranquilamente y hacía una pregunta: «¿has visto un microconmutador que hay dentro de la placa de la cubierta del estante catorce? Actívalo y tu problema estará resuelto. Buenas noches». La fama de Sippach se extendió, y en una semana corriente se dejaban caer visitantes de New Haven, Palo Alto, Ginebra y Novosibirsk para hablar con Bill.

Sippach y muchos otros que contribuyeron a desarrollar estos complejos sistemas continúan una gran tradición que empezó en los años treinta y cuarenta, cuando se inventaron los circuitos de los primeros detectores de partículas, que, a su vez, se convirtieron en los ingredientes fundamentales de la primera generación de ordenadores digitales. Y éstos, por su parte, engendraron mejores aceleradores y detectores, que engendraron...

Los detectores son la última línea de todo este negocio.

Lo que hemos averiguado: los aceleradores y el progreso de la física

Ahora sabéis todo lo que os hace falta saber de los aceleradores, o quizá más. Puede, de hecho, que sepáis más que la mayoría de los teóricos. No es una crítica, sólo un hecho. Más importante es lo que estas nuevas máquinas nos dicen acerca del mundo.

Como he mencionado, gracias a los sincrociclotrones de los años cincuenta aprendimos mucho sobre los piones. La teoría de Hideki Yukawa apuntaba que mediante el intercambio de una partícula de una masa concreta se podía crear una contrafuerza atractiva intensa que enlazaría a los protones con los protones, a los protones con los neutrones y a los neutrones con los neutrones. Yukawa predijo la masa y la vida media de la partícula que se intercambiaba: el pión.

La energía de la masa en reposo del pión es de 140 MeV, y en los años cincuenta se creaba prolíficamente en las máquinas de 300 a 800 MeV de los campus de universidades de distintas partes del mundo. Los piones se desintegran en muones y neutrinos. El muón, el gran problema de los años cincuenta, parecía ser una versión más pesada del electrón. Richard Feynman fue uno de los físicos prominentes que luchó agónicamente con esos dos objetos que se portaban en todos los aspectos de forma idéntica, sólo que uno pesaba doscientas veces lo que el otro. La resolución de este misterio es una de las claves de todo nuestro empeño, una pista hacia la propia Partícula Divina.

La siguiente generación de máquinas produjo una sorpresa generacional: al golpear el núcleo con partículas de *mil millones* de voltios pasaba «algo diferente». Repasemos lo que se puede hacer con un acelerador, sobre todo teniendo en cuenta que el examen final va a ser muy pronto. En esencia, la gran inversión en ingenio humano que se ha descrito en este capítulo —el desarrollo de los aceleradores modernos y de los detectores de partículas— nos permite hacer dos tipos de cosas: *dispersar* los objetos o —y esto es el «algo diferente»— *producir objetos nuevos*.

1. *Dispersión*. En los experimentos de dispersión miramos cómo se alejan las partículas en varias direcciones. La expresión técnica que designa el producto final de un experimento de dispersión es «distribución angular». Cuando se los analiza conforme a las reglas de la física cuántica, estos experimentos nos dicen mucho acerca del núcleo que dispersa a las partículas. A medida que la energía de la partícula de entrada procedente del acelerador aumenta, la estructura se enfoca mejor. Así conocimos la composición de los núcleos: los neutrones, los protones, la manera en que se disponen, el baile de San Vito con que mantienen la manera en que están dispuestos. Cuando aumentamos aún más la energía de nuestros protones, podemos «ver» dentro de los protones y de los neutrones. Cajas dentro de cajas.

Para que las cosas sean más simples, podemos usar como blancos protones sueltos (núcleos de hidrógeno). Los experimentos de dispersión nos dicen cuál es el tamaño del protón y cómo se distribuye en él la carga eléctrica positiva. Un lector inteligente nos preguntará si la sonda misma —la partícula que golpea el blanco— no contribuye a la confusión; la respuesta es que sí. Por eso usamos una variedad de sondas. Las partículas alfa de la radiación cedieron el paso a los protones y electrones disparados por los aceleradores, y más tarde usamos partículas secundarias: fotones que salían de los electrones, piones que salían de las colisiones de protones y núcleos. A medida que a lo largo de los años sesenta y setenta fuimos haciéndolo mejor, usamos partículas terciarias como partículas de bombardeo: los muones de las desintegraciones de los piones se convirtieron en sondas, lo mismo que los neutrinos de esa misma fuente, y también muchas otras partículas más.

El laboratorio del acelerador se convirtió en un centro de servicios con una variedad de productos. A finales de los años ochenta, la división de ventas del Fermilab anunciaba a los clientes potenciales que se disponía de los siguientes haces calientes y fríos: protones, neutrones, piones, kaones, muones, neutrinos, antiprotones, hiperiones, fotones polarizados (todos giran en la misma dirección), fotones marcados (sabemos sus energías), y si no lo ve, ¡pregunte!

2. *Producción de partículas nuevas.* Aquí el objetivo es hallar si un nuevo dominio de energía da lugar a la creación de partículas nuevas, que no se hayan visto nunca antes. Si hay una partícula nueva, queremos saberlo todo de ella: su masa, su espín, su carga, su familia y demás. Hemos de saber además su vida media y en qué otras partículas se desintegra. Por supuesto, hemos de saber su nombre y qué papel desempeña en la gran arquitectura del mundo de las partículas. El pión se descubrió en los rayos cósmicos, pero pronto hallamos que no llegan a las cámaras de niebla de la nada. Los protones de los rayos cósmicos procedentes del espacio exterior entran en la atmósfera de la Tierra, y en ella chocan con los núcleos de nitrógeno y de oxígeno (hoy tenemos también más contaminantes); en esas colisiones se crean los piones. El estudio de los rayos cósmicos identificó unos cuantos objetos raros más, como las partículas K^+ y K^- y los que recibían el nombre de lambda (la letra griega λ). Cuando, a partir de mediados de los años cincuenta y, con

creces, en los años sesenta, el dominio fue de los grandes aceleradores, se crearon varias partículas exóticas. El chorreo de objetos nuevos se convirtió enseguida en un diluvio. Las enormes energías de que se disponía en los aceleradores desvelaron la existencia no de una o cinco o diez, sino de cientos de partículas nuevas, en las que no había soñado, Horacio, apenas ninguna de nuestras filosofías. Estos descubrimientos fueron la obra de grupos, el fruto de la Gran Ciencia y de la aparición como hongos de tecnologías y métodos nuevos de la física experimental de partículas.

A cada objeto nuevo se le dio un nombre, por lo usual una letra griega. Los descubridores, generalmente una colaboración de sesenta y tres científicos y medio, anunciaban el nuevo objeto y daban todas las propiedades —masa, carga, espín, vida media y una larga lista de propiedades adicionales— que se conociesen. Pronunciaban entonces su «¡adelante!», juntaban doscientos dólares, escribían una tesis o dos y esperaban a que se les invitara a dar seminarios, a leer artículos en los congresos, a que se les promocionase, todo eso. Y más que nada, estaban ansiosos por seguir adelante y asegurarse de que otros confirmaban sus resultados, preferiblemente mediante alguna otra técnica, para que se minimizasen los sesgos instrumentales. Es decir, todo acelerador concreto y sus detectores tienden a «ver» los sucesos de una manera particular. Hace falta que el suceso sea confirmado por unos ojos diferentes.

La cámara de burbujas fue una técnica poderosa para el descubrimiento de partículas; gracias a ella se podían ver y medir los contactos estrechos con mucho detalle. Los experimentos donde se usaban detectores electrónicos apuntaban, por lo general, a procesos más específicos. Una vez una partícula se había hecho un hueco en la lista de objetos confirmados, se podían diseñar colisiones y dispositivos específicos que proporcionasen datos sobre otras propiedades, como la vida media —todas las partículas nuevas eran inestables— y modos de desintegración. ¿En qué se desintegraban? Un lambda se desintegra en un protón y un pión; un sigma, en un lambda y un pión; y así sucesivamente. Tabular, organizar, intentar que los datos no fueran abrumadores. Estas eran las líneas directrices para conservar la cordura a medida que el mundo nuclear exhibía una complejidad cada vez más profunda. Todas las partículas nombradas con una letra griega que se crearon en las colisiones regidas por la interacción fuerte recibieron la denominación colectiva de *hadrones* —la palabra griega que significa «pesado»—, y las había a cientos. No era eso lo que queríamos. En vez de a una sola partícula, minúscula, indivisible, la búsqueda del á-tomo democritiano había llevado hasta cientos de partículas pesadas y muy divisibles. ¡Qué desastre! De nuestros colegas de la biología aprendimos qué había que hacer cuando no se sabe qué hacer: ¡clasificar! Y nos abandonamos a la tarea. Los resultados —y las consecuencias— de esta clasificación se consideran en el capítulo siguiente.

Tres finales: la máquina del tiempo, las catedrales y el acelerador orbital

Cerramos este capítulo con un nuevo punto de vista acerca de lo que realmente pasa en las colisiones de los aceleradores, que se nos ofrece como cortesía de nuestros colegas dedicados a la astrofísica. (Hay un pequeño grupo, pero muy divertido, de astrofísicos que se acurrucan tan a gusto en el Fermilab.) Esta gente nos asegura —no tenemos razones para dudar de ellos— que el mundo se creó hace unos 15.000 millones de años en una explosión catastrófica, el big bang. En los primeros instantes tras la creación, el universo recién nacido era una sopa caliente y densa de partículas primordiales que chocaban entre sí con energías (que equivalen a temperaturas) muchísimo mayores que cualquiera que podamos siquiera soñar con reproducir, aun con una megalomanía aguda, ni a marchas forzadas. Pero el universo se enfría mientras se expande. En algún punto, unos 10^{-12} segundos después de la creación, la energía media de las partículas de la sopa caliente del universo se redujo a 1 billón de electronvoltios, o 1 TeV, que viene a ser la energía que el Tevatrón del Fermilab produce en cada haz. Por lo tanto, podemos ver los aceleradores como máquinas del tiempo. El Tevatrón reproduce, por un breve instante durante las colisiones frontales de los protones, el comportamiento del universo entero a la edad de «una billonésima de segundo». Podemos calcular la evolución del universo si conocemos la física de cada época y las condiciones que la época anterior les dejó.

Este uso como máquina del tiempo es en realidad un problema de los astrofísicos. Bajo circunstancias normales, a los físicos de partículas nos divertiría y halagaría, pero no nos preocuparía, que los aceleradores imitasen el universo primitivo. En los últimos años, sin embargo, hemos empezado a ver el nexo. Retrocediendo aún más en el tiempo, cuando las energías eran bastante mayores que 1 TeV —el límite de nuestro inventario actual de aceleradores—, se halla un secreto que hemos de desvelar. Ese universo anterior y más caliente contiene una pista crucial acerca de la madriguera de la Partícula Divina.

El acelerador en cuanto máquina del tiempo —la conexión astrofísica— es un punto de vista que hay que considerar. Otra conexión es la que plantea Robert Wilson, el vaquero constructor de aceleradores, que escribió:

> Como suele ocurrir, las consideraciones estéticas y técnicas se combinaban de manera inextricable [en el diseño del Fermilab]. Hasta encontré, muy marcada, una extraña semejanza entre la catedral y el acelerador: el propósito de una de estas estructuras era alcanzar una altura espacial vertiginosa; el de la otra, alcanzar una altura comparable en energía. Sin duda, el atractivo estético de ambas estructuras es primariamente técnico. En la catedral, lo encontramos en la funcionalidad de la construcción basada en el arco ojival, en el empuje y el contraempuje tan viva y bellamente expresados, de manera tan impresionante utilizados. También

> hay una estética tecnológica en el acelerador. Como las agujas de la catedral caen abriendo su círculo, así giran en espiral las órbitas. Y hay un empuje eléctrico y un contraempuje magnético. Una y otro viven en permanente erupción que eleva su propósito y su función hasta que la expresión final se logre, pero esta vez se trata de la energía de un brillante haz de partículas
>
> Así arrebatado, le presté un poco más de atención a la construcción de la catedral. Hallé una chocante semejanza entre la estrecha comunidad de los constructores de catedrales y la comunidad de los constructores de aceleradores: unos y otros eran innovadores audaces, unos y otros eran fieros competidores dentro de sus naciones, y, sin embargo, en esencia, los unos y los otros eran internacionalistas. Me gusta comparar al gran Maître d'Oeuvre, Suger de Saint Denis, con Cockcroft de Cambridge; o a Sully de Notre-Dame con Lawrence de Berkeley; y a Villard de Honnecourt con Budker de Novosibirsk.

A lo que yo sólo puedo añadir que hay este vínculo más profundo: tanto las catedrales como los aceleradores se construyen, con un precio muy alto, por una cuestión de fe. Aquéllas y éstos proporcionan elevación espiritual, trascendencia y, devotamente, revelación. Por supuesto, no todas las catedrales salieron bien.

Uno de los momentos gloriosos de nuestro negocio es la escena de la sala de control abarrotada, cuando los jefes, es un día especial, están ante la consola, atentos a las pantallas. Todo está en su sitio. El trabajo de tantos científicos e ingenieros durante tantos años está a punto de salir a la luz cuando se sigue al haz desde la botella de hidrógeno por la intrincada víscera... ¡Funciona! ¡El haz! En menos tiempo del que se tarda en decir hurra, el champán se vierte en las copas de Styrofoam, escritos el júbilo y el éxtasis en todos los rostros. En nuestra metáfora sacra, veo a los trabajadores colocando la última gárgola en su sitio mientras los sacerdotes, los obispos, los cardenales y el imprescindible jorobado se apiñan tensamente alrededor del altar, a ver si la cosa funciona.

Además de los GeV y sus otros atributos técnicos, se deben tener en cuenta las cualidades estéticas del acelerador. Dentro de miles de años, puede que los arqueólogos y los antropólogos juzguen nuestra cultura por los aceleradores. Al fin y al cabo, son las mayores máquinas que nuestra civilización haya construido. Hoy visitamos Stonehenge o las Grandes Pirámides, y primero nos maravillamos por su belleza y por el logro técnico que supuso su construcción. Pero también tenían un propósito científico; eran unos «observatorios» burdos con los que se seguía el curso de los cuerpos astronómicos. Debemos, pues, emocionarnos también con el impulso que llevó a las culturas de la Antigüedad a erigir grandes estructuras para medir los movimientos de los cielos intentando comprender el universo y vivir en armonía con él. La forma y la función se combinaban en las pirámides y en Stonehenge para que sus creadores pudieran perseguir las verdades científicas. Los aceleradores son nuestras pirámides, nuestro Stonehenge.

El tercer final se refiere al hombre cuyo nombre lleva el Fermilab. Enrico Fermi, uno de los físicos más famosos de los años treinta, cuarenta y cincuenta. Era italiano, y su trabajo en Roma estuvo marcado por brillantes avances tanto en el experimento como en la teoría, y por una muchedumbre de estudiantes excepcionales reunidos en torno a él. Fue un maestro dedicado y dotado. Recibió el premio Nobel en 1938, y aprovechó la ocasión para escapar de la Italia fascista y establecerse en los Estados Unidos.

Su fama popular dimana de que encabezase el equipo que construyó en Chicago, durante la segunda guerra mundial, la primera pila nuclear con reacción en cadena. Tras la guerra, también reunió en la Universidad de Chicago a un brillante grupo de alumnos, tanto teóricos como experimentadores. Los alumnos de Fermi, los de su periodo romano y los de Chicago, se dispersaron por el mundo, y en todas partes escalaron puestos y ganaron premios. «Se puede reconocer a un buen maestro por el número de sus alumnos que son premios Nobel», dice un antiguo proverbio azteca.

En 1954 Fermi dio su conferencia de despedida como presidente de la Sociedad Física Norteamericana. Con una mezcla de respeto y sátira, predijo que en un futuro próximo construiríamos un acelerador en órbita alrededor de la Tierra, aprovechando el vacío natural del espacio. Observó también, esperanzadamente, que se podría construir sumando los presupuestos militares de los Estados Unidos y de la URSS. Con unos superimanes y mi calculadora de costes de bolsillo, me salen 50.000 TeV con un coste de 10 billones de dólares, sin incluir descuentos con la cantidad. ¿Qué mejor forma habría de devolver al mundo la cordura que haciendo de las espadas aceleradores?

Interludio C

CÓMO VIOLAMOS LA PARIDAD EN UNA SEMANA... Y DESCUBRIMOS A DIOS

No puedo creer que Dios sea un débil zurdo.

WOLFGANG PAULI

Mirémonos en un espejo. No está demasiado mal, ¿eh? Suponed que levantáis la mano derecha y vuestra imagen en el espejo ¡también levanta la suya! ¿Qué? No puede ser. ¡Tenía que levantar la izquierda! Os quedaríais, qué duda cabe, conmocionados si la mano que se levantase fuera la equivocada. Esto no le ha pasado nunca a nadie, que sepamos. Pero sí ocurrió algo equivalente con una partícula fundamental, el muón.

La simetría especular se ha comprobado una y otra vez en el laboratorio. El nombre científico de la simetría especular es conservación de la paridad. La historia que sigue trata de un descubrimiento importante, y también de cómo el progreso a veces trae consigo la muerte de una teoría exquisita a manos de un feo hecho. Todo empezó a la hora de comer un viernes y acabó alrededor de las cuatro de la madrugada del lunes siguiente. El resultado fue que una concepción muy profunda de la manera en que se comporta la naturaleza está (débilmente) equivocada. En unas cuantas e intensas horas de toma de datos, nuestro conocimiento de cómo está construido el universo cambió para siempre. Cuando se refuta una teoría elegante, cunde el desánimo. Parece que la naturaleza es más torpe, más plúmbea de lo que habíamos esperado. Pero atempera nuestra depresión la fe en que, cuando todo se sepa, se revelará una belleza más profunda.

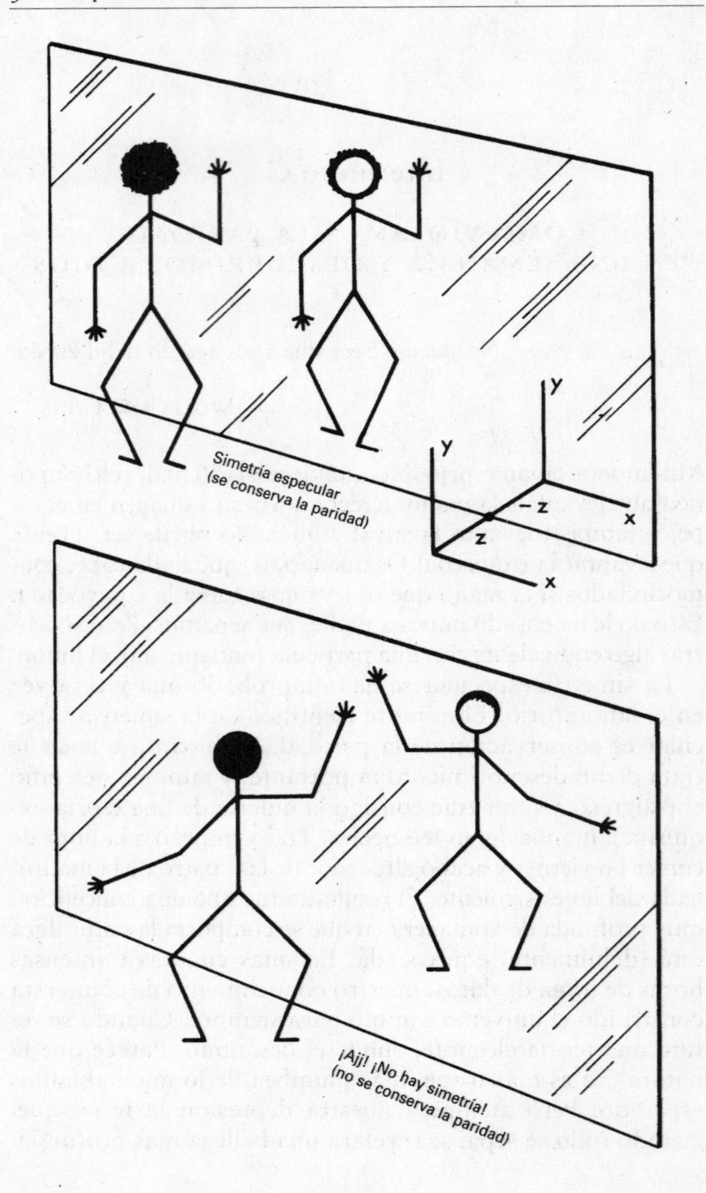
Simetría especular
(se conserva la paridad)
y
y
–z
x
z
x
¡Ajj! ¡No hay simetría!
(no se conserva la paridad)

Y así fue cuando, en sólo unos pocos días de enero de 1957, en Irvington-on-Hudson, 33 kilómetros al norte de la ciudad de Nueva York, la paridad cayó.

Los físicos aman la simetría por su belleza matemática e intuitiva. Ejemplos de la simetría en el arte son el Taj Mahal o un templo griego: en la naturaleza, exhiben patrones simétricos de gran belleza las conchas, los animales simples y los cristales de distintos tipos, y también la simetría bilateral casi perfecta del cuerpo humano. Las leyes de la naturaleza contienen un rico conjunto de simetrías de las que, durante muchos años, al menos hasta enero de 1957, se pensó que eran absolutas y perfectas. Han sido inmensamente útiles para nuestro conocimiento de los cristales, las moléculas grandes, los átomos y las partículas.

El experimento en el espejo

A una de esas simetrías se le llamaba simetría especular, o conservación de la paridad, y afirmaba que la naturaleza —las leyes de la física— no puede distinguir los sucesos del mundo real de los que se ven en el espejo.

El enunciado matemático apropiado, que daré para que conste, es que las ecuaciones que describen las leyes de la naturaleza no cambian cuando reemplazamos las coordenadas z de todos los objetos por $-z$. Si el eje z es perpendicular a un espejo —que define un plano—, esa sustitución es exactamente el resultado de que un sistema cualquiera se refleje en el espejo. Por ejemplo, si estáis, o está un átomo, 16 unidades frente al espejo, el espejo mostrará vuestra imagen 16 unidades detrás del espejo. Si las ecuaciones son invariantes bajo esa sustitución (por ejemplo, si la coordenada z aparece siempre en la ecuación como z^2), la simetría especular es válida y la paridad se conserva.

Si una pared del laboratorio es un espejo y los científicos del laboratorio están efectuando unos experimentos, las imágenes del espejo mostrarán imágenes especulares de esos experimentos. ¿Hay alguna forma de decidir cuál es el laboratorio verdadero y cuál el del espejo? ¿Podría saber Alicia dónde está (enfrente o detrás del espejo) mediante alguna comprobación objetiva? ¿Podría un comité de científicos distinguidos examinar una cinta de vídeo donde se hubiera grabado un experimento y decir si se había efectuado en el laboratorio real o en el del espejo? En diciembre de 1956 la respuesta inequívoca era que no. No había forma de que un panel de expertos pudiese probar que la imagen que miraban era la imagen en el espejo de los experimentos que se realizaban en el laboratorio real. En este punto, un inocente perceptivo diría: «Pero, fijaos, todos los científicos de esta película llevan los botones a la izquierda de sus batas. Tiene que ser la imagen del espejo». «No —responden los científicos—, esto no es más que una costumbre; nada hay en las leyes de la naturaleza que obligue a que los botones estén en el lado derecho. Tenemos que poner a un lado todas las peculiaridades humanas y ver si hay algo en la película que vaya contra las leyes de la física.»

Antes de enero de 1957 no se había visto ninguna violación así en el mundo de la imagen en el espejo. El mundo y su imagen especular eran descripciones igualmente válidas de la naturaleza. Todo lo que pasase en el espacio especular podía, en principio y en la práctica, reproducirse en el laboratorio. La paridad era útil. Nos ayudaba a clasificar los estados moleculares, atómicos y nucleares. Además, ahorra trabajo. Si un ser humano perfecto y desnudo está a medias oculto por una pantalla vertical, con estudiar la mitad que se ve se sabe en muy buena medida qué hay detrás de la pantalla. Esa es la poesía de la paridad.

La «caída de la paridad» —como más tarde se denominó a los sucesos de enero de 1957— es el ejemplo por antonomasia de la forma de pensar de los físicos, de la manera en que se adaptan a una conmoción, de cómo la teoría y las matemáticas se doblan ante los vientos de la medida y la observación. Lo que en esta historia dista de ser corriente es la rapidez del descubrimiento y su relativa sencillez.

El café Shangai

Viernes 4 de enero, las doce del mediodía. El viernes teníamos la costumbre de almorzar comida china, y el claustro del departamento de física de la Universidad de Columbia se reunía ante el despacho del profesor Tsung Dao Lee. Entre diez y quince físicos marchaban en grupo cuesta abajo desde el edificio Pupin de físicas en la calle 120 hacia el café Shangai en la 125 y Broadway. Estas comidas empezaron en 1953, cuando Lee llegó a Columbia desde la Universidad de Chicago con un flamante doctorado y su imponente reputación de superestrella de los teóricos.

Las comidas de los viernes se caracterizaban por las conversaciones ruidosas y desinhibidas, a veces tres y cuatro a la vez, salpicadas por el ruido que hacíamos al sorber la sopa de melón de invierno y al repartirnos fénix de carne de dragón, bolas de gambas, holoturias y otros exóticos y especiados productos de la cocina china del norte, que en 1957 no estaba todavía de moda. Ya en el camino de ida, estaba claro que ese viernes el tema sería la paridad y las noticias calientes procedentes de nuestra compañera de Columbia C. S. Wu, que estaba realizando un experimento en la Oficina de Medidas de Washington.

Antes de entrar en el serio asunto de las discusiones en la comida, T. D. Lee llevaba a cabo su rutina semanal de confeccionar el menú en un cuadernito que le ofrecía el respetuoso camarero-gerente. T. D. confecciona un menú chino con gran estilo. Es una forma de arte. Mira el menú, su cuaderno, le hace una pregunta en mandarín al camarero, frunce el ceño, posa el lápiz sobre el cuaderno, caligrafía cuidadosamente unos cuantos símbolos. Otra pregunta, cambia un símbolo, mira el artesonado en busca de guía divina y se entrega a una efusión de rápida escritura. El repaso final: pone ambas manos sobre el cuaderno, una con los dedos estirados, que recordaba las bendiciones del papa a la muchedumbre reunida, la otra sosteniendo lo que quedaba de un lápiz. ¿Está todo? ¿El yin y el yang, el color, la textura y el sabor adecuadamente equilibrados? Se entregan cuaderno y lapicero al camarero, y T. D. se sumerge en la conversación.

«Ha llamado Wu por teléfono. ¡Los datos preliminares indican un efecto enorme!», dice excitado.

Volvamos a ese laboratorio (el mundo real tal y como Él lo hizo), una de cuyas paredes es un espejo. Nuestra experiencia normal es que, sostengamos ante el espejo lo que sostengamos, hagamos en el laboratorio el experimento que hagamos —dispersar partículas o producirlas, o experimentos gravitatorios como el de Galileo—, las reflexiones en el espejo del laboratorio se atendrán a las mismas leyes de la naturaleza que gobiernan en el laboratorio. Veamos cómo se manifestaría una violación de la paridad. La comprobación más simple de la preferencia por uno de los lados, una comprobación que cabría comunicar a los habitantes del planeta Penumbrio, se vale de un tornillo a derechas. Os ponéis de frente a la cabeza del tornillo y le dais vueltas «en el sentido de las agujas del reloj». Si el tornillo penetra en un bloque de madera, se define como un tornillo «a derechas». Claro está, en el espejo se ve un tornillo a izquierdas porque el tipo del espejo le da vueltas en sentido contrario a las agujas del reloj, y sin embargo penetra. Suponed que vivimos en un mundo tan curioso (algún universo de Star Trek) que sea imposible —contra las leyes de la física— hacer un tornillo a izquierdas. La simetría especular se rompería; la imagen en el espejo de un tornillo a derechas no podría existir en la realidad y la paridad se violaría.

Este es el proemio a cómo Lee y su colega de Princeton Chen Ning Yang propusieron que se examinase la validez de la ley en los procesos de interacción débil. Necesitamos algo que venga a ser una partícula a derechas (o a izquierdas). Como el tornillo, hemos de combinar una *rotación* y una dirección de *movimiento*. Pensad en una partícula que gire alrededor de un eje propio —que tenga «espín»—; llamadla muón. Representáosla como un cilindro que gira alrededor de su eje. Con eso tenemos la *rotación*. Como los cabos del cilindro-muón son idénticos, no podemos decir si gira en el sentido del reloj o al contrario. Para que os deis cuenta de que es así, poneos enfrente de vuestra enemiga favorita con el cilindro en medio. Juraréis que rota a la derecha, como el reloj; ella, en cambio, insistirá en que lo hace a la izquierda. Y no hay forma de resolver la disputa. Esa es una situación de conservación de la paridad.

El genio de Lee y Yang estribó en sacar a la palestra la interacción débil (la que querían examinar) mediante la observación de la desintegración de una partícula con espín. Uno de los productos de la desintegración del muón es un electrón. Suponed que la naturaleza dicta que el electrón sale sólo de un extremo del cilindro. Ello nos da una *dirección*. Y ahora podemos determinar el *sentido* de la rotación —como el reloj o al contrario— porque uno de los cabos (el cabo del que sale el electrón) está definido. Ese cabo desempeña el papel de la punta del tornillo. Si el sentido de rotación del giro con respecto al electrón es a derechas, como el sentido del tornillo con respecto a su punta, hemos definido un muón a derechas. Ahora bien, si estas partículas se desintegran siempre de manera tal que se definan a derechas, tendremos un proceso que violará la simetría especular. Se ve alineando el eje de giro del muón paralelamente al espejo. La imagen en éste es un muón a izquierdas, *que no existe*.

Los rumores sobre Wu habían empezado tras la pausa de Navidad, pero la primera reunión del departamento de física desde las vacaciones fue el viernes siguiente al Año Nuevo. En 1957 Chien Shiung Wu, como yo profesora de física en Columbia, era una científica experimental muy reputada. Su especialidad era la desintegración radiactiva de los núcleos. Era dura con los estudiantes y los posdoctorandos, pletórica de energía, cuidadosa en la evaluación de sus resultados y muy apreciada por la alta calidad de los datos que publicaba. Sus alumnos (a sus espaldas) la llamaban Generalísima Chiang Kai-shek.

laboratorio | laboratorio del espejo

A

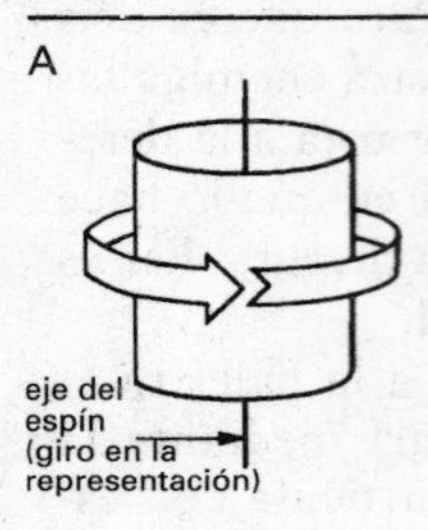

eje del espín (giro en la representación)

B

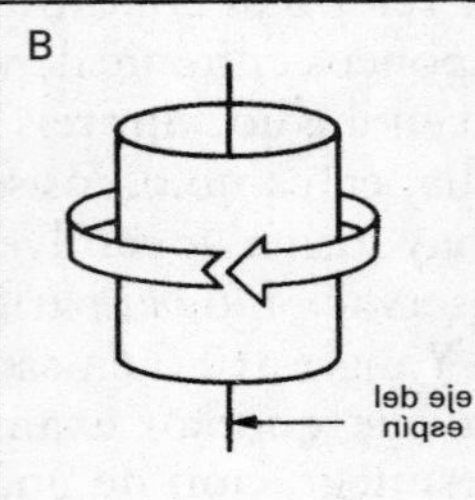

eje del espín

El objeto A representa una partícula con espín.

El objeto B es la imagen especular de A'.

El objeto C es A boca abajo e idéntico a B; por lo tanto, B coincide con un objeto que se halla en la naturaleza, y la simetría especular se respeta.

C

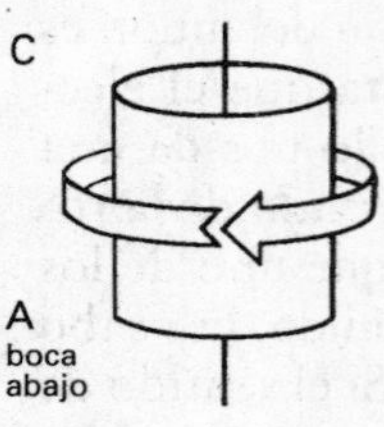

A boca abajo

A'

B'

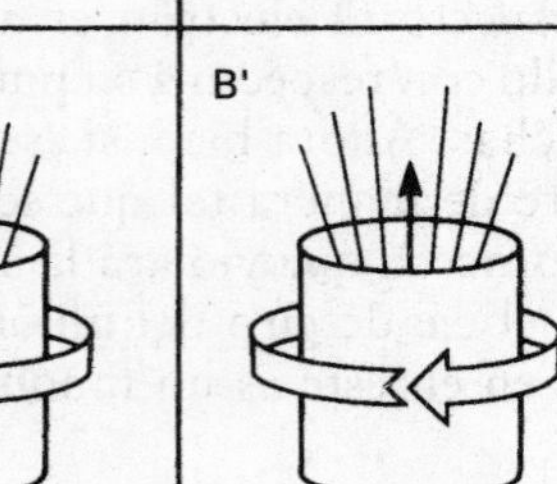

El objeto A' representa la desintegración de un muón. El eje del espín lleva ahora una flecha que indica la dirección de emisión de los electrones. Los rayos quieren decir que los electrones tienen una gran preferencia por «la mano derecha».

El objeto B', la imagen especular, es un muón que se desintegra «a izquierdas». Si los experimentos demuestran que todos los muones son diestros, entonces B' no existe en la naturaleza. Por ejemplo, al poner A' cabeza abajo (C') no reproduce B'. La simetría especular se viola.

C'

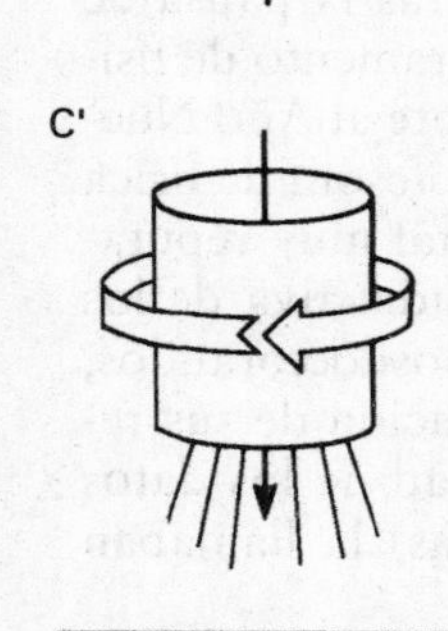

Cuando Lee y Yang pusieron en entredicho la validez de la conservación de la paridad en el verano de 1956, Wu se puso manos a la obra casi inmediatamente. Seleccionó como objeto de su estudio el núcleo radiactivo del inestable cobalto 60, que se convierte espontáneamente en un núcleo de níquel, un neutrino y un electrón positivo (un positrón). Lo que uno «ve» es que el núcleo de cobalto dispara súbitamente un electrón positivo. Esta forma de radiactividad recibe el nombre de desintegración beta, porque a los electrones, negativos o positivos, emitidos durante el proceso se los llamaba originalmente partículas beta. ¿Por qué pasa esto? Los físicos lo llaman interacción débil, y se refieren con ello a una fuerza que opera en la naturaleza y genera esas reacciones. Las fuerzas no sólo empujan y tiran, atraen y repelen, sino que son también capaces de generar cambios de especie, como el proceso en el que el cobalto se convierte en níquel y emite leptones. Desde los años treinta se ha atribuido un gran número de reacciones a la interacción débil. El gran italo-norteamericano Enrico Fermi fue el primero que dio forma matemática a la interacción débil, y gracias a ello predijo muchos detalles de reacciones del estilo de la que sufre el cobalto 60.

Lee y Yang, en un artículo que publicaron en 1956 titulado «La cuestión de la conservación de la paridad en la interacción débil», eligieron unas cuantas reacciones y examinaron las consecuencias experimentales que tenía la posibilidad de que la paridad —la simetría especular— no fuese respetada por la fuerza débil. Les interesaban las direcciones en que sale disparado de un núcleo con espín el electrón emitido. Si el electrón prefiere una dirección sobre otras, sería como si se vistiese al núcleo con camisas abotonadas. Se podría decir cuál era el experimento real, cuál la imagen en el espejo.

¿Qué diferencia hay entre una gran idea y un trabajo científico rutinario? Preguntas análogas pueden formularse acerca de un poema, una pintura, una pieza musical; en realidad, balbuceos, bocas abiertas que no saben qué decir, hasta citaciones judiciales. En el caso de las artes, es la prueba del tiempo lo que al final decide. En la ciencia, el experimento determina si una idea es «correcta». Si es brillante, se abre una nueva área de investigación y muchas cuestiones viejas pasan a mejor vida.

La mente de T. D. Lee trabajaba de formas sutiles. Al pedir una comida o comentar una vieja cerámica china o la capacidad de un estudiante, ni una de sus observaciones carecía de aristas cortantes, como piedras preciosas talladas. En el artículo de Lee y Yang sobre la paridad (no conocía a Yang tan bien), esta idea cristalina tenía muchas caras limpiamente cortadas. Poner en entredicho una ley de la naturaleza bien establecida requiere lo suyo de bemoles chinos. Lee y Yang se dieron cuenta de que toda la vasta cantidad de datos que había llevado a la «bien establecida» ley de la paridad carecía de importancia por lo que se refería al elemento de la naturaleza que causaba la desintegración radiactiva, la interacción débil. Esta era otra arista brillante y cortante: aquí, por primera vez que yo sepa, se consentía que las diferentes fuerzas de la naturaleza tuvieran leyes de conservación diferentes.

Lee y Yang se remangaron, juntaron el sudor con la inspiración y examinaron un largo número de reacciones que producían desintegraciones radiactivas y con las que se podría poner a prueba la simetría especular. Su artículo proporcionaba unos análisis meticulosamente detallados de las reacciones probables, para que así los estólidos experimentalistas pudiesen comprobar la validez de la simetría especular. Wu ideó una versión de una de ellas, basada en la reacción del cobalto. La clave de su planteamiento era que los núcleos de cobalto —o por lo menos una fracción muy buena de ellos— girasen en el mismo sentido. Esto, argüía Wu, podría garantizarse si se ponía la fuente de cobalto 60 a temperaturas muy bajas. El experimento de Wu era sumamente elaborado y requería un aparato criogénico difícil de encontrar; eso la llevó a la Oficina de Medidas, donde la técnica del alineamiento de espines estaba bien desarrollada.

El penúltimo plato ese viernes fue una gran carpa estofada con una salsa de judías negras con chalotes y puerros. En ese plato fue cuando Lee repitió la información fundamental: el efecto que Wu estaba observando era muy grande, más de diez veces mayor que el esperado. Los datos no eran más que rumores, tentativos, muy preliminares, pero (T. D. me sirvió la cabeza del pez, sabedor de que me gustaban los carrillos) si se trataba de un efecto tan grande, precisamente eso era lo que cabía esperar en el caso de que los neutrinos fueran de dos componentes... Se me escapó el resto de su apasionada disertación porque una idea había empezado a crecer en mi propia cabeza.

Tras la comida había un seminario, algunas reuniones departamentales, un té de sociedad y un coloquio. En todas esas actividades anduve distraído; no me dejaba tranquilo el que Wu hubiese «visto» un «efecto grande». De la charla que en agosto dio Lee en Brookhaven recordaba que se daba por sentado que el eventual efecto de la violación de la paridad en las desintegraciones de los muones y de los piones sería minúsculo.

¿Un efecto grande? Había estudiado en agosto, brevemente, la cadena de desintegraciones «pi-mu» (pión-muón); comprendí que sólo se podría diseñar un experimento razonable si hubiera violación de la paridad en una secuencia de *dos* reacciones. Estuve recordando los cálculos que habíamos hecho en agosto para decidir si el experimento estaba al borde de tener posibilidades de éxito o caía por debajo de ese borde. Pero si el efecto era grande...

A la seis de la tarde iba en mi coche rumbo al norte, a cenar en casa, en Dobbs Ferry, y luego a un turno nocturno de trabajo con mi alumno graduado, en el cercano Laboratorio de Nevis, en Irvington-on-Hudson. El acelerador de 400 MeV de Nevis era una máquina muy útil para la producción de mesones —unas partículas hasta cierto punto nuevas en los años cincuenta— y el estudio de sus propiedades. En esos días felices había muy pocos mesones de los que ocuparse, y Nevis lo hacía de los piones y de los muones.

Allí teníamos intensos haces de piones que salían de un blanco bombardeado por los protones. Los piones eran inestables, y durante su vuelo desde el blanco, fuera del acelerador, a través del muro de blindaje y dentro de la sala de experimentación alrededor de un 20 por 100 sufría la desintegración débil en un muón y un neutrino.

$$\pi \rightarrow \mu + \nu \text{ (en vuelo)}$$

Los muones viajan por lo general en la misma dirección que el pión padre. Si se violaba la ley de la paridad, habría más muones cuyo eje de giro apuntase en su dirección de movimiento —que su espín se alinease con ella— que muones en los que apuntase, digamos, en sentido opuesto al de vuelo. Si el efecto era *grande*, la naturaleza nos proporcionaría una muestra de partículas que girarían todas en el mismo sentido. Esa es la situación que Wu tenía que propiciar enfriando el cobalto 60 hasta temperaturas extremadamente bajas en un campo magnético. La clave era observar la desintegración de los muones cuyo espín —a dónde apuntaba su eje de giro— se conocía en un electrón y unos neutrinos.

El experimento

El tráfico denso en sentido norte por la carretera panorámica de Saw Mill River el viernes por la noche tiende a oscurecer las encantadoras colinas cubiertas de bosques que la bordean. Corre junto al río Hudson, deja atrás Riverdale y Yonkers y apunta hacia el norte. En algún punto de esa carretera se me ocurrieron las consecuencias que tendría ese posible «efecto grande». En el caso de un objeto con espín, el efecto consiste en que se prefiera una de las direcciones del eje de giro. El efecto sería pequeño si, por ejemplo, se emitiesen 1.030 electrones en una dirección, relativa a ese eje, contra 970 en la otra, y eso sería muy difícil de determinar. Pero un efecto grande, 1.500 contra 500, por ejemplo, sería mucho más fácil de encontrar, y esa misma afortunada magnitud serviría para organizar los espines de los muones. Para el experimento necesitamos una muestra de muones que giren todos en la misma dirección. Como van del ciclotrón a nuestro aparato, su dirección de movimiento se convierte en la referencia de su espín —de su giro—. Necesitamos que casi todos sean a derechas (o a izquierdas, eso no importa), con la dirección de movimiento a modo ahora de «pulgar». Nos llegan los muones, atraviesan unos cuantos detectores y se paran en un bloque de carbono. Contamos cuántos electrones salen en la dirección en que los muones se mueven y comparamos el resultado con el número de electrones que salen en la dirección opuesta. Una diferencia significativa sería la prueba de la violación de la paridad. ¡La fama y la fortuna!

De pronto, mi usual tranquilidad del viernes por la noche fue destruida por el pensamiento de que no nos sería nada difícil hacer el experimento. Mi estudiante graduado, Marcel Weinrich, había estado trabajando en un experimento en el que intervenían los muones. Su montaje, con unas sencillas modificaciones, podría utilizarse para buscar un efecto grande. Repasé la manera en que se creaban los muones en el acelerador de Columbia. En eso era una especie de experto: había trabajado con John Tinlot en el diseño de los haces externos de piones y muones hacía unos años, cuando yo sólo era un arrogante estudiante graduado y la máquina, flamantemente nueva.

Visualicé mentalmente el proceso entero: el acelerador, un imán de 4.000 toneladas con unas piezas polares circulares de unos seis metros de diámetro que empareda una gran caja de acero inoxidable donde se ha hecho el vacío (la cámara de vacío). Se inyecta en el centro del imán un flujo de protones con un tubo minúsculo. Los protones giran en espiral hacia afuera a medida que los intensos voltajes de radiofrecuencia los empujan a cada vuelta. Cerca del final de su viaje en espiral las partículas tienen una energía de 400 MeV. Junto al borde de la cámara casi donde se saldrían fuera del imán, una varilla que lleva un pedazo de grafito espera a que la bombardeen los protones de gran energía, cuyos 400 millones de voltios bastan para crear partículas nuevas —piones— cuando chocan con los núcleos de carbono del blanco de grafito.

En mi imaginación podía ver los piones expulsados hacia adelante por el momento del impacto de los protones. Como nacen entre los polos del poderoso imán del ciclotrón, describen gradualmente un arco hacia el exterior del acelerador y ejecutan su danza de despedida; en su lugar salen los muones, que comparten el movimiento original de los piones. El campo magnético que hay fuera de las piezas polares, un campo que se atenúa enseguida hasta desaparecer, sirve para arrastrar los muones por un canal abierto en el blindaje de hormigón de tres metros de espesor hasta la sala experimental donde *nosotros* los esperamos.

En el experimento que Marcel había preparado, los muones se frenaban en un filtro de unos siete centímetros de grosor, y luego se los detenía en unos bloques de dos centímetros y pico de grosor hechos de varios elementos. Los muones perdían su energía en las colisiones suaves que sufrían con los átomos del material y, como eran negativos, al final los capturaban los núcleos, positivos. Como no queríamos que nada afectase a la dirección del espín de los muones —a cómo giraban—, que quedasen capturados en órbitas podía ser fatal; por eso utilizamos muones positivos. ¿Qué harían los muones cargados positivamente? Lo más probable es que se quedasen ahí en el bloque, tranquilamente, con su espín, hasta que les llegase la hora de desintegrarse. Habría que escoger con cuidado el material del bloque; el carbono parecía apropiado.

Ahora viene la idea clave que se le ocurrió al conductor que viajaba hacia el norte un viernes de enero. Si todos (o casi todos) los muones, nacidos de la desintegración de los piones, pudiesen de alguna forma tener sus espines alineados en la misma dirección, ello querría decir que la paridad se viola en la reacción en la que el pión da lugar a un muón, y que se viola fuertemente. ¡Un efecto grande! Suponed ahora que el eje del espín sigue siendo paralelo a la dirección de movimiento del muón mientras éste describe su gracioso arco hacia el exterior de la máquina y a través del canal. (Si g está cerca de 2, esto es exactamente lo que pasa.) Suponed, además, que las innumerables colisiones suaves con los átomos de carbono, que frenan gradualmente al muón, no perturban esta relación entre el espín y la dirección. Si todo esto ocurriera en efecto, *mirabile dictu!* ¡Tendría una muestra de muones en reposo en un bloque, todos los cuales tendrían su espín en la misma dirección!

La vida media del muón, dos microsegundos, venía bien. Nuestro experimento ya estaba preparado para detectar los electrones que salen de los muones que se desintegran. Podríamos intentar ver si salía un mismo número de electrones en las dos direcciones que el eje del espín define. La prueba de la simetría especular. Si los números no son iguales, ¡la paridad está muerta! ¡Y yo la habría matado! ¡Ahhhh!

Era como si se necesitase una confluencia de milagros para que el experimento tuviese éxito. En realidad, era precisamente esa secuencia la que nos había echado para atrás en agosto cuando Lee y Yang leyeron su artículo, donde indicaban que los efectos serían pequeños. Un efecto pequeño se podría afrontar con paciencia, pero una secuencia de dos efectos pequeños —de, digamos, un 1 por 100— haría que el experimento estuviera abocado al fracaso. ¿Por qué dos efectos secuenciales pequeños? Recordad que la naturaleza tiene que proporcionar piones que se desintegren en muones casi todos los cuales giren de la misma forma, es decir, cuyos espines apunten en la misma dirección (milagro número uno). Y los muones tienen que desintegrarse en electrones con una asimetría observable relativa al eje de giro del muón (milagro número dos).

Al llegar al peaje de Yonkers (1957, peaje, cinco centavos) estaba muy excitado. Me sentía bastante seguro de que si la violación de la paridad era grande, los muones estarían polarizados (sus espines apuntarían todos en la misma dirección). Sabía además que las propiedades magnéticas del espín del muón eran tales que, bajo la influencia de un campo magnético, «ataban» el espín a la dirección de movimiento de la partícula. Estaba menos seguro de qué pasaría cuando el muón entrase en el grafito absorbedor de energía. Si estaba equivocado, el eje en que apuntaba el espín del muón se torcería en una enorme diversidad de direcciones. Si pasaba eso, no habría manera de observar la emisión de los electrones con respecto al eje del espín.

Volvamos a ello otra vez. La desintegración de los piones genera muones cuyo espín apunta en la dirección en la que se mueven. Esta es una parte del milagro. Ahora tenemos que parar los muones para que podamos observar la dirección de los electrones que emiten al desintegrarse. Como sabemos la dirección del movimiento justo antes de que den en el bloque de carbono, si nada hace que su espín apunte de manera diferente sabremos la dirección del espín cuando se paran y cuando se desintegran. Todo lo que tenemos que hacer es rotar el brazo de detección de los electrones alrededor del bloque donde los muones reposan para contrastar la simetría especular.

Empezaron a sudarme las manos mientras repasaba lo que tenía que hacer. Todos los contadores existían. Los dispositivos electrónicos que señalaban la llegada del muón de alta energía y la entrada en el bloque de grafito del muón frenado ya estaban puestos en su sitio y bien comprobados. También existía un «telescopio» de cuatro contadores para la detección del electrón que salía tras la desintegración del muón. Todo lo que teníamos que hacer era montarlos en un cuadro de algún tipo que pudiese girar alrededor del centro del bloque de detención. Una o dos horas de trabajo. ¡Guau! Me convencí de que sería una larga noche.

Cuando paré en casa para cenar deprisa y bromear un poco con los chicos, llamó por teléfono Richard Garwin, físico de la IBM. Investigaba procesos atómicos en los laboratorios de investigación de la IBM, que estaban justo afuera del campus de Columbia. Dick se pasaba muy a menudo por el departamento de físicas, pero se había perdido la comida china y quería saber lo último sobre el experimento de Wu.

«Eh, Dick, tengo una gran idea sobre cómo podemos comprobar la violación de la paridad de la manera más simple que puedas imaginarte.» Se lo expliqué apresuradamente y le dije: «¿Por qué no te acercas con el coche al laboratorio y nos echas una mano?». Dick vivía cerca, en Scarsdale. A las ocho ya estábamos desmontando el aparato de mi muy confuso y disgustado alumno graduado. ¡Marcel tenía que ver cómo le desmantelábamos su experimento de doctorado! A Dick se le encomendó que abordase el problema de hacer rotar el telescopio de electrones de forma que pudiésemos determinar la distribución de los electrones alrededor del eje supuesto del espín. No era un problema trivial, pues al ir empujando en redondo el telescopio podría cambiar la distancia a los muones, y con ello se alteraría la cantidad de electrones detectados.

Entonces fue cuando nació la segunda idea clave; su padre fue Dick Garwin. Mirad, dijo, en vez de mover esa pesada plataforma de contadores en redondo, dejémosla quieta y demos vueltas a los muones con un imán. En cuanto caló en mí la sencillez y elegancia de la idea se me escapó una exclamación. ¡Claro! Una partícula cargada y con espín es un pequeño imán y girará como la aguja de una brújula en un campo magnético, a no ser que las fuerzas magnéticas que actúen sobre el imán-muón le hagan dar vueltas continuamente. La idea, de puro simple, era profunda.

Era pan comido calcular el valor del campo magnético que haría girar a los muones 360 grados en un tiempo razonable. ¿Qué es un tiempo razonable para un muón? Bueno, los muones se desintegran en electrones y neutrinos con una semi-vida de 1,5 microsegundos. Es decir, la mitad se consumiría en 1,5 microsegundos. Si los girábamos demasiado despacio, digamos 1 grado por microsegundo, casi todos desaparecerían antes de que se les hubiese rotado más que unos pocos grados, y no podríamos comparar el número de electrones emitidos desde el «top» del muón con los que saliesen del «bottom», tarea que era la única razón de ser de nuestro experimento. Si aumentábamos el ritmo de giro a, por ejemplo, 1.000 grados por microsegundo mediante la aplicación de un campo magnético intenso, la distribución pasaría zumbando ante el detector tan deprisa que nos saldría un resultado emborronado. Decidimos que la tasa ideal de giro sería de unos 45 grados por microsegundo.

Podíamos obtener el campo magnético requerido enrollando unos cuantos cientos de vueltas de hilo de cobre alrededor de un cilindro y haciendo pasar una corriente de unos pocos amperios por ellas. Encontramos un tubo de Lucite —una resina acrílica—, mandamos a Marcel al almacén a por cable, recortamos el bloque de grafito de detención de forma que encajara dentro del cilindro y enganchamos los cables a una fuente de energía que se podía manejar por control remoto (había una en la estantería). En un frenesí de actividad nocturna, estaba todo listo para medianoche. Teníamos prisa porque el acelerador se desconectaba siempre los sábados a las ocho de la mañana para que le hiciesen las operaciones de mantenimiento y las reparaciones.

A la una de la madrugada los contadores ya registraban datos; los registros de acumulación grababan el número de electrones emitidos en distintas direcciones. Pero acordaos de que, conforme al plan de Garwin, no medíamos esos ángulos directamente. El telescopio de electrones permanecía estacionario mientras los muones o, más bien, los vectores de sus ejes de espín, rotaban en un campo magnético. Así que el *instante* de llegada correspondía ahora a su dirección. Al registrar el momento, registrábamos la dirección. Ni que decir tiene que nos encontramos con un montón de problemas. Dimos la tabarra a los operarios del acelerador para que nos ofreciesen tantos protones que golpeasen el blanco como fuera posible. Había que ajustar todos los contadores que registran los muones que entran y se detienen. Había que comprobar el control del pequeño campo magnético que se aplicaba a los muones.

Tras unas cuantas horas de toma de datos, vimos una notable diferencia en los conteos de los electrones emitidos a cero grados, relativamente al espín, y los emitidos a 180 grados. Los datos eran muy burdos, y mezclábamos el optimismo apasionado con el escepticismo. Cuando examinamos los datos a las ocho de la mañana siguiente, nuestro escepticismo se confirmó. Los datos eran ahora mucho menos convincentes; no resultaban realmente incoherentes con la hipótesis de la equivalencia —un predictor de la simetría especular— de todas las direcciones de emisión. Les habíamos rogado a los operadores del acelerador que nos diesen cuatro horas más, pero no sirvió de nada. Los horarios eran los horarios. Desanimados, bajamos a la sala del acelerador, donde habíamos colocado el aparato. Allí nos esperaba una pequeña catástrofe. El cilindro de Lucite alrededor del que enrollamos el cable se había deformado a causa del calor que desprendió el paso de la corriente por los hilos. Por culpa de esa deformación se había caído el bloque de detención y, claro está, los muones dejaron de estar en el campo magnético que les habíamos preparado. Tras algunas recriminaciones (¡échale la culpa al alumno graduado!), nos pusimos contentos. ¡A lo mejor nuestra impresión original era la correcta!

Hicimos un plan para el fin de semana. Había que diseñar un campo magnético adecuado, pensar en aumentar el número de muones que se detienen y la fracción de electrones de desintegración contados, pensar en qué les pasa a los muones cargados positivamente en las colisiones que sufren mientras se van parando y en los microsegundos que permanecen quietos en la red de átomos de carbono. Al fin y al cabo, si un muón positivo consigue capturar uno de los muchos electrones que tienen libertad para moverse por el grafito, el electrón podría despolarizar fácilmente el muón (desordenar su espín), con lo que no todos los muones harían, durante la fase de encierro, lo mismo.

Los tres nos fuimos a casa a dormir unas pocas horas, antes de juntamos de nuevo a las dos de la tarde. Trabajamos todo el fin de semana; cada uno tenía asignada una tarea. Yo me encargué de calcular de nuevo el movimiento del muón desde que nace impulsado hacia adelante por su desintegrado pión padre, a lo largo de su arco hacia el canal y a través de la pared de hormigón hacia nuestro aparato. Seguí la evolución del espín y de la dirección. Presupuse que la violación de la simetría especular era máxima, así que el espín de todos los muones apuntaría precisamente en la dirección del movimiento. Todo indicaba que si la violación era grande, incluso aunque sólo fuera la mitad del máximo, veríamos una curva oscilante. Esto no sólo demostraría la violación de la paridad, sino que nos daría un resultado numérico que expresaría hasta qué punto se había violado, desde el 100 por 100 a (¡no!, ¡no!) el 0 por 100. El que os diga que los científicos son desapasionados y fríamente objetivos está loco. Ansiábamos desesperadamente ver la paridad violada. La paridad no era una señora joven, y nosotros no éramos quinceañeros, pero lograr un descubrimiento nos excitaba. La piedra de toque de la objetividad científica es que no se deje a la pasión influir en la metodología y en la autocrítica.

Garwin desechó el cilindro de Lucite y enrolló la bobina directamente en una pieza nueva de grafito, y probó el sistema con corrientes el doble de intensas que las que necesitábamos. Marcel dispuso de nuevo los contadores, mejoró la alineación, acercó el telescopio de electrones al bloque de detención, comprobó y mejoró la eficacia de todos los contadores, y todo ello mientras rezábamos para que de esa actividad frenética saliera algo publicable.

El trabajo avanzó despacio. El lunes por la mañana habían llegado algunas noticias de nuestra intensa actividad a la plantilla de operadores y a algunos de nuestros compañeros. Los del mantenimiento del acelerador tuvieron algunos problemas serios con la máquina; perdíamos el lunes: no habría haz hasta el martes a las ocho de la mañana. Muy bien, más tiempo para mesarse los cabellos, morderse las uñas, hacer comprobaciones. Los compañeros del campus de Columbia vinieron a Nevis, por curiosidad; querían saber a dónde íbamos a parar. Un joven inteligente que había estado en la comida china me hizo unas cuantas preguntas y, por la poca franqueza de mis respuestas, dedujo que intentábamos hacer el experimento de la paridad.

«No saldrá bien —me aseguró—, los muones se despolarizarán a medida que pierdan energía en el filtro de grafito.» Yo me deprimía con facilidad, pero no me desalentaba. Me acordé de mi mentor, el gran sabio de Columbia, I. I. Rabi, que nos decía: el espín es muy escurridizo.

Alrededor de las seis de la tarde del lunes, antes de lo que se había programado, la máquina empezó a dar señales de vida. Apresuramos nuestras preparaciones, y comprobamos todos los aparatos y arreglos. Me di cuenta de que parecía que el blanco, con su elegante enrollamiento de hilo de cobre, colocado en una placa de unos diez centímetros de grueso, estaba un poco bajo. Mirando por un telescopio de inspección comprobé que era así y busqué algo que lo levantase dos o tres centímetros. Vi en un rincón una lata de café Maxwell House, a medias llena de tornillos, y la puse en lugar de la placa. ¡Perfecto! (Cuando la Institución Smithsoniana quiso luego la lata para reproducir el experimento, no pudimos encontrarla.)

El altavoz anunció que la máquina estaba a punto de encenderse y que todos los experimentadores tenían que abandonar la sala del acelerador (o freírse). Subimos por la escalerilla de hierro, cruzamos el aparcamiento y entramos en el edificio del laboratorio, donde los cables de los detectores estaban conectados a los estantes electrónicos que contenían los circuitos, los contadores, los osciladores. Garwin se había ido a casa hacía horas, y mandé a Marcel que trajese algo para cenar mientras yo me ponía a ejecutar un procedimiento de comprobación de las señales que llegaban desde los detectores. Empleamos un libro de notas de laboratorio grande, gordo, que servía para apuntar toda la información pertinente. Estaba alegremente adornado con grafitis —«¡Oh, mierda!» «¿A quién puñetas se le olvidó apagar la cafetera?» «Tu mujer ha llamado»— junto a las anotaciones de las cosas que hay que hacer, las que se han hecho, las condiciones de los circuitos. («Mira el contador número 3. Tiende a echar chispas y se le escapan cuentas.»)

A las siete y cuarto de la tarde la intensidad de fotones tenía ya el nivel corriente y el blanco productor de piones había sido puesto en su sitio por control remoto. Instantáneamente, los contadores empezaron a registrar la llegada de las partículas. Me quedé mirando la fila de los contadores cruciales: los que registrarían el número de electrones emitidos a distintos intervalos una vez se hubiesen parado los muones. Los números eran todavía muy pequeños: 6, 13, 8...

Garwin llegó a las nueve y media, más o menos. Decidí irme a dormir un poco; le relevaría a las seis de la mañana siguiente. Conduje a casa muy despacio. Llevaba despierto unas veinte horas y estaba demasiado cansado para comer. Cuando sonó el teléfono, parecía que acababa de caer en la cama. El reloj decía que eran las tres de la madrugada. Era Garwin. «Lo mejor será que vengas. ¡Lo hemos conseguido!»

A las tres y veinticinco aparqué en el laboratorio y entré corriendo. Garwin había pegado tiras de papel con las lecturas de los contadores en el libro. Los números eran rotundamente claros. A cero grados se emitía más del doble de electrones que a ciento ochenta. La naturaleza podía distinguir un espín a derechas de un espín a izquierdas. En ese momento la máquina había llegado a su intensidad óptima y los registros de los contadores cambiaban rápidamente. El contador de los cero grados leía 2.560, el de los 180, 1.222. Desde un punto de vista puramente estadístico, era abrumador. Los contadores intermedios parecían caer en medio como debían. Las consecuencias de la violación de la paridad en semejante grado eran tan grandes... Miré a Dick. Me empezaba a ser difícil respirar, las manos me sudaban, se me aceleraba el pulso, me sentía eufórico: muchos de los síntomas (¡no todos!) de la excitación sexual. Era algo gordo. Empecé a hacer una lista de comprobaciones: ¿qué elementos podían fallar de manera tal que simulasen el resultado que veíamos? Había tantas posibilidades. Nos pasamos una hora, por ejemplo, comprobando los circuitos que servían para contar los electrones. No tenían ningún problema. ¿De qué otra forma podríamos contrastar nuestras conclusiones?

Martes, cuatro y media de la madrugada. Le pedimos al operador que apagase el haz. Corrimos abajo e hicimos girar físicamente el telescopio de electrones noventa grados. Si sabíamos lo que estábamos haciendo, el patrón debería desplazarse un intervalo temporal correspondiente a noventa grados. ¡Bingo! ¡El patrón se desplazó como habíamos predicho!

Seis de la madrugada. Llamé por teléfono a T. D. Lee. Respondió cuando sólo había sonado una vez. «T. D., hemos estado mirando la cadena pión-muón-electrón y tenemos ahora una señal de desviación de veinte medidas estándar. La ley de la paridad ha muerto.» La reacción de T. D. salía a borbotones por el teléfono. Hacía preguntas rápidas: «¿Qué energía desintegra los electrones? ¿Cómo varía la asimetría con la energía de los electrones? ¿Era el espín del muón paralelo a la dirección de llegada?». Para algunas de las preguntas teníamos respuestas. Otras las obtuvimos ese mismo día. Garwin se puso a dibujar las gráficas y a introducir las lecturas de los contadores. Yo hice otra lista con las cosas que había que hacer. A las siete empecé a recibir llamadas de los compañeros de Columbia que se habían enterado. Garwin se marchó a las ocho. Llegó Marcel (¡momentáneamente olvidado!). A las nueve la sala estaba abarrotada de colegas, técnicos, secretarias que intentaban saber qué pasaba.

Costaba mantener el experimento en marcha. Volvieron mis síntomas respiratorios y de sudor. Éramos los depositarios de una nueva y profunda información acerca del mundo. La física había cambiado. Y la violación de la paridad nos había dado un arma nueva, poderosa: los muones polarizados, sensibles a los campos magnéticos y cuyos espines cabía seguir a través de la desintegración en los electrones.

Las llamadas de teléfono desde Chicago, California y Europa se sucedieron durante las tres o cuatro horas siguientes. Los que disponían de aceleradores, en Chicago, Berkeley, Liverpool, Ginebra y Moscú, se abalanzaron sobre sus máquinas como los pilotos se precipitan a sus puestos de combate. Nosotros seguimos con el experimento y con el proceso de contrastar nuestras presuposiciones durante toda una semana, pero nos moríamos por publicar. Tomamos datos, de una forma o de otra, las veinticuatro horas del día, seis días a la semana, durante los seis meses siguientes. Y los datos manaron en abundancia. Otros laboratorios confirmaron pronto nuestros resultados.

A C. S. Wu, por supuesto, no es que le encantase precisamente nuestro resultado claro e inequívoco. Queríamos publicar los resultados con ella pero, dicho sea en honor a su imperecedera reputación, insistió en que necesitaba todavía una semana para comprobar los suyos.

Cuesta expresar hasta qué punto conmocionaron los resultados de este experimento a la comunidad física. Habíamos puesto en entredicho una creencia muy querida —en realidad, la habíamos destruido—: que la naturaleza exhibe una simetría especular. En los años siguientes, como veremos, se refutaron también otras simetrías. Aun así, el experimento alteró a muchos teóricos, entre ellos Wolfgang Pauli, quien hizo la famosa afirmación: «No puedo creer que Dios sea un débil zurdo». No quería decir que Dios tenía que ser diestro, sino que tenía que ser ambidextro.

La reunión anual de la Sociedad Física Norteamericana atrajo a 2.000 físicos a la sala de baile del hotel Paramount de Nueva York el 6 de febrero de 1957. Había gente colgada hasta de las lámparas. El resultado fue difundido por las portadas de todos los periódicos importantes. El *New York Times* publicó nuestro comunicado de prensa literalmente, con ilustraciones de partículas y espejos. Pero nada de todo ello podía compararse al sentimiento de euforia mística que a las tres de la madrugada sintieron dos físicos en el momento en que descubrieron una nueva y profunda verdad.

7

¡Á-TOMO!

> Ayer, tres científicos ganaron el premio Nobel por haber hallado el objeto más pequeño del universo. Resultó que era el filete de Denny's.
>
> JAY LENO

Los años cincuenta y sesenta fueron años grandes para la ciencia en los Estados Unidos. Comparados con los mucho más duros años noventa, en los cincuenta parecía que cualquiera que tuviese una buena idea, y mucha determinación, podía conseguir los fondos necesarios para realizarla. Quizá este sea un criterio de salud científica tan bueno como el mejor. La nación aún saca provecho de la ciencia que se hizo en aquellos decenios.

El diluvio de estructuras subnucleares que desencadenó el acelerador de partículas fue tan sorprendente como los objetos celestes que descubrió el telescopio de Galileo. Al igual que ocurrió con la revolución galileana, la humanidad adquirió unos conocimientos nuevos e insospechados acerca del mundo. Que en este caso se refiriesen al espacio interior en vez de al exterior no los hacía menos profundos. El descubrimiento de los microbios y del universo biológico invisible por Pasteur es un acontecimiento similar. Ya ni siquiera se subrayaba la peculiar suposición de nuestro héroe Demócrito («¿Suposición?», le oigo chillar. «¡¡¿Suposición?!!»). Que había una partícula tan pequeña que se le escapaba al ojo humano no se discutía ya más. Estaba claro que la búsqueda de la menor de las partículas requería que se expandiese la capacidad del ojo humano: lupas, microscopios y ahora aceleradores de partículas que ampliaban lo más pequeño en pos del verdadero á-tomo. Y vimos hadrones, montones de hadrones, estas partículas nombradas con letras griegas que se creaban en las intensas colisiones que producían los haces de los aceleradores.

No hace falta decir que la proliferación de los hadrones era un puro placer. Contribuía al pleno empleo y extendía la riqueza hasta el punto de que el club de los descubridores de partículas se convirtió en un club abierto. ¿Quieres encontrar un hadrón del todo nuevo? Espera sólo a la siguiente sesión de acelerador. En un congreso sobre la historia de la física que se celebró en el Fermilab en 1986, Paul Dirac recordó lo difícil que le fue aceptar las consecuencias de su ecuación: la existencia de una partícula nueva, el positrón, que Carl Anderson descubrió unos pocos años después. En 1927 iba contra la moral física pensar tan radicalmente. Cuando Victor Weisskopf, que estaba entre el público, señaló que Einstein había hecho cábalas en 1922 acerca de la existencia de un electrón positivo, Dirac movió la mano despectivamente: «Tenía suerte». En 1930, Wolfgang Pauli lo pasó muy mal antes de predecir la existencia del neutrino. Al final, la aceptó reticentemente y sólo por evitar un mal mayor, ya que estaba en la estacada nada menos que el principio de conservación de la energía. O existía el neutrino o la conservación de la energía se iba al garete. Este conservadurismo en lo que se refería a la introducción de partículas nuevas no duró. Como dijo el profesor Bob Dylan, los tiempos estaban cambiando. El pionero de este cambio de filosofía fue el teórico Hideki Yukawa, quien puso en marcha el proceso de proponer libremente nuevas partículas para explicar fenómenos nuevos.

En los años cincuenta y a principios de los sesenta los teóricos estaban muy ocupados clasificando los cientos de hadrones, buscando patrones y significados en esta nueva capa de la materia y acosando a sus colegas experimentadores para que les diesen más datos. Esos cientos de hadrones eran apasionantes, pero también un quebradero de cabeza. ¿Adónde había ido a parar la simplicidad que habíamos estado buscando desde los días de Tales, Empédocles y Demócrito? Había un zoo imposible de manejar lleno de entes de ese tipo, y empezábamos a temer que sus legiones fuesen infinitas.

En este capítulo veremos cómo se realizó al final el sueño de Demócrito, Boscovich y demás. Será la crónica de la construcción del *modelo estándar*, que contiene todas las partículas elementales que hacen falta para formar toda la materia del universo, pasado o presente, más las fuerzas que actúan sobre ellas. En cierta manera es más complejo que el modelo de Demócrito, donde cada forma de materia tenía su propio á-tomo indivisible y los á-tomos se unían a causa de sus formas complementarias. En el modelo estándar, las partículas de la materia se unen unas a otras por medio de tres fuerzas diferentes, cuyos vehículos son unas cuantas partículas más todavía. Todas ellas interaccionan mediante un intrincado tipo de danza, que cabe describir matemáticamente pero no visualizar. Sin embargo, en cierto modo el modelo estándar es más simple de lo que jamás hubiera podido imaginar Demócrito. No necesitamos un á-tomo para el queso feta que sea propio de éste, otro para los meniscos de las rodillas, otro para el brócoli. Sólo hay un número pequeño de átomos. Combinadlos de varias formas, y os saldrá *lo que sea*. Ya nos hemos topado con tres de esas partículas elementales, el electrón, el muón y el neutrino. Pronto veremos las demás y cómo casan las unas con las otras.

Este es un capítulo triunfal, pues en él llegamos al final del camino en nuestra persecución de un ladrillo básico. En los años cincuenta y a principios de los sesenta, sin embargo, no nos sentíamos tan optimistas por lo que se refería a la resolución final del problema planteado por Demócrito. A causa del quebradero de cabeza de los cien hadrones, la perspectiva de que se identificasen unas pocas partículas elementales parecía harto oscura. Los físicos progresaban mucho más en la descripción de las fuerzas de la naturaleza.

Se identificaron cuatro claramente: la gravedad, la fuerza electromagnética y las interacciones fuerte y débil. La gravedad era el dominio de la astrofísica, pues era demasiado débil para investigarla en los laboratorios de los aceleradores. Esta omisión no nos dejaría tranquilos más tarde. Pero estábamos poniendo las otras tres fuerzas bajo control.

La fuerza eléctrica

Los años cuarenta habían visto el triunfo de una teoría cuántica de la fuerza electromagnética. En 1927 Paul Dirac combinó con éxito en su teoría del electrón las teorías cuántica y de la relatividad. Sin embargo, el matrimonio de la teoría cuántica y del electromagnetismo fue tormentoso, lleno de problemas pertinaces.

A la lucha por unir las dos teorías se la conoce informalmente como la Guerra contra los Infinitos, y a mediados de los años cuarenta enfrentaba, por un lado, al infinito, y, por el otro, a muchas de las luminarias más brillantes de la física: Pauli, Weisskopf, Heisenberg, Hans Bethe y Dirac, así como algunas nuevas estrellas en ascenso: Richard Feynman, de Cornell, Julian Schwinger, de Harvard, Freeman Dyson, de Princeton, y Sin-itiro Tomonaga, en Japón. Salían infinitos por lo siguiente: dicho sencillamente, cuando se calcula el valor de ciertas propiedades del electrón, la respuesta, según las nuevas teorías cuánticas relativistas, era «infinito». No grande: *infinito*.

Una manera de visualizar la magnitud matemática a la que se llama infinito consiste en pensar en el número total de los enteros que hay, y sumarle uno más. Siempre hay uno más. Otra forma, que es más probable que aparezca en los cálculos de esos teóricos, brillantes pero tan infelices, es evaluar una fracción cuyo denominador se vuelve cero. Casi todas las calculadoras de bolsillo os informarán educadamente —por lo general con una serie de EEEEE— de que habéis hecho alguna tontería. Las calculadoras más antiguas, que funcionaban mecánicamente, caían en una cacofonía de mecanismos dando vueltas que solía terminar en una densa nube de humo. Los teóricos veían los infinitos como el signo de que algo estaba profundamente equivocado en la manera en que se había consumado el matrimonio entre el electromagnetismo y la teoría cuántica, metáfora que no deberíamos llevar más adelante, por mucho que nos tiente. En cualquier caso, Feynman, Schwinger y Tomonaga, trabajando por separado, lograron una cierta victoria a finales de los años cuarenta. Por fin superaron la incapacidad de calcular las propiedades de las partículas cargadas, como el electrón.

Uno de los principales estímulos para este gran progreso teórico vino de un experimento que efectuó en Columbia uno de mis profesores, Willis Lamb. En los primeros años de la posguerra, Lamb daba la mayor parte de los cursos avanzados y trabajaba en la teoría electromagnética. Y diseñó y realizó, mediante las técnicas de radar que en tiempo de guerra se desarrollaban en Columbia, un experimento brillantemente preciso sobre las propiedades de ciertos niveles seleccionados de energía del átomo de hidrógeno. Los datos de Lamb habrían de servir para contrastar algunas de las partes más sutiles de la teoría cuántica electromagnética de nuevo cuño que su experimento motivó. Me saltaré los detalles del experimento de Lamb, pero quiero recalcar que un experimento fue el germen de la apasionante creación de una teoría operativa de la fuerza eléctrica.

El fruto fue lo que los teóricos llamaron «electrodinámica cuántica renormalizada». Gracias a la electrodinámica cuántica, o QED (de *Quantum Electrodynamics*), los teóricos pudieron calcular las propiedades del electrón, o de su hermano más pesado el muón, con diez cifras decimales.

QED era una teoría de campos, y por lo tanto nos dio una imagen física de cómo se transmite una fuerza entre dos partículas de materia, entre, por ejemplo, dos electrones. A Newton le causaba problemas la idea de la acción a distancia, y se los causaba a Maxwell. ¿Cuál es el mecanismo?

Uno de esos antiguos tan listos, un colega de Demócrito, sin duda, descubrió la influencia de la Luna en las mareas de la Tierra, y no paró de darle vueltas a cómo podía manifestarse esa influencia a través del vacío interpuesto. En la QED, el campo está cuantizado, es decir, se divide en cuantos (más partículas). Pero no son partículas de materia. Son las partículas *del campo*. Transmiten la fuerza al viajar, a la velocidad de la luz, entre las dos partículas de materia que interactúan. Son partículas mensajeras, a las que en la QED se llama fotones. Otras fuerzas tienen sus propios, diferentes, mensajeros. Las partículas mensajeras son la manera que tenemos de visualizar las fuerzas.

Partículas virtuales

Antes de que sigamos adelante, debería explicar que hay dos manifestaciones de las partículas: la real y la virtual. Las partículas reales pueden viajar del punto A al punto B. Conservan la energía. Hacen que suenen los contadores Geiger. Como he mencionado en el capítulo 6, las partículas virtuales no hacen esas cosas. Las partículas mensajeras —las portadoras de la fuerza— pueden ser partículas reales, pero lo más frecuente es que aparezcan en la teoría en la forma de partículas virtuales, así que las dos denominaciones son a menudo sinónimas. Son las partículas virtuales las que transportan el mensaje de la fuerza de partícula a partícula. Si hay una gran cantidad de energía, un electrón puede emitir un fotón real, que hace que un contador Geiger real emita un sonido real. Una partícula virtual es una construcción lógica que tiene su origen en la permisividad de la física cuántica. Según las reglas cuánticas, se pueden crear partículas si se toma prestada la necesaria energía. La duración del préstamo está gobernada por las reglas de Heisenberg, que dictan que el producto de la energía prestada y la duración del préstamo tiene que ser mayor que la constante de Planck dividida por dos veces pi. La ecuación tiene este aspecto: $\Delta E \Delta t$ es mayor que $h/2\pi$. Esto quiere decir que cuanto mayor sea la cantidad de energía que se toma prestada, más breve es el tiempo que puede existir la partícula virtual para disfrutar de ella.

Desde este punto de vista, el llamado espacio vacío puede estar barrido por los siguientes objetos fantasmagóricos: fotones virtuales, electrones y positrones virtuales, quarks y antiquarks, incluso (con, ¡oh dios!, qué probabilidad tan pequeña) pelotas y antipelotas de golf virtuales. En este vacío revuelto, dinámico, las propiedades de una partícula real se modifican. Por fortuna para la cordura y el progreso, las modificaciones son muy pequeñas. Pequeñas, pero mensurables, y una vez que esto fue conocido, la vida se volvió una lucha entre unas mediciones cada vez más precisas y unos cálculos teóricos cada vez más pacientes y concluyentes. Pensad, por ejemplo, en un electrón real. Alrededor del electrón, a causa de su propia existencia, hay una nube de fotones virtuales transitorios que notifican a todas partes que está presente un electrón, y que además influyen en las propiedades de éste. Aún más, un fotón virtual se puede disolver, muy transitoriamente, en un par $e^+ e^-$ (un positrón y un electrón). En menos que canta un gallo, el par se devuelve en forma de un fotón, pero incluso esta evanescente transformación influye en las propiedades de nuestro electrón.

En el capítulo 5 escribí el valor g del electrón según los cálculos teóricos basados en la QED y según unos inspirados experimentos. Como quizá recordéis, las dos cifras concuerdan hasta el undécimo decimal. El mismo éxito se tuvo con el valor g del muón. Como el muón es más pesado que el electrón, con él cabe contrastar aún más incisivamente la noción de las partículas mensajeras; las del muón pueden tener una energía mayor y hacer más daño. El efecto es que el campo influye en las propiedades del muón con una intensidad aún mayor. Es un asunto muy abstracto, pero el acuerdo entre la teoría y el experimento es sensacional e indica el poder de la teoría.

El magnetismo personal del muón

En cuanto al experimento verificador... En mi primer año sabático (1958-1959), fui al CERN de Ginebra gracias a unas becas para profesores Ford y Guggenheim que completaban mi medio salario. El CERN había sido creado por un consorcio de doce naciones europeas; su finalidad era construir y compartir las costosas instalaciones que se requieren para hacer física de altas energías. Fundado a finales de los años cuarenta, cuando los escombros de la guerra aún humeaban, esta colaboración entre quienes antes habían sido enemigos militares se convirtió en un modelo para la cooperación científica internacional. Allí mi viejo patrocinador y amigo, Gilberto Bernardini, era director de investigación. La razón principal para ir allá era disfrutar de Europa, aprender a esquiar y enredar un poco en ese nuevo laboratorio acurrucado en la frontera franco-suiza, justo a las afueras de Ginebra. A lo largo de los veinte años siguientes pasaría unos cuatro años investigando en esa magnífica instalación multilingüe. Aunque el francés, el inglés, el italiano y el alemán eran habituales, el lenguaje oficial del CERN era un mal Fortran. Los gruñidos y el lenguaje de los signos también valían. Comparaba el CERN y el Fermilab así: «El CERN es un laboratorio culinariamente esplendoroso y arquitectónicamente desastroso, y el Fermilab es al revés». Convencí luego a Bob Wilson para que contratase a Gabriel Tortella, el legendario cocinero y jefe de la cafetería del CERN, como asesor del Fermilab. El CERN y el Fermilab son unos competidores cooperativos, como nos gusta decir; cada uno ama odiar al otro.

En el CERN, con la ayuda de Gilberto, organicé un experimento «g menos 2», diseñado para medir el factor g del muón con una precisión abrumadora. Me basé en unos trucos. Uno de ellos era posible gracias a que los muones salen de la desintegración de los piones polarizados; es decir, la gran mayoría tiene espines que apuntan en la misma dirección con respecto a su movimiento. Otro truco inteligente está implícito en el título del experimento: «G menos dos» o «G moins deux», como dicen los franceses. El valor g guarda relación con la intensidad del pequeño imán integrado en las propiedades de las partículas cargadas que tienen espín, como el muón o el electrón.

La «tosca» teoría de Dirac, recordad, predecía que el valor de g tenía que ser exactamente 2,0. Sin embargo, a medida que la QED evolucionó, se vio que el 2 de Dirac necesitaba unos ajustes minúsculos pero importantes. Esos términos pequeños aparecen porque el muón o el electrón «siente» las pulsaciones cuánticas del campo a su alrededor. Recordad que una partícula cargada puede emitir un fotón mensajero. Este fotón, como veremos, puede disolverse virtualmente en un par de partículas de cargas opuestas —sólo pasajeramente— y restaurarse a sí mismo antes de que nadie pueda verlo. Del electrón, aislado en su vacío, tira el positrón virtual transitorio; el electrón virtual le empuja; el campo magnético virtual le tuerce. Estos y otros procesos, aún más sutiles, que tienen lugar en el hervidero de los acontecimientos virtuales conectan el electrón, debilísimamente, con todas las partículas cargadas que existen. El efecto es una modificación de las propiedades del electrón. En la caprichosa lengua de la física teórica, el electrón «desnudo» es un objeto imaginario aislado de las influencias del campo, mientras que el electrón «vestido» lleva la impronta del universo, pero enterrada en las modificaciones extremadamente pequeñas de sus propiedades desnudas.

En el capítulo 5 he descrito el factor g del electrón. A los teóricos les interesaba aún más el muón; como su masa es doscientas veces mayor, el muón puede emitir fotones virtuales, que van más lejos en lo que se refiere a procesos exóticos. El resultado del trabajo de muchos años de un teórico fue el factor g del muón:

$$g = 2(1{,}001165918)$$

Este resultado (en 1987) fue la culminación de una larga secuencia de cálculos basada en las nuevas formulaciones de la QED debidas a Feynman y los otros. Los términos que se suman para dar el 0,001165918 reciben el nombre de correcciones radiactivas. Una vez, en Columbia, asistíamos a una disertación del teórico Abraham Pais sobre las correcciones radiactivas cuando un bedel entró en la sala con una llave inglesa. Pais se inclinó para preguntarle al hombre que quería. «Bram —exclamó alguien del público— creo que ha venido a corregir el radiador.»

¿Cómo comparamos la teoría con el experimento? El truco consistía en hallar una manera de medir la *diferencia* del valor g del muón con respecto a 2,0. Al encontrar una manera de hacer esto, medimos la corrección (0,001165918) *directamente* en vez de en la forma de una adición minúscula a un número grande. Imaginad que intentáis pesar un penique pesando primero a una persona que lleva el penique, pesando después a esa misma persona sin el penique y sustrayendo el segundo peso del primero. Es mejor pesar el penique directamente. Suponed que atrapamos un muón en una órbita dentro de un campo magnético. La carga en órbita es también un «imán» con un valor g, del que la teoría de Maxwell dice que es exactamente 2, mientras que el imán asociado al espín tiene ese exceso minúsculo sobre 2. El muón, pues, tiene dos «imanes» diferentes: uno interno (su espín) y el otro externo (su órbita). Al medir el imán del espín mientras el muón está en su configuración orbital, el 2,0 se sustrae, gracias a lo cual podemos medir directamente la desviación de 2 en el muón, no importa lo pequeña que sea.

Pintad una flechita (el eje del espín del muón) que se mueve en un gran círculo tangente a éste. Eso es lo que ocurriría si g = 2,000 exactamente. No importa cuántas órbitas describa la partícula, la flechita del espín siempre será tangente a la órbita. Sin embargo, si hay una diferencia, por pequeña que sea, entre el valor verdadero de g y 2, la flecha se apartará de la tangencia en una fracción, quizá, de grado por cada órbita. Tras, digamos, 250 órbitas, la flecha (el eje del espín) podría apuntar hacia el centro de la órbita, como un radio. El movimiento orbital sigue, y en 1.000 órbitas la flecha dará una vuelta entera (360 grados) con respecto a su dirección inicial tangente. Gracias a la violación de la paridad, podemos (triunfalmente) detectar la dirección de la flecha (el espín del muón) observando la dirección en que salen los electrones cuando el muón se desintegra... Un ángulo cualquiera entre el eje del espín y una línea tangente a la órbita representa una diferencia entre g y 2. Una medición precisa de este ángulo ofrece una medición precisa de la *diferencia*. ¿Lo veis? ¿No? ¡Bueno, pues creéoslo!

El experimento propuesto era complicado y ambicioso, pero en 1958 era fácil juntar a unos cuantos físicos jóvenes muy brillantes que echasen una mano. Volví a los Estados Unidos a mediados de 1959 y fui visitando el experimento europeo periódicamente. Atravesó varias fases; cada una sugería la siguiente, y no terminó en realidad hasta 1978, cuando se publicó el valor g del muón obtenido por el CERN, todo un triunfo de la inteligencia y de la determinación experimentales (*sitzfleisch*, lo llaman los alemanes). El valor g del electrón era más preciso, pero no olvidéis que los electrones son eternos y los muones están en el universo sólo dos millonésimas de segundo. ¿El resultado?

$$g = 2(1{,}001165923 \pm 0{,}00000008)$$

El error de ocho partes en cien millones cubre claramente la predicción teórica.

Todo esto se dice para que se entienda que la QED es una gran teoría; en parte, es la razón de que se considere a Feynman, Schwinger y Tomonaga grandes físicos. Tiene bolsas de misterio, una de las cuales es notable y tiene que ver con nuestro tema. Guarda relación con esos infinitos de los que hablábamos —la masa del electrón, por ejemplo—. Los primeros cálculos que se efectuaron con la teoría cuántica de campos arrojaron como resultado un electrón puntual infinitamente pesado. Como si Santa Claus, al construir los electrones para el mundo, tuviera que comprimir una cierta cantidad de carga negativa en un volumen muy pequeño.

¡Eso cuesta trabajo! El esfuerzo debería salir a relucir con una masa enorme, pero el electrón, que pesa 0,511 MeV, o unos 10^{-30} kilogramos, es un peso mosca, la menor masa de todas las partículas que claramente tienen alguna.

Feynman y sus colegas propusieron que, en cuanto veamos aparecer ese infinito tan temido, lo esquivemos en la práctica poniendo la masa conocida del electrón. En el mundo real uno llamaría a esto tomadura de pelo. En el mundo de la teoría, la palabra es «renormalización», método matemático coherente para evitar los embarazosos infinitos que una teoría real nunca tendría. No os preocupéis. Funcionó, y gracias a ello se realizaron los cálculos superprecisos de los que hemos hablado. Por lo tanto, el problema de la masa fue esquivado —pero no resuelto— y dejado detrás, como una bomba, con su tranquilo tic-tac, que ha de activar la Partícula Divina.

La interacción débil

Uno de los misterios que incordiaron a Rutherford y a otros fue la radiactividad. ¿Cómo es posible que los núcleos y las partículas se desintegren cuando les apetezca en otras partículas? El físico que elucidó esta cuestión por primera vez con una teoría explícita fue Enrico Fermi, en los años treinta.

Hay miles de historias sobre la brillantez de Fermi. A punto de realizarse la primera prueba de la bomba nuclear en Alamogordo, Nuevo México, Fermi estaba estirado en el suelo a unos quince kilómetros de la torre de la bomba. Cuando estalló la bomba, se puso de pie y fue tirando unos trocitos de papel al suelo. Los trozos caían a sus pies en el aire tranquilo, pero unos cuantos segundos después llegó la onda de choque y los golpeó arrastrándolos unos pocos centímetros. Fermi calculó la energía de la explosión a partir del desplazamiento de los pedazos de papel, y su resultado obtenido sobre la marcha coincidió mucho con la medición oficial, cuyo cálculo llevó varios días. (Un amigo suyo, el físico italiano Emilio Segré, señalaba, sin embargo, que Fermi era humano. Le costaba entender la cuenta de gastos de su Universidad de Chicago.)

Como a muchos físicos, a Fermi le encantaba realizar juegos matemáticos. Alan Wattenberg cuenta que una vez estaba comiendo con un grupo de físicos; se fijó en la suciedad de las ventanas, y los retó a que descubriesen qué espesor debería tener la suciedad antes de que se desprendiese del cristal por su propio peso. Fermi les ayudó a todos a sacar adelante el ejercicio, para el que había que partir de algunas constantes fundamentales de la naturaleza, aplicar la interacción electromagnética y calcular las atracciones dieléctricas que mantienen unos aislantes unidos a los otros. Un día, en Los Álamos, durante el proyecto Manhattan, un físico atropelló a un coyote con su coche. Fermi dijo que era posible calcular el número total de coyotes en el desierto siguiendo las interacciones vehículo-coyote. Eran, decía, justo como las colisiones de las partículas. Unos pocos sucesos raros ofrecían indicios acerca de la población total de esas partículas.

Bueno, era muy listo, y se le ha reconocido bien. Nadie hay, que yo sepa, cuyo nombre haya sido puesto a más cosas. Veamos..., el Fermilab, el Instituto Enrico Fermi, los fermiones (todos los quarks y leptones) y la estadística de Fermi (no importa). El fermi es una unidad de tamaño igual a 10^{-13} centímetros. Mi fantasía final es dejar detrás de mí algo que lleve mi nombre. Le rogué a mi colega de Columbia T. D. Lee que propusiera una partícula nueva, a la que, cuando se la descubriera, se le llamase «lee-on». No sirvió de nada.

Pero además del primer reactor nuclear, bajo el estadio de fútbol americano de la Universidad de Chicago, y de los estudios aurorales sobre los zorros espachurrados, Fermi hizo una contribución más básica al conocimiento del universo. Fermi describió una nueva fuerza en la naturaleza, la interacción débil.

Volvamos sobre nuestros pasos rápidamente, hasta Becquerel y Rutherford. Recordad que Becquerel descubrió de chiripa la radiactividad en 1896, cuando guardó un poco de uranio en un cajón donde tenía su papel fotográfico; éste se ennegreció, y al final encontró la causa en unos rayos invisibles que salían del uranio. Tras el descubrimiento de la radiactividad y la elucidación por Rutherford de las radiaciones alfa, beta y gamma, muchos físicos de todo el mundo se concentraron en las partículas beta, de las que pronto se supo que eran electrones.

¿De dónde venían esos electrones? Los físicos descubrieron muy deprisa que el núcleo emitía el electrón cuando experimentaba un cambio espontáneo de estado. En los años treinta los investigadores determinaron que los núcleos estaban formados por protones y neutrones, y asociaron la radiactividad del núcleo a la inestabilidad de sus constituyentes, los protones y los neutrones. Claro está, no todos los núcleos son radiactivos. La conservación de la energía y la interacción débil desempeñan papeles importantes en la desintegración de un protón o un neutrón dentro de un núcleo y en la facilidad con que lo hagan.

A finales de los años veinte se hicieron unas cuidadosas mediciones de los núcleos radiactivos, antes y después. Se mide la masa del núcleo inicial, la del núcleo final y la energía y la masa del electrón emitido (recordad que $E = mc^2$). Y así se hizo un importante descubrimiento: la suma no salía. Se perdía energía. Había más en la entrada que en la salida. Wolfgang Pauli hizo su (entonces) atrevida sugerencia de que un pequeño objeto neutro se llevaba la energía.

En 1933 Enrico Fermi juntó todas las partes. Los electrones salían del núcleo, pero no directamente. Lo que pasa es que el neutrón del núcleo se desintegra en un protón, un electrón y el pequeño objeto neutro que Pauli había inventado. Fermi lo llamó el *neutrino*, que quería decir «el pequeño neutro». De esta reacción en el núcleo es responsable, decía Fermi, una fuerza, y la llamó interacción débil. Y lo es muchísimo si se la compara con la interacción nuclear fuerte y el electromagnetismo. Por ejemplo, a baja energía la intensidad de la interacción débil es alrededor de una milésima de la intensidad del electromagnetismo.

El neutrino, como no tiene carga y apenas masa, no podía detectarse directamente en los años treinta; hoy sólo puede detectárselo con mucho esfuerzo. Aunque la existencia del neutrino no se probó experimentalmente hasta los años cincuenta, casi todos los físicos aceptaron que su existencia era un hecho porque *tenía* que existir para que la contabilidad cuadrase. En las reacciones de hoy en los aceleradores, que son más exóticas y en las que intervienen los quarks y otras cosas extrañas, seguimos presuponiendo que toda energía que falte se escapa de la colisión en forma de neutrinos indetectables. Este artero ladronzuelo parece dejar su firma invisible por todo el universo.

Pero volvamos a la interacción débil. La desintegración que descubrió Fermi —el neutrón se convierte en un protón, un electrón y un neutrino (en realidad, un antineutrino)— les sucede rutinariamente a los neutrones libres. Cuando el neutrón está aprisionado en el núcleo, sin embargo, sólo puede ocurrir en circunstancias especiales. Por el contrario, el protón, en cuanto partícula libre, no puede desintegrarse (que sepamos). Dentro del abarrotado núcleo, en cambio, el protón ligado puede dar lugar a un neutrón, un positrón y un neutrino. La razón de que el neutrón libre sufra la desintegración débil es la mera conservación de la energía. El neutrón es más pesado que el protón, y cuando un neutrón libre se convierte en un protón hay suficiente masa en reposo adicional para crear el electrón y el antineutrino y despedirlos con un poco de energía. Un protón libre se queda muy corto de masa para hacer eso. Pero dentro del núcleo la presencia de los demás cacharros altera de hecho la masa de una partícula ligada. Si los protones y los neutrones de dentro pueden, mediante su desintegración, aumentar la estabilidad y reducir la masa del núcleo en el que se apiñan, lo hacen. Sin embargo, si el núcleo está ya en su estado de menor masa-energía, es estable y no pasa nada. Resulta que todos los hadrones —los protones, los neutrones y sus cientos de primos— se ven inducidos a desintegrarse por medio de la interacción débil, y el protón libre parece ser la única excepción.

La teoría de la interacción débil se generalizó gradualmente y, enfrentándose sin cesar a nuevos datos, se convirtió en una teoría cuántica de campos de la interacción débil. Salió una nueva generación de teóricos, casi todos de las universidades norteamericanas, que contribuyó a moldear la teoría: Feynman, Gell-Mann, Lee, Yang, Schwinger, Robert Marshak y muchos otros. (Sigo teniendo una pesadilla en la que todos los teóricos que no he citado se reúnen en un suburbio de Teherán y ofrecen la recompensa de una admisión inmediata en el cielo de los teóricos a cualquiera que instantánea y totalmente renormalice a Lederman.)

La simetría ligeramente rota, o por qué estamos aquí

Una propiedad crucial de la interacción débil es la violación de la paridad. Las demás fuerzas respetan esa simetría; que una fuerza la violara fue una conmoción. Los mismos experimentos que demostraron la violación de P (la paridad) habían demostrado que otra simetría profunda, la que compara el mundo y el antimundo, fallaba también. Esta segunda simetría recibía el nombre de C, de conjugación de carga. La simetría C también fallaba sólo con la interacción débil. Antes de que se demostrase la violación de C se pensaba que un mundo en el que todos los objetos estuviesen hechos de antimateria obedecería las mismas leyes de la física que el viejo mundo regular hecho de materia. No, dijeron los datos. La interacción débil no respeta esa simetría.

¿Qué tenían que hacer los teóricos? Se retiraron rápidamente a una nueva simetría: la simetría CP. Ésta dice que dos sistemas físicos son en esencia idénticos si uno está relacionado con el otro mediante, *a la vez*, la reflexión de todos los objetos en un espejo (P) y la transformación de todas las partículas en antipartículas (C). La simetría CP, decían los teóricos, es una simetría mucho más profunda. Aunque la naturaleza no respeta C y P por separado, la simetría simultánea CP debe persistir. Y lo hizo hasta 1964, cuando Val Fitch y James Cronin, dos experimentadores de Princeton que estudiaban los kaones neutros (una partícula que había descubierto mi grupo en unos experimentos realizados en Brookhaven entre 1956 y 1958), obtuvieron datos claros y convincentes que mostraban que la simetría CP no era perfecta.

¿Que no era perfecta? Los teóricos guardaron un torvo silencio, pero el artista que hay en todos nosotros se alegró. A los artistas y a los arquitectos les encanta pincharnos con lienzos o estructuras arquitectónicas que son casi, pero no exactamente, simétricas. Las torres asimétricas de la, por lo demás, simétrica catedral de Chartres son un buen ejemplo. El efecto de la violación de CP era pequeño —unos pocos sucesos por millar— pero claro, y los teóricos volvieron a la casilla número uno.

Cito la violación de CP por tres razones. En primer lugar, es un buen ejemplo de lo que, en las otras fuerzas, vino a considerarse una «simetría ligeramente rota». Si creemos en la simetría intrínseca de la naturaleza, *algo*, algún agente físico, debe intervenir para romper esa simetría. Un agente que esté íntimamente emparentado con la simetría no la destruye en realidad, sólo la oculta para que la naturaleza parezca ser asimétrica. La Partícula Divina disfraza así la simetría. Volveremos a ello en el capítulo 8. La segunda razón para mencionar la violación de CP es que, desde el punto de vista de los años noventa, se trata de una de las necesidades más perentorias que tiene la resolución de los problemas de nuestro modelo estándar.

La razón final, la que llamó la respetuosa atención de la Real Academia Sueca de la Ciencia hacia el experimento de Fitch y Cronin, es que la aplicación de la violación de CP a los modelos cosmológicos de la evolución del universo explicó un problema que había atormentado a los astrofísicos desde hacía cincuenta años. Antes de 1957, un gran número de experimentos indicaba que había una simetría perfecta entre la materia y la antimateria. Si la materia y la antimateria eran tan simétricas, ¿por qué nuestro planeta, nuestro sistema solar, nuestra galaxia y, según todos los indicios, todas las galaxias carecen de antimateria? ¿Y cómo pudo un experimento realizado en Long Island en 1965 explicar todo eso?

Los modelos indicaban que a medida que el universo se enfrió tras el big bang, toda la materia y toda la antimateria se aniquilaron y dejaron una radiación, pura en esencia y al final demasiado fría —con una energía demasiado baja— para crear materia. ¡Pero materia es lo que somos nosotros! ¿Por qué estamos aquí? El experimento de Fitch y Cronin muestra la salida. La simetría no es perfecta. El resultado de la simetría CP ligeramente rota es un pequeño exceso de materia con respecto a la antimateria (por cada cien millones de pares de quark y antiquark hay un quark extra), y ese ínfimo excedente explica toda la materia que hay en el universo que hoy observamos, incluyéndonos a nosotros mismos. Gracias, Fitch; gracias, Cronin. Unos tipos estupendos.

El pequeño neutro, atrapado

Buena parte de la información detallada sobre la interacción débil nos la proporcionaron los haces de neutrinos, y esta es otra historia. La hipótesis de Pauli de 1930 —que existía una pequeña partícula neutra que sólo es sensible a la fuerza débil— se comprobó de muchas maneras de 1930 a 1960. Las mediciones precisas de un número cada vez mayor de núcleos y partículas que se desintegraban débilmente tendían a confirmar la hipótesis de que una cosita neutra escapaba de la reacción y se llevaba energía y momento. Era una forma conveniente de entender las reacciones de desintegración, pero ¿cabía detectar de verdad los neutrinos?

No era una tarea fácil. Los neutrinos flotan a través de

vastos espesores de materia indemnes porque sólo obedecen a la interacción débil, cuyo corto alcance reduce la probabilidad de una colisión enormemente. Se calculó que para garantizar una colisión de un neutrino con la materia haría falta un blanco de plomo de ¡un año luz de espesor! Un experimento muy caro. Pero si usamos un número muy grande de neutrinos, el grosor necesario para ver una colisión de vez en cuando se reduce en la medida correspondiente. A mediados de los años cincuenta, se emplearon los reactores nucleares como fuentes intensas de neutrinos (¡tanta radiactividad!), a los que se exponía un enorme depósito de dicloruro de cadmio (más barato que un año luz de plomo). Con tantos neutrinos (en realidad, antineutrinos, que es lo que, más que nada, sale de los reactores), era inevitable que alguno de ellos diese en los protones y causase una desintegración beta inversa; es decir, se liberaban un positrón y un neutrón. El positrón, en su vagabundeo, acabaría por dar con un electrón; ambos se aniquilarían y se producirían dos fotones que se moverían en sentidos opuestos y volarían hacia afuera, hacia el interior de un fluido de limpieza en seco, que destella cuando dan en él los fotones. La detección de un neutrón y de un par de fotones supuso la primera prueba experimental del neutrino, unos treinta y cinco años después de que Pauli imaginara la criatura.

En 1959, otra crisis, o dos en realidad, fustigaron el espíritu del físico. El centro de la tormenta estaba en la Universidad de Columbia, pero la crisis se compartió y apreció generosamente en todo el mundo. En ese momento, todos los datos sobre la interacción débil procedían de la desintegración natural de las partículas. No hay mayor amor que el de una partícula que da su vida por la educación de los físicos. Para estudiar la interacción débil nos limitábamos a observar las partículas, como el neutrón o el pión, que se desintegraban en otras. Las energías que intervenían las proporcionaban las masas en reposo de las partículas que se desintegraban —por lo normal de unos pocos MeV hasta unos 100 MeV o así—. Hasta los neutrinos libres que disparaban los reactores y padecían colisiones regidas por la interacción débil no aportaban más que unos pocos MeV. Cuando modificamos la teoría de la interacción débil con los resultados experimentales sobre la paridad, tuvimos una joya de teoría, bien elegante, que casaba con todos los datos disponibles, proporcionados por las miríadas de desintegraciones nucleares y por las desintegraciones de los piones, los muones, las lambdas y probablemente, pero era difícil de probar, de la civilización occidental.

La ecuación explosiva

La crisis número uno tenía que ver con las matemáticas de la interacción débil. En las ecuaciones aparece la energía a la que se mide la fuerza. Según sean los datos, se introduce la energía de la masa en reposo de la partícula que se desintegra —1,65 MeV o 37,2 MeV o la que sea— y sale la respuesta correcta. Das vueltas a los términos, los machacas, los mueles y, más pronto o más tarde, te salen las predicciones tocantes a las vidas medias, las desintegraciones, el espectro de los electrones —cosas que se pueden comparar con los experimentos—, y son buenas. Pero si uno mete, digamos, 100 GeV (*mil millones* de electronvoltios), la teoría se descarría. La ecuación te estalla en la cara. En la jerga de la física, a esto se le llama «la crisis de la unitariedad».

Este es el dilema. La ecuación estaba muy bien, pero a alta energía era patológica. Los números pequeños funcionaban; los grandes, no. No teníamos la verdad definitiva, sólo una verdad válida para el dominio de bajas energías. Tenía que haber alguna física nueva que modificase las ecuaciones a alta energía.

La crisis número dos era el misterio de la reacción no observada. Se podía calcular cuán a menudo se desintegraba un muón en un electrón y un fotón. Nuestra teoría de los procesos débiles decía que esa reacción debía producirse.

Buscarla era un experimento favorito en Nevis, y varios nuevos doctores se pasaron quién sabe cuántas horas tras ella sin éxito. Se cita a menudo a Murray Gell-Mann, el gurú de todo lo arcano, como el autor de la llamada Regla Totalitaria de la Física: «Todo lo que no está prohibido es obligatorio». Si nuestras leyes no niegan la posibilidad de un suceso, no sólo *puede* ocurrir, es que ¡*tiene que* ocurrir! Si la desintegracion del muón en un electrón y un fotón no está prohibida, ¿por qué no la vemos? ¿Qué prohibía esa desintegración mu-e-gamma? (Donde pone «gamma» entended «fotón».)

Las dos crisis eran apasionantes. Ambas ofrecían la posibilidad de una física nueva. Abundaban las cábalas teóricas, pero la sangre experimental hervía. ¿Qué hacer? Los experimentadores tenemos que medir, martillear, serrar, limar, apilar ladrillos de plomo, hacer algo. Así que lo hicimos.

Asesinato, S.A., y el experimento de los dos neutrinos

A Melvin Schwartz, profesor ayudante de Columbia, tras escuchar un detallado repaso de las dificultades existentes al teórico, de Columbia también, T. D. Lee en noviembre de 1959, se le ocurrió su GRAN IDEA. ¿Por qué no crear un haz de neutrinos dejando que un haz de piones de alta energía derive a lo largo de un espacio suficiente para que una fracción, digamos de alrededor del 10 por 100, de los piones se desintegre en un muón y un neutrino? Desaparecerían piones en vuelo; aparecerían muones y neutrinos que se repartirían la energía original de esos piones. Así que, volando por el espacio, tenemos muones y neutrinos procedentes del 10 por 100 de los piones desintegrados, más el 90 por 100 de los piones que no se han desintegrado, más un montón de residuos nucleares originados en el blanco que produjeron los piones. Ahora, decía Schwartz, dirijámoslo todo a un muro grande y grueso de acero, de —como al final fue—

doce metros de grosor. El muro lo pararía todo menos los neutrinos, a los que no les costaría atravesar más de sesenta millones de kilómetros de acero. Al otro lado del muro nos quedaría un haz puro de neutrinos, y como el neutrino obedece sólo a la interacción débil, tendríamos a mano una forma de estudiar tanto el neutrino como la interacción débil mediante las colisiones de neutrinos.

Este montaje encaraba tanto la crisis número uno como la número dos. La idea de Mel era que gracias a este haz de neutrinos podríamos estudiar la interacción débil a energías de miles de millones de electronvoltios en vez de a energías de sólo millones de electronvoltios. Nos permitiría ver la interacción débil a altas energías. Quizá nos proporcionase también algunas ideas acerca de por qué no vemos la desintegración de los muones en electrones y fotones, suponiendo que los neutrinos tenían algo que ver.

Como ocurre a menudo en la ciencia, un físico soviético, Bruno Pontecorvo, publicó una idea prácticamente equivalente casi a la vez. Si el nombre parece más italiano que ruso es porque Bruno es un italiano que se pasó a Moscú en los años cincuenta por razones ideológicas. Su física, sus ideas y su imaginación eran, no obstante, sobresalientes. La tragedia de Bruno fue la de quien intenta sacar adelante sus imaginativas ideas dentro de un sistema de burocracia idiotizante. Los congresos internacionales son el lugar donde se exhibe la tradicional cálida amistad de los científicos. En un congreso así que se celebró en Moscú le pregunté a un amigo: «Yevgeny, dime, ¿quién entre vosotros, los físicos rusos, es realmente comunista?». Miró por la sala y señaló a Pontecorvo. Pero eso fue en 1960.

Cuando volví a Columbia de un placentero año sabático en el CERN a finales de 1959, oí las discusiones acerca de las crisis de la interacción débil, incluida la idea de Schwartz. Schwartz había llegado por alguna razón a creer que no había un acelerador lo bastante potente para generar un haz de neutrinos suficientemente intenso, pero yo no estaba de acuerdo. El AGS (de Sincrotón de Gradiente Alterno) de 30 GeV estaba a punto de concluirse en Brookhaven. Hice los números y me convencí, y luego convencí a Schwartz, de que el experimento era factible. Diseñamos lo que, para 1960, era un experimento enorme. Jack Steinberger, compañero de Columbia, se nos unió, y con estudiantes y posdoctorados formamos un grupo de siete. A Jack, Mel y a mí se nos conocía por nuestras maneras gentiles y amables. Una vez, mientras caminábamos por el suelo del acelerador de Brookhaven, oí a un físico que estaba con un grupo exclamar: «¡Ahí va Asesinato, S.A.!».

Para bloquear todas las partículas menos los neutrinos, hicimos una gruesa pared alrededor del pesado detector, y con ese fin empleamos miles de toneladas de acero que se sacaron de barcos en desuso. Una vez cometí el error de decirle a un periodista que habíamos desguazado el acorazado *Missouri* para hacer el muro. Debí coger mal el nombre, pues por lo visto el *Missouri* está todavía por ahí. Pero lo cierto era que habíamos convertido un acorazado en chatarra. También cometí el error de bromear y decir que si hubiera una guerra tendríamos que recomponer el barco; adornaron la historia, y enseguida corrió el rumor de que la armada había confiscado nuestro experimento para hacer alguna guerra (qué guerra podía ser ésa —era 1960— es aún un misterio).

Algo inventada también es mi historia del cañón. Teníamos un cañón naval de treinta centímetros con un tubo adecuado y gruesas paredes: valía como un hermoso colimador, el dispositivo que enfoca y apunta el haz de partículas. Queríamos rellenarlo de berilio, que servía de filtro, pero el tubo tenía esos profundos surcos helicoidales. Así que mandé a un estudiante huesudo a que se metiese dentro para rellenarlos con estropajo. Se tiró una hora ahí, reptó afuera todo acalorado, sudoroso e irritado, y dijo: «¡Me largo!». «No puedes largarte —le grité—, ¿dónde voy a encontrar otro estudiante de tu calibre?»

Una vez estuvieron concluidos los preparativos, el acero de unos barcos caducos rodeaba un detector hecho de diez toneladas de aluminio dispuestas con tacto para que, si los neutrinos chocaban con un núcleo de aluminio, se pudieran observar los productos de la colisión. El sistema de detección que al final empleamos, una cámara de chispas, había sido inventado por un físico japonés, Shuji Fukui. Aprendimos mucho hablando con Jim Cronin, de Princeton, que dominaba la nueva técnica. Schwartz ganó el consiguiente concurso al mejor diseño cuya escala se pudiese aumentar de unos cuantos kilos a diez toneladas. En esta cámara de chispas se espaciaban alrededor de un centímetro unas placas de aluminio de más de dos centímetros de grosor, primorosamente trabajadas, y entre las placas adyacentes se aplicaba una diferencia de voltaje enorme. Si pasaba una partícula cargada por el pasillo, una chispa, que se podía fotografiar, seguía su trayectoria. ¡Qué fácil es decirlo! Este método no carecía de problemas técnicos. ¡Pero los resultados! Zas: el camino de la partícula subnuclear se hace visible en la luz rojoanaranjada del encendido gas de neón. Era un aparato precioso.

Construimos modelos de la cámara de chispas y, para saber sus características, los pusimos en haces de electrones y piones. Casi todas las cámaras de por entonces medían unos nueve decímetros cuadrados y tenían de diez a veinte placas. El diseño que habíamos preparado tenía cien placas, cada una de cerca de cuarenta decímetros cuadrados y con un grosor del orden de un par de centímetros, esperando a que los neutrinos chocasen. Siete trabajamos de día y de noche, y a otras horas también, para ensamblar el aparato y su electrónica, e inventamos todo tipo de dispositivos: huecos de chispas hemisféricos, aparatos de encolado automáticos, circuitos. Nos ayudaron algunos ingenieros y técnicos.

Empezamos las sesiones definitivas a finales de 1960, y de inmediato nos vimos infestados por el «ruido» de fondo creado por los neutrones y otros residuos del blanco que culebreaban alrededor de nuestros formidables doce metros de acero, fastidiaban en las cámaras de chispas y sesgaban los resultados. Con que se colase sólo una partícula en mil millones, ya había problemas. Sabed, como cultura general, que uno entre mil millones es la definición legal de milagro. Durante semanas nos las vimos y deseamos taponando grietas por las que pudieran colarse los neutrones. Buscamos diligentemente conducciones eléctricas bajo el suelo. (Mel Schwartz, explorando, se topó con una, se quedó pegado y tuvieron que tirar de él varios técnicos fuertes.) Cada resquicio fue taponado con bloques de acero roñoso del ex acorazado. En cierto momento, el director del flamante nuevo acelerador de Brookhaven marcó las distancias: «Pondréis esos sucios bloques cerca de mi nueva máquina por encima de mi cadáver», tronó. No aceptamos su oferta; habría quedado un bulto invisible dentro del blindaje. Pactamos, pues —sólo un poco—. A finales de noviembre el fondo se había reducido a unas proporciones manejables.

Esto es lo que hacíamos.

Los protones que salían del AGS se estrellaban en un blanco y se producían unos tres piones por colisión. Producíamos unas 10^{11} (cien mil millones) colisiones por segundo. Se generaba también una variedad de neutrones, protones, ocasionalmente antiprotones y otros residuos. Los residuos que se encaminaban hacia nosotros cruzaban un espacio de unos quince metros antes de estrellarse en el impenetrable muro de acero. En esa distancia se desintegraba alrededor de un 10 por 100 de los piones; teníamos, pues, unas cuantas decenas de miles de millones de neutrinos. El número de los que se dirigían en la dirección correcta, hacia el muro de acero de doce metros de espesor, era mucho menor. Al otro lado del muro, a unos treinta centímetros, esperaba nuestro detector, la cámara de chispas. Calculamos que, si teníamos suerte, veríamos en la cámara de chispas hecha de aluminio una colisión de neutrino ¡por semana! En esa semana el blanco habría proyectado unos 500.000 billones (5×10^{17}) de partículas en nuestra dirección general. Por esa razón teníamos que reducir el fondo tan rigurosamente.

Esperábamos dos tipos de colisiones de neutrinos: 1) un neutrino da en un núcleo de aluminio, y se producen un muón y un núcleo excitado, o 2) un neutrino da en un núcleo, y se producen un electrón y un núcleo excitado. Olvidaos de los núcleos. Lo importante es que esperábamos que de la colisión saliera un mismo número de muones y de electrones, acompañados de vez en cuando por piones y otros residuos del núcleo excitado.

La virtud triunfó, y en ocho meses de exposición observamos cincuenta y seis colisiones de neutrinos, de las que quizá cinco fuesen espurias. Suena fácil, pero nunca, nunca olvidaré el primer suceso de neutrino. Habíamos revelado un rollo de película, el resultado de una semana de toma de datos. La mayoría de las fotos estaban vacías o exhibían trazas de rayos cósmicos obvias. Pero, de pronto, ahí estaba: una espectacular colisión, con una traza de muón muy, muy larga alejándose. Este primer suceso fue el momento de un mini-Eureka, el destello de la certidumbre, tras tanto esfuerzo, de que el experimento iba a salir bien.

Nuestra primera tarea fue probar que se trataba realmente de sucesos neutrínicos, pues este era el primer experimento de ese tipo que se hubiese efectuado jamás. Reunimos toda nuestra experiencia y por turnos fuimos haciendo de abogados del diablo, intentando descubrir fallos en nuestras propias conclusiones. Pero los datos eran realmente sólidos como una roca, y el momento, el de hacerlos públicos. Nos sentíamos lo bastante seguros para presentar nuestros datos a los colegas. Tendríais que haber oído la charla que Schwartz dio en el abarrotado auditorio de Brookhaven. Como un abogado, descartó, una a una, todas las posibles alternativas. En el público hubo sonrisas y lágrimas. Se tuvo que ayudar a la madre de Mel, presa de un llanto incontrolable.

El experimento tuvo tres consecuencias (siempre tres) de orden mayor. Recordad que Pauli propuso la existencia del neutrino para explicar la pérdida de energía en la desintegración beta, en la que un electrón es expulsado del núcleo. Los neutrinos de Pauli estaban siempre asociados a los electrones. En casi todos nuestros sucesos, sin embargo, el producto de la colisión del neutrino era un muón. *Nuestros* neutrinos se negaban a producir electrones. ¿Por qué?

Tuvimos que concluir que los neutrinos que usábamos tenían una nueva propiedad específica, la «muonidad». Como esos neutrinos nacieron con un muón en la desintegración de los piones, de alguna forma llevaban impreso «muón».

Para probar esto a un público que llevaba el escepticismo en los genes, teníamos que saber y mostrar que nuestro aparato no era propenso a ver muones, y que no era —por un diseño estúpido— incapaz de detectar los electrones. El problema del telescopio de Galileo una y otra vez. Por fortuna, pudimos demostrarles a nuestros críticos que habíamos dotado a nuestro equipo con la capacidad de detectar electrones y que, en efecto, lo habíamos verificado con haces de electrones de comprobación.

La radiación cósmica, que al nivel del mar está compuesta por muones, aportaba otro efecto de fondo. Un muón de rayo cósmico que entrara por la parte de atrás de nuestro detector y se parase en medio podría ser confundido por físicos de menos fuste con un muón generado por los neutrinos que saliesen, que era lo que buscábamos. Para evitarlo habíamos instalado un «bloque», pero ¿cómo podíamos estar seguros de que había funcionado?

El secreto consistía en dejar el detector funcionando mientras la máquina estaba apagada, lo que ocurría la mitad del tiempo, más o menos. Cuando el acelerador estaba inactivo, todos los muones que apareciesen serían rayos cósmicos no invitados. Pero no salió ninguno; los rayos cósmicos no podían atravesar nuestro bloque.

Menciono todos estos detalles técnicos para enseñaros que la experimentación no es tan fácil y que la interpretación de un experimento es una cuestión sutil. Heisenberg le comentó una vez a un colega ante la entrada de una piscina: «Toda esa gente entra y sale muy bien vestida. ¿De ello sacas la conclusión de que nadan vestidos?».

La conclusión que nosotros —y casi todos los demás—

sacamos del experimento era que hay (por lo menos) dos neutrinos en la naturaleza, uno asociado a los electrones (el corriente y moliente de Pauli) y otro asociado a los muones. Llamadlos, pues, neutrinos electrónicos (corrientes) y neutrinos muónicos, el tipo que produjimos en nuestro experimento. A esta distinción se le llama ahora «sabor», en la caprichosa jerigonza del modelo estándar, y la gente empezó a hacer una pequeña tabla:

neutrino electrónico	neutrino muónico
electrón	muón

o en la notación abreviada de la física:

v_e	v_μ
e	μ

El electrón está puesto debajo de su primo, el neutrino electrónico (indicado por el subíndice), y el muón debajo del suyo, el neutrino muónico. Recordad que antes de este experimento conocíamos tres leptones —e, v y μ— que no estaban sujetos a la interacción fuerte. Ahora había cuatro: e, v_e, μ, y v_μ. El experimento se quedó para siempre con el nombre de experimento de los dos neutrinos; los ignorantes creen que son una pareja de bailarines italianos. Pasado el tiempo, con este broche se cerraría el manto del modelo estándar. Observad que tenemos dos «familias» de leptones, partículas puntuales, dispuestas verticalmente. El electrón y el neutrino electrónico forman la primera familia, que está por doquiera en nuestro universo. La segunda familia la forman el muón y el neutrino muónico. No se encuentran hoy los muones fácilmente en el universo, sino que hay que hacerlos en los aceleradores o en otras colisiones de alta energía, como las producidas por los rayos cósmicos. Cuando el universo era joven y caliente, estas partículas eran abundantes. Cuando el muón, hermano pesado del electrón, fue descubierto, I. I. Rabi preguntó: «¿Quién ha pedido eso?». El experimento de los dos neutrinos proporcionó una de las primeras pistas de cuál era la respuesta.

¡Ah, sí! Que hubiera dos neutrinos diferentes resolvía el problema de la crisis de la reacción mu-e-gamma perdida. Recuerdo: un muón debería desintegrarse en un electrón y un fotón, pero nadie había podido detectar esta reacción, aunque muchos lo intentaron. Debería haber una secuencia de procesos: un muón se desintegraría primero en un electrón y dos neutrinos, un neutrino regular y un antineutrino. Estos dos neutrinos, al ser materia y antimateria, se aniquilarían y producirían el fotón. Pero nadie había visto esos fotones. Ahora la razón era obvia. Estaba claro que el muón positivo se desintegra siempre en un positrón y dos neutrinos, pero éstos eran un neutrino electrónico y un neutrino antimuónico. Estos neutrinos no se aniquilan mutuamente porque son de familias diferentes. Siguen siendo neutrinos, y no se produce ningún fotón, y por lo tanto no hay reacción mu-e-gamma.

La segunda consecuencia del experimento de Asesinato, S.A., fue la creación de una nueva herramienta para la física: los haces calientes y fríos de neutrinos. Aparecieron, a su tiempo, en el CERN, el Fermilab, Brookhaven y Serpuhkov (URSS). Recordad que antes del experimento del AGS no estábamos totalmente seguros de que existiesen los neutrinos. Ahora teníamos haces suyos de encargo.

Algunos os habréis dado cuenta de que estoy esquivando un tema. ¿Qué pasaba con la crisis número uno, el que nuestra ecuación de la interacción débil no valga a altas energías? En realidad, nuestro experimento de 1961 demostró que el ritmo de las colisiones *aumentaba* con la energía. En los años ochenta, los laboratorios de aceleradores mencionados más arriba —con haces más intensos a energías mayores y detectores que pesaban cientos de toneladas— recogieron millones de sucesos neutrínicos a un ritmo de varios por minuto (mucho mejor que nuestro rendimiento en 1961 de uno o dos a la semana). Aun así, la crisis de la interacción débil a grandes energías no estaba resuelta, pero sí se había iluminado mucho. El ritmo de las colisiones de los neutrinos aumentaba con la energía, como la teoría de baja energía predecía. Sin embargo, el miedo de que el ritmo de colisiones se volviese imposiblemente grande se alivió con el descubrimiento de la partícula W en 1982. Era una de las partes de la física nueva que modificó la teoría, y condujo a un comportamiento más gentil y amable. De esta forma se pospuso la crisis, a la que, sí, volveremos.

La deuda brasileña, las minifaldas y viceversa

La tercera consecuencia del experimento fue que Schwartz, Steinberger y Lederman recibieron el premio Nobel de física, pero no fue sino en 1988, unos veintisiete años después de que se hubiera hecho la investigación. En algún sitio oí hablar de un periodista que entrevistaba al hijo, joven, de un recién laureado: «¿Te gustaría ganar un premio Nobel como tu padre?». «¡No!», dijo el joven. «¿No? ¿Por qué no?» «Quiero ganarlo solo.»

El premio. Hago unos comentarios. El Nobel sobrecoge a casi todos los que nos dedicamos a esto, quizá por el brillo de los premiados, desde el primero, Roentgen (1901), y entre los que están muchos de nuestros héroes, Rutherford, Einstein, Bohr, Heisenberg. El premio le da a un colega que lo gane cierta aura. Hasta cuando es vuestro mejor amigo, uno con el que habéis hecho pis entre los árboles, quien lo gana, lo veis luego, en cierto sentido, de otra manera.

Yo sabía que me habían nominado varias veces. Supongo que podría haber recibido el premio por el «kaón neutro de larga vida»; lo descubrí en 1956, y podrían haberme dado el premio porque era un objeto muy inusual, que hoy sirve para estudiar la simetría fundamental CP. Me lo podrían haber dado por las investigaciones sobre la paridad con el proceso pión-muón (con W. S. Wu), pero Estocolmo prefirió honrar a los teóricos que las inspiraron. La verdad es que fue una decisión razonable. Además, el descubrimiento secundario de los muones polarizados y de su desintegración asimétrica ha tenido numerosas aplicaciones en el estudio de la materia condensada y de las físicas atómica y molecular, tantas, que se celebran regularmente congresos internacionales sobre el tema.

A medida que pasaban los años, octubre fue siempre un mes de nervios, y cuando se anunciaban los nombres de los ganadores del Nobel, solía llamarme uno u otro de mis queridos retoños con un «¿Qué ha...?». De hecho, hay muchos físicos —y estoy seguro de que lo mismo pasa con los candidatos en química y medicina, y a los premios que no son científicos— que no tendrán el premio pero cuyos méritos son iguales a los de quienes sí lo han recibido. ¿Por qué? No lo sé. En parte se debe a la suerte, a las circunstancias, a la voluntad de Alá.

Pero yo he tenido suerte y no me ha faltado nunca el reconocimiento. Por hacer lo que amo hacer, se me hizo profesor titular de la Universidad de Columbia en 1958 con un sueldo razonable. (Ser profesor de una universidad norteamericana es el mejor trabajo de la civilización occidental. Puedes hacer todo lo que quieras hacer, ¡hasta enseñar!) Mi actividad investigadora fue vigorosa, con la ayuda de cincuenta y dos graduados, a lo largo de los años 1956-1979 (en este último me nombraron director del Fermilab). Casi siempre, los premios han llegado cuando yo estaba demasiado ocupado para preverlos: ser elegido miembro de la Academia Nacional de la Ciencia (1964), la Medalla de la Ciencia otorgada por el presidente (me la dio Lyndon Johnson en 1965), y varias medallas y citaciones más. En 1983 Martin Perl y yo compartimos el premio Wolf, concedido por el Estado de Israel, por haber descubierto la tercera generación de quarks y leptones (el quark *b* y el leptón tau). También llegaron los grados honorarios, pero este era un «mercado en el que manda el que vende»: cientos de universidades buscan cada año cuatro o cinco personas a las que honrar. Con todo eso, uno adquiere un poco de seguridad y una actitud sosegada respecto al Nobel.

Cuando por fin llegó el anuncio, en forma de una llamada de teléfono a las seis de la mañana del 10 de octubre de 1988, liberé un torrente oculto de alegría incontrolada. Mi esposa, Ellen, y yo, tras acusar recibo de la noticia con respeto, nos pusimos a reír histéricamente hasta que el teléfono empezó a sonar y nuestras vidas a cambiar. Cuando un periodista del *New York Times* me preguntó qué iba a hacer con el dinero del premio, le dije que no podía decidirme entre comprar una cuadra de caballos de carreras o un castillo en España —que, en inglés, es como un castillo en el aire—, y él lo publicó tal cual. Como os lo cuento: un corredor de fincas me llamó a la semana siguiente, para hablarme de un castillo en España con unas condiciones muy buenas.

Ganar el premio Nobel cuando uno está ya en una posición bastante prominente tiene unos efectos secundarios interesantes. Yo era el director del Fermilab, que tiene 2.200 empleados, y a la plantilla le encantó la publicidad; para ellos fue una especie de regalo de Navidad adelantado. Hubo que repetir una reunión del laboratorio entero varias veces para que todo el mundo pudiese escuchar al jefe, que ya era muy divertido, pero a quien de pronto se le consideró el igual de Johnny Carson (y a quien tomaban ahora en serio personas importantes de verdad). El *Sun-Times* de Chicago me puso los pelos de punta con el titular EL NOBEL CAE EN CASA, y el *New York Times* puso una foto mía sacando la lengua en la primera página, ¡y por encima de donde se dobla!

Todo esto pasa, pero lo que no pasó fue la veneración que el público siente ante el título. En recepciones por toda la ciudad se me presentaba como el ganador del premio Nobel *de la paz* de física. Y cuando quise hacer algo bastante espectacular, quizás temerario, ayudar a las escuelas públicas de Chicago, el agua bendita del Nobel funcionó. La gente escuchaba, las puertas se abrían y de pronto tuve un programa para mejorar la educación científica en las escuelas urbanas. El premio es un vale increíble que le permite a uno efectuar actividades sociales redentoras. La otra cara de la moneda es que, no importa en qué ganes el premio, te conviertes en el acto en un experto en todo. ¿La deuda brasileña? Claro. ¿La seguridad social? Vale. «Dígame, profesor Lederman, ¿qué largo debe tener la ropa de las mujeres?» «¡Tan corta como sea posible!», responde el laureado rebosante de lujuria. Pero lo que yo quise fue servirme sin vergüenza del premio para ayudar a que la educación científica avanzase en los Estados Unidos. Para esta tarea, bien vendría un segundo premio.

La interacción fuerte

Eran considerables los triunfos conseguidos en la lucha por desentrañar las complejidades de la interacción débil. Pero todavía estaban por ahí esos cientos de hadrones fastidiándonos, una plétora de partículas, todas sujetas a la interacción fuerte, la que mantiene unido el núcleo. Esas partículas tenían una serie de propiedades: carga, masa y espín son algunas que hemos mencionado.

Los piones, por ejemplo. Hay tres clases diferentes de piones de masas poco diferentes, que, tras haber sido estudiadas en una variedad de colisiones, fueron puestas juntas en una familia, la de, qué raro, los piones. Sus cargas eléctricas son más uno, menos uno y cero (neutro). Resultó que todos los hadrones se agrupaban en cúmulos familiares. Los kaones se alinean como sigue: K^+, K^-, K^0, $\bar{K}^0$. (Los signos, +. – y 0, indican la carga eléctrica. La barra sobre el segundo kaón neutro indica que es una antipartícula.) La familia sigma tiene este aspecto: Σ^+, Σ^-, Σ^0. Un grupo que os será más conocido es la familia de los nucleones: el neutrón y el protón, componentes del núcleo atómico.

Las familias están formadas por partículas de masa y comportamiento similares en las colisiones fuertes. Para expresar la idea más específicamente se inventó la denominación de «espín isotópico», o isoespín. El isoespín es útil porque nos permite considerar el concepto de «nucleón» como el de un objeto simple que aparece en dos estados de isoespín: neutrón o protón. Similarmente, el «pión» aparece en tres estados de isoespín: π^+, π^-, π^0. Otra propiedad útil del isoespín es que es una magnitud que se conserva en las colisiones fuertes, como la carga. La colisión violenta de un protón y un antiprotón puede que produzca cuarenta y siete piones, ocho bariones y otras cosas, pero el número del espín isotópico total se mantendrá constante.

La cuestión era que los físicos intentaban poner un poco de orden en esos hadrones clasificándolos conforme a tantas propiedades como pudiesen encontrar. Por eso hay montones de propiedades de nombres caprichosos: el número de extrañeza, el bariónico, el hiperiónico y así sucesivamente. ¿Por qué número? Porque todas esas son propiedades cuánticas, y por lo tanto números cuánticos. Y los números cuánticos obedecen a los principios de conservación. De esta forma, los teóricos o los experimentadores sin experimento podían jugar con los hadrones, organizarlos e, inspirados quizá por los biólogos, clasificarlos en estructuras de familia mayores. A los teóricos les guiaban las reglas de la simetría matemática, de acuerdo con la creencia de que las ecuaciones fundamentales deberían respetar esas simetrías profundas.

En 1961, el teórico del Cal Tech Murray Gell-Mann concibió una organización que tuvo un éxito especial; le dio el nombre de Camino de las Ocho Vías, según la enseñanza de Buda: «Este es el noble Camino de las Ocho Vías: a saber, ideas rectas, intenciones rectas, palabras rectas...». Gell-Mann dispuso las correlaciones entre los hadrones, casi mágicamente, en grupos coherentes de ocho y diez partículas. La alusión al budismo era una alegría caprichosa más, tan comunes en la física, pero más de un místico se apoderó del nombre como prueba de que el orden verdadero del mundo guarda relación con el misticismo oriental.

Me vi en un apuro cuando, a finales de los años setenta, se me pidió que escribiese una pequeña autobiografía para el boletín de comunicaciones breves del Fermilab con ocasión del descubrimiento del quark *bottom*. Como no esperaba que la leyese alguien más que mis compañeros de Batavia, la titulé «Autobiografía no autorizada», de Leon Lederman. Para mi horror, el boletín del CERN y luego *Science*, la revista oficial de la Asociación Norteamericana para el Avance de la Ciencia, leída por cientos de miles de científicos de los Estados Unidos, se hicieron con el artículo y lo publicaron también. En él se leía esto: «Su [de Lederman] periodo de mayor creatividad vino en 1956, cuando escuchó una disertación de Gell-Mann sobre la posible existencia de los mesones K neutros. Tomó dos decisiones: la primera, ponerle un guión a su nombre...».

En cualquier caso, se llame como se llame, un teórico lucirá lo mismo, y el Camino de las Ocho Vías generó tablas de las partículas hadrónicas que recordaban a la tabla periódica de los elementos de Mendeleev, si bien, y así se reconocía, más arcanas. ¿Os acordáis de la tabla de Mendeleev con sus columnas de elementos con propiedades físicas similares? Su periodicidad fue una pista de la existencia de una organización interna, de la estructura de capas de electrones, aun antes de que se los conociese. Había algo dentro de los átomos que se repetía, que hacía un patrón a medida que el tamaño de los átomos aumentaba. Mirando hacia atrás y entendido ya el átomo, debería haber sido obvio.

El grito del quark

El patrón de los hadrones, dispuesto conforme a una serie de números cuánticos, también pedía a gritos una subestructura. No es, sin embargo, fácil oír lo que nos gritan los entes subnucleares. Dos físicos de oído fino lo lograron, y escribieron sobre ello. Gell-Mann propuso la existencia de lo que él llamó estructuras matemáticas. En 1964 propuso que los patrones de los hadrones organizados se podrían explicar si existiesen tres «construcciones lógicas». Las llamó «quarks». Se supone comúnmente que sacó la palabra de la diabólica novela de James Joyce *Finnegans Wake* («Three quarks for Muster Mark!»). George Zweig, colega de Gell-Mann, tuvo una idea idéntica mientras trabajaba en el CERN; llamó a las tres cosas «ases».

Probablemente, nunca sabremos de forma precisa cómo surgió esta idea germinal. Yo sé una versión porque estuve allí: en la Universidad de Columbia, en 1963. Gell-Mann daba un seminario sobre su simetría de las Ocho Vías cuando un teórico de Columbia, Robert Serber, señaló que una base de su organización «óctuple» supondría tres subunidades. Gell-Mann estaba de acuerdo, pero si esas subunidades fuesen partículas tendrían la propiedad inaudita de poseer *tercios* de cargas eléctricas enteras: 1/3, 2/3, –1/3...

En el mundo de las partículas, todas las cargas eléctricas se miden a partir de la carga del electrón. Todos los electrones tienen exactamente $1{,}602193 \times 10^{-19}$ culombios. No importa qué son los culombios. Sabed sólo que usamos esa complicada cifra como unidad de carga y la llamamos 1 porque es la carga del electrón. Por suerte, la carga del protón también es 1,0000, y lo son la del pión cargado, la del muón (aquí la precisión es mucho mayor), etcétera. En la naturaleza sólo hay cargas enteras: 0, 1, 2... Se entiende que todos los enteros son múltiplos del número de culombios dados arriba. Las cargas tienen, además, dos modos: más y menos. No sabemos por qué. Es así. Cabe imaginar un mundo en el que el electrón pudiese perder, en un choque que lo arañase o en una partida de póquer, el 12 por 100 de su carga eléctrica. No puede ocurrir en este mundo. El electrón, el protón, el pi más y demás tienen siempre cargas de 1,0000.

Así que cuando Serber sacó la idea de las partículas con cargas de tercios de enteros... olvídala. Nunca se había visto algo así, y el hecho, no poco curioso, de que todas las cargas sean un múltiplo entero de una sola carga estándar invariable había llegado, con el tiempo, a incorporarse a la intuición de los físicos. Hasta se usó esta «cuantización» de la carga eléctrica para buscar alguna simetría más profunda que la explicase. Sin embargo, Gell-Mann recapacitó y propuso la hipótesis de los quarks, pero a la vez emborronó la cuestión, o al menos así nos lo pareció a algunos, al sugerir que los quarks no son reales, sino construcciones matemáticas útiles.

Los tres quarks nacidos en 1964 se llaman hoy *up* («arriba»), *down* («abajo») y «extraño», o **u**, **d** y **s**. Hay, por supuesto, tres antiquarks: $\bar{\mathbf{u}}$, $\bar{\mathbf{d}}$, y $\bar{\mathbf{s}}$. Había que escoger las propiedades de los quarks con delicadeza para que con ellos se pudieran construir todos los hadrones conocidos. Al quark **u** se le da una carga de +2/3; la del quark **d** es –1/3, como la del **s**. Los antiquarks tienen las mismas cargas pero de signo opuesto. Se seleccionaron otros números cuánticos de manera que también su suma fuese la correcta. Por ejemplo, el protón está formado por tres quarks —**uud**—, de cargas +2/3, +2/3 y –1/3, que suman +1,0, que pega con lo que sabemos del protón. El neutrón es la combinación **udd**, con cargas +2/3, –1/3, –1/3, lo que suma 0,0, y tiene sentido porque el neutrón es neutro, su carga es cero.

Todos los hadrones están formados por quarks, a veces tres y a veces dos, según el modelo de quarks. Hay dos clases de hadrones: los bariones y los mesones. Los bariones, que son parientes de los protones y los neutrones, están hechos con tres quarks. Los mesones, entre los que están los piones y los kaones, constan de dos quarks, pero ha de tratarse de un quark combinado con un antiquark. Un ejemplo es el pión positivo (π^+), que es $\mathbf{u}\bar{\mathbf{d}}$. La carga es +2/3 +1/3, que es igual a 1. (Obsérvese que el **d** barra, el quark *antidown*, tiene una carga de +1/3.)

Al urdir esta primera hipótesis, los números cuánticos de los quarks, y propiedades como el espín, la carga, el isoespín y otras, se fijaron de manera que se explicasen sólo unos pocos de los bariones (el protón, el neutrón, el lambda y algunos más) y los mesones. Se vio entonces que esos números y otras combinaciones pertinentes casaban con los cientos de hadrones que se conocían, sin excepciones. ¡Funcionaba siempre! Y todas las propiedades de un compuesto —un protón, por ejemplo— quedaban subsumidas en las de los quarks constituyentes, moderadas por el hecho de que interaccionan íntimamente entre sí. Por lo menos, esa es la idea y la tarea de generaciones de teóricos y generaciones de ordenadores, dado, por supuesto, que se les proporcionen los datos.

Las combinaciones de quarks suscitan una cuestión interesante. Es un rasgo humano el de comportarse de forma diferente cuando se está en compañía. Pero, como veremos, los quarks nunca están solos, así que sus propiedades sin modificar sólo pueden deducirse de la variedad de condiciones en las que los observamos. En cualquier caso, he aquí algunas combinaciones típicas de quarks y los hadrones que producen:

Bariones	*Mesones*
uud protón	$\mathbf{u\bar{d}}$ pión positivo
udd neutrón	$\mathbf{d\bar{u}}$ pión negativo
uds lambda	$\mathbf{u\bar{u} + d\bar{d}}$ pión neutro
uus sigma más	$\mathbf{u\bar{s}}$ kaón positivo
dds sigma menos	$\mathbf{s\bar{u}}$ kaón negativo
uds sigma cero	$\mathbf{d\bar{s}}$ kaón neutro
dss xi menos	$\mathbf{\bar{d}s}$ antikaón neutro
uss xi cero	

Los físicos se vanagloriaron de este éxito espectacular de reducir cientos de objetos que parecían básicos a compuestos de sólo tres variedades de quarks. (La palabra «ases» cayó en desuso; nadie puede competir con Gell-Mann en lo que se refiere a poner nombres.) La prueba de una buena teoría es si puede *predecir*, y la hipótesis de los quarks, cauta o no, tuvo un éxito brillante. Por ejemplo, la combinación de tres quarks extraños, **sss**, no estaba en el registro de partículas descubiertas, pero ello no nos privó de darle un nombre: omega menos (Ω^-). Como las partículas que contenían el quark extraño tenían propiedades establecidas, las propiedades de un hadrón con tres quarks extraños, sss, también eran predecibles. La omega menos era una partícula muy extraña, y su huella, espectacular. En 1964 se la descubrió en la cámara de burbujas de Brookhaven y era exactamente como el doctor Gell-Mann había pedido.

No se zanjaron todos los problemas, ni de largo. Montones de preguntas; de aperitivo: ¿cómo se mantienen juntos los quarks? Esa interacción fuerte sería el objeto de miles de artículos teóricos y experimentales a lo largo de los treinta años siguientes. Con el trabalenguas «cromodinámica cuántica» por título, se propondría una nueva cepa de partículas mensajeras, los gluones, la argamasa (¡!) que mantiene unidos a los quarks. Todo a su tiempo.

Leyes de conservación

En la física clásica hay tres grandes leyes de conservación: de la energía, del momento lineal y del momento angular. Se ha mostrado que están profundamente relacionadas con los conceptos de espacio y de tiempo, como veremos en el capítulo 8. La teoría cuántica introdujo un gran número de magnitudes adicionales que se conservan; es decir, que no cambian durante una serie de procesos subnucleares, nucleares y atómicos. Los ejemplos son la carga eléctrica, la paridad y un enjambre de nuevas propiedades: el isoespín, la extrañeza, el número bariónico, el número leptónico. Ya sabemos que las fuerzas de la naturaleza difieren en el respeto que les tienen a diferentes leyes de conservación; por ejemplo, las interacciones fuerte y electromagnética respetan la paridad, pero no lo hace la interacción débil.

Para probar una ley de conservación se examina un número enorme de reacciones en las que pueda determinarse antes y después de la reacción una propiedad concreta, la carga eléctrica, por ejemplo. Recordemos que la conservación de la energía y la del momento se establecieron tan firmemente que, cuando pareció que ciertos procesos las violaban, se presupuso la existencia del neutrino a modo de mecanismo que las rescatase, y se acertó. Otros indicios de la existencia de una ley de conservación guardan relación con que ciertas reacciones no tengan lugar. Por ejemplo, un electrón no se desintegra en dos neutrinos porque ello violaría la conservación de la carga. Otro ejemplo es la desintegración del protón. Recordad que no se produce. A los protones se les asigna un número bariónico que, en última instancia, deriva de su estructura de trío de quarks. Así, los protones, los neutrones, los lambdas, los sigmas y demás —todos los tríos de quarks— tienen un número bariónico que es +1. Las antipartículas correspondientes tienen por número bariónico −1. Todos los mesones, los vehículos de la fuerza, y los leptones tienen un número bariónico 0. Si el número bariónico se conserva estrictamente, el barión más ligero, el protón, no podrá desintegrarse nunca, pues todos los candidatos a productos de la reacción más ligeros que él tienen un número bariónico 0. Por supuesto, una colisión de un protón y un antiprotón tiene un número bariónico total 0 y puede producir lo que sea. De esta forma, el número bariónico «explica» que el protón sea estable. El neutrón, que se desintegra en un protón, un electrón y un antineutrino, y el protón dentro del núcleo, que puede desintegrarse en un neutrón, un positrón y un neutrino, conservan el número bariónico.

Apiadaos del tipo que viva para siempre. El protón no puede desintegrarse en piones porque se violaría la conservación del número bariónico. No puede desintegrarse en un neutrón, un positrón y un neutrino a causa de la conservación de la energía. No puede desintegrarse en neutrinos o fotones a causa de la conservación de la carga. Hay más leyes de conservación, y nos parece que son ellas las que conforman el mundo. Como debería ser obvio, si el protón se desintegrase, amenazaría nuestra existencia. Claro está, eso depende de la vida media del protón. Como el universo tiene unos quince mil millones de años o así, una vida media *mucho* mayor no afectaría demasiado al destino de la República.

Sin embargo, unas teorías de campo unificadas nuevas predijeron que el número bariónico no se conserva de forma *estricta*. Esta predicción ha dado lugar a unos esfuerzos impresionantes por detectar la desintegración del protón, hasta ahora sin éxito. Pero esto ilustra la existencia de leyes de conservación *aproximadas*. La paridad era un ejemplo. La extrañeza se ideó para entender por qué ciertos bariones vivían mucho más de lo que deberían, dados todos los estados finales posibles en los que podían desintegrarse. Supimos luego que la extrañeza de una partícula —un lambda o un kaón, por ejemplo— significa que hay un quark **s**. Pero el lambda y el kaón se desintegran, y el quark **s** se convierte en un quark **d** más ligero en el proceso. No obstante, en éste interviene la interacción débil. La fuerte no desempeña ningún papel en un proceso **s —> d**; en otras palabras, la interacción fuerte conserva la extrañeza. Como la interacción débil es débil, la desintegración de los lambdas, los kaones y los miembros de su familia es lenta, y la vida media es larga: 10^{-10} segundos, en vez de un proceso permitido que normalmente dura 10^{-23} segundos.

La multitud de asideros experimentales en las leyes de conservación son una suerte, pues una importante demostración matemática mostró que las leyes de conservación están relacionadas con simetrías que la naturaleza respeta. (Y simetría, de Tales a Sheldon Glashow, es como se llama el juego.) Descubrió esta conexión Emmy Noether, una matemática, alrededor de 1920.

Pero volvamos a nuestra historia.

Bolas de niobio

A pesar del omega menos y de otros éxitos, nadie había visto nunca un quark. Hablo aquí a la manera de un físico, no como la señora del público. Zweig proclamó desde el principio que los ases/quarks eran entes reales. Pero cuando John Peoples, el actual director del Fermilab, era un joven experimentador en busca de los quarks, Gell-Mann le dijo que no se ocupara de ellos, que los quarks no eran más que un «elemento de cálculo».

Decirle esto a un experimentador es como arrojarle un guante. Por todas partes se emprendieron búsquedas de los quarks. Ni que decir tiene que en cuanto pones un cartel de «se busca» aparecen falsas pistas. La gente buscaba en los rayos cósmicos, en los sedimentos profundos de los océanos, en el vino viejo y bueno («Eshto, no hay qua... quarks aquí, ¡hip!) una graciosa carga eléctrica atrapada en la materia. Se emplearon todos los aceleradores con la intención de arrancar los quarks de sus prisiones. Habría sido bastante fácil hallar una carga de 1/3 o 2/3, pero aun así casi todas las búsquedas terminaban con las manos vacías. Un experimentador de la Universidad de Stanford, por medio de unas minúsculas bolas hechas con gran precisión de niobio puro, informó que había atrapado un quark. Al no poder ser repetido, el experimento fue muriéndose, y los estudiantes poco respetuosos llevaban camisetas donde ponía: «Has de tener unas bolas de niobio si quieres atrapar quarks».

Los quarks eran fantasmagóricos; el fracaso en hallarlos libres y la ambivalencia de la idea original retrasó su aceptación hasta finales de los años sesenta, cuando una clase distinta de experimentos exigió que hubiera quarks, o al menos cosas similares a los quarks. Los quarks se concibieron para explicar la existencia y la clasificación de un número enorme de hadrones. Pero si el protón tenía tres quarks, ¿por qué no se manifestaban? Bueno, lo hemos soltado ya antes. Se los puede «ver». Rutherford otra vez.

Vuelve «Rutherford»

En 1967 se emprendió una serie de experimentos de dispersión mediante los nuevos haces de electrones del SLAC. El objetivo era estudiar más incisivamente la estructura del protón. Entra el electrón de gran energía, golpea un protón en un blanco de hidrógeno y sale un electrón de energía mucho menor, pero en una dirección que forma un ángulo grande con respecto a su camino original. La estructura puntual dentro del protón actúa, en cierto sentido, como el núcleo con las partículas alfa de Rutherford. Pero el problema era aquí más sutil.

Al equipo de Stanford, dirigido por el físico del SLAC Richard Taylor, canadiense, y dos físicos del MIT, Jerome Friedman y Henry Kendall, le ayudó enormemente que metiesen las narices Richard Feynman y James Bjorken. Feynman había prestado su energía y su imaginación a las interacciones fuertes y en particular a «¿qué hay dentro del protón?». Visitaba con frecuencia Stanford desde su base en el Cal Tech, en Pasadena. Bjorken (todos le llaman «Bj»), teórico de Stanford, estaba interesadísimo en el proceso experimental y en las reglas que regían unos datos aparentemente incompletos. Esas reglas, razonaba Bjorken, serían indicadoras de las leyes básicas (dentro de la caja negra) que controlaban la estructura de los hadrones.

Aquí tenemos que volver con nuestros viejos y buenos amigos Demócrito y Boscovich, pues ambos echaron luz sobre el asunto. La prueba que Demócrito imponía para determinar si algo era un á-tomo era que fuese indivisible. En el modelo de los quarks, el protón es, en realidad, un aglomerado pegajoso de tres quarks que se mueven rápidamente. Pero como esos quarks están siempre inextricablemente encadenados los unos a los otros, experimentalmente el protón aparece indivisible. Boscovich añadió una segunda prueba. Una partícula elemental, o un «á-tomo», tiene que ser puntual. Esta prueba no la pasaba, sin lugar a dudas, el protón. El equipo del MIT y el SLAC, con la asesoría de Feynman y Bj, cayó en la cuenta de que en este caso el criterio operativo era el de los «puntos» y no el de la indivisibilidad. La traducción de sus datos a un modelo de constituyentes puntuales requería una sutileza mucho mayor que en el experimento de Rutherford. Por eso era tan conveniente tener a dos de los mejores teóricos del mundo en el equipo. El resultado fue que los datos indicaron, en efecto, la presencia de objetos puntuales en movimiento dentro del protón. En 1990 Taylor, Friedman y Kendall recogieron su premio Nobel por haber establecido la realidad de los quarks. (Estos eran los científicos a los que se refería Jay Leno [un humorista estadounidense] al principio de este capítulo.)

Una buena pregunta: ¿cómo pudieron ver estos tipos los quarks si los quarks nunca están libres? Pensad en una caja sellada con tres bolas de acero dentro. Agitadla, inclinadla de varias formas, escuchad y concluid: tres bolas. El punto más sutil es que los quarks se detectan siempre en la proximidad de otros quarks, que podrían cambiar sus propiedades. Hay que vérselas con este factor pero... *piano, piano*. La teoría de los quarks hizo muchos conversos, especialmente a medida que los teóricos que escrutaban los datos fueron imbuyendo a los quarks una realidad creciente, conociendo mejor sus propiedades y convirtiendo la incapacidad de ver quarks libres en una virtud. La palabra de moda era «confinamiento». Los quarks están confinados permanentemente porque la energía requerida para separarlos *aumenta* a medida que la distancia entre ellos crece. Entonces, cuando se intenta con suficiente empeño, la energía se vuelve lo bastante grande para crear un par quark-antiquark, y ya tenemos cuatro quarks, o dos mesones. Es como intentar conseguir un cabo de cuerda. Se corta y, ¡ay!, dos cuerdas.

La lectura de la estructura de quarks a partir de los experimentos de dispersión de electrones se pareció mucho a un monopolio de la Costa Oeste. Pero debo señalar que, al mismo tiempo, mi grupo obtuvo unos datos muy similares en Brookhaven. A veces hago la broma de que si Bjorken hubiese sido un teórico de la Costa Este, *yo* habría descubierto los quarks.

El contraste entre los dos experimentos del SLAC y de Brookhaven demostró que hay más de una forma de pelar un quark. En los dos experimentos la partícula blanco era un protón. Pero Taylor, Friedman y Kendall usaban electrones como sondas, y nosotros protones. En el SLAC enviaban los electrones hacia el interior de la «caja negra de la región de colisión» y medían los electrones que salían. También salían muchas otras cosas, como protones y piones, pero se las ignoraba. En Brookhaven hacíamos que los protones chocasen con una pieza de uranio (en busca de los protones que había allí) y nos concentrábamos en los pares de muones que salían, que medíamos cuidadosamente. (Para los que no hayáis prestado atención, tanto los electrones como los muones son leptones con propiedades idénticas, sólo que el muón es doscientas veces más pesado.)

Dije antes que el experimento del SLAC era parecido al experimento de dispersión de Rutherford que descubrió el núcleo. Pero Rutherford hacía simplemente que las partículas alfa rebotasen en el núcleo y medía los ángulos. En el SLAC el proceso era más complicado. En el lenguaje del teórico y en la imagen mental que suscitan las matemáticas, el electrón entrante en la máquina del SLAC envía un fotón mensajero dentro de una caja negra. Si el fotón tiene las propiedades correctas, uno de los quarks puede absorberlo. Cuando el electrón arroja un fotón mensajero con éxito (uno que es comido), el electrón altera su energía y movimiento. Deja entonces el área de la caja negra, sale y él mismo es medido. En otras palabras, la energía del electrón saliente nos dice algo del fotón mensajero que arrojó, y, lo que es más importante, de lo que lo comió. El patrón de los fotones mensajeros podía interpretarse sólo como el resultado de su absorción por una subestructura puntual en el protón.

En el experimento del dimuón (así llamado porque produce dos muones) del Brookhaven, enviamos protones de alta energía dentro de la región de la caja negra. La energía del protón estimula que la caja negra emita un fotón mensajero. Éste, antes de dejar la caja, se convierte en un muón y en su antimuón; estas dos partículas dejan la caja y se las mide. Esto nos dice algo acerca de las propiedades del fotón mensajero, como en el experimento del SLAC. Pero el experimento del par de muones no se comprendió teóricamente hasta 1972 y, en realidad, hicieron falta muchas otras demostraciones matemáticas sutiles antes de que se le diese una interpretación inequívoca.

La dieron Sidney Drell y su alumno Tung Mo Yan, de Stanford, lo que no sorprende; allí llevaban los quarks en la sangre. Su conclusión: el fotón que genera nuestro par de muones se genera cuando un quark del protón incidente choca con y aniquila un antiquark del blanco (o al revés). Se le llama usualmente el experimento Drell-Yan, aunque lo concebimos nosotros y Drell «sólo» dio con el modelo correcto.

Cuando Richard Feynman llamó a mi experimento del dimuón el «experimento de Drell-Yan» en un libro —seguramente estaba bromeando—, telefoneé a Drell y le dije que llamase a todos los que hubiesen comprado el libro y les pidiese que tachasen Drell y Yan en la página 47 y escribiesen Lederman. No me atreví a incordiar a Feynman. Drell accedió gustosamente, y la justicia triunfó.

Desde esos días, se han efectuado experimentos de Drell, Yan y Lederman en todos los laboratorios, y han dado pruebas complementarias y confirmatorias de la manera detallada en que los quarks hacen protones y mesones. Aun así, los estudios del SLAC/Drell-Yan-Lederman no convirtieron a todos los físicos en creyentes en los quarks. Quedaba cierto escepticismo. En Brookhaven tuvimos una pista justo ante nuestros ojos que habría respondido a los escépticos si hubiésemos sabido lo que significaba.

En nuestro experimento de 1968, el primero de su tipo, examinamos la disminución regular de la producción de pares de muones a medida que aumentaba la masa de los fotones mensajeros. Un fotón mensajero puede tener una masa transitoria de un valor cualquiera, pero cuanto mayor sea, menos vivirá y más costará generarlo. Otra vez Heisenberg. Recordad: cuanto mayor sea la masa, menor será la región del espacio que se explora, así que veremos menos y menos sucesos (números de pares de muones) a medida que crezca la energía. Lo representamos en un gráfico. A lo largo de la parte inferior del gráfico, el eje *x*, mostramos masas cada vez mayores. En el eje *y* vertical, números de pares de muones. Así que deberíamos obtener un gráfico que se pareciera a este:

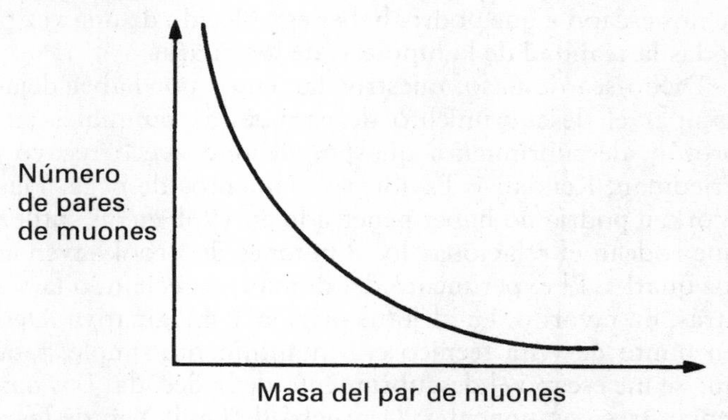

Deberíamos haber visto una línea que desciende regularmente, lo que habría indicado que los pares de muones disminuyen sin cesar a medida que la energía de los fotones que salen de la caja negra aumenta. Pero en vez de eso obtuvimos algo parecido a:

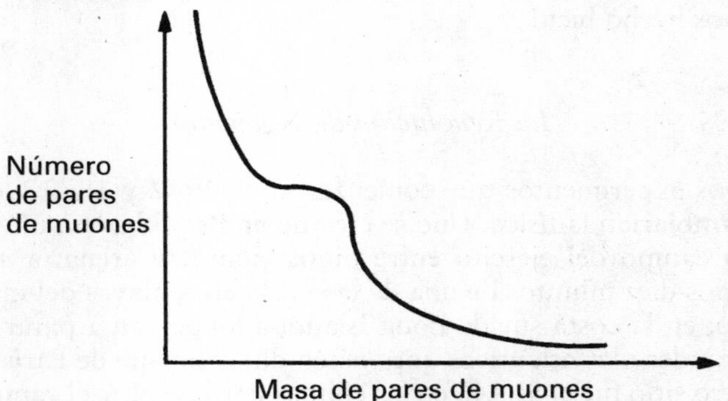

Al nivel de una masa de unos 3 GeV, una «joroba», ahora llamada la joroba de Lederman, interrumpía esa disminución regular. Una joroba o chichón en un gráfico indica un suceso inesperado, algo que no se puede explicar sólo con los fotones mensajeros, algo que está sobre los sucesos de Drell-Yan. No comunicamos que esta joroba fuese una nueva partícula. Fue el primer descubrimiento que, claramente, se nos escapó y que podría haber establecido de una vez por todas la realidad de la hipótesis de los quarks.

Dicho sea de paso, nuestros lamentos por haber dejado escapar el descubrimiento de estructuras puntuales en el protón, descubrimiento que por decreto sueco recayó en Friedman, Kendall y Taylor, son lamentos de pega. Hasta Bjorken podría no haber penetrado en 1968 en las sutilezas que rodean el relacionar los dimuones de Brookhaven con los quarks. El experimento del dimuón es, echando la vista atrás, mi favorito. La idea fue original e imaginativa. Desde un punto de vista técnico era infantilmente simple, tanto, que se me escapó el descubrimiento de la década. Los datos tenían tres componentes: la prueba de Drell-Yan de las estructuras puntuales, la prueba del concepto de «color» en sus porcentajes absolutos (se comentará luego) y el descubrimiento del J/Psi (ahora mismo lo haremos), cada uno de ellos con categoría de Nobel. ¡La Real Academia Sueca se podría haber ahorrado al menos dos premios si lo hubiésemos hecho bien!

La Revolución de Noviembre

Dos experimentos que comenzaron en 1972 y 1973 y que cambiarían la física. Uno se efectuó en Brookhaven, un viejo campo del ejército entre pinos enanos y arena, a sólo unos diez minutos de una de las más bellas playas del mundo, en la costa sur de Long Island, adonde van a parar las grandes olas atlánticas que vienen directamente de París. El otro sitio fue el SLAC, en las colinas pardas sobre el campus de estilo español de la Universidad de Stanford. Los dos experimentos fueron excursiones de pesca. Ni uno ni otro tenían un motivo claro que los guiase, pero ambos atronarían juntos al mundo en noviembre de 1974. Los acontecimientos de finales de 1974 han quedado en la historia de la física con el nombre de Revolución de Noviembre. Se habla de ellos junto al fuego dondequiera que unos físicos se reúnan a hablar de los viejos tiempos y de los grandes héroes y se beba un poco de Perrier. La prehistoria es la idea casi religiosa de los teóricos de que la naturaleza tiene que ser hermosa, simétrica.

Hemos de decir antes que nada que la hipótesis de los quarks no amenaza la categoría de partícula elemental, de á-tomo, del electrón. Ahora había dos clases de á-tomos puntuales: los quarks y los leptones. El electrón, como el muón y el neutrino, es un leptón. Eso habría estado muy bien, pero Schwartz, Steinberger y Lederman habían liado la simetría con el experimento de los dos neutrinos. Ahora teníamos cuatro leptones (el electrón, el neutrino electrónico, el muón y el neutrino muónico) y sólo tres quarks (el *up*, el *down* y el extraño). Una tabla de 1972 se podría haber parecido a esta en la notación física abreviada:

quarks:	**u d s**	
leptones:	e	μ
	ν_e	ν_μ

¡Ajj! Bueno, no habríais hecho una tabla como esa porque no habría tenido mucho sentido. Los leptones hacen, dos a dos, un buen patrón, pero el sector de los quarks era en comparación feo, con su tema, cuando los teóricos se habían desilusionado ya con el número 3.

Los teóricos Sheldon Glashow y Bjorken habían observado más o menos (en 1964) que sería sencillamente encantador si hubiera un cuarto quark. Ello restauraría la simetría entre los quarks y los leptones, que había destruido nuestro descubrimiento del neutrino muónico, el cuarto leptón. En

1970 una razón teórica más convincente para sospechar que existía un cuarto quark apareció en un complicado pero hermoso argumento de Glashow y sus colaboradores, que convirtió a Glashow en un apasionado defensor de los quarks. Shelly, como le llaman sus admiradores y sus enemigos, ha escrito unos cuantos libros que demuestran lo apasionado que puede llegar a ser. Shelly, uno de los principales arquitectos de nuestro modelo estándar, es muy apreciado por sus historias, sus puros y sus comentarios críticos sobre las tendencias teóricas al uso.

Glashow se convirtió en un activo propagandista de la invención teórica de un cuarto quark, al que, ni que decir tiene, llamó *encanto*. Viajó de seminario en cursillo y de cursillo en congreso insistiendo en que los experimentadores buscasen un quark encantado. Su idea era que este nuevo quark y una nueva simetría en la que los quarks también estuviesen agrupados en pares —*up/down* y encanto/extraño— curaría muchos rasgos patológicos (doctor, ahí es donde duele) de la teoría de la interacción débil. Servirían, por ejemplo, para anular ciertas reacciones que no se habían visto pero que sí se habían predicho. Poco a poco se fue haciendo con partidarios, al menos entre los teóricos. En el verano de 1974 escribieron un artículo de repaso, «La búsqueda del encanto», los teóricos Mary Gaillard (una de las trágicamente pocas mujeres que hay en la física y uno de los teóricos más destacados, del sexo que sean), Ben Lee y Jon Rosner; un artículo germinal que fue especialmente instructivo para los experimentadores: les señalaba que cabría producir ese quark, llamadlo **c**, y su antipartícula **c**, o **c**-barra, en la caja negra de la colisión y que saliese en la forma de un mesón neutro en el que **c** y $\bar{c}$ estarían ligados. Hasta proponían que los viejos datos de los pares de muones que mi grupo había tomado en Brookhaven podrían ser una prueba de la desintegración de un $c\bar{c}$ en dos muones, y que esa podría ser la interpretación de la joroba de Lederman que había cerca de los 3 GeV. Es decir, 3 GeV era presuntamente la masa del tal $c\bar{c}$.

A la caza del chichón

Pero todavía eran sólo palabras de teóricos. Otras historias que se han publicado de la Revolución de Noviembre han dado a entender que los experimentadores que tomaron parte en ella sudaron la gota gorda por verificar las ideas de los teóricos. Fantasías. Fueron de pesca. En el caso de los físicos de Brookhaven, fueron «a la caza del chichón», en busca de marcas en los datos que indicasen alguna física nueva, algo que tumbase a la carta ganadora, no que la respetase.

En los días en que Glashow, Gaillard y otros hablaban del encanto, la física experimental tenía sus propios problemas. Por entonces se reconocía abiertamente la competición entre los colisionadores de electrones y positrones (e e^+) y los aceleradores de protones. «Los de los leptones» y «los de los hadrones» mantenían un encendido debate. Los electrones no habían hecho gran cosa. Pero ¡tendríais que haber oído la propaganda! Como se piensa que los electrones son puntos sin estructura, ofrecen un estado inicial limpio: un e^- (electrón) y un e^+ (positrón, la antipartícula del electrón) se encaminan uno hacia el otro en el dominio de colisión de la caja negra. Limpio, simple. El paso inicial, resaltaba el modelo, es aquí la generación, por el choque de la partícula y la antipartícula, de un fotón mensajero de energía igual a la suma de las dos partículas.

Ahora bien, la existencia del fotón mensajero es breve, y acaba materializándose en pares de partículas con una masa, una energía, un espín y otros números cuánticos, impuestos por las leyes de la conservación, apropiados. Esos pares salen de la caja negra y lo que solemos ver es: 1) otro par e^+ e^-; 2) un par muón-antimuón; o 3) hadrones en una gran variedad de combinaciones, pero constreñidos por las condiciones iniciales: la energía y las propiedades cuánticas del fotón mensajero. La variedad de posibles estados finales, derivados todos de un estado inicial simple, habla del poder de esta técnica.

Comparad lo anterior con la colisión de dos protones. Cada protón tiene tres quarks, que ejercen interacciones fuertes entre sí. Esto significa que intercambian rápidamente gluones, las partículas mensajeras de la interacción fuerte (nos toparemos con ellos más adelante en este mismo capítulo). Por si nuestro poco agraciado protón no fuese ya lo bastante complejo, resulta que un gluón, en su camino, digamos, de un quark *up* hacia un quark *down*, puede olvidar momentáneamente su misión y materializarse (como los fotones mensajeros) en cualquier quark y su antiquark, s y s (s-barra), por ejemplo. La aparición del $s\bar{s}$ es muy fugaz, pues el gluón tiene que volver a tiempo para que se lo absorba, pero mientras tanto se produce un objeto complicado.

Los físicos apegados a los aceleradores de electrones llamaban jocosamente a los protones «cubos de basura», y describían las colisiones de protones contra protones o antiprotones, no sin cierta justicia, como choques de dos cubos de basura, de los que saltaban cáscaras de huevos, pieles de plátanos, posos de café y billetes de apuestas rotos.

En 1973-1974, el colisionador de electrones y positrones de Stanford (e^- e^+, el SPEAR, empezó a tomar datos y llegó a un resultado inexplicable. Parecía que la fracción de las colisiones que daban hadrones era mayor de lo calculado teóricamente. La historia es complicada y, hasta octubre de 1974, no demasiado interesante. Los físicos del SLAC, dirigidos por Burton Richter, quien, en la venerada tradición de los jefes de grupo, estaba fuera en ese momento, fueron acercándose a unos curiosos efectos que se producían cuando la suma de las energías de las dos partículas que chocaban andaba en las proximidades de 3 GeV, cifra sugerente, como recordaréis.

Al asunto le puso más salsa el que a más de cuatro mil kilómetros al este de Brookhaven un grupo del MIT estuviera repitiendo nuestro experimento del dimuón de 1967. Samuel C. C. Ting estaba al cargo. Ting, de quien se rumorea que ha sido el jefe de todos los *Boy Scouts* de Taiwan, obtuvo su doctorado en Michigan, pasó un periodo posdoctoral en el CERN y, a principios de los años sesenta, se unió a mi grupo como profesor ayudante de Columbia, donde sus aristas menos afiladas se hicieron más cortantes.

Ting, experimentador meticuloso, incansable, preciso, organizado, trabajó conmigo en Columbia durante unos cuantos años, pasó otros, y buenos, en el laboratorio DESY cercano a Hamburgo, Alemania, y se marchó luego al MIT, como profesor. Se convirtió enseguida en una fuerza (¿la quinta?, ¿la sexta?) con la que había que contar en la física de partículas. Mi carta de recomendación exageró deliberadamente algunos de sus puntos débiles —una treta corriente para conseguir que se contrate a alguien—, pero lo hice para concluir esto: «Ting, un gran físico chino, picante y agrio». La verdad es que Ting me perturbaba, lo que se remonta a que mi padre llevaba una pequeña lavandería y de niño oí muchas historias sobre la competencia china al otro lado de la calle. Desde entonces, todos los físicos chinos me han puesto nervioso.

Cuando trabajó con la máquina de electrones del laboratorio DESY, se convirtió en un experto en analizar los pares e^+ e^- que salían de las colisiones de electrones, así que decidió que la detección de pares de electrones era la mejor forma de hacer el Drell-Yan, esto... quiero decir el experimento dileptónico de Ting. Así que ahí estaba él en 1974, en Brookhaven, y, al contrario que sus análogos del SLAC, que hacían chocar electrones y positrones, utilizó protones de gran energía, dirigidos hacia un blanco estacionario, y buscó los pares e^+ e^- que salían de la caja negra con el último grito en instrumentación: un detector muchísimo más preciso que el burdo instrumento que habíamos ensamblado siete años antes. Con cámaras de hilos de Charpak pudo determinar con precisión la masa del fotón mensajero o lo que quiera que diese lugar al observado par de electrón y positrón. Como tanto los muones como los electrones son leptones, qué par se elija detectar es cosa de gusto. Ting iba a la caza del chichón, de pesca de algún fenómeno nuevo, no a verificar alguna hipótesis nueva. «Me hace feliz comer comida china con los teóricos —se dice que una vez dijo Ting—, pero pasarse la vida haciendo lo que te cuentan es una pérdida de tiempo.» ¡Qué apropiado que el descubridor de un quark llamado «encanto» tuviera esa personalidad!

Los experimentos de Brookhaven y del SLAC estaban destinados a hacer el mismo descubrimiento, pero hasta el 10 de noviembre de 1974 ninguno de los grupos sabía mucho de los progresos del otro. ¿Qué conexión hay entre los dos experimentos? En el experimento del SLAC, un electrón choca contra un positrón y, como primer paso, se crea un fotón virtual. El experimento de Brookhaven tiene un estado inicial que es un barullo perversamente complicado, pero sólo mira los fotones virtuales en el caso de que salgan y se disuelvan en un par $e^+ e^-$. Ambos experimentos se las ven entonces con el fotón mensajero, que puede tener cualquier masa/energía transitoria; depende de la fuerza de la colisión. El modelo, bien comprobado, de lo que sucede en la colisión del SLAC dice que se crea un fotón mensajero que puede disolverse en hadrones, en tres piones, por ejemplo, o en un pión y dos kaones, o en un protón, un antiprotón y dos piones, o en un par de muones y electrones, etc. Hay muchas posibilidades compatibles con la energía entrante, el momento, el espín y otros factores.

Así que si existe algo nuevo cuya masa sea menor que la suma de las energías de los dos haces que chocan, también se podrá producir en la colisión. De hecho, si la «cosa» nueva tiene los mismos, populares números cuánticos que el fotón, podrá dominar la reacción cuando la suma de las dos energías sea precisamente igual a la masa de esa cosa nueva. Se me ha dicho que, con la nota y la intensidad adecuadas, la voz de un tenor puede romper un cristal. Las nuevas partículas nacen de una manera parecida.

En la versión de Brookhaven el acelerador envía protones a un blanco fijo, en este caso una pequeña pieza de berilio. Cuando los protones, relativamente grandes, golpean los también relativamente grandes núcleos de berilio, puede suceder, y sucede, todo tipo de cosas. Un quark golpea un quark. Un quark golpea un antiquark. Un quark golpea un gluón. No importa cuál sea la energía del acelerador, habrá colisiones de una energía mucho menor, porque los quarks constituyentes comparten la energía total del protón. Por lo tanto, los pares de leptones que Ting medía para interpretar su experimento salían de la máquina más o menos aleatoriamente. La ventaja de un estado inicial tan complejo es que se tiene cierta probabilidad de producir todo lo que se pueda producir con esa energía. Tanto es lo que sucede cuando chocan dos cubos de basura. La desventaja es que hay que encontrar la «cosa» nueva entre una gran pila de desechos. Para probar la existencia de una partícula nueva se necesitan muchas sesiones; si no, no se manifestará con solidez. Y hace falta un buen detector. Por suerte, Ting tenía uno que era una belleza.

La máquina SPEAR del SLAC actuaba de forma opuesta. En ella chocaban los electrones con los positrones. Simple. Partículas puntuales, materia y antimateria, que chocan y se aniquilan. La materia se convierte en pura luz, en un fotón mensajero. Este paquete de energía, a su vez, vuelve a condensarse en materia. Si cada haz es, digamos, de 1,5525 GeV, consigues el doble, una colisión de 3,105 GeV, cada vez. Y si existe una partícula nueva de esa masa, podrás producirla en vez de un fotón. Estarás forzado casi a lograr el descubrimiento; eso es todo lo que la máquina puede hacer. Las colisiones que produce tienen una energía predeterminada. Para pasar a otra energía, los científicos tienen que modificar los imanes y hacer otros ajustes. Los físicos de Stanford podían sintonizar finamente la energía de la máquina con una precisión que iba mucho más allá de lo que se había previsto en el diseño, un logro técnico muy notable. Francamente, no creía que se pudiera hacer. La desventaja de las máquinas del tipo de la SPEAR es que se debe barrer el dominio de energía, muy despacio, a saltos pequeñísimos. Por otra parte, cuando se atina con la energía correcta —o si se ha tenido de alguna forma un soplo de cuál es, lo que más tarde daría que hablar—, podrás descubrir una partícula nueva en un día o dos.

Volvamos por un momento a Brookhaven. En 1967-1968, cuando observamos la curiosa joroba dimuónica, nuestros datos iban de 1 GeV a 6 GeV, y el número de pares de muones a 6 GeV era sólo una millonésima del que era a 1 GeV. A 3 GeV había una abrupta nivelación del número de pares de muones producidos, y por encima aproximadamente de 3,5 GeV la caída se reanudaba. En otras palabras, había un rellano, una joroba de 3 a 3,5 GeV. En 1969, cuando íbamos estando listos para publicar los datos, los siete autores discutimos acerca de cómo describir la joroba. ¿Era una partícula nueva cuyo efecto desperdigaba un detector muy distorsionador? ¿Era un proceso nuevo que generaba fotones mensajeros con un rendimiento diferente? Nadie sabía, en 1969, cómo se producían los pares de muones. Decidí que los datos no eran lo bastante buenos para proclamar un descubrimiento.

Bueno, en el espectacular enfrentamiento del 11 de noviembre de 1974, resultó que tanto el grupo del SLAC como el de Brookhaven tenían datos claros de un incremento a 3,105 GeV. En el SLAC, cuando se sintonizó la máquina a esa energía (¡una hazaña que no era precisamente mediocre!), los contadores que registraban las colisiones se volvieron locos; su cuenta se centuplicó, y al sintonizar el acelerador a 3,100 o 3,120 cayó otra vez al valor base. Lo abrupta que era la resonancia fue la razón de que se tardase tanto en encontrarla; el grupo había pasado antes por ese territorio y se le había escapado el incremento. En los datos de Ting en Brookhaven, los pares salientes de leptones, medidos con precisión, mostraban un brusco chichón centrado alrededor de 3,10 GeV. También él concluyó que el chichón sólo podía significar una cosa: que había descubierto un estado nuevo de la materia.

El problema de la prioridad científica en el descubrimiento de Brookhaven y el SLAC dio lugar a una discusión muy espinosa. ¿Quién lo hizo primero? Corrieron las acusaciones y los rumores. Una de las acusaciones era que los científicos del SLAC, conocedores de los resultados preliminares de Ting, sabían dónde mirar. La réplica fue la acusación de que el chichón inicial de Ting no era concluyente y se le maquilló en las horas pasadas entre el descubrimiento del SLAC y el anuncio de Ting. Los del SLAC llamaron al nuevo objeto Ψ (psi). Ting lo llamó J. Hoy se le llama comúnmente el J/Ψ o J/psi. Se habían devuelto la paz y la armonía a la comunidad. Más o menos.

¿A qué vino tanto jaleo? (y algunas uvas verdes)

Muy interesante todo, pero ¿por qué se armó un jaleo tan tremendo? La voz del anuncio conjunto del 11 de noviembre corrió inmediatamente por todo el mundo. Un científico del CERN recordaba: «Fue indescriptible. Todo el mundo hablaba de eso por los pasillos». EL *New York Times* del domingo sacó el descubrimiento en la primera página: SE HALLA UN NUEVO Y SORPRENDENTE TIPO DE PARTÍCULA. *Science*: DOS PARTÍCULAS NUEVAS DELEITAN Y DESCONCIERTAN A LOS FÍSICOS. Y el decano de los escritores científicos, Walter Sullivan, escribió más tarde en el *New York Times*: «Pocas veces, o ninguna, se habrá causado antes tanto revuelo en la física ... y el final no se vislumbra». Tan sólo dos años después, Ting y Richter compartieron el premio Nobel de 1976 por el J/psi.

Me llegaron las noticias mientras trabajaba duramente en un experimento del Fermilab que llevaba la exótica denominación de E-70. ¿Puedo ahora, escribiendo en mi estudio diecisiete años después, recordar mis sentimientos? Como científico, como físico de partículas, me entusiasmó semejante logro, una alegría que, claro está, se teñía de envidia y una pizca de odio asesino a los descubridores. Esa es la reacción normal. Pero yo había estado ahí. ¡Ting había hecho mi experimento! Es verdad, en 1967-1968 no se disponía de cámaras del tipo de las que habían hecho que el experimento de Ting fuese tan preciso. Con todo, el viejo experimento de Brookhaven tenía los ingredientes de dos premios Nobel; si hubiésemos tenido un detector más capaz y si Bjorken hubiese estado en Columbia y si hubiésemos sido un poco más inteligentes... Y si mi abuela hubiese tenido ruedas —como les tomábamos el pelo a los que no hacían más que decir «si, si, si...»— habría sido un trolebús.

Bueno, sólo puedo echarme la culpa a mí mismo. Tras detectar en 1967 el misterioso chichón, había decidido que seguiría estudiando la física de los dileptones con las nuevas máquinas de gran energía que se avecinaban. El CERN tenía programada la inauguración en 1971 de un colisionador de protones contra protones, el ISR, cuya energía efectiva era veinte veces la de Brookhaven. Abandonando el pájaro en mano de Brookhaven, remití una propuesta al CERN. Cuando ese experimento empezó a tomar datos en 1972, fui otra vez incapaz de ver el J/psi, esta vez por culpa de un feroz fondo de inesperados piones y de nuestro superferolítico detector de partículas de cristal de plomo, que, sin que lo supiéramos, estaba siendo irradiado por la nueva máquina. Ese fondo resultó ser en sí mismo un descubrimiento: detectamos hadrones de gran momento transversal, otro tipo de dato que apuntaba a la estructura de quarks dentro de los protones.

Mientras tanto, en 1971 también, el Fermilab iba estando listo para poner en marcha una máquina de 200 GeV. Aposté también a esta nueva máquina. El experimento del Fermilab empezó a principios de 1973, y mi excusa era... bueno, la verdad es que no llegamos a hacer lo que nos habíamos propuesto hacer porque nos distrajeron los curiosos datos que varios grupos habían visto en el novísimo entorno del Fermilab. Al final resultó que no eran más que cantos de sirena, o de unas tristes ranas, y cuando volvimos a los dileptones, la Revolución de Noviembre ya había entrado en los libros de historia. Así que no sólo se me escapó el J en Brookhaven, sino que se me escapó en las dos máquinas nuevas, un récord de torpeza en la física de partículas.

No he respondido todavía a la pregunta: ¿qué era lo extraordinario? El J/psi era un hadrón. Pero habíamos descubierto cientos de hadrones, así que ¿por qué se perdía la compostura por uno más, aunque tuviera un nombre tan fantasioso como J/psi? La razón tiene que ver con su masa, con lo grande —es tres veces más pesado que el protón— y «abrupta» que es, menos de 0,05 MeV.

¿Abrupta? Lo que quiere decir es lo siguiente. Una partícula inestable no puede tener una masa inequívoca, bien definida. Las relaciones de incertidumbre de Heisenberg explican por qué. Cuanto menor sea la vida media, más ancha será la distribución de masas. Es una conexión cuántica. Lo que queremos decir cuando hablamos de una distribución de masas es que cualquier serie de mediciones arrojará masas diferentes, distribuidas conforme a una curva de probabilidad con forma de campana. Al pico de esa curva, por ejemplo 3,105 GeV, se le denomina masa de la partícula, pero la dispersión de los valores de la masa es de hecho una medida de la vida media de la partícula. Como la incertidumbre se refleja en la medición, podremos entender esto si nos damos cuenta de que, en el caso de una partícula estable, tenemos un tiempo infinito para medir su masa y, por lo tanto, la dispersión es infinitamente estrecha. La masa de una partícula que viva muy poco no se puede determinar con precisión (ni siquiera en principio), y el resultado experimental, aun con un aparato finísimo, es una amplia dispersión de las mediciones de la masa. Como ejemplo, una partícula típica de la interacción fuerte se desintegra en 10^{-23} segundos y la dispersión de su masa es de unos 100 MeV.

Un recordatorio más. Dijimos que todas las partículas hadrónicas son inestables, menos el protón libre. Cuanto mayor sea la masa de un hadrón (o de cualquier partícula), menor es su vida media porque hay más cosas en las que puede desintegrarse. Así que habíamos hallado un J/psi con una masa enorme (en 1974 era la partícula más pesada que se hubiese encontrado), pero la conmoción la producía que la distribución observada de la masa fuese sumamente abrupta, más de mil veces más estrecha que la de una partícula típica de la interacción fuerte. Tenía, pues, una vida media *larga*. Algo impedía que se desintegrase.

El encanto desnudo

¿Qué inhibe su desintegración?

Los teóricos levantaron todos la mano: actúan un número cuántico nuevo o, equivalentemente, una nueva ley de conservación. ¿Qué tipo de conservación? ¿Qué cosa nueva se conservaba? ¡Ah!, esta vez, por un tiempo, no hubo dos respuestas iguales.

Seguían saliendo datos, pero ahora sólo de las máquinas de $e^+ e^-$. A SPEAR acabaron por unírsele un colisionador en Italia, ADONE, y luego DORIS, en Alemania. Apareció otro chichón a 3,7 MeV. Llamadlo Y'/(psi prima), sin que haga falta mencionar la J, porque éste era hijo por entero de Stanford. (Ting y compañía habían abandonado la partida; su acelerador apenas si había sido capaz de descubrir la partícula y no lo era de llevar más adelante su examen.) Pero a pesar de los esfuerzos febriles, los intentos de explicar lo sorprendentemente abrupto que era J/psi se toparon al principio con un muro.

Por fin una cábala empezó a tener sentido. Quizá J/psi fuese el tan esperado «átomo» ligado de **c** y $\bar{c}$, el quark encanto y su antiquark. En otras palabras, quizá fuese un mesón, esa subclase de los hadrones que consisten en un quark y un antiquark. Glashow, exultante, llamó al J/psi *charmonium* (pues el nombre del **c** en inglés es *charm*). Resultaría que esta teoría era correcta, pero hicieron falta dos años más para que se verificase. La dificultad estribaba en que cuando **c** y $\bar{c}$ se combinaban, las propiedades intrínsecas del encanto se borraban. Lo que **c** pone, $\bar{c}$ lo quita. Todos los mesones están formados por un quark y un antiquark, pero no tienen por qué estar hechos, como el charmonium, de un quark y su propio antiquark. El pión, por ejemplo, es $u\bar{d}$.

Seguía la búsqueda del «encanto desnudo», un mesón

que consistiese en el encadenamiento de un quark encanto con, digamos, un quark *antidown*. Éste no anularía las cualidades de encanto de su compañero, y el encanto quedaría expuesto en toda su gloria desnuda, lo mejor después de lo imposible: un quark encanto libre. Ese mesón, un $c\bar{d}$, fue hallado en 1976 en el colisionador de $e^+ e^-$ por un grupo del SLAC y de Berkeley dirigido por Gerson Goldhaber. Al mesón se le llamó D^0 (D cero), y el estudio de los D tendría ocupadas a las máquinas de electrones durante los quince años siguientes. Hoy, mesones como los $c\bar{d}$, $c\bar{s}$ y $c\bar{d}$ son grano para el molino de las tesis doctorales. Una compleja espectroscopía de estados enriquece nuestro conocimiento de las propiedades de los quarks.

Ya se sabía por qué J/psi era abrupto. El encanto es un número cuántico nuevo, y las leyes de conservación de la interacción débil no permiten que un quark **c** se convierta en un quark de una masa menor. Para que ello ocurra hay que invocar a las interacciones débil y electromagnética, que actúan mucho más despacio: de ahí la vida media más larga y la anchura exigua.

Los últimos focos opuestos a la idea de los quarks se rindieron esta vez. La idea de los quarks había llevado a una predicción fuera de lo común, y la predicción se había verificado. Probablemente, hasta Gell-Mann debió de empezar a dar a los quarks elementos de realidad, pero el problema del confinamiento —no puede haber un quark aislado— diferencia aún a los quarks de las otras partículas de la materia. Con el encanto, la tabla periódica quedaba equilibrada otra vez:

Quarks	
up (**u**)	encanto (**c**)
down (**d**)	extraño (**s**)

Leptones	
neutrino electrónico (ν_e)	neutrino muónico (ν_μ)
electrón (e)	muón (μ)

Ahora había cuatro quarks —es decir, cuatro sabores de quarks— y cuatro leptones. Hablábamos ahora de dos generaciones, dispuestas verticalmente en la tabla de arriba. **u**-**d**-$\nu_e{}^-e$ es la primera generación, y como los quarks *up* y *down* hacen protones y neutrones, la primera generación domina nuestro mundo presente. La segunda generación, **c**-**s**-$\nu_\mu{}^-\mu$, se ve en el calor intenso pero fugaz de las colisiones de acelerador. No podemos ignorar estas partículas, por exóticas que puedan parecer. Exploradores intrépidos como somos, debemos luchar por hacernos una idea del papel que la naturaleza planeó para ellas.

No le he dado en realidad la debida atención a los teóricos que anticiparon que el J/psi era el charmonium y que contribuyeron a establecerlo como tal. Si el SLAC era el corazón experimental, Harvard fue el cerebro teórico. A Steven Weinberg le ayudó un enjambre de jóvenes magos; mencionaré sólo a Helen Quinn porque estuvo en el centro mismo de la euforia charmónica y está en mi equipo de modelos de rol.

La tercera generación

Hagamos una pausa y sigamos adelante. Siempre es más difícil describir hechos recientes, sobre todo cuando el que describe está implicado en ellos. No hay el suficiente filtro de tiempo para ser objetivo. Pero, de todas formas, lo intentaremos.

Eran los años setenta, y gracias a la tremenda magnificación de los nuevos aceleradores y a unos ingeniosos detectores a su altura, el progreso hacia el hallazgo del á-tomo fue muy rápido. Los experimentadores se movían en todas las direcciones, iban sabiendo más de los distintos objetos encantados, examinaban las fuerzas desde un punto de vista más microscópico, exploraban la frontera de energía, encaraban los problemas sobresalientes de la hora. Entonces, un freno retuvo el paso del progreso a medida que costaba cada vez más encontrar fondos para la investigación. Vietnam, con su sangría del espíritu y del presupuesto, más la crisis del petróleo y el malestar general produjeron un ir dándole la espalda a la investigación básica. Esto hizo aún más daño a nuestros colegas de la «ciencia pequeña». Los físicos de altas energías están protegidos en parte por la acumulación de esfuerzos y el compartimiento de las instalaciones de los grandes laboratorios.

Los teóricos, que trabajan barato (dadles un lápiz, un poco de papel y un cuarto en una facultad), florecían, estimulados por la cascada de datos. Vimos a los mismos: Lee, Yang, Feynman, Gell-Mann, Glashow, Weinberg y Bjorken, pero pronto salieron otros nombres: Martinus Veltman, Gerard 't Hooft, Abdus Salam, Jeffrey Goldstone, Peter Higgs, entre otros.

Rocemos sólo rápidamente los aspectos experimentales más destacados, primando así injustamente las «atrevidas incursiones en lo desconocido» sobre el «lento y continuo avance de la frontera». En 1975, Martin Perl, casi en solitario y mientras mantenía un duelo, a lo d'Artagnan, con sus propios colegas-colaboradores, los convenció, y al final convenció a todos, de que en los datos del SLAC se escondía un quinto leptón. Llamado tau (τ), aparece, como sus primos más livianos, el electrón y el muón, con dos signos distintos: τ^+ y τ^-.

Se estaba gestando una tercera generación. Como tanto el electrón como el muón tienen neutrinos asociados, parecía natural suponer que existía un neutrino sub tau (ν_τ).

Mientras, el grupo de Lederman en el Fermilab aprendió por fin cómo se hacía correctamente el experimento del dimuón, y una nueva organización, muchísimo más eficaz, del aparato abrió de par en par el dominio de masas desde el pico de masas del J/psi, a 3,1, hasta, exhaustivamente, casi, casi 25 GeV, el límite que permitía la energía de 400 GeV del Fermilab. (Recordad, hablamos aquí de blancos estacionarios, así que la energía efectiva es una fracción de la energía del haz.) Y allí, a 9,4, 10,0 y 10,4 GeV había otros tres chichones, tan claros como los Tetons vistos desde la estación de esquí del Grand Targhee. La enorme masa de datos multiplicó la colección mundial de dimuones por un factor de 100. Se bautizó a la nueva partícula con el nombre de úpsilon (la última letra griega disponible, creíamos). Repetía la historia del J/psi; la cosa nueva que se conservaba era el quark *beauty*, o, como algunos físicos menos artistas lo llaman, el quark *bottom*. La interpretación del úpsilon era que se trataba de un «átomo» hecho del nuevo quark **b** enlazado a un quark anti-**b**. La pasión que despertó este descubrimiento no se acercó a la provocada por el J/psi en ninguna parte, pero una tercera generación era sin duda una noticia y suscitó una pregunta obvia: ¿cuántas más? También: ¿por qué insiste la naturaleza en las fotocopias, y cada generación reproduce la anterior?

Dejadme que dé una breve descripción del trabajo que condujo hasta el úpsilon. Nuestro grupo de físicos de Columbia, el Fermilab y Stony Brook (Long Island) tenía entre sus miembros a unos experimentadores jóvenes que eran el no va más. Habíamos construido un espectrómetro a la última con cámaras de hilos, imanes, hodoscopios de centelleo, más cámaras, más imanes. Nuestro sistema de adquisición de datos era el *dernier cri*, y se basaba en una electrónica diseñada por el genio de la ingeniería William Sippach. Todos habíamos trabajado en el mismo dominio de los haces del Fermilab. Conocíamos los problemas. Nos conocíamos unos a otros.

John Yoh, Steve Herb, Walter Innes y Charles Brown eran cuatro de los mejores posdoctorandos que he visto. Los programas de ordenador estaban alcanzando el grado de refinamiento que hacía falta para trabajar en la frontera. Nuestro problema era que teníamos que ser sensibles a reacciones que ocurrían rarísimamente: una vez cada cien billones de colisiones. Como necesitábamos registrar muchos de esos raros sucesos dimuónicos, nos hacía falta proteger el aparato contra el enorme ritmo de producción de partículas carentes de interés. Nuestro equipo había llegado a tener un conocimiento único en lo tocante a cómo trabajar en un entorno de alta radiación de forma que los detectores siguiesen sobreviviendo. Habíamos aprendido a incorporar la redundancia para así poder suprimir sin miramientos la información falsa no importaba con cuánta inteligencia la naturaleza intentase engañarnos.

Al principio del proceso de aprendizaje, tomamos el modo dielectrónico y obtuvimos unos veinticinco pares de electrones por encima de 4 GeV. Extrañamente, doce de ellos se acumulaban alrededor de 6 GeV. ¿Un chichón? Debatimos, y decidimos que publicaríamos la posibilidad de que hubiese una partícula a 6 GeV. Seis meses después, cuando los datos ya sumaban trescientos sucesos, puf: no había un chichón a 6 GeV. Apuntamos el nombre de «úpsilon» para el falso chichón, pero cuando unos datos mejores contradijeron los anteriores, el incidente vino a conocerse como el *ay-leon*.

Vino entonces nuestra nueva instalación, donde habíamos invertido toda nuestra experiencia en la nueva disposición del blanco, en el blindaje, en la colocación de los imanes, en las cámaras. Empezamos a tomar datos en mayo de 1977. La era de las sesiones de un mes en las que se registraban veintisiete o trescientos sucesos había terminado; ahora entraban miles de sucesos por semana, en lo esencial carentes de fondo. No es frecuente en física que un instrumento nuevo le permita a uno explorar un dominio nuevo. El primer microscopio y el primer telescopio son ejemplos históricos de un significado mucho mayor, pero la excitación y la alegría con que se los usó por primera vez no pueden haber sido mucho más intensas que las nuestras. Tras una semana, apareció un ancho chichón cerca de 9,5 GeV, y pronto esta magnificación se hizo estadísticamente sólida. John Yoh había, en efecto, visto una acumulación cerca de 9,5 GeV en nuestra sesión de los trescientos sucesos, pero como nos habíamos quemado con los 6 GeV, se limitó a etiquetar con un «9,5» una botella de champán Mumm's, y la guardó en nuestra nevera.

En junio nos bebimos el champán e hicimos saber la noticia (que de todas formas se había filtrado) al laboratorio. Steve Herb dio una charla a un público apiñado y emocionado. Era el mayor descubrimiento hecho por el Fermilab. Luego, ese mismo mes, escribimos la comunicación del descubrimiento de un ancho chichón a 9,5 GeV con 770 sucesos en el pico —estadísticamente seguro—. No es que no nos pasásemos inacabables horas por hombre (desgraciadamente, no teníamos colaboradoras) buscando algún funcionamiento incorrecto del detector que pudiese simular un chichón. ¿Regiones muertas del detector? ¿Una pifia en la programación? Rastreamos sin miramientos docenas de errores posibles. Comprobamos todas las medidas de seguridad incorporadas —que contrastaban la validez de los datos mediante preguntas cuyas respuestas conocíamos—. Por agosto, gracias a datos adicionales y a análisis más depurados, teníamos tres picos estrechos, la familia úpsilon: úpsilon, úpsilon prima y úpsilon doble prima. No había forma de explicar esos datos con la física conocida en 1977. Entra la belleza (¡o el fondo!).

Hubo poca resistencia a nuestra conclusión de que habíamos visto un estado ligado de un quark nuevo —llamadlo quark **b**— y su antipartícula gemela. El J/psi era un mesón $\mathbf{c\bar{c}}$. úpsilon era un mesón. Como la masa del chichón úpsilon estaba cerca de los 10 GeV, el quark **b** había de tener una masa próxima a los 5 GeV. Era el quark más pesado que se hubiera registrado; el quark **c** estaba cerca de los 1,5 GeV. «Átomos» como $\mathbf{c\bar{c}}$ y $\mathbf{b\bar{b}}$ tienen un estado fundamental de menor energía y una variedad de estados excitados. Nuestros tres picos representaban el estado fundamental y dos estados excitados.

Una de las cosas divertidas relativas al úpsilon era que los experimentadores podían manejar las ecuaciones de este curioso átomo, compuesto por un quark pesado que gira alrededor de un pesado antiquark. La buena y vieja ecuación de Schrödinger funcionaba bien, y con un vistazo rápido a nuestros apuntes de la carrera les echábamos una carrera a los teóricos profesionales a ver quién calculaba antes los niveles de energía y otras propiedades que habíamos medido. Nosotros nos divertíamos..., pero ellos ganaban.

Los descubrimientos son siempre experiencias cuasisexuales, y cuando el rápido análisis «a pedales» de John Yoh dio la primera indicación de la existencia del chichón, experimenté la sensación, ya familiar (para mí), de euforia intensa pero teñida con la angustia de que «no podía ser verdad en realidad». El impulso más inmediato es el de comunicarlo, decírselo a la gente. ¿A quién? A las esposas, a los mejores amigos, a los niños, en este caso al director Bob Wilson, cuyo laboratorio necesitaba de mala manera un descubrimiento. Telefoneamos a nuestros colegas de la máquina DORIS de Alemania y les pedimos que mirasen si podían llegar a la energía necesaria para hacer úpsilones con su colisionador de $e^+ e^-$. DORIS era el único otro acelerador que tenía alguna oportunidad a esa energía. En un *tour de force* de magia maquinal, triunfaron. ¡Más alegría! (Y algo más que un poco de alivio.) Luego piensas en las recompensas. ¿Será con esto?

El descubrimiento se nos volvió traumático por un incendio que interrumpió la toma de datos tras una buena semana de trabajo. En mayo de 1977, un dispositivo que mide la corriente de nuestros imanes, suministrado sin duda por alguien que había hecho una oferta a la baja, se incendió, y el fuego se extendió al cableado. Un fuego eléctrico crea gas de cloro, y cuando nuestros amigables bomberos cargaron con las mangueras y echaron agua por todas partes, crearon una atmósfera de ácido hidroclórico, que se posa en todas las tarjetas de transistores y poco a poco se las va comiendo.

El salvamento electrónico es un tipo de arte. Los amigos del CERN me habían hablado de un incendio parecido que sufrieron allí, así que les llamé para que me aconsejasen. Me dieron el nombre y unos números de teléfonos de un experto holandés en salvamento, que trabajaba para una empresa alemana y vivía en el centro de España. El fuego fue el sábado, y a las tres de la madrugada del domingo, desde mi cuarto en el Fermilab, llamé a España y di con mi hombre. Sí, vendría. Llegaría a Chicago el martes, y un avión de carga procedente de Alemania que transportaría unos productos químicos especiales, el miércoles. Pero necesitaba un visado estadounidense, que solía llevar diez días. Llamé a la embajada de los Estados Unidos en Madrid y peroré: «Energía atómica, seguridad nacional, millones de dólares en juego...». Me pusieron con un ayudante del embajador que no parecía muy impresionado hasta que me identifiqué como un profesor de Columbia. «¡Columbia! ¿Por qué no lo ha dicho? Soy de la promoción del cincuenta y seis —exclamó—, dígale a su compañero que pregunte por mí.»

El martes, el señor Jesse llegó y husmeó las 900 tarjetas, cada una de las cuales llevaba unos 50 transistores (tecnología de 1975). El miércoles llegaron los productos químicos. Con los aduaneros tuvimos otro soponcio, pero el departamento de energía de los Estados Unidos nos echó una mano. El jueves teníamos ya una cadena de montaje: físicos, secretarias, esposas, amigas, todos sumergían tarjetas en la solución secreta A, luego en la B, las secaban con nitrógeno gaseoso, las cepillaban con cepillos de pelo de camello y las apilaban. Casi esperaba que se nos pidiera que acompañásemos el rito musitando un ensalmo holandés, pero no hizo falta.

Jesse era jinete y vivía en España para entrenarse con la caballería española. Cuando se enteró de que yo tenía tres caballos, se apresuró a cabalgar con mi mujer y el club hípico del Fermilab. Era un verdadero experto, y le dio consejos a todo el mundo. Enseguida, los jinetes de la pradera intercambiaban consejos sobre cambios en vuelo, pasajes, corvetas y cabriolas. Ya teníamos una caballería del Fermilab entrenada para defender el laboratorio si las fuerzas hostiles del CERN o del SLAC decidiesen atacarlo a caballo.

El viernes instalamos todas las tarjetas y las comprobamos una a una cuidadosamente. El sábado por la mañana ya estábamos otra vez en marcha, y pocos días después un análisis rápido mostraba que el chichón seguía allí. Jesse se quedó dos semanas, montando a caballo, encantando a todos y aconsejando sobre la prevención de incendios. Nunca recibimos una factura por su trabajo, pero sí pagamos los productos químicos. Y así consiguió el mundo una tercera generación de quarks y leptones.

El mismísimo nombre de *bottom* («fondo») sugiere que debe de haber un quark *top* («cima»). (O si preferís el nombre *beauty* [«belleza»], que hay un quark *truth* [«verdad»].) La nueva tabla periódica es ahora como sigue:

Primera generación	*Segunda generación*	*Tercera generación*
	QUARKS	
Up (**u**)	encanto (**c**)	*top* (**t**)
Down (**d**)	extraño (**s**)	*bottom* (**b**)
	LEPTONES	
neutrino electrónico (ν_e)	neutrino muónico (ν_μ)	neutrino (ν_τ)
electrón (e)	muón (μ)	tau (τ)

En el momento en que se escribe esto, aún está por descubrir el quark *top*.* Tampoco se ha cogido experimentalmente al neutrino tau, pero la verdad es que de su existencia no duda nadie. Se han remitido al Fermilab, a lo largo de los años, varias propuestas para un «experimento de los tres neutrinos», una versión fortalecida de nuestro experimento de los dos neutrinos, pero se han rechazado todas porque ese proyecto sería carísimo.

* El grupo del CDF anunció en marzo de 1995 una masa de 176 ± 13 GeV para el quark *top*; el grupo del detector DO, de 199 ± 30 GeV. (*N. del t.*)

Obsérvese que el grupo que está abajo y a la izquierda (ν_e-e-ν_μ,-μ) en nuestra tabla se estableció en el experimento de los dos neutrinos de 1962. Luego, el quark *bottom* y el leptón tau pusieron (casi) los toques finales al modelo a finales de los años setenta.

La tabla, cuando se le añaden las diversas fuerzas, es un resumen compacto de todos los datos que han salido de los aceleradores desde que Galileo dejó caer esferas de pesos distintos desde la casi vertical torre de Pisa. La tabla recibe el nombre de *modelo estándar* o, si no, cuadro o teoría estándar. (Memorizadlo.)

En 1993 este modelo sigue siendo el dogma imperante de la física de partículas. Las máquinas de los años noventa, sobre todo el Tevatrón del Fermilab y el colisionador de electrones y positrones del CERN (el LEP), concentran los esfuerzos de miles de experimentadores en la búsqueda de pistas de qué hay más allá del modelo estándar. Además, las máquinas más pequeñas del DESY, Cornell, Brookhaven, el SLAC y el KEK (Tsukuba, Japón) intentan refinar nuestro conocimiento de los muchos parámetros del modelo estándar y encontrar indicios de una realidad más profunda.

Hay mucho que hacer. Una tarea es explorar los quarks. Acordaos de que en la naturaleza hay sólo dos tipos de combinaciones: 1) quark más antiquark (**q$\bar{\text{q}}$**) —los mesones— y 2) tres quarks (**qqq**) —los bariones—. Podemos ahora jugar y componer hadrones del estilo de **u$\bar{\text{u}}$, u$\bar{\text{c}}$, u$\bar{\text{t}}$** y **u$\bar{\text{c}}$, u$\bar{\text{t}}$, d$\bar{\text{s}}$, d$\bar{\text{b}}$**... ¡A divertirse! Y **uud, ccd, ttb**... Son posibles cientos de combinaciones (hay quién sabe tantas). Todas son partículas que o han sido descubiertas y apuntadas en las tablas o están listas para que se las descubra. Midiendo la masa y las vidas medias y los modos de desintegración, se va aprendiendo más y más de la interacción fuerte de los quarks transmitida por los gluones y de las propiedades de la interacción débil. Hay *mucho* que hacer.

Otro momento experimental de altura es el descubrimiento de las llamadas «corrientes neutras», y es fundamental en nuestra historia de la Partícula Divina.

Revisión de la interacción débil

En los años setenta se habían reunido montañas de datos sobre la desintegración de los hadrones inestables. Esta desintegración es en realidad la manifestación de las reacciones de los quarks que hay detrás; un quark *up*, por ejemplo, se transforma en un quark *down* o viceversa. Más informativos aún eran los resultados de varios decenios de experimentos de dispersión con neutrinos. Todos juntos, los datos recalcaban que la interacción débil tenía que ser transportada por tres partículas mensajeras con masa: la W^+, la W^- y la Z^0. Habían de tener masa porque la esfera de influencia de la interacción débil es muy pequeña, y no llega más que a unos 10^{-19} metros. La teoría cuántica impone una regla a bulto según la cual el alcance de una fuerza varía con el inverso de la masa de la partícula mensajera. La fuerza electromagnética llega al infinito (pero se hace más débil con la distancia), y su partícula mensajera es el fotón, de masa nula.

Pero ¿por qué hay tres vehículos de la fuerza? ¿Por qué hay tres partículas mensajeras —una de carga positiva, otra negativa, la tercera neutra— para propagar el campo que induce los cambios de especie? Para explicarlo, vamos a tener que hacer un poco de contabilidad física y asegurarnos de que sale lo mismo a los dos lados de la flecha (—>), incluidos los signos de la carga eléctrica. Si una partícula neutra se desintegra en partículas cargadas, por ejemplo, las cargas positivas tienen que equilibrar las negativas.

Primero, veamos qué pasa cuando un neutrón se desintegra en un protón, proceso típico de la interacción débil. Lo escribimos así:

$$n \rightarrow p^+ + e^- + \bar{\nu}_e$$

Ya hemos visto esto antes: un neutrón se desintegra en un protón, un electrón y un antineutrino. Fijaos que el protón, positivo, anula la carga negativa del electrón en el lado derecho de la reacción, y el antineutrino es neutro. Todo encaja. Pero esta es una visión superficial de la reacción, como quien ve a un huevo convertirse en un arrendajo. No ves qué hace el embrión dentro. El neutrón es en realidad un conglomerado de tres quarks: un quark *up* y dos *down* (**udd**), un protón es dos quarks *up* y uno *down* (**uud**). Entonces, cuando un neutrón se desintegra en un protón, un quark *down* se convierte en un quark *up*. Es, pues, más instructivo mirar dentro del neutrón y describir qué les pasa a los quarks. Y en el lenguaje de los quarks, la misma reacción se escribe:

$$\mathbf{d} \rightarrow \mathbf{u} + e^- + \bar{\nu}_e$$

Es decir, en el neutrón un quark *down* se convierte en un quark *up* y se emiten un electrón y un antineutrino. Pero esta es una versión demasiado simplificada de lo que en realidad sucede. El electrón y el antineutrino no salen directamente del quark *down*. Hay una reacción intermedia en la que participa un W^-. La teoría cuántica de la interacción débil escribe, por lo tanto, el proceso de desintegración del neutrón en dos etapas:

$$1)\ d^{-1/3} \rightarrow W^- + u^{+2/3}$$

y a continuación

$$2)\ W^- \rightarrow e^- + \bar{\nu}_e$$

Observad que el quark *down* se desintegra primero en un W^- y un quark *up*. El W, a su vez, se desintegra en el electrón y el antineutrino. El W es el vehículo de la interacción débil y participa en la reacción de desintegración. En la reacción de *up* W tiene que ser negativo para equilibrar el cambio de la carga eléctrica cuando **d** se transforma en **u**. Si sumáis la carga –1 del W^- a la carga +2/3 del quark *up* os saldrá –1/3, la carga del quark *down* que puso en marcha la reacción. Todo encaja.

En los núcleos, los quarks *up* se desintegran también en los quarks *down* y convierten a los protones en neutrones. En el lenguaje de los quarks, el proceso se describe: **u** → W^+ + **d** y a continuación $W^+ \rightarrow e^+ + \nu_e$. Aquí hace falta un W positivo para equilibrar el cambio de carga. Por lo tanto, las desintegraciones observadas de los quarks, por medio de los cambios de los neutrones en los protones y viceversa, requieren tanto un W^+ como un W. Pero la historia no acaba aquí.

Los experimentos efectuados a mediados de los años setenta con haces de neutrinos establecieron la existencia de las «corrientes neutras», que a su vez requerían un vehículo neutro y pesado de la fuerza. Alentaron esos experimentos los teóricos como Glashow que trabajaban en la frontera de la unificación de las fuerzas y a quienes frustraba el que pareciera que la interacción débil requería sólo vehículos de la fuerza cargados. Se emprendió la caza de las corrientes neutras.

Cualquier cosa que fluya es, básicamente, una corriente. Una corriente de agua fluye por un río o una cañería. Una corriente de electrones fluye por un cable o a través de una solución. El flujo de las partículas de un estado a otro ocurre por medio de los W^+ y W^-; y la necesidad de seguir el rastro de la carga eléctrica generó, probablemente, el concepto de «corriente». Una corriente positiva se produce por medio del W^+ ; una negativa, del W^-. Estas corrientes se estudian en las desintegraciones débiles espontáneas, como las recién descritas. Pero pueden también generarse por las colisiones de los neutrinos en los aceleradores, que fueron posibles gracias al desarrollo de los haces de neutrinos en el experimento de los dos neutrinos de Brookhaven.

Veamos qué pasa cuando un neutrino muónico, el tipo que descubrimos en Brookhaven, choca con un protón, o, más específicamente, con un quark *up* del protón. La colisión de un antineutrino muónico con un quark *up* genera un quark *down* y un muón positivo.

$$\overline{\nu}_\mu + u^{-2/3} \rightarrow d^{-1/3} + \mu^{+1}$$

Es decir, antineutrino muónico más quark *up* → quark *down* más muón positivo. En efecto, cuando el neutrino y el quark *up* chocan, el *up* se vuelve un *down* y el neutrino se convierte en un muón. Otra vez, lo que en realidad ocurre en la teoría de la interacción débil es una secuencia de dos reacciones:

$$1)\ \overline{\nu}_\mu \rightarrow W^- + \mu^+$$
$$2)\ W^- + u \rightarrow d$$

El antineutrino choca con el quark *up* y sale de la colisión como un muón. El *up* se vuelve un *down*, y la reacción entera se realiza por medio del W negativo. Tenemos, pues, una corriente negativa. Ahora bien, muy pronto, en 1955, los teóricos (en especial el maestro de Glashow, Julian Schwinger) cayeron en la cuenta de que sería posible tener una corriente neutra, como esta:

$$\nu_\mu + \mathbf{u} \rightarrow + \nu_\mu$$

¿Qué pasa ahí? Tenemos neutrinos muónicos y quarks *up* en ambos lados de la reacción. El neutrino rebota en el quark *up* pero sale como un neutrino, no como un muón, al contrario de lo que pasaba en la reacción anterior. El quark *up* sufre un empellón pero sigue siendo un quark *up*. Como el quark *up* es parte de un protón (o un neutrón), el protón, aunque ha sufrido un impacto, sigue siendo un protón. Si mirásemos esta reacción superficialmente, veríamos que un neutrino muónico golpea un protón y rebota intacto. Pero lo que pasa es más sutil. En las reacciones anteriores, hacía falta un W, bien positivo, bien negativo, para que tuviese lugar la metamorfosis de un quark *up* en un quark *down* o al revés. Aquí, el neutrino debe emitir una partícula mensajera que golpee al quark *up* (y sea tragada por éste). Cuando intentamos escribir esta reacción, queda claro que esa partícula mensajera debe ser *neutra*.

Esta reacción es similar a la manera en que entendemos la fuerza eléctrica entre, digamos, dos protones: se produce el intercambio de un mensajero neutro, el fotón, ello da lugar a la ley de Coulomb de la fuerza y así un protón puede golpear al otro. No hay cambio de especie. El parecido no es fortuito. La muchedumbre de la unificación (no el reverendo Moon sino Glashow y sus amigos) necesitaba ese proceso para que hubiese siquiera la menor posibilidad de unificar las fuerzas electromagnética y débil.

El problema experimental, pues, era: ¿podemos hacer reacciones en las que los neutrinos choquen con los núcleos y salgan como neutrinos? Un ingrediente decisivo es que observemos el impacto en el núcleo golpeado. Hubo algunos indicios ambiguos de reacciones de ese estilo en nuestro experimento de los dos neutrinos en Brookhaven. Mel Schwartz las llamó «retretes». Una partícula neutra entra; una partícula neutra sale. No hay cambio de la carga eléctrica. El núcleo golpeado se rompe, pero aparece muy poca energía en el haz de neutrinos de energía relativamente baja de Brookhaven —de ahí el nombre que les puso Schwartz—. Corrientes neutras. Por razones que olvido, el mensajero débil neutro se llama Z^0 (zeta cero, decimos) en vez de W^0. Pero si queréis impresionar a vuestros amigos, emplead la expresión «corrientes neutras», forma fantasiosa de expresar que hace falta una partícula mensajera neutra para poner en marcha una reacción de interacción débil.

Es el momento de respirar más deprisa

Repasemos un poco lo que pensaban los téoricos.

Fermi fue el primero en distinguir la interacción débil, en los años treinta. Cuando escribió su teoría, tomó como modelo, en parte, a la teoría cuántica de campos de la interacción electromagnética, la electrodinámica cuántica (QED). Fermi probó a ver si esa nueva fuerza se atendría a la dinámica de la fuerza más vieja, el electromagnetismo (más vieja, es decir, por lo que se refiere a nuestro conocimiento de ella). En la QED, acordaos, el campo es llevado por unas partículas mensajeras, los fotones. La teoría de la interacción débil de Fermi, pues, había de tener también partículas. Pero ¿a qué se parecerían?

La masa del fotón es nula, y ello da lugar a la famosa ley del cuadrado del inverso de la distancia de la fuerza eléctrica. La interacción débil tenía un alcance muy corto, así que, de hecho, Fermi les dio a sus vehículos de la fuerza, simplemente, una masa infinita. Lógico. Las versiones posteriores de la teoría de Fermi, la más notable la de Schwinger, introdujeron los pesados W^+ y W^- como vehículos de la interacción débil. Lo mismo hicieron otros teóricos. Veamos: Lee, Yang, Gell-Mann... Odio citar a ningún teórico porque el 99 por 100 de ellos se molestará. Si, en alguna ocasión, dejo de citar a uno, no es porque se me haya olvidado. Probablemente, será porque lo odio.

Ahora vienen los trucos. En la música programática, un tema recurrente introduce una idea, una persona o un animal —como el *leitmotiv* de *Pedro y el Lobo* que nos dice que Pedro está a punto de salir a escena—. Quizá lo que más a cuento venga en este caso sea el ominoso violoncelo que señala la aparición del gran escualo blanco en *Tiburón*. Estoy a punto de meter en las primeras notas del tema del desenlace el signo de la Partícula Divina. Pero no quiero revelarla demasiado pronto. Como en cualquier espectáculo irritante, cuanto más lento, mejor.

A finales de los años sesenta y primeros setenta, varios teóricos jóvenes se pusieron a estudiar la teoría cuántica de campos con la esperanza de extender el éxito de la QED a las otras fuerzas. Quizá os acordéis de que esas elegantes soluciones de la acción a distancia estaban sujetas a dificultades matemáticas: las magnitudes que deberían ser pequeñas y mensurables aparecían infinitas en las ecuaciones, y esa es una fatalidad. Feynman y sus amigos inventaron el proceso de renormalización para esconder los infinitos en las magnitudes medidas, e y m, por ejemplo, la carga y la masa del electrón. Se dice que la QED es una teoría renormalizable; es decir, cabe embridar los infinitos paralizadores. Pero cuando se aplicó la teoría cuántica de campos a las otras tres fuerzas —la débil, la fuerte y la gravedad—, se sufrió una total frustración. ¡Cómo podía pasarle eso a unos chicos tan majos! Con esas fuerzas los infinitos se desbocaban, y las cosas se estropeaban hasta tal punto que la utilidad, en su integridad, de la teoría cuántica de campos se puso en cuestión. Algunos teóricos examinaron de nuevo la QED intentando comprender por qué esa teoría funcionaba (la del electromagnetismo) y las demás no.

La QED, la teoría superprecisa que da el valor g hasta el undécimo decimal, pertenece a la clase de teorías conocidas por teorías *gauge* [o, teorías de aforo]. La palabra *gauge* significa en este contexto escala, como cuando se la emplea en inglés para referirse al ancho de vía de una línea férrea (y aforo, a la calibración de un aparato de medida). La teoría *gauge* expresa una simetría abstracta en la naturaleza que guarda una relación muy estrecha con los hechos experimentales. Un artículo fundamental de C. N. Yang y Robert Mills de 1954 resaltó el poder de la simetría *gauge*. En vez de proponer nuevas partículas que explicasen los fenómenos observados, se buscaban simetrías que predijesen esos fenómenos. Al aplicarla a la QED, la simetría *gauge* generaba las fuerzas electromagnéticas, garantizaba la conservación de la carga y proporcionaba, sin costo adicional, una protección contra los peores infinitos. Las teorías que exhiben una simetría *gauge* son renormalizables. (Repetid esta frase hasta que mane fluidamente entre vuestros labios, y probad a soltarla en la comida.) Pero las teorías *gauge* implicaban la existencia de partículas *gauge*. No eran otras que nuestras partículas mensajeras: los fotones para la QED, y los W^+ y W^- para la interacción débil. ¿Y para la fuerte? Los gluones, claro.

A algunos de los mejores y más brillantes teóricos les motivaba a trabajar en la interacción débil dos, no, tres razones. La primera, que en la interacción débil había multitud de infinitos, y no estaba claro cómo hacer de ella una teoría *gauge*. La segunda, el ansia por la unificación, ensalzada por Einstein y muy presente en los pensamientos de este grupo de teóricos jóvenes. Sus miras estaban puestas en la unificación de las fuerzas elecromagnética y débil, tarea atrevida pues la interacción débil es muchísimo más débil que la eléctrica, su alcance es mucho, mucho más corto y viola simetrías como la paridad. Si no, ¡las dos fuerzas serían exactamente iguales!

La tercera razón era la fama y la gloria que recaería en el tío que resolviese el rompecabezas. Los participantes más destacados eran Steven Weinberg, por entonces en Princeton; Sheldon Glashow, miembro, junto con Weinberg, de un club de ciencia ficción; Abdus Salam, el genio pakistaní del Imperial College de Londres; Martinus Veltman, en Utrecht, Holanda; y su alumno Gerard 't Hooft. Los teóricos de más edad (bien entrados en la treintena) habían dejado preparado el escenario: Schwinger, Gell-Mann, Feynman. Había un montón más por ahí; Jeffrey Goldstone y Peter Higgs fueron unos intérpretes de *piccolo* decisivos.

Nos ahorramos una descripción paso a paso del barullo teórico desde, más o menos, 1960 hasta mediados de los años setenta, y nos encontramos con que se logró al fin una teoría renormalizable de la interacción débil. Al mismo tiempo se halló que el matrimonio con la fuerza electromagnética, con la QED, parecía ya más natural. Pero para hacer todo eso, uno tenía que constituir una familia mensajera común de partículas para la fuerza combinada «electrodébil»: W^+, W^- Z^0 y el fotón. (Parece una de esas familias mixtas, con hermanastros y hermanastras de matrimonios anteriores que intentan salir adelante, contra todo pronóstico, mientras comparten un cuarto de baño común.) La nueva partícula pesada, Z^0, sirvió para satisfacer las exigencias de la teoría *gauge*, y el cuarteto satisfacía todos los requisitos de la violación de la paridad, así como el de la debilidad de la interacción débil. Sin embargo, en esa etapa (antes de 1970) no sólo no se habían visto los W y el Z, sino tampoco las reacciones que la Z^0 podría producir. Y ¿cómo podemos hablar de una fuerza electrodébil unificada, cuando hasta un niño podía mostrar en el laboratorio enormes diferencias entre las naturalezas de las fuerzas electromagnética y débil?

Un problema con el que se enfrentaban los investigadores, cada uno en su soledad, en el despacho o en casa o en un asiento del avión, era que la interacción débil, al ser de corto alcance, había de tener vehículos de la fuerza pesados. Pero los mensajeros pesados no eran lo que la simetría *gauge* predecía, y la protesta tomaba la forma de los infinitos, agudo acero que se clava en las entrañas intelectuales del teórico. Además, ¿cómo coexisten los tres pesados, W^+, W^- y Z^0, en una familia feliz con el fotón sin masa?

Peter Higgs, de la Universidad de Manchester (Inglaterra), dio una clave —otra partícula más, de la que hablaremos pronto—, de la que sacó partido Steven Weinberg, por entonces en Harvard y hoy en la Universidad de Texas. Está claro que los fontaneros del laboratorio no vemos la simetría débil-electromagnética. Los teóricos lo saben, pero quieren desesperadamente que en sus ecuaciones básicas esté la simetría. Así, nos enfrentábamos con el tener que hallar una forma de instaurar la simetría y romperla cuando las ecuaciones descendiesen a predecir los resultados del experimento. El mundo es perfecto en abstracto, ves, pero se vuelve imperfecto cuando bajamos a los detalles, ¿vale? ¡Esperad! No creo nada de eso.

Pero así son las cosas.

Weinberg, por medio del trabajo de Higgs, había descubierto un mecanismo gracias al cual un conjunto de partículas mensajeras que originalmente tenían masa cero, representantes de una fuerza unificada electrodébil, adquirían masa alimentándose, por hablar de una forma muy poética, de los componentes indeseados de la teoría. ¿Vale? ¿No? Al utilizar la idea de Higgs para destruir la simetría, ¡caray!: los W y el Z adquirían masa, el fotón seguía igual y de las cenizas de la teoría unificada destruida salían las fuerzas electromagnética y la débil. Los W y Z con masa dan vueltas por ahí y crean la radiactividad de las partículas y las reacciones que de vez en cuando interfieren las travesías del universo de los neutrinos, mientras los fotones dan lugar a la electricidad que todos conocemos, amamos y pagamos. Eso es. La radiactividad (interacción débil) y la luz (el electromagnetismo) sencillamente (¿?) enlazados. En realidad, la idea de Higgs no destruye la simetría; sólo la esconde.

Sólo seguía abierta una pregunta. ¿Por qué tenía que creerse alguien toda esa palabrería matemática? Bueno, Tini Veltman (nada mini) y Gerard 't Hooft habían laborado en el mismo suelo, quizás más a conciencia, y habían mostrado que si se hace el (aún misterioso) truco de Higgs para romper la simetría, todos los infinitos que habían lacerado tradicionalmente a la teoría desaparecían y la teoría quedaba como los chorros del oro. Renormalizada.

Matemáticamente, aparecía en las ecuaciones todo un conjunto de términos con signos tales que anulaban los términos que tradicionalmente eran infinitos. Pero ¡había tantos términos así! Para hacerlo sistemáticamente, 't Hooft escribió un programa de ordenador, y un día de julio de 1971 observó el resultado a medida que unas complicadas integrales se restaban de otras. Cada una de ellas, si se las evaluaba por separado, daban un resultado infinito. Todos los infinitos se fueron. Esta fue la tesis de 't Hooft, y debe quedar con la de De Broglie como una tesis de doctorado que hizo historia.

Hallar el zeta cero

Bastante teoría ya. Hay que admitir que es una materia complicada. Pero volveremos a ella más adelante, y un firme principio pedagógico adquirido en cuarenta y tantos años de vérselas con estudiantes —desde los de primero a posdoctorandos— dice que aun cuando el primer pase sea en un 97 por 100 incomprensible, la próxima vez que lo veas resultará, de alguna forma, de lo más familiar.

¿Qué consecuencias tenía toda esta teoría para el mundo real? Las más importantes tendrán que esperar hasta el capítulo 8. En 1970, la consecuencia inmediata para los experimentadores fue que el Z^0 tenía que existir para que todo funcionase. Y si el Z^0 era una partícula, lo encontraríamos. Era neutro, como su hermanastro el fotón. Pero al contrario que el fotón, carente de masa, se suponía que era muy pesado, como sus hermanos, los gemelos W. Nuestra tarea, pues, estaba clara: buscar algo que se pareciese a un fotón pesado.

Se habían buscado los W en muchos experimentos, entre ellos varios míos. Mirábamos en las colisiones de neutrinos, no veíamos ningún W y decíamos que el no poder dar con ellos sólo se podía entender si su masa era mayor que 2 GeV. Si hubiese sido más ligero, se habría dejado ver en nuestra segunda serie de experimentos con neutrinos en Brookhaven. Miramos en las colisiones de protones. Ni un W. Su masa, entonces, tenía que ser mayor que 5 GeV. Los teóricos también tenían sus opiniones sobre las propiedades del W y fueron aumentando su masa hasta que, en los últimos años setenta, se predijo que sería de unos 70 GeV. De lejos, demasiado grande para las máquinas de aquella época.

Pero volvamos al Z^0. Un núcleo dispersa un neutrino. Si éste envía un W^+ (un antineutrino enviaría un W^-), se convierte en un muón. Pero si puede emitir un Z^0, sigue siendo un neutrino. Como se ha mencionado, como no hay cambio de carga eléctrica mientras seguimos los leptones, llamamos a eso corriente neutra.

Un experimento encaminado de verdad a detectar las corrientes neutras no es fácil. La huella es un neutrino invisible que entra, un neutrino igualmente invisible que sale, y además un cúmulo de hadrones producidos por el núcleo golpeado. Ver sólo un cúmulo de hadrones en el detector no es muy impresionante. Es justo lo que un neutrón de fondo haría. En el CERN, una cámara de burbujas gigante, Gargamelle se llamaba, empezó a funcionar con un haz de neutrinos en 1971. El acelerador era el PS, una máquina de 30

GeV que producía neutrinos de alrededor de 1GeV. En 1972 el grupo del CERN era ya muy activo en seguir el rastro de sucesos sin muones. A la vez, la nueva máquina del Fermilab enviaba neutrinos de 50 GeV hacia un pesado detector de neutrinos electrónicos del que se encargaban David Cline (Universidad de Wisconsin), Alfred Mann (Universidad de Pennsylvania) y Carlo Rubbia (Harvard, CERN, el norte de Italia, Alitalia...).

No podemos hacer justicia a la historia de este descubrimiento. Está llena de *sturm und drang*, de interés humano, de la sociopolítica de la ciencia. Nos lo saltaremos todo y diremos sólo que en 1973 el grupo del Gargamelle anunció, de forma un tanto tentativa, que había observado corrientes neutras. En el Fermilab, el equipo de Cline-Mann-Rubbia tenía también unos datos así así. Los fondos oscurecedores eran serios, y la señal no le daba a uno un toque en la espalda. Llegaron a la conclusión de que habían descubierto las corrientes neutras. Y se arrepintieron. Y otra vez concluyeron que las habían visto. Un gracioso llamó a sus esfuerzos «corrientes neutras alternas».

Para el congreso de Rochester (una reunión internacional que se celebra cada dos años) de 1974, en Londres, todo estaba claro: el CERN había descubierto las corrientes neutras y el grupo del Fermilab tenía una confirmación convincente de esa señal. Las pruebas indicaban que «algo parecido a un Z^0» tenía que existir. Pero si nos atenemos a lo que dice el libro, aunque se estableciese la existencia de las corrientes neutras en 1974, hubieron de pasar nueve años más antes de que se probase directamente la existencia del Z^0. El mérito fue del CERN, en 1983. ¿La masa? El Z^0 era, en efecto, pesado: 91 GeV.

A mediados de 1992, dicho sea de paso, la máquina LEP del CERN había registrado más de dos millones de Z^0, recogidos por sus cuatro gigantescos detectores. El estudio de la producción del Z^0 y de su subsiguiente desintegración está proporcionando un filón de datos y mantiene ocupados a unos 1.400 físicos. Recordad que cuando Ernest Rutherford descubrió las partículas alfa, las explicó y a continuación le sirvieron de herramienta para descubrir el núcleo. Nosotros hicimos lo mismo con los neutrinos; y los haces de neutrinos, como acabamos de ver, se han convertido también en una industria, útil para hallar partículas mensajeras, estudiar los quarks y unas cuantas cosas más. La fantasía de ayer es el descubrimiento de hoy que será el aparato de mañana.

Revisión de la interacción fuerte: los gluones

En los años setenta necesitábamos para completar el modelo estándar un descubrimiento más. Teníamos los quarks, pero se enlazan entre sí con tanta fuerza que no existen en estado libre. ¿Cuál es el mecanismo del enlace? Recurrimos a la teoría cuántica de campos, pero los resultados fueron otra vez frustrantes. Bjorken había elucidado los primeros resultados experimentales obtenidos en Stanford, en los que los electrones rebotaban en los quarks del protón. Fuese cual fuese la fuerza, la dispersión de los electrones indicaba que era sorprendentemente débil cuando los quarks estaban muy juntos.

Era un resultando apasionante porque también se quería aplicar ahí la simetría *gauge*. Y las teorías *gauge* predijeron, contra la intuición, que la interacción fuerte se hace muy débil cuando los quarks se acercan mucho y más fuerte a medida que se separan. El proceso, descubierto por unos chicos, David Politzer, de Harvard, y David Gross y Frank Wilczek, de Princeton, llevaba un nombre que sería la envidia de cualquier político: libertad asintótica. Asintótico significa, burdamente, «que se acerca cada vez más, pero no toca nunca». Los quarks tienen libertad asintótica. La interacción fuerte se debilita más y más a medida que un quark se aproxima a otro. Esto significa, paradójicamente, que cuando los quarks están muy juntos se portan casi como si fuesen libres. Pero cuando se apartan, las fuerzas se hacen efectivamente mayores. Las distancias cortas suponen energías altas, así que la interacción fuerte se debilita a altas energías. Esto es justo lo contrario de lo que pasa con la fuerza eléctrica. (Las cosas se vuelven curiosísimas, dijo Alicia.) Aún más importante era el que la interacción fuerte necesitase una partícula mensajera, como las otras fuerzas. En alguna parte le dieron al mensajero el nombre de gluón. Pero dar nombre no es conocer.

Otra idea, que menudea en la literatura teórica, viene a cuento ahora. A ésta le puso nombre Gell-Mann. Se llama *color* —o *colour* en el inglés de Europa— y no tiene nada que ver con el color que vosotros y yo percibimos. El color explica ciertos resultados experimentales y predice otros. Por ejemplo, explicaba cómo podía el protón tener dos quarks *up* y uno *down* cuando el principio de Pauli excluía específicamente que hubiera dos objetos idénticos en el mismo estado. Si uno de los quarks *up* es azul y el otro es verde, cumplimos la regla de Pauli. El color le da a la interacción fuerte el equivalente de la carga eléctrica.

Tiene que haber *tres* tipos de color, decían Gell-Mann y otros que habían trabajado en este huerto. Recordad que Faraday y Ben Franklin habían determinado que hay dos variedades de carga eléctrica, designadas más y menos. Los quarks necesitan tres. Hay quarks, pues, de tres colores. Puede que la idea del color le fuese robada a la paleta, pues hay tres colores primarios. Una analogía mejor podría ser que la carga eléctrica es unidimensional, con las direcciones más y menos, mientras que el color es tridimensional (tres ejes: rojo, azul y verde). El color explicaba por qué las combinaciones de quarks son, únicamente, bien de quark con antiquark (mesones), bien de tres quarks (bariones). Estas combinaciones no muestran color; la quarkidad desaparece cuando miramos un mesón o un barión. Un quark rojo se combina con un antiquark antirrojo y produce un mesón incoloro. El rojo y el antirrojo se anulan. De la misma forma, los quarks rojos, azules y verdes de un protón se mezclan y producen el blanco (probad a hacerlo dándole vueltas a una rueda de color). Incoloro, también.

Aun cuando estas sean unas buenas razones para usar la palabra «color», su significado no es literal. Describimos con ella una propiedad abstracta más, que los teóricos dieron a los quarks para explicar la creciente cantidad de datos. Podríamos haber usado Tom, Dick y Harry o A, B y C, pero el color era una metáfora más apropiada (¿colorista?). El color, pues, junto con los quarks y los gluones, parecía que siempre sería parte de la caja negra, un ente abstracto que nunca hará sonar un contador Geiger, ni dejará una traza en una cámara de burbujas, ni excitará los cables de un detector electrónico.

Sin embargo, la noción de que la interacción fuerte se debilita a medida que los quarks se acercan entre sí era apasionante desde el punto de vista de una unificación más avanzada. Cuando disminuye la distancia entre las partículas, su energía relativa crece (una distancia pequeña supone una energía grande). Esta libertad asintótica implica que la interacción fuerte se hace más débil a altas energías. A los buscadores de la unificación se les daba así la esperanza de que a una energía lo bastante alta la intensidad de la interacción fuerte podría acercarse a la de la fuerza electrodébil.

Y ¿qué pasa con las partículas mensajeras? ¿Cómo describimos las partículas que llevan la fuerza de color? Se obtuvo que los gluones llevan *dos* colores —un color y otro anticolor— y que, al ser emitidos o absorbidos por los quarks, cambian el color del quark. Por ejemplo, un gluón rojo-antiazul convierte un quark rojo en un quark antiazúl. Este intercambio es el origen de la interacción fuerte, y Murray el Gran Denominador bautizó a la teoría como «cromodinámica cuántica» (QCD), nombre en resonancia con el de electrodinámica cuántica (QED). La tarea de cambiar el color supone que tengamos necesidad de tantos gluones como hagan falta para conseguir todos los cambios posibles. Resulta que son ocho gluones. Si le preguntáis a un teórico «¿por qué ocho?», él os dirá sabiamente: «Porque ocho es nueve menos uno».

Nuestra incomodidad con que no se vea nunca a los

quarks fuera de los hadrones sólo se atemperó moderadamente con una representación física de por qué los quarks están siempre encerrados. A distancias muy cortas, los quarks ejercen unas fuerzas hasta cierto punto pequeñas los unos sobre los otros. Ese dominio es la gloria para los teóricos, porque en él pueden calcular las propiedades del estado del quark y la influencia del quark en los experimentos de colisiones. Cuando los quarks se separan, en cambio, la fuerza se hace más intensa y la energía requerida para que crezca la distancia entre ellos sube muy deprisa hasta que, mucho antes de que los hayamos separado de verdad, la energía aportada produce la creación de un nuevo par quark-antiquark. Esta curiosa propiedad es una consecuencia de que los gluones no son simples, inertes partículas mensajeras. Ejercen en realidad fuerzas entre sí. En esto difiere la QED de la QCD, pues los fotones se ignoran unos a otros.

Con todo, la QED y la QCD tienen muchas estrechas similitudes, sobre todo en el dominio de las altas energías. Tardaron en llegar los éxitos de la QCD, pero fueron constantes. A causa de la borrosa parte de larga distancia de la fuerza, los cálculos nunca fueron muy precisos y muchos experimentos concluían con una afirmación bastante nebulosa: «nuestros resultados son compatibles con las predicciones de la QCD».

Entonces, ¿qué clase de teoría tenemos si jamás de los jamases podremos ver un quark libre? Podemos hacer experimentos que sientan la presencia de electrones y los midan, de esta manera y de la otra, aun cuando estén ligados del todo a los átomos. ¿Podemos hacer lo mismo con los quarks y los gluones? Bjorken y Feynman habían sugerido que en una colisión muy dura de partículas los quarks energizados tirarían al principio hacia afuera y, justo antes de abandonar la influencia de sus quarks compañeros, se enmascararían a sí mismos con un estrecho manojo de hadrones —tres o cuatro u ocho piones, por ejemplo, o poned también algunos kaones y nucleones—, que se dirigirían en un haz estrecho a lo largo de la trayectoria del quark progenitor. Se les dio el nombre de «chorros», y se puso en marcha su búsqueda.

Con las máquinas de los años setenta no era fácil distinguir esos chorros porque lo único que sabíamos producir eran quarks lentos, que generaban chorros anchos con un número pequeño de hadrones. Queríamos unos chorros densos, estrechos. El primer éxito correspondió a una joven experimentadora, Gail Hanson, doctorada en el MIT y que trabajaba en el SLAC. Su cuidadoso análisis estadístico descubrió que *había* una correlación de hadrones en los residuos de una colisión e^+ e^- a 3 GeV en el SPEAR. La ayudó el que fuesen los electrones los que entraban y un quark y un antiquark los que salían, en direcciones opuestas para conservar el momento. Estos chorros correlacionados se manifestaron, a duras penas pero concluyentemente, en el análisis. Cuando Demócrito y yo estábamos en la sala de control de la CDF, destellaban en la pantalla cada pocos minutos unos manojos afilados como agujas de unos diez hadrones, pares de chorros separados 180 grados. No hay razón alguna por la que deba darse semejante estructura, a no ser que el chorro sea el producto de un quark de mucha energía y mucho momento que se viste antes de salir.

Pero el mayor descubrimiento de este tipo en los años setenta se hizo en la máquina PETRA de e^+ e^- de Hamburgo, Alemania. Esta máquina, cuyas colisiones tenían una energía total de 30 GeV, mostró también, sin necesidad de análisis, la estructura de los dos chorros. Ahí casi se podían ver los quarks en los datos. Pero también se vio algo más.

Uno de los cuatro detectores conectados a PETRA tenía su propio acrónimo: TASSO, de Two-Armed Solenoidal Spectrometer (Espectómetro Solenoidal de Dos Brazos). El grupo del TASSO buscaba sucesos en los que aparecieran *tres* chorros. Una consecuencia de la teoría QCD es que cuando se aniquilan un e^+ y un e^- y producen un quark y un antiquark, hay una probabilidad razonable de que uno de los quarks que salen radie una partícula mensajera, un gluón. Ahí hay energía suficiente para convertir un gluón «virtual» en un gluón real. Los gluones comparten la timidez de los quarks y, como los quarks, se visten antes de dejar la caja negra del dominio de encuentro. De ahí los tres chorros de hadrones. Pero eso lleva más energía.

En 1978 las sesiones con energías de 13 y 17 GeV no arrojaron nada, pero a 27 GeV pasó algo. Otra física, Sau Lan Wu, profesora de la Universidad de Wisconsin, llevó adelante el análisis. El programa de Wu pronto descubrió más de cuarenta sucesos en los que había tres chorros de hadrones, y cada chorro tenía de tres a diez pistas (hadrones). El conjunto se parecía a la estrella de los Mercedes.

Los otros grupos de PETRA pronto se subieron al tren. Rastreando en sus datos, también encontraron sucesos de tres chorros. Un año después, se habían reunido miles. Se había, pues, «visto» el gluón. El teórico John Ellis, del CERN, calculó el patrón de las pistas por medio de la QCD, y debe concedérsele el mérito de haber motivado la búsqueda. El anuncio de la detección del gluón se hizo en un congreso que se celebró en el Fermilab en 1979, y me tocó a mí ir al programa de televisión de Phil Donahue, en Chicago, para explicar el descubrimiento. Puse más energía en explicar que los búfalos del Fermilab no vagaban por el laboratorio para servir de primeras alarmas por si se escapaba una radiación peligrosa. Pero en física las verdaderas noticias eran los gluones —los bosones, no los bisontes.

Así que ya tenemos todas las partículas mensajeras, o bosones *gauge*, como son llamadas más eruditamente. (*«Gauge»* viene de la simetría *gauge,* y bosón deriva del físico indio S. N. Bose, que describió la clase de partículas cuyo espín tiene valores enteros.) Mientras las partículas de la materia tienen todas un espín de 1/2 y se las llama fermiones, las partículas mensajeras tienen todas espín 1 y son bosones. Hemos pasado por encima de algunos detalles. El fotón, por ejemplo, fue predicho por Einstein en 1905 y Arthur Compton lo observó experimentalmente en 1923 mediante rayos X dispersados por electrones atómicos. Aunque las corrientes neutras se descubrieron a mediados de los años setenta, los W y Z no se observaron de forma directa hasta 1983-1984, cuando se los detectó en el colisionador de hadrones del CERN. Como se ha mencionado, los gluones se captaron en 1979.

En esta larga discusión de la interacción fuerte, deberíamos señalar que la definimos como la fuerza entre quark y quark cuyo vehículo son los gluones. Pero ¿y qué es de la «vieja» interacción fuerte entre los neutrones y los protones? Sabemos ahora que es el efecto residual de los gluones que, digamos, gotean de los neutrones y los protones que se enlazan en el núcleo. La vieja interacción fuerte que se describe bien mediante el intercambio de piones se considera ahora una consecuencia de las complejidades de los procesos entre los quarks y los gluones.

¿El final del camino?

Al entrar en los años ochenta, habíamos dado ya con todas las partículas de la materia (los quarks y los leptones), y teníamos las partículas mensajeras, o bosones *gauge*, de las tres fuerzas (excluida la gravedad) en muy buena medida en la mano. Si se añaden las partículas de las fuerzas a las partículas de la materia se tiene el modelo estándar completo, o ME. Aquí, pues, está el «secreto del universo» (véase tabla página siguiente).

Recordad que los quarks vienen en tres colores. Por lo tanto, si uno es mezquino contará dieciocho quarks, seis leptones y doce bosones *gauge* que transportan las fuerzas. Hay, además, una antitabla en la que todas las partículas de la materia aparecen como antipartículas. Eso os daría sesenta partículas en total. Pero ¿a qué echar la cuenta? Quedaos con la tabla de arriba; es todo lo que tenéis que saber. Por fin creemos que tenemos los á-tomos de Demócrito. Son los quarks y los leptones. Las tres fuerzas y sus partículas mensajeras explican su «movimiento constante y violento».

MATERIA

Primera generación	*Segunda generación*	*Tercera generación*
	QUARKS	
u	c	t?
d	s	b
	LEPTONES	
ν_e	ν_μ	ν_τ
e	μ	τ

FUERZAS

BOSONES *GAUGE*

Electromagnetismo	fotón (γ)
Interacción débil	W^- W^+ Z^0
Interacción fuerte	ocho gluones

Podría parecer que resumir el universo entero en una tabla, por compleja que sea, es una arrogancia. Pero da la impresión que los seres humanos nos vemos empujados a construir síntesis de ese estilo; los «modelos estándar» han sido recurrentes en la historia de Occidente. El actual modelo estándar no recibió ese nombre hasta los años setenta, y la expresión es propia de la historia moderna reciente de la física. Pero, ciertamente, ha habido a lo largo de los siglos otros modelos estándar. La página siguiente muestra sólo unos pocos.

¿Por qué es incompleto nuestro modelo estándar? Una carencia obvia es el que no se haya visto todavía el quark *top*. Otra, que falta una de las fuerzas: la gravedad. Nadie sabe cómo meter esta vieja gran fuerza en el modelo. Otro defecto estético es el que no sea lo bastante simple; debería parecerse más a la tierra, aire, fuego y agua, más el amor y la discordia, de Empédocles. Hay demasiados parámetros en el modelo estándar, demasiados controles que ajustar.

EL MODELO ESTÁNDAR: historia acelerada

Arquitectos	Fecha	PARTÍCULAS	FUERZAS	Nota	Comentario
Tales (milesio)	600 a.C.	Agua	No se mencionan	**8**	Fue el primero en explicar el mundo mediante causas naturales, no mediante los dioses. En el lugar de la mitología puso la lógica
Empédocles (de Agrigento)	460 a.C.	Tierra, aire, fuego y agua	Amor y discordia	**9**	Aportó la idea de que hay «múltiples» partículas que se combinan para formar todos los tipos de materia
Demócrito (de Abdera)	430 a.C.	El *atomos* invisible e indivisible, o á-tomo	El movimiento violento constante	**10**	Su modelo requería demasiadas partículas, cada una con una forma diferente, pero su idea básica de que hay un átomo que no puede ser partido sigue siendo la definición básica de partícula elemental
Isaac Newton (inglés)	1687	Átomos duros, con masa, impenetrables	La gravedad (para el cosmos). Fuerzas desconocidas (para los átomos)	**7**	Le gustaban los átomos, pero no hizo que su causa avanzase. Su gravedad es un gran dolor de cabeza para los peces gordos en la década de 1990
Roger J. Boscovich (dálmata)	1760	«Puntos de fuerza», indivisibles y sin forma o dimensión	Fuerzas atractivas y repulsivas que actúan entre puntos	**9**	Su teoría era incompleta, limitada, pero la idea de que hay partículas de «radio nulo», puntuales, que crean «campos de fuerza», es esencial en la física moderna
John Dalton (inglés)	1808	Los átomos, las unidades básicas de los elementos químicos: el carbono, el oxígeno, etc.	La fuerza de atracción entre los átomos	**7,5**	Se precipitó al resucitar la palabra de Demócrito —el átomo de Dalton no es indivisible—, pero dio una pista al decir que los átomos diferían en peso, no en su forma, como pensaba Demócrito
Michael Faraday (inglés)	1820	Cargas eléctricas	Electromagnetismo (más la gravedad)	**8,5**	Aplicó el atomismo a la electricidad al conjeturar que las corrientes estaban formadas por «corpúsculos de electricidad», los electrones
Dmitri Mendeleev (siberiano)	1870	Más de cincuenta átomos, dispuestos en la tabla periódica de los elementos	No hace cábalas sobre las fuerzas	**8,5**	Tomó la idea de Dalton y organizó todos los elementos químicos conocidos. En su tabla periódica apuntaba con claridad una estructura más profunda y significativa
Ernest Rutherford (neozelandés)	1911	Dos partículas: núcleo y electrón	La fuerza nuclear (fuerte), más el electromagnetismo, la gravedad	**9,5**	Al descubrir el núcleo, reveló una nueva simplicidad dentro de todos los átomos de Dalton
Bjorken, Fermi, Friedman, Gell-Mann, Glashow, Kendall, Lederman, Perl, Richter, Schwartz, Steinberger, Taylor, Ting, más un reparto de miles	1992	Seis quarks y seis leptones, más sus antipartículas. Hay tres colores de quarks	El electromagnetismo, la interacción fuerte, la débil: doce partículas que llevan las fuerzas, más la gravedad	**Incompleto**	«Γυφφαω.» (ríe) *Demócrito de Abdera*

Esto no quiere decir que el modelo estándar no sea uno de los grandes logros de la ciencia. Es la obra de un montón de individuos (de los dos sexos) que se quedaban levantados por la noche hasta muy tarde. Pero al admirar su belleza y su amplitud, uno no puede evitar sentirse incómodo y deseoso de algo más sencillo, de un modelo que hasta un griego de la Antigüedad pudiese amar.

Escuchad: ¿no oís una risa que sale del vacío?

8

LA PARTÍCULA DIVINA, POR FIN

Y el Señor contempló Su mundo, y Se maravilló de su belleza; pues tanta era, que lloró. Era un mundo de un solo tipo de partícula y una sola fuerza, llevada por un único mensajero que era también, con divina simplicidad, la única partícula.

Y el Señor contempló el mundo que había creado y vio que además era aburrido. Así que calculó y sonrió, e hizo que Su universo se expandiese y enfriase. Y he aquí que se enfrió lo bastante para que se activase Su seguro y fiel servidor, el campo de Higgs, que antes del enfriamiento no podía soportar el increíble calor de la creación. Y bajo el influjo de Higgs, las partículas tomaron energía del campo, la absorbieron y fueron cogiendo masa. Cada una la fue cogiendo a su manera, no todas de la misma manera. Algunas cogieron una masa increíble, otras sólo una pequeña, algunas, ninguna. Y mientras antes sólo había una partícula, ahora había doce, y mientras antes el mensajero y la partícula eran lo mismo, ahora eran diferentes, y mientras antes sólo había un vehículo de la fuerza y una sola fuerza, ahora había doce vehículos y cuatro fuerzas, y mientras antes había una belleza sin fin y sin sentido, ahora había demócratas y republicanos.

Y el Señor contempló el mundo que había creado y le entró una risa totalmente incontrolable. Y llamó a Su presencia a Higgs y, reprimiendo Su alegría, habló con él con una gran seriedad y le dijo:

—¿Por qué razón habéis destruido la simetría del mundo?

Y Higgs, conmovido por la menor indicación de desaprobación, se defendió diciendo:

—¡Oh!, Jefe, no he destruido la simetría. Sólo he hecho que se oculte mediante el artificio del consumo de energía. Y al proceder así he, en efecto, hecho un mundo complicado.

—¿Quién podría haber previsto que de ese conjunto pavoroso de objetos idénticos podríamos tener núcleos y átomos y moléculas y planetas y estrellas?

—¿Quién podría haber predicho los crepúsculos y los océanos y el hervidero orgánico creado por todas esas moléculas terribles que el relámpago y el calor agitaron? ¿Y quién podría haber esperado la evolución y esos físicos que tientan y sondean y buscan para descubrir lo que yo, en Vuestro servicio, he ocultado tan cuidadosamente?

Y el Señor, que a duras penas retenía Su risa, le hizo señal a Higgs de Su perdón y de una buena subida de sueldo.

El Novísimo Testamento 3:1

Nuestra tarea será en este capítulo convertir la poesía (¿?) del Novísimo Testamento en la dura ciencia de la cosmología de partículas. Pero justo ahora no podemos abandonar nuestra discusión del modelo estándar. Quedan unos cuantos cabos sueltos por atar, y unos pocos que no podemos atar. Aquéllos y éstos son importantes a la hora de hablar del modelo estándar y de más allá del modelo estándar, y debo contar algunos triunfos experimentales más que sentaron con firmeza nuestra visión actual del micromundo. Estos detalles dan una idea del poder del modelo y también de sus limitaciones.

Hay dos tipos de fallos preocupantes en el modelo estándar. El primero estriba en que no sea completo. El quark *top* no se ha encontrado aún a principios de 1993. Uno de los neutrinos (el tau) no se ha detectado directamente, y muchos de los números que nos hacen falta se conocen de forma imprecisa. Por ejemplo, no sabemos si los neutrinos tienen alguna masa en reposo. Tenemos que saber cómo la violación de la simetría CP —el proceso que originó la materia— aparece, y, lo que es más importante, hemos de introducir un nuevo fenómeno, al que llamamos campo de Higgs, para preservar la coherencia matemática del modelo estándar. El segundo tipo de defecto es puramente estético. El modelo estándar es lo bastante complicado para que a muchos les parezca sólo una estación de paso hacia una visión más simple del mundo. La idea de Higgs, y su partícula asociada, el bosón de Higgs, cuenta en todos los problemas que acabamos de listar, y tanto, que hemos titulado el libro en su honor: la Partícula Divina.

Un fragmento de la agonía del modelo estándar

Pensad en el neutrino.

—¿En cuál de ellos?

Bueno, no importa. Tomad el neutrino electrónico —el corriente, el neutrino de la primera generación— porque es el que tiene menos masa. (A no ser, claro, que las masas de todos ellos sean nulas.)

—Vale, el neutrino electrónico.

No tiene carga eléctrica.

No tiene fuerza electromagnética o fuerte.

No tiene tamaño, no tiene extensión espacial. Su radio es cero.

Puede que no tenga masa.

No hay nada que tenga tan pocas propiedades (excepción hecha de los decanos y de los políticos) como el neutrino. Su presencia no es ni un suspiro. De niños recitábamos:

Mosquito en el muro
¿No has pillado ni a uno maduro?
¿Ni a mamá?
¿Ni a papá?
Una pedorreta para ti, burro, más que burro.

Y ahora yo recito:

Pequeño neutrino del mundo
que a la velocidad de la luz echas humo
¿Sin carga, ni masa, ni una sola dimensión?
¡Qué vergüenza! Cara plantas a la buena ordenación.

Pero los neutrinos existen. Tienen una especie de localización: una trayectoria, que se encamina siempre en una sola dirección a una velocidad cercana (o igual) a la de la luz. El neutrino tiene un giro propio, un espín, pero si preguntáis qué es lo que gira, os descubriréis como unos que aún no se han limpiado de pensamientos precuánticos impuros. El espín es intrínseco al concepto de «partícula», y si la masa del neutrino es en efecto cero, su velocidad de la luz constante, sin desviaciones, y su espín se combinan para darle un nuevo atributo, cuyo nombre es quiralidad. Ésta ata para siempre la dirección del espín (su giro en el sentido de la agujas del reloj o al revés) a la dirección del movimiento. Puede tener una quiralidad «diestra», lo que quiere decir que avanza con el giro en el sentido de las agujas del reloj, o «zurda», avanzando con un giro en sentido contrario a las agujas del reloj. Detrás de esto se esconde una hermosa simetría. La teoría *gauge* prefiere que todas las partículas tengan masa nula y una simetría quiral universal. Otra vez esa palabra: simetría.

La simetría quiral es una de esas simetrías elegantes que describen el universo primitivo —un patrón que se repite y se repite y se repite como el papel pintado, pero sin que lo interrumpan pasillos, puertas o esquinas, indefinidamente—. No sorprende que a Él le pareciera aburrido y le ordenase al campo de Higgs que diese masas y rompiese la simetría quiral. ¿Por qué rompe la masa la simetría quiral? En cuanto una partícula tiene masa, viaja a velocidades menores que la de la luz. Entonces los observadores podríais ir más deprisa que la partícula. Y si lo hicieseis, la partícula, en relación a vosotros, invertiría su dirección de movimiento pero no su espín, así que un objeto que para algunos observadores sería zurdo para otros sería diestro. Pero existen los neutrinos, supervivientes quizá de la guerra de la simetría quiral. El neutrino siempre es zurdo, el antineutrino siempre es diestro. Esta preferencia por una mano es una de las pocas propiedades que tiene el pobre tipejo.

¡Ah, sí!, los neutrinos tienen otra propiedad, la interacción débil. Los neutrinos salen de procesos débiles que tardan en suceder una eternidad (a veces microsegundos). Como hemos visto, pueden chocar con otra partícula. Esta colisión requiere un roce tan estrecho, una intimidad tan profunda, que es rarísima. Que un neutrino choque con dureza en una placa de acero de un par de centímetros de ancho es tan probable como tener la suerte de hallar una pequeña gema que flote al azar en la vastedad del océano Atlántico, es decir, es tan probable como encontrarla en una taza de agua del Atlántico tomada al azar. Y a pesar de toda su falta de propiedades, el neutrino tiene una enorme influencia en el curso de los acontecimientos. Por ejemplo, es la erupción de números enormes de neutrinos desde el núcleo de las estrellas lo que provoca que éstas estallen y se dispersen los elementos más pesados, recién preparados en la estrella condenada, por el espacio. Los residuos de las explosiones de ese tipo acaban por acumularse, y ello explica que en los planetas tengamos silicio, hierro y otras sustancias de provecho.

Hace poco se han venido efectuando extenuantes esfuerzos por detectar la masa del neutrino, si es que en efecto tiene alguna. Los tres neutrinos que forman parte de nuestro modelo estándar se encuentran entre los candidatos a ser lo que los astrónomos llaman la «materia oscura», un material que, dicen, impregna el universo y domina su evolución regida por la gravitación. Por ahora, todo lo que sabemos es que los neutrinos podrían tener una masa pequeña... o nula. Cero es un número tan especial que hasta la masa más insignificante, la millonésima de la de un electrón, por ejemplo, tendría una importancia teórica muy grande. Al ser parte del modelo estándar, los neutrinos y sus masas son uno de los aspectos de las preguntas por responder que aquél encierra.

La simplicidad oculta: el éxtasis del modelo estándar

Cuando un científico, de pura cepa británica, digamos, está muy, pero que muy enfadado con alguien y siente la necesidad de verter los insultos más rabiosos, le dirá en un susurro: «¡maldito aristotélico!». Esas son palabras bragadas, y un insulto más letal no cabe imaginarlo. Se le suele echar a Aristóteles la culpa (lo que seguramente no es razonable) de haber frenado el progreso de la física durante unos 2.000 años, hasta que Galileo tuvo el coraje y la seguridad suficientes para plantarle cara; avergonzó a los acólitos de Aristóteles ante las multitudes reunidas en la Piazza del Duomo, donde hoy en día la torre se inclina y la piazza se llena de vendedores de recuerdos y puestos de helados.

Hemos repasado la historia de las cosas que caen desde torres torcidas. Una pluma cae flotando, una bola de acero se precipita abajo deprisa. Esto le parecía de ley a Aristóteles, que dijo: «Lo pesado cae deprisa, lo ligero despacio». Por lo tanto, decía Ari, el reposo es «natural y preferido; el movimiento, en cambio, requiere una fuerza motriz que lo mantenga como tal movimiento». Está clarísimo, la experiencia cotidiana lo confirma y sin embargo... es erróneo. Galileo guardó su desprecio, no para Aristóteles, sino para las generaciones de filósofos que rindieron culto en el templo de Aristóteles y aceptaron sus opiniones sin ponerlas en duda.

Galileo vio que en las leyes del movimiento reinaría una profunda simplicidad con tal de que se eliminasen los factores que las complicaban, como la resistencia del aire y la fricción, que son de todas, todas, parte del mundo real pero que ocultan la simplicidad. Galileo veía las matemáticas —las parábolas, las ecuaciones cuadráticas— como la manera en que el mundo tiene que ser en realidad. Neil Armstrong, el primer astronauta que pisó la Luna, dejó caer una pluma y un martillo en la superficie lunar, donde no había aire, y enseñó a todos los espectadores del mundo el experimento de la torre. Sin resistencia, los dos objetos cayeron a la misma velocidad. Y, en efecto, una bola que ruede por una superficie horizontal lo haría para siempre si no hubiese fricción. Sobre una mesa muy pulida rueda mucho más lejos, y aún más lejos sobre una cama de aire o el hielo resbaladizo. Requiere cierta habilidad pensar abstractamente, imaginar el movimiento sin aire, sin fricción de rodadura, pero cuando uno lo logra, la recompensa es un conocimiento más profundo de las leyes del movimiento, del espacio y del tiempo.

Desde esta historia entrañable, hemos ido sabiendo más acerca de la simplicidad oculta. El estilo de la naturaleza es ocultar la simetría, la simplicidad y la belleza que se pueden describir por medio de las matemáticas abstractas. Lo que vemos ahora, en lugar de la resistencia al aire y la fricción de Galileo (y las obstrucciones políticas equivalentes), es nuestro modelo estándar. Para seguirlo hasta los años noventa, hemos de volver a los mensajeros pesados que llevan la interacción débil.

El modelo estándar, 1980

La década de 1980 empieza con una gran autocomplacencia teórica. Ahí está el modelo estándar, el resumen, en su forma original, de trescientos años de física de partículas, retando a los experimentadores a que «rellenen los huecos». Los W^+, W^- y el Z^0 no se han observado todavía, ni el quark *top*. El neutrino tau requiere un experimento de tres neutrinos, y se han propuesto experimentos así, pero los arreglos necesarios son complicados, con una probabilidad de éxito pequeña. No se han aprobado. Los experimentos sobre el leptón tau cargado indican con fuerza que el neutrino tau tiene que existir.

El quark *top* es el objeto de la investigación de todas las máquinas, lo mismo de los colisionadores de electrones y positrones que de las máquinas de protones. Una máquina flamante, Tristán, se está construyendo en Japón (Tristán: ¿qué conexión profunda hay entre la cultura japonesa y la mitología teutónica?). Es una máquina de $e^+ e^-$ que puede producir el *top* y el anti *top*, $\mathbf{t\bar{t}}$, si la masa del quark *top* no es de más de 35 GeV, o siete veces más pesado que su primo, el *bottom*, de diferente sabor y que sólo pesa 5 GeV. El experimento y las esperanzas de Tristán, al menos hasta ahora, se han visto frustrados. El *top* es pesado.

La quimera de la unificación

En la búsqueda del W fueron los europeos quienes pusieron toda la carne en el asador, determinados a mostrar al mundo que ya eran alguien en este negocio. Para hallar el W hacía falta una máquina con la suficiente energía para producirlo. ¿Cuánta energía hacía falta? Depende de lo pesado que sea el W. En respuesta a los insistentes y convincentes argumentos de Carlo Rubbia, el CERN emprendió en 1978 la construcción de un colisionador de protones y antiprotones basado en su máquina de protones de 400 GeV.

A finales de los años setenta, los teóricos calcularon que los W y el Z eran «cien veces más pesados que el protón». (La masa en reposo del protón, acordaos, está muy cerca de un oportuno 1 GeV.) Había tanta confianza en ese cálculo, que el CERN estuvo dispuesto a invertir cien millones de dólares o más en «algo que no fallase», un acelerador capaz de suministrar la energía suficiente en una colisión para hacer muchos W y Z, y unos detectores elaborados, caros, que observasen las colisiones. ¿De dónde les venía tan arrogante seguridad?

Había una euforia que nacía de la sensación de que el objetivo final, una teoría unificada, estaba al alcance de la mano. No un modelo del mundo de seis quarks y seis leptones y cuatro fuerzas, sino un modelo que quizá tendría sólo una clase de partículas y una gran —¡oh, qué grandiosa!— fuerza unificada. Sería, seguramente, la realización de la vieja idea griega, el objetivo a lo largo de todo el camino mientras pasábamos del agua al aire, a la tierra, al fuego y a los cuatro a la vez.

La unificación, la búsqueda de una teoría simple y que lo abarque todo, es el Santo Grial. Einstein, prontísimo, en 1901 (a los veintidós años), escribió acerca de las conexiones entre las fuerzas moleculares (eléctricas) y la gravedad. De 1925 hasta su muerte en 1955 persiguió en vano una fuerza unificada del electromagnetismo y la gravedad. Este esfuerzo enorme de uno de los mayores físicos de su época, o de cualquier otra, fracasó. Sabemos ahora que hay otras dos fuerzas, la débil y la fuerte. Sin esas fuerzas, los esfuerzos de Einstein en pos de la unificación estaban condenados. La segunda razón más importante del fracaso de Einstein era su divorcio del logro central de la física del siglo XX (al que él contribuyó decisivamente en su fase de formación), la teoría cuántica. No aceptó nunca esas ideas radicales y revolucionarias, que proporcionaron el marco para la unificación de todas las fuerzas. En los años sesenta, se habían formulado tres de las cuatro fuerzas en la forma de una teoría cuántica de campos, y se la había refinado hasta un punto que clamaba por la «unificación».

Todos los teóricos profundos la persiguieron. Me acuerdo de un seminario en Columbia, a principios de los años cincuenta, cuando Heisenberg y Pauli presentaron su nueva teoría unificada de las partículas elementales. En la primera fila estaban Niels Bohr, I. I. Rabi, Charles Townes, T. D. Lee, Polykarp Kusch, Willis Lamb y James Rainwater, el contingente de laureados presentes y futuros. Los posdoctorandos, los que habían tenido un contacto que les invitase, violaban todas las normas contra incendios. Los estudiantes graduados colgaban de ganchos especiales clavados en las vigas del techo. Estaba abarrotado. La teoría me superaba, pero que no la entendiese no quiere decir que fuese incorrecta. La puntilla final de Pauli fue un reconocimiento. «Ya, es una locura de teoría.» El comentario de Bohr desde el público, que todos recuerdan, fue algo del estilo de: «El problema de esta teoría es que no es lo suficientemente loca». La teoría se esfumó como tantos otros intentos valientes; Bohr tuvo, una vez más, razón.

Una teoría de las fuerzas que se tenga en pie tiene que cumplir dos criterios: debe ser una teoría cuántica de campos que incorpore la teoría de la relatividad especial y una simetría *gauge*. Esta última característica y, por lo que sabemos, sólo ella, garantiza que la teoría sea coherente matemáticamente, renormalizable. Pero hay mucho más; ese asunto de la simetría *gauge* tiene un hondo atractivo estético. Curiosamente, la idea procede de una fuerza que no se ha formulado aún como teoría cuántica de campos: la gravedad. La gravedad de Einstein (en contraposición a la de Newton) sale del deseo de conseguir que las leyes de la física sean las mismas para todos los observadores, tanto los que estén en reposo como los que se encuentren en sistemas acelerados y en presencia de campos gravitatorios, como pasa en la superficie de la Tierra, que rota a 1.500 kilómetros por hora. En un laboratorio rotativo como este, aparecen fuerzas que hacen que los experimentos salgan de forma muy diferente a como habrían salido en un laboratorio que se moviera de una manera constante —no acelerada—. Einstein anduvo tras leyes que tuviesen el mismo aspecto para *todos* los observadores. Este requisito de «invariancia» que Einstein le impuso a la naturaleza en su teoría de la relatividad general (1915) implicaba lógicamente la existencia de la fuerza gravitatoria. ¡Lo digo tan deprisa, pero he tenido que trabajar tanto para entenderlo! La teoría de la relatividad contiene una simetría incorporada que implica la existencia de una fuerza de la naturaleza; en este caso, la gravitación.

De manera análoga, la simetría *gauge*, que implica una invariancia más abstracta impuesta a las ecuaciones pertinentes, genera también, en cada caso, las fuerzas electromagnética, débil y fuerte.

El gauge

Estamos en el umbral del camino privado que conduce a la Partícula Divina. Debemos repasar varias ideas. Una de ellas guarda relación con las partículas de la materia: los quarks y los leptones. Todas tienen un espín de un medio en las curiosas unidades cuánticas del espín. Y están los campos de fuerza, que también se pueden representar por medio de partículas: los cuantos del campo. Todas esas partículas tienen espín entero, un espín de una unidad. No son sino las partículas mensajeras y los bosones *gauge* de los que hemos hablado a menudo: los fotones, los W y el Z y los gluones, todos descubiertos y sus masas, medidas. Para que esta serie de partículas materiales y vehículos de la fuerza tenga sentido, reconsideremos los conceptos de invariancia y simetría.

Hemos revoloteado alrededor de esta idea de la simetría *gauge* porque es muy difícil, quizá imposible, explicarla por completo. El problema es que este libro está en lenguaje escrito, y el lenguaje de la teoría *gauge* es el de las matemáticas. En el lenguaje escrito hemos de recurrir a las metáforas. Más revoloteo, pero quizá sirva.

Por ejemplo, una esfera tiene una simetría perfecta ya que podemos girarla el ángulo que sea alrededor del eje que sea sin producir cambio alguno en el sistema. El acto de la rotación se puede describir matemáticamente; tras la rotación, la esfera se puede describir con una ecuación que es idéntica en cada detalle a la ecuación antes de la rotación.

La simetría de la esfera conduce a la invariancia de las ecuaciones que describen la esfera ante la rotación.

Pero ¿a quién le interesan las esferas? El espacio vacío también es rotacionalmente invariante, como la esfera. Por lo tanto, las ecuaciones de la física deben ser rotacionalmente invariantes. En términos matemáticos, esto quiere decir que si rotamos un sistema de coordenadas x-y-z un ángulo cualquiera alrededor de cualquier eje, ese ángulo no aparecerá en la ecuación. Hemos discutido otras simetrías así. Por ejemplo, se puede mover un objeto situado en una superficie plana infinita una distancia cualquiera en la dirección que sea y el sistema será idéntico (invariante) al que se tenía antes del movimiento. A este movimiento del punto A al B se le llama traslación, y creemos que el espacio también es invariante bajo traslaciones; es decir, si le añadimos 12 metros a todas las distancias, el 12 se caerá de nuestras ecuaciones. Es decir, por seguir con la letanía, las ecuaciones de la física deben exhibir la invariancia ante las traslaciones. Para completar esta historia de la simetría/conservación, tenemos la ley de la conservación de la energía. Curiosamente, la simetría con la que se asocia tiene que ver con el tiempo, es decir, con el hecho de que las leyes de la física sean invariantes bajo una traslación temporal. Esto quiere decir que en las ecuaciones de la física, si añadimos un intervalo constante de tiempo, digamos 15 segundos, allá donde aparezca el tiempo, la adición será eliminada y la ecuación permanecerá invariante bajo ese desplazamiento.

Ahora viene la frase brillante. La simetría descubre rasgos nuevos de la naturaleza del espacio. Ya me he referido antes a Emmy Noether en este libro. Su contribución de 1918 fue la siguiente: para cada simetría (que se manifiesta en la incapacidad de las ecuaciones básicas para dar señal de, por ejemplo, las rotaciones espaciales y las traslaciones y la traslación temporal), hay ¡una ley de conservación correspondiente! Ahora bien, las leyes de conservación se pueden contrastar experimentalmente. El trabajo de Noether conectó la invariancia traslacional a la bien comprobada ley de la conservación del momento, la invariancia rotacional a la conservación del momento angular y la invariancia ante la traslación temporal a la conservación de la energía. Entonces, invirtiendo el razonamiento lógico, estas leyes de conservación inexpugnables experimentalmente nos hablan de las simetrías que respetan el espacio y el tiempo.

La conservación de la paridad discutida en el interludio C es un ejemplo de una simetría discreta que se aplica al dominio cuántico microscópico. La simetría especular equivale literalmente a una reflexión en un espejo de todas las coordenadas de un sistema físico. Matemáticamente equivale a cambiar todas las coordenadas z por $-z$, donde z apunta hacia el espejo. Como hemos visto, aunque las fuerzas electromagnética y fuerte respetan esta simetría, la débil no, lo que, claro está, nos dio una alegría infinita allá por 1957.

Hasta aquí, casi toda la materia es de repaso y la clase lo hace bien. (Lo noto.) Vimos en el capítulo 7 que puede haber simetrías más abstractas, que no están relacionadas con la geometría, de la que nuestros ejemplos anteriores han venido dependiendo. Nuestra mejor teoría cuántica de campos, la QED, resulta que es invariante con respecto a lo que a primera vista parece un cambio espectacular de la descripción matemática: no con respecto a una rotación geométrica, una traslación o una reflexión, sino bajo un cambio más abstracto en la descripción del campo.

El nombre del cambio es transformación *gauge*, y no merece la pena la ansiedad matemática que provocaría cualquier descripción más detallada. Baste decir que las ecuaciones de la electrodinámica cuántica (QED) son invariantes bajo las transformaciones *gauge*. Se trata de una simetría muy poderosa, en el sentido de que cabe derivar de ella sola todas las propiedades del electromagnetismo. Históricamente no se hizo así, pero hay textos para licenciados que proceden hoy de esa forma. La simetría asegura que el vehículo de la fuerza, el fotón, carece de masa. Como la carencia de masa se conecta con la simetría *gauge*, al fotón se le llama «bosón *gauge*». (Recordad que «bosón» es la denominación de las partículas, a menudo mensajeras, que tienen espín entero.) Y como se ha mostrado que la QED, la interacción fuerte y la débil se describen con ecuaciones que exhiben simetría *gauge*, *todos* los vehículos de la fuerza —los fotones, los W y el Z y los gluones— se llaman bosones *gauge*.

Los treinta años de esfuerzo estéril de Einstein por hallar una teoría unificada fueron dejados atrás a finales de los años sesenta por el éxito que tuvieron Glashow, Weinberg y Salam al unificar las interacciones débil y electromagnética. La principal consecuencia de la teoría fue la existencia de una familia de partículas mensajeras: el fotón, el W^+, el W^- y el Z^0.

Ahora suena el tema de la Partícula Divina. ¿Cómo tenemos W y Z pesados en una teoría *gauge*? ¿Cómo pertenecen a una misma familia objetos tan dispares como el fotón sin masa y los pesados W y Z? Las enormes diferencias de masa explican las grandes diferencias entre las naturalezas de las fuerzas electromagnética y débil.

Volveremos a esta irritante introducción luego; demasiada teoría extenúa mi espíritu. Y además, antes de que los teóricos puedan salir con la respuesta a esas preguntas, hemos de hallar el W. Como se espera.

Hallar el W

Así que el CERN puso su dinero (o más exactamente, se lo dio a Carlo Rubbia) y la persecución del W se puso en marcha. Debería señalar que si el W tiene unos 100 GeV de masa, hace falta una energía disponible de colisión mucho mayor que 100 GeV. Un protón de 400 GeV que choque con un protón en reposo no vale, pues entonces sólo hay 27 GeV disponibles para formar partículas nuevas. El resto de la energía se usa para conservar el momento. Por eso propuso Rubbia la vía del colisionador. Su idea consistía en hacer una fuente de antiprotones valiéndose del inyector del

Supersincrotrón de Protones (SPS) del CERN, de 400 GeV, para fabricar p-barras. Cuando se hubiese acumulado un número adecuado, los metería en el anillo de imanes del SPS, más o menos como hemos explicado en el capítulo 6.

Al contrario que el posterior Tevatrón, el SPS no era un acelerador superconductor. Ello significaba que su energía máxima estaba limitada. Si se aceleraban ambos haces, el de protones y el de antiprotones, hasta toda la energía que podía dar el SPS, 400 GeV, se tendrían disponibles 800 GeV, una cantidad enorme. Pero la energía elegida fue de 270 GeV por haz. ¿Por qué no 400 GeV? Primero, porque entonces los imanes habrían tenido que llevar una corriente alta durante mucho tiempo —horas— en el periodo de las colisiones. Los imanes del CERN no estaban diseñados para esto y se recalentarían. Segundo, porque mantener el tiempo que sea un campo intenso es caro. Los imanes del SPS se diseñaron para elevar sus campos magnéticos hasta la energía máxima de 400 GeV durante unos pocos segundos, mientras se entregaban los haces a unos usuarios que hacían experimentos de blanco fijo, y luego reducían el campo a cero. La idea de Rubbia de hacer que chocasen dos haces era ingeniosa, pero su problema básico era que su máquina no se había diseñado originalmente para que fuera un colisionador.

Las autoridades del CERN estuvieron de acuerdo con Rubbia en que seguramente bastarían 270 GeV por haz —sumando una energía total de 540 GeV— para producir los W, que «pesan» sólo unos 100 GeV. Se aprobó el proyecto y en 1978 se concedió una cantidad apropiada de francos suizos. Rubbia formó dos equipos. El primero era un grupo de genios de los aceleradores: franceses, italianos, holandeses, ingleses, noruegos y un yanqui que los visitaba de vez en cuando. Se hablaban en un mal inglés y un impecable «aceleradorés». El segundo equipo, constituido por físicos experimentales, tenía que construir un detector muy grande, denominado UA-1 en un arrebato de imaginación poética, para observar las colisiones entre los protones y los antiprotones.

En el grupo del acelerador de p-barras, un ingeniero holandés, Simon Van der Meer, había inventado un método para comprimir los antiprotones en un volumen pequeño del anillo de almacenamiento que acumula objetos tan escasos. Este invento, el «enfriamiento estocástico», como se le llamó, fue la clave para conseguir los bastantes p-barras como para que hubiera un número respetable de colisiones p/p-barra, es decir, unas 50.000 por segundo. Rubbia, técnico soberbio, apresuró a su grupo, escogió a sus miembros, se encargó de la mercadotecnia, las llamadas y la propaganda. Su técnica: tener labia, viajar lo que haga falta. Sus presentaciones son de estilo metralleta, con cinco transparencias proyectadas por minuto, una mezcla indisociable de exageración, prepotencia, ampulosidad y sustancia.

Carlo y el gorila

En la física hay muchos a quienes Carlo Rubbia les parece un científico de proporciones heroicas. Me tocó hacer su presentación antes de que pronunciase el discurso del banquete en una reunión internacional en Santa Fe con una asistencia notable. (Fue después de que hubiese ganado el premio Nobel por haber hallado el W y el Z.) Le presenté con un cuento.

En las ceremonias del Nobel en Estocolmo, el rey Olaf coge a Carlos y se lo lleva aparte, y le dice que hay un problema. Por culpa de una chapuza, sólo se dispone ese año de una medalla. Para determinar qué laureado se merece el oro, el rey ha dispuesto tres tareas heroicas, a afrontar en tres tiendas levantadas en el campo, a la vista de todos. En la primera, se le dice a Carlo, encontrará cuatro litros de slivovitz muy destilado, el brebaje que ayudó a disolver Bulgaria. El tiempo asignado para bebérselo todo es de ¡20 segundos! En la segunda tienda hay un gorila que lleva tres días sin comer y sufre de la muela del juicio. La tarea: sacársela. Tiempo: 40 segundos. La tercera tienda oculta a la cortesana más consumada del ejército iraquí. La tarea: satisfacerla por completo. Tiempo: 60 segundos.

Cuando se dispara la pistola de salida, Carlo se mete en la primera tienda. Todos le oyen tragar y, en 18,6 segundos, se muestran triunfalmente cuatro botellas vacías de slivovitz. Sin perder tiempo, el mítico Carlo corre a la segunda tienda, y de allí salen unos rugidos enormes, ensordecedores, que todos oyen. Luego reina el silencio. Y en 39,1 segundos sale dando tumbos, se tambalea hasta el micrófono y pide: «Muy bien, ¿dónde está el gorila con el dolor de muelas?».

El público, quizá porque el vino del congreso corría con generosidad, se desternilló. Por último presenté a Carlo, y cuando pasó junto a mí camino del atril, me susurró: «No lo he cogido. Explícamelo luego».

Rubbia no aguantaba de buena gana a los tontos, y su férreo control generó resentimientos. Algún tiempo después de su triunfo, Gary Taubes escribió un libro sobre él, *Nobel Dreams*, que no era halagador. Una vez, en una escuela de invierno, Carlo estaba entre el público, anuncié que se habían vendido los derechos para el cine del libro y que Sidney Greenstreet había firmado el contrato para hacer el papel de Rubbia. Alguien me señaló que Sidney Greenstreet estaba muerto pero que, si no, habría sido una buena elección. En otra reunión, un congreso de verano en Long Island, alguien escribió en la pizarra: «No nadar. Carlo está usando el océano».

Rubbia empujó con fuerza en todos los frentes de la búsqueda del W. No paraba de urgir a los constructores de los detectores para que ensamblasen el imán monstruoso que detectaría y analizaría los sucesos de cincuenta o sesenta partículas que saldrían de las colisiones frontales de los protones de 270 GeV con los antiprotones de 270 GeV. No estaba menos al tanto de la construcción del acumulador de antiprotones, o anillo AA, ni era menos activo en ella; se trataba del dispositivo que pondría en acción la idea de Van der Meer y produciría una fuente intensa de antiprotones para su inserción y aceleración en el anillo SPS. El anillo había de tener cavidades de radiofrecuencias, un enfriamiento por agua más poderoso y una sala de interacción, con un instrumental especial, donde se pudiese ensamblar el detector UA-1. Las autoridades del CERN aprobaron un detector competidor, el UA-2, claro, para que Rubbia tuviese que ser sincero y cubrirse un poco las espaldas. El UA-2 fue la rara avis del asunto, pero el grupo que lo construyó era joven y entusiasta. Limitados por un presupuesto menor, diseñaron un detector muy diferente.

El tercer frente de Rubbia era el de mantener el entusiasmo de las autoridades del CERN, agitar a la comunidad mundial y poner el escenario para el gran experimento del W. Toda Europa se moría por éste, porque suponía la puesta de largo de la ciencia europea. Un periodista afirmó que un fracaso aplastaría a «papas y primeros ministros».

El experimento estaba en marcha en 1981. Todo estaba en su sitio —el UA-1, el UA-2, el anillo AA—, comprobado y listo. Las primeras sesiones, diseñadas como pruebas de comprobación de todas las partes del complejo sistema que formaban el colisionador y el detector, fueron razonablemente fructíferas. Hubo averías, equivocaciones, accidentes pero, al final, ¡datos! Y todo a un nivel nuevo de complejidad: el Congreso Rochester de 1982 se iba a celebrar en París, y el CERN, el laboratorio entero, se puso a obtener resultados.

Paradójicamente, el UA-2, el detector de última hora, consiguió el primer exitazo al observar chorros, los estrechos manojos de hadrones que son la huella de los quarks. Al UA-1, que todavía estaba aprendiendo, se le escapó este descubrimiento. Cuando David bate a Goliat, todos se regocijan, menos Goliat. En este caso Rubbia, que odia perder, reconoció que la observación de los chorros fue un verdadero triunfo del CERN, que todo ese esfuerzo en máquinas, detectores y programas de ordenador había rendido el fruto de un indicador sólido. ¡Todo funcionaba! Si se habían visto los chorros, pronto se verían los W.

Una vuelta en el número 29

Quizá un viaje fantástico pueda ilustrar mejor cómo funcionan los detectores. Me paso aquí al detector CDF del Fermilab porque es más moderno que el UA-1, aunque la idea general de todos los detectores «cuatro pi» es la misma. (Cuatro pi —4π— quiere decir que el detector rodea por completo el punto de colisión.) Recordad que cuando chocan un protón y un antiprotón, brota un surtidor de partículas desperdigadas en todas las direcciones. En promedio, un tercio son neutras, las demás cargadas. La tarea es hallar con exactitud el lugar adonde va a parar cada partícula y qué hacen. Como pasa con cualquier observación física, uno tiene éxito sólo parcialmente.

Subámonos en una partícula. La de la traza número 29, por ejemplo. A toda pastilla, se desvía en cierto ángulo de la línea de la colisión, se encuentra con la fina pared metálica de la vasija de vacío (el tubo del haz), la atraviesa, sin despeinarse, y a lo largo del medio metro siguiente o así pasa a través de un gas que contiene un número inmenso de hilos de oro finísimos. Aunque no haya señal que lo diga, este es el territorio de Charpak. La partícula pasará seguramente cerca de unos cuarenta a cincuenta hilos antes de llegar al final de la cámara de seguimiento. Si la partícula está cargada, cada cable cercano registra su paso, junto con una estimación de lo cerca que ha pasado. La información de los hilos acumulada define el camino de la partícula. Como la cámara de hilos está en un fuerte campo magnético, el camino de la partícula cargada se curva, y una medición de esta curva, calculada por el ordenador de a bordo, le da al físico el momento de la partícula número 29.

La partícula atraviesa a continuación la pared cilíndrica que define la cámara magnética de hilos y entra en un «sector calorimétrico», donde se le mide la energía. Qué hace entonces la partícula depende de qué sea. Si es un electrón, va perdiendo su energía en una serie de placas delgadas de plomo espaciadas muy estrechamente, y la deja toda a los sensibles detectores que dan de comer a los emparedados de plomo. El ordenador observa que el progreso de la número 29 acaba a los ocho o diez centímetros del calorímetro de centelleo de plomo, y concluye: ¡un electrón! Si, en cambio, la número 29 es un hadrón, penetra de veinticinco a cincuenta centímetros en el material del calorímetro antes de agotar toda su energía. En ambos casos se mide la energía y se contrasta con la medición del momento, determinada por la curvatura de la trayectoria de la partícula en el imán. Pero el ordenador deja graciosamente al físico que saque una conclusión.

Si la número 29 es una partícula neutra, la cámara de seguimiento no la registra en absoluto. Cuando pasa al calorímetro, su comportamiento es esencialmente el mismo que el de una partícula cargada. En ambos casos, la partícula produce colisiones nucleares con los materiales del calorímetro, y los residuos producen nuevas colisiones hasta que se acaba toda la energía original. Podemos, pues, registrar y medir las partículas neutras, pero no hacer un diagrama de su momento, y perdemos precisión en la dirección del movimiento pues no deja ninguna traza en la cámara de hilos. Una partícula neutra, el fotón, se puede identificar con facilidad por la relativa rapidez con que la absorbe el plomo, como pasa con el electrón. Otra partícula neutra, el neutrino, abandona por completo el detector llevándose su energía y su momento sin dejar atrás ni siquiera una pizca de su fragancia. Finalmente, el muón se mueve por el calorímetro dejando un poco de energía (no sufre colisiones nucleares fuertes). Cuando sale, se encuentra con de tres cuartos de metro a metro y medio de hierro, que atraviesa sólo para toparse con un detector de muones (cámaras de hilos o contadores de centelleo). Así se les sigue la pista a los muones.

Se hace esto con todas y cada una de las cuarenta y siete partículas, o el número que sea, de ese suceso en particular. El sistema almacena los datos, cerca de un millón de bits de información —equivalente a la información de un libro de cien páginas— por cada suceso. El sistema de recogida de datos debe decidir velozmente si este suceso es interesante o no; debe descartarlo o registrarlo, o pasar los datos a un «buffer» de memoria y borrar todos los registros para que cuando llegue el siguiente suceso esté listo, lo que, en promedio, si la máquina funciona muy bien, ocurrirá en una millonésima de segundo. En la sesión completa más reciente del Tevatrón (1990-1991), la cantidad total de información fue equivalente al texto de un millón de novelas o cinco mil colecciones de la *Encyclopaedia Britannica*.

Entre las partículas que salen hay algunas cuyas vidas medias son muy cortas. Quizá se muevan sólo unos pocos milímetros desde el punto de colisión en el tubo del haz antes de desintegrarse espontáneamente. Los W y los Z viven tan poco que su distancia de vuelo no se puede medir, y hay que identificar su existencia a partir de las mediciones que se hacen sobre las partículas a las que dan lugar y que a menudo están ocultas entre los residuos que salen disparados de cada colisión. Como el W tiene mucha masa, los productos de desintegración tienen una energía mayor que la media, lo que sirve para localizarlos. Partículas tan exóticas como el quark *top* o la partícula de Higgs tendrán un conjunto de modos esperados de desintegración que deberá extraerse del barullo de las partículas que salen.

El proceso de convertir un número enorme de bits de datos electrónicos en conclusiones acerca de la naturaleza de las colisiones requiere unos esfuerzos impresionantes. Hay que comprobar y calibrar decenas de miles de señales; hay que inspeccionar decenas de miles de líneas de código, y verificarlas observando sucesos que han de «tener sentido». Poco sorprende que a un batallón de profesionales (aun cuando quizá se les clasifique oficialmente como estudiantes graduados o posdoctorandos) muy dotados y motivados, armados con estaciones de trabajo poderosas y códigos de análisis bien afinados, les lleve dos o tres años dar cuenta de los datos reunidos en una sesión del colisionador Tevatrón.

¡Victoria!

En el CERN, pioneros de la física de los colisionadores, todo salió bien, y el diseño se validó. En enero de 1983, Rubbia anunció el W. La señal consistió en cinco sucesos claros que podían interpretarse sólo como la producción y desintegración subsecuente de un objeto W.

Un día después o así, el UA-2 anunció que tenía cuatro sucesos más. En ambos casos, los experimentadores tuvieron que abrirse paso entre un millón de colisiones que produjeron toda suerte de residuos nucleares. ¿Cómo convencer a uno mismo y a la multitud de escépticos? La desintegración concreta del W que se presta más a ser descubierta es $W^+ \longrightarrow e^+ +$ neutrino, o $W^- \longrightarrow e^- +$ antineutrino. En un análisis detallado de este tipo de suceso hay que verificar 1) que la traza simple observada es en efecto la de un electrón y no otra cosa, y 2) que la energía del electrón viene a ser alrededor de la mitad de la masa del W. Cabe deducir el «momento perdido» que se lleva el neutrino invisible sumando todos los momentos vistos en el suceso y comparándolos con «cero», que es el momento del estado inicial de las partículas que chocan. Facilitó mucho el descubrimiento el feliz accidente de que los parámetros del colisionador del CERN sean tales que el W se forme casi en reposo. Para descubrir una partícula, hay que satisfacer muchas condiciones. Una importante es que todos los sucesos candidatos ofrezcan el mismo valor (dentro de los errores de medición alcanzables) de la masa del W.

A Rubbia se le concedió el honor de presentar sus resultados a la comunidad del CERN, y, lo que no es propio de él, estaba nervioso: se habían invertido ocho años de trabajo. Su charla fue espectacular. Tenía todas las bazas en la mano, y además la suficiente capacidad de dar espectáculo como para comunicarlas con una lógica apasionada (¡!). Hasta quienes odiaban a Rubbia se alegraron. Europa tenía su premio Nobel, que se concedió como era debido a Rubbia y Van der Meer en 1985.

Unos seis meses tras el éxito del W, apareció el primer indicio de la existencia del compañero neutro, el Z cero. Con carga eléctrica nula, se desintegra, entre otras posibilidades, en un e^+ y un e^- (o un par de muones, μ^+ y μ^-). ¿Por qué? Para quienes se hayan quedado dormidos durante el capítulo previo, como el Z es neutro, las cargas de sus productos de desintegración deben anularse mutuamente, así que los productos lógicos de su desintegración son las partículas de cargas opuestas. Como se pueden medir con precisión tanto los pares de electrones como los pares de muones, el Z^0 es una partícula más fácil de reconocer que el W. El problema es que el Z^0 es más pesado que el W, y se producen pocos. Con todo, a finales de 1983 quedó establecida la existencia del Z^0 tanto por el UA-1 como por el UA-2. Con el descubrimiento de los W y del Z^0 y la determinación de que sus masas eran precisamente las predichas, la teoría electrodébil —que unificaba el electromagnetismo y la interacción débil— se confirmó sólidamente.

En la cima del modelo estándar

A la altura de 1992, el UA-1, el UA-2 y la nueva criatura, el CDF, en el Tevatrón del Fermilab, habían recogido decenas de miles de W. Ahora se sabe que la masa del W es de unos 79,31 GeV. Se recogieron unos dos millones de Z^0 en la «fábrica de Z^0» del CERN, el LEP (el Gran Anillo de Almacenamiento de Electrones y Positrones), un acelerador de unos veintisiete kilómetros de circunferencia. La masa que se le ha medido al Z^0 es de 91,175 GeV.

Algunos aceleradores se convirtieron en fábricas de partículas. Las primeras —en Los Álamos, Vancouver y Zurich— producían piones. Canadá está diseñando en estos momentos una fábrica de kaones. España quiere una fábrica de tau-encanto.* Hay tres o cuatro propuestas de fá-

* Se refiere a un proyecto que se planteó por vez primera en 1987 y que

bricas de *beauty* o *bottom*, y la fábrica de Z^0 del CERN estaba, en 1992, en plena producción. A un proyecto de Z^0 de menor calibre en el SLAC se le podría llamar más apropiadamente un desván o quizás una boutique.

¿Por qué fábricas? El proceso de producción se puede estudiar en gran detalle, y hay, en especial para las partículas de mayor masa, muchos modos de desintegración. Se quieren muestras de un montón de miles de sucesos de cada uno de ellos. En el caso del pesado Z^0, hay un número enorme de modos, de los cuales se aprende mucho acerca de las fuerzas electrodébiles y débiles. También se aprende gracias a lo que no existe. Por ejemplo, si la masa del quark *top* es menos de la mitad de la que tiene el Z^0, entonces tendremos (obligatoriamente) que Z^0 —> *top* + *antitop*. Es decir, un Z cero puede desintegrarse, si bien raramente, en un mesón, compuesto por un quark *top* vinculado a un quark *antitop*. Es mucho más probable que el Z^0 se desintegre en pares de electrones o de muones o de quarks *bottom*, como se ha mencionado. El éxito de la teoría en la explicación de esos pares nos anima a creer que es predecible la desintegración del Z^0 en *top* + *lantitop*. Decimos que es obligatoria a causa de la regla totalitaria de la física. Si hacemos suficientes Z, deberíamos, según las probabilidades de la teoría cuántica, ver pruebas del quark *top*. Pero en los millones de Z^0 producidos en el CERN, el Fermilab y en otras partes, nunca hemos visto esa desintegración concreta. Esto nos dice algo importante acerca del quark *top*. Tiene que ser más pesado que la mitad de la masa del Z^0. Por esa razón no puede producirlo el Z^0.

---

aceptó, en principio, el gobierno español. Distintas comunidades autónomas se mostraron interesadas en albergar la instalación, pero el gobierno abandonó definitivamente la idea a finales de 1992. (*N. del t.*)

¿De qué estamos hablando?

Los teóricos que siguen una senda u otra hacia la unificación han propuesto un espectro muy amplio de partículas hipotéticas. Lo usual es que el modelo especifique bien las propiedades de esas partículas, menos la masa. Que no se vea estas «exóticas» pone un límite inferior a sus masas, según la regla de que cuanto mayor es la masa más cuesta producir la partícula.

En esto hay implícito un poco de teoría. El teórico Lee dice: una colisión p/p-barra producirá una partícula hipotética —llamadla leeón— si en la colisión hay la suficiente energía. Pero la probabilidad o frecuencia relativa de producción del leeón depende de su masa. Cuanto más pesado sea, menos frecuentemente se producirá. El teórico se apresura a ofrecer un gráfico que relaciona el número de leeones producidos por día con la masa de la partícula. Por ejemplo: masa = 20 GeV, 1.000 leeones (marea); 30 GeV, 2 leeones; 50 GeV, una milésima de leeón. En el último caso habría que dejar funcionar el equipo mil días para conseguir un suceso, y los experimentadores suelen insistir en que haya al menos diez, pues tienen problemas adicionales con la eficiencia y los sucesos de fondo. Así que tras una sesión dada, de 150 días, digamos (una sesión de un año), en la que no se encuentran sucesos, se mira la curva, se sigue por ella hasta donde deberían haberse producido, por ejemplo, diez sucesos, que corresponden a una masa de, digamos, 40 GeV para el leeón. Una evaluación conservadora establece que podrían haberse perdido unos cinco sucesos. La curva, pues, nos dice que si la masa fuese de 40 GeV, habríamos visto una señal débil de unos cuantos sucesos. Pero no vemos nada. Conclusión: la masa es mayor que 40 GeV.

¿Qué se hace a continuación? Si el leeón o el quark *top* o el Higgs merecen la pena, se puede escoger entre tres estrategias. La primera, hacer sesiones más largas, pero esta es una manera costosa de mejorar. La segunda, conseguir más colisiones por segundo; es decir, aumentar la luminosidad.

¡Es un buen camino! Eso es exactamente lo que el Fermilab hace en los años noventa; el objetivo es mejorar el ritmo de colisiones unas cien veces. Mientras haya energía de sobra para las colisiones (1,8 TeV es energía de sobra), aumentar la luminosidad es útil. La tercera estrategia es aumentar la energía de la máquina, lo que incrementa la probabilidad de que se produzcan todas las partículas pesadas. Esa es la vía del Supercolisionador.

Con el descubrimiento del W y del Z, hemos identificado seis quarks, seis leptones y doce bosones *gauge* (partículas mensajeras). Hay alguna cosa más en el modelo estándar que todavía no hemos abordado del todo, pero antes de que nos acerquemos a este misterio, tenemos que insistir en el modelo. El escribirlo con tres generaciones por lo menos le da un patrón. Percibimos además algunos otros patrones. Las generaciones son sucesivamente más pesadas, lo que significa mucho en nuestro frío mundo de hoy, pero no cuando el mundo era joven y muy caliente. Todas las partículas del universo, cuando era muy joven, tenían unas energías enormes, miles y miles de millones de TeV, así que la pequeña diferencia entre las masas en reposo del quark *top* y el quark *up* no significarían por entonces mucho. Todos los quarks, los leptones y demás estuvieron una vez en pie de igualdad. Por alguna razón, Él los necesitaba y amaba a todos. Así que tenemos que tomárnoslos a todos en serio.

Los datos del Z^0 del CERN sugieren otra conclusión: es muy improbable que tengamos una cuarta o quinta generación de partículas. ¿Cómo es posible una conclusión así? ¿Cómo pudieron esos científicos que trabajan en Suiza, encandilados por las montañas de cumbres nevadas, por los lagos profundos y gélidos y los magníficos restaurantes, llegar a semejante conclusión?

El argumento es muy claro. El Z^0 tiene una multitud de modos de desintegración, y cada modo, cada posibilidad de desintegración, acorta su vida un poco. Si hay muchas enfermedades, enemigos y riesgos la vida humana también se acorta. Pero esta es una comparación macabra. Cada oportunidad de desintegrarse abre un canal o vía para que el Z^0 se sacuda este anillo mortal. La suma total de todas las vías determina la vida media. Fijémonos en que no todos los Z^0 tienen la misma masa. La teoría cuántica nos explica que si una partícula es inestable —no vive para siempre—, su masa ha de ser un tanto indeterminada. Las relaciones de Heisenberg nos dicen cómo afecta la vida media a la distribución de masa: vida media larga, anchura pequeña; vida media corta, anchura grande. En otras palabras, cuanto más corta es la vida media, menos determinada está la masa y más amplio es el intervalo en el que se distribuye. Los teóricos, felizmente, nos dan una fórmula para ese nexo. Es fácil medir la anchura de la distribución si se tienen muchos Z^0 y cien millones de francos suizos para construir un detector.

El número de los Z^0 producidos es cero si la suma de las energías de los e^+ y los e^- en la colisión es sustancialmente menor que la masa media del Z^0, 91,175 GeV. El operario aumenta la energía de la máquina hasta que cada uno de los detectores registre una producción pequeña de Z^0. Auméntese la energía de la máquina, y aumentará la producción. Es una repetición del experimento J/psi del SLAC, pero aquí la anchura es de unos 2,5 GeV; es decir, se halla un pico a 91,175, que se queda en cada ladera en la mitad, más o menos, a los 89,9 y 92,4 GeV. (Si os acordáis, la anchura del J/psi era mucho más pequeña: alrededor de 0,05 MeV). La curva con forma de campana nos da una anchura, que equivale de hecho a la vida media de la partícula. Cada modo de desintegración posible del Z^0 disminuye su vida media y aumenta la anchura en unos 0,20 GeV.

¿Qué tiene que ver todo esto con una cuarta generación? Observemos que cada una de las tres generaciones tiene un neutrino de poca (o ninguna) masa. Si hay una cuarta generación con un neutrino de poca masa, entonces el Z^0 tiene que incluir entre sus modos de desintegración al neutrino ν_x, y su antipartícula $\bar{\nu}_x$, de esa nueva generación. Esta posibilidad sumaría 0,17 GeV a la anchura. Por eso se estudió cuidadosamente la anchura de la distribución de masa del Z^0. Y resultó que era exactamente la predicha por el modelo estándar de tres generaciones. Los datos sobre la anchura del Z^0 excluyen la existencia de un neutrino de poca masa de cuarta generación. Los cuatro experimentos del LEP coincidieron armoniosamente; los datos de cada uno de ellos permitían sólo tres pares de neutrinos. Una cuarta generación con la misma estructura que las otras tres, incluyendo un neutrino de masa nula o pequeña, queda excluida por los datos de producción del Z^0.

Dicho sea de paso, los cosmólogos habían enunciado la misma conclusión años atrás. Ellos la basaban en la manera en que los neutrones y los protones se combinaron para formar los elementos químicos durante una fase primitiva de la expansión y enfriamiento del universo tras aquella inmensa explosión. La cantidad de hidrógeno, comparada con la de helio, depende (no lo explicaré) de cuántas especies de neutrinos hay, y los datos de las abundancias indicaban con fuerza que hay tres. Las investigaciones del LEP, pues, son importantes para nuestro conocimiento de la evolución del universo.

Bueno, aquí estamos, con un modelo estándar casi completo. Sólo falta el quark *top*. Y el neutrino tau, pero esto es mucho menos serio, como hemos visto. Hay que posponer la gravedad hasta que los teóricos la conozcan mejor, y, claro, falta el Higgs, la Partícula Divina.

La búsqueda del quark top

En 1990, cuando se estaban realizando sesiones tanto en el colisionador de p-barra/p del CERN como en el CDF del Fermilab, se emitió un programa *NOVA* de televisión titulado «La carrera hacia el quark *top*». EL CDF tenía la ventaja de una energía tres veces mayor, 1,8 TeV, contra 620 GeV del CERN. El CERN, gracias a un enfriamiento un poco mejor de sus bobinas de cobre, había logrado aumentar la energía de sus haces de 270 GeV a 310 GeV, exprimiendo hasta la última pizca de energía que se pudiese sacar para ser más competitivos. Pero de todas formas un factor de tres duele. La ventaja del CERN estribaba en nueve años de práctica, desarrollo de los programas de ordenador y experiencia en el análisis de datos. Además, habían reconstruido la fuente de los antiprotones, basándose en algunas de las ideas del Fermilab, y su ritmo de colisiones era un poco mejor que el nuestro. En 1989-1990 se retiró el detector UA-1. Rubbia era entonces director general del CERN y tenía puesta la vista en el futuro del laboratorio, y se le dio el encargo de encontrar el *top* al UA-2. Un objetivo secundario era medir la masa del W con mayor precisión; era un parámetro crucial del modelo estándar.

En el momento en que se emitió el *NOVA,* ninguno de los grupos había hallado pruebas de la existencia del *top*. La verdad era que, cuando el programa salió al aire, la «carrera» había ya casi terminado porque el CERN estaba a punto de tirar la toalla. Cada grupo había analizado la ausencia de señal basándose en la masa desconocida del quark *top*. Como hemos visto, el que no se encuentre una partícula nos dice algo de su masa. Los teóricos lo sabían todo acerca de la producción del *top* y sobre ciertos canales de desintegración, todo menos la masa. La probabilidad de la producción depende críticamente de la masa desconocida. El Fermilab y el CERN impusieron los mismos límites: la masa del quark *top* era mayor que 60 GeV.

El CDF del Fermilab siguió funcionando, y poco a poco la energía de la máquina fue rindiendo sus frutos. Cuando se cerró la sesión del acelerador, el CDF había estado funcionando durante once meses y visto más de 100.000 millones (10^{11}) de colisiones, pero ni un *top*. El análisis dio un límite de 91 GeV para la masa; el *top*, pues, era por lo menos dieciocho veces más pesado que el quark *bottom*. Este resultado sorprendente perturbó a muchos teóricos que trabajaban en las teorías unificadas, en el patrón electrodébil sobre todo. En esos modelos el quark *top* debería tener una masa mucho menor, y esto hizo que algunos teóricos viesen el *top* con especial interés. El concepto de masa está unido de cierta forma al Higgs. La pesadez del *top*, ¿es una pista singular? Hasta que no encontremos el *top*, midamos su masa y lo sometamos en general a un tercer grado experimental, no lo sabremos.

Los teóricos volvieron a sus cálculos. El modelo estándar estaba en realidad intacto todavía. Podría dar cabida a un quark *top* que pesase hasta 250 GeV, calcularon los teóricos, pero si fuese más pesado, el modelo estándar tendría un problema fundamental. Se reforzó la determinación de los experimentadores de perseguir el quark *top*. Pero con una masa mayor que 91 GeV, el CERN desistió. La energía de las máquinas de $e^+ e^-$ es demasiado pequeña, y por lo tanto son inútiles; del inventario mundial, sólo el Tevatrón del Fermilab puede producir el *top*. Hacen falta al menos de cinco a cincuenta veces el número actual de colisiones. Ese es el reto para los años noventa.

El modelo estándar se mueve bajo nuestros pies

Tengo una diapositiva favorita que muestra una deidad, con halo, que viste una túnica blanca. Está mirando una «Máquina del Universo»; tiene veinte palancas, diseñada cada una para que se la mueva hasta algún número, y un pulsador en el que pone: «Para crear el universo, apriétese». (Saqué la idea del cartel que escribió un alumno en el secador de manos del cuarto de baño: «Para conseguir un mensaje del decano, apriétese».) La idea es que hay que especificar unos veinte números para emprender la creación del universo. ¿Qué números son (o parámetros, como se les llama en el mundo de la física)? Bueno, nos hacen falta doce para especificar las masas de los quarks y los leptones. Nos hacen falta tres para especificar las intensidades de las fuerzas. (La cuarta, la gravedad, no es en realidad parte del modelo estándar, no, al menos, por ahora.) Nos hacen falta unos cuantos para mostrar cómo se relaciona cada fuerza con las otras. Y otro para mostrar cómo aparece la violación de la simetría CP, y uno para la masa de la partícula de Higgs y algunos más para otras cosas necesarias.

Si tenemos esos números básicos, los demás parámetros se derivan de ellos; por ejemplo, el 2 de la ley de la inversa del cuadrado, la masa del protón, el tamaño del átomo de hidrógeno, la estructura del H_20 y la doble hélice (el ADN), la temperatura de congelación del agua y el PIB de Albania en 1995. No tengo ni idea de cómo se puede obtener casi ninguno de esos números derivados, pero como tenemos esos ordenadores tan enormes...

El ansia por la simplicidad hace que seamos muy sarcásticos con que haya que especificar veinte parámetros. No es esa la forma en que ningún Dios que se respete a sí mismo organizaría una máquina para crear universos. Un parámetro, o dos, quizá. Una manera alternativa de decir esto es que nuestra experiencia con el mundo natural nos hace esperar una organización más elegante. Así que este, como ya hemos lamentado, es el verdadero problema del modelo estándar. Claro está, nos queda aún una cantidad enorme de trabajo por hacer para determinar con exactitud esos parámetros. El problema es estético: seis quarks, seis leptones y doce partículas *gauge* que llevan las fuerzas, y los quarks de tres colores distintos, y además las antipartículas. Y la gravedad que espera tras la puerta. ¿Dónde está Tales, ahora que nos hace falta?

¿Por qué *dejamos* fuera la gravedad? Porque nadie ha sido capaz hasta ahora de hacer que la gravedad —la teoría de la relatividad general— cuadre con la teoría cuántica. Esta disciplina, la gravedad cuántica, es una de las fronteras teóricas de los años noventa. Para describir el universo en su gran escala actual, no necesitamos la teoría cuántica. Pero érase una vez, el universo entero no abultaba más que un átomo; en realidad, era mucho más pequeño. La fuerza extraordinariamente débil de la gravedad creció por la enorme energía de las partículas con las que se harían todos los planetas, las estrellas, las galaxias con sus miles de millones de estrellas; toda esa masa estaba comprendida en la punta de una aguja, su tamaño era minúsculo comparado con el de un átomo. Deben aplicarse ahí las reglas de la mecánica cuántica, a ese torbellino fundamentalmente gravitatorio, ¡y no sabemos cómo se hace! Entre los teóricos, el matrimonio de la relatividad general y la teoría cuántica es el problema central de la física contemporánea. A los esfuerzos teóricos que se realizan con ese propósito se les llama «supergravedad», «supersimetría», «supercuerdas» o «teoría de todo».

Ahí tenemos unas matemáticas exóticas que ponen de punta hasta las cejas de algunos de los mejores matemáticos del mundo. Hablan de diez dimensiones: nueve espaciales, una temporal. Vivimos en cuatro: tres espaciales (este-oeste, norte-sur y arriba-abajo) y una temporal. No nos es posible intuir más que tres dimensiones espaciales. «No hay problema.» Las seis dimensiones superfluas se han «compactado», se han enrollado hasta tener un tamaño inimaginablemente pequeño y no son perceptibles en el mundo que conocemos.

Los teóricos tienen hoy un objetivo audaz: buscan una teoría que describa la simplicidad primigenia que reinaba en el intenso calor del universo en sus primerísimos tiempos, una teoría carente de parámetros. Todo debe salir de la ecuación básica; todos los parámetros deben salir de la teoría. El problema es que la única teoría candidata no tiene conexión con el mundo de la observación, o no la tiene todavía, en todo caso. Es aplicable sólo durante un breve instante, en el dominio imaginario que los expertos llaman la «masa de Planck», donde todas las partículas del universo tienen energías mil billones de veces la energía del Supercolisionador. Esta gran gloria duró una billonésima de una billonésima de una billonésima de segundo. Poco después, la teoría se confunde: demasiadas posibilidades, la falta de un camino claro que indique que nosotros, las personas, y los planetas y las galaxias somos, en efecto, una predicción suya.

A mediados de los años ochenta, la teoría de todo atrajo

enormemente a los físicos jóvenes que se inclinaban a la teoría. A pesar del riesgo de invertir largos años y obtener unos beneficios pequeños, siguieron a los líderes (como esos roedores que siguen a otros y se ahogan todos, dirían algunos) hacia la masa de Planck. Los que se quedaban en el Fermilab y el CERN no recibían tarjetas postales ni faxes. Pero empezó a cundir la desilusión. Algunos de los reclutas estelares de la teoría de todo abandonaron, y enseguida empezaron a llegar autobuses desde la masa de Planck con teóricos frustrados que buscaban algo real que calcular. No es que haya terminado del todo la aventura, pero ahora avanza a un paso más tranquilo, mientras se prueban caminos más tradicionales hacia la unificación.

Estos caminos más populares hacia un principio completo, que todo lo abarque, llevan nombres resultones: gran unificación, modelos constituyentes, super-simetría, tecnicolor, por citar unos pocos. Todos comparten un problema: ¡no hay datos! Estas teorías hacen un rico potaje de predicciones. La supersimetría, por ejemplo, afectuosamente abreviada «Susy», seguramente la teoría más popular, si votasen los teóricos (y no lo hacen), predice nada menos que una duplicación del número de partículas. Como he explicado, los quarks y los leptones, colectivamente llamados fermiones, tienen todos media unidad de espín, mientras que las partículas mensajeras, llamadas colectivamente bosones, tienen todas una unidad entera. Susy repara esta asimetría añadiendo un bosón que acompañe a cada fermión y un fermión que acompañe a cada bosón. La nomenclatura es terrorífica. El compañero que Susy le da al electrón se llama «selectrón» y los compañeros de todos los leptones se llaman colectivamente «sleptones». Los compañeros de los quarks son los «squarks». A los compañeros del espín un medio de los bosones de espín uno se les da un sufijo, «ino», así que a los gluones se les juntan los «gluinos», y los fotones se asocian a los «fotinos», y tenemos los «winos» (compañeros del W) y «zinos». La listeza no hace una teoría, pero ésta es popular.

La búsqueda de los squarks y los winos seguirá a medida que el Tevatrón vaya aumentando su energía a lo largo de los años noventa y se conecten las máquinas del año 2000. El Supercolisionador que se construye en Texas permitirá que se explore el «dominio de masas» hasta unos 2 TeV. La definición del dominio de masas es muy vaga y depende de los detalles de la reacción que forma una partícula nueva. Con todo, una señal del poder del Supercolisionador es que si no se encuentran partículas Susy con esa máquina, la mayoría de los protagonistas de la teoría Susy coinciden en que abandonarán la teoría en una ceremonia pública durante la que romperán sus lapiceros.

Pero el SSC tiene un objetivo más inmediato, una presa que le urge más que los squarks y sleptones. En cuanto resumen manejable de todo lo que sabemos, el modelo estándar sufre dos defectos de mucho calibre, uno estético, el otro concreto. Nuestro sentido estético nos dice que hay demasiadas partículas, demasiadas fuerzas. Y lo que es peor, esas muchas partículas se distinguen por las masas que se les asignan, aparentemente al azar, a los quarks y a los leptones. Hasta las fuerzas difieren en muy buena medida a causa de las masas de las partículas mensajeras. El problema concreto es de incoherencia. Cuando se les pide a las teorías de los campos de fuerzas, que tan impresionante acuerdo guardan con todos los datos, que predigan los resultados de experimentos que se efectúen a muy altas energías, vomitan absurdos físicos. Cabe iluminar, y puede que resolver, los dos problemas gracias a un objeto, y una fuerza, que deben añadirse con mucho tiento al modelo estándar. El objeto y la fuerza llevan el mismo nombre: Higgs.

Por fin...

> Todos los objetos visibles, amigo, no son sino como máscaras de cartón. Pero en cada hecho ... algo desconocido, pero que con todo razo-

> na, deja ver los rasgos de su rostro por detrás de la máscara, que no razona. ¡Si el hombre quiere golpear, que su golpe atraviese la máscara!
>
> Capitán AHAB

Una de las mejores novelas de la literatura norteamericana es *Moby Dick*, de Herman Melville. También es de las más frustrantes, por lo menos para el capitán. Durante cientos de páginas oímos hablar del empeño de Ahab por hallar y arponear un enorme mamífero blanco de los océanos llamado Moby Dick. Ahab está quemado. Esa ballena le ha comido una pierna, y quiere venganza. Algunos críticos han sugerido que la ballena le comió un poco más que la pierna, lo que explicaría más adecuadamente el pique del capitán. Ahab le explica a su primer oficial, Starbuck, que Moby Dick es más que una ballena. Es una máscara de cartón; representa una fuerza más honda en la naturaleza a la que Ahab debe enfrentarse. Así que a lo largo de cientos de páginas Ahab y sus hombres van de acá para allá, furiosamente, por el océano, pasando aventuras y desventuras, matando montones de ballenas más pequeñas, de diferentes masas. Al final, por allá resopla: la gran ballena blanca. Y entonces, en una rápida sucesión, la ballena ahoga a Ahab, mata a los demás arponeros y por si las moscas hunde el barco. Fin de la historia. Pues vaya. Quizá le habría hecho falta a Ahab un arpón mayor, que las restricciones presupuestarias del siglo XIX no hacían posible. Que no nos pase a nosotros. La Partícula Moby está a tiro de piedra.

Tenemos que hacer esta pregunta acerca de nuestro modelo estándar: ¿es tan sólo una máscara de cartón? ¿Cómo es posible que una teoría concuerde con todos los datos a bajas energías y prediga cosas sin sentido a altas energías? La respuesta es dar a entender que la teoría deja algo fuera, algún fenómeno nuevo que, cuando se instale en la teoría, contribuirá insignificantemente a niveles de energía, digamos, como el del Fermilab, pero lo hará de forma rotunda en el Supercolisionador o a energías mayores. Cuando una teoría no incluye esos términos (porque no los conocemos), nos salen resultados matemáticos incoherentes a esas energías grandes.

Es un poco como lo que pasa con la teoría newtoniana, que funciona con mucho éxito para los fenómenos ordinarios pero predice que podemos acelerar un objeto hasta una velocidad infinita; esta consecuencia inverosímil queda totalmente contradicha cuando se emplea la teoría de la relatividad especial de Einstein. El efecto de la teoría de la relatividad a las velocidades de las balas y los cohetes es infinitesimalmente minúsculo. Pero a velocidades que estén cerca de la velocidad de la luz, aparece un nuevo efecto: las masas de los objetos que se aceleran van haciéndose mayores, y las velocidades infinitas se vuelven imposibles. Lo que pasa es que la relatividad especial se funde con los resultados newtonianos a velocidades que son pequeñas comparadas con la velocidad de la luz. El punto débil de este ejemplo es que la idea de una velocidad infinita podría quizá haber inquietado a los newtonianos, pero no era en absoluto tan traumática como lo que le pasa al modelo estándar a grandes energías. Volveremos a esto más adelante.

La crisis de la masa

He insinuado la función de la partícula de Higgs como dadora de masa a las partículas que no la tienen, disfrazando así la verdadera simetría del mundo. Es una idea nueva y extraña. Hasta aquí, como hemos visto en nuestra historia-mito, se conseguía la simplicidad hallando subestructuras: la idea democritiana del *atomos*. Y así fuimos de las moléculas a los átomos químicos, a los núcleos, a los protones y a los neutrones (y sus numerosos parientes griegos), y a los quarks. La historia le haría a uno esperar que ahora revelaríamos a la gentecilla que hay dentro del quark, y es cierto que todavía puede que eso ocurra. Pero la verdad es que no creemos que sea esa la manera en que vendrá la tan esperada teoría completa del mundo. Quizá se parezca más al calidoscopio al que me referí antes, donde unos cuantos espejos divisores convierten unos pocos pedazos de cristal coloreado en una miríada de diseños aparentemente complejos. El propósito final del Higgs (esto no es ciencia, es filosofía) podría ser crear un mundo más divertido, más complejo, como se daba a entender en la parábola con la que hemos empezado este capítulo.

La idea nueva es que el espacio entero contiene un campo, el campo de Higgs, que impregna el vacío y es el mismo en todas partes. Es decir, que cuando miramos las estrellas en una noche clara estamos mirando el campo de Higgs. Las partículas, influidas por este campo, toman masa. Esto no es por sí mismo destacable, pues las partículas pueden tomar energía de los campos (*gauge*) de los que ya hemos hablado, del campo gravitatorio o del electromagnético. Por ejemplo, si llevas un bloque de plomo a la punta de la torre Eiffel, el bloque adquirirá energía potencial a causa de la alteración de su posición en el campo gravitatorio de la Tierra. Como $E = mc^2$, ese aumento de la energía potencial equivale a un aumento de la masa, en este caso la masa del sistema Tierra-bloque de plomo. Aquí hemos de añadirle amablemente un poco de complejidad a la venerable ecuación de Einstein. La masa, m, tiene en realidad dos partes. Una es la masa en reposo, m_0, la que se mide en el laboratorio cuando la partícula está en reposo. La partícula adquiere la otra parte de la masa en virtud de su movimiento (como los protones en el Tevatrón) o en virtud de su energía potencial en un campo. Vemos una dinámica similar en los núcleos atómicos. Por ejemplo, si separáis el protón y el neutrón que componen un núcleo de deuterio, la suma de las masas aumenta.

Pero la energía potencial tomada del campo de Higgs difiere en varios aspectos de la acción de los campos más familiares. La masa tomada del Higgs es en realidad masa en reposo. De hecho, en la que quizá sea la versión más apasionante de la teoría del campo de Higgs, éste genera *toda* la masa en reposo. Otra diferencia es que la cantidad de masa que se traga del campo es distinta para las distintas partículas. Los teóricos dicen que las masas de las partículas de nuestro modelo estándar miden con qué intensidad se acoplan éstas al campo de Higgs.

La influencia del Higgs en las masas de los quarks y de los leptones le recuerda a uno el descubrimiento por Pieter Zeeman, en 1896, de la división de los niveles de energía de un electrón cuando se aplica un campo magnético al átomo. El campo (que representa metafóricamente el papel del Higgs) rompe la simetría del espacio de la que el electrón disfrutaba. Por ejemplo, un nivel de energía, afectado por el imán, se divide en tres; el nivel A gana energía del campo, el nivel B la pierde y el nivel C no cambia en absoluto. Por supuesto, ahora sabemos por completo cómo pasa todo esto. Es simple electromagnetismo cuántico.

Hasta ahora no tenemos ni idea de qué reglas controlan los incrementos de masa generados por el Higgs. Pero el problema es irritante: ¿por qué sólo esas masas —las masas de los W^+, W^- y Z^0, y el *up*, el *down*, el encanto, el extraño, el *top* y el *bottom*, así como los leptones— que no forman ningún patrón obvio? Las masas van de la del electrón, 0,0005 GeV, a la del *top*, que tiene que ser mayor que 91 GeV.* Deberíamos recordar que esta extraña idea —el Higgs— se empleó con mucho éxito para formular la teoría electrodébil. Allí se propuso el campo de Higgs como una forma de ocultar la unidad de las fuerzas electromagnética y débil. En la unidad hay cuatro partículas mensajeras sin masa —los W^+, W^-, Z^0 y el fotón— que llevan la fuerza electrodébil. Además, está el campo de Higgs, y, presto, los W

* El grupo del Detector de Neutrinos Líquido de Centelleo, del Laboratorio Nacional de Los Álamos, anunció que había logrado observar a finales de 1994 unas posibles oscilaciones entre los sabores de los neutrinos; si se confirmase, querría decir que las masas, distintas, de los neutrinos electrónicos y de los muónicos caen entre 0,5 y 5 eV. (*N. del t.*)

y Z chupan la esencia del Higgs y se hacen pesados; el fotón permanece intacto. La fuerza electrodébil se fragmenta en la débil (débil porque los mensajeros son muy gordos) y la electromagnética, cuyas propiedades determina el fotón, carente de masa. La simetría se rompe espontáneamente, dicen los teóricos. Prefiero la descripción según la cual el Higgs oculta la simetría con su poder dador de masa. Las masas de los W y el Z se predijeron con éxito a partir de los parámetros de la teoría electrodébil. Y las relajadas sonrisas de los teóricos nos recuerdan que 't Hooft y Veltman dejaron sentado que la teoría entera está libre de infinitos.

Me demoro en esta cuestión de la masa en parte porque ha estado conmigo durante toda mi vida profesional. En los años cuarenta el problema parecía bien enfocado. Teníamos dos partículas que servían de ejemplo del problema de las masas: el electrón y el muón. Parecía que eran iguales en todos los respectos, sólo que el muón pesaba doscientas veces más que su primo poca cosa. Que fueran leptones, insensibles a la interacción fuerte, hacía más intrigante el asunto. Me obsesioné con el problema e hice del muón mi objeto favorito de estudio. El propósito era intentar dar con alguna diferencia, que no fuera la masa, entre los comportamientos del muón y del electrón que sirviera de indicio de cuál era el mecanismo de las diferencias de masas.

Los núcleos captan a veces un electrón, y se producen un neutrino y un núcleo que retrocede. ¿Puede el muón hacer eso? Medimos el proceso de captura de muones y, ¡bingo, el mismo proceso! Un haz de electrones de alta energía dispersa a los protones. (Esta reacción se estudió en Stanford.) Medimos la misma reacción en Brookhaven con muones. Una pequeña diferencia en los ritmos nos tuvo encadilados durante años, pero no salió nada de ella. Hasta descubrimos que el electrón y el muón tienen neutrinos compañeros distintos. Y ya hemos comentado el experimento g menos 2 superpreciso, en el que el magnetismo del muón se midió y comparó con el del electrón. Excepto por la masa extra, eran lo mismo.

Todos los esfuerzos por hallar una pista de cuál era el origen de la masa fallaron. Feynman escribió su famosa pregunta: «¿Por qué pesa el muón?». Ahora, por lo menos, tenemos una respuesta parcial, en absoluto completa. Una voz estentórea dice: «¡Higgs!». Durante cincuenta años o así nos hemos roto la cabeza con el origen de la masa, y ahora el campo de Higgs presenta el problema en un contexto nuevo; no se trata sólo del muón. Proporciona, por lo menos, una fuente común para todas las masas. La nueva pregunta feynmaniana podría ser: ¿cómo determina el campo de Higgs la secuencia de masas, aparentemente sin patrón, que da a las partículas de la materia?

La variación de la masa con el estado de movimiento, el cambio de la masa con la configuración del sistema y el que algunas partículas —el fotón seguramente y los neutrinos posiblemente— tengan masa en reposo nula son tres hechos que ponen en entredicho que el concepto de masa sea un atributo *fundamental* de la materia. Tenemos que recordar el cálculo de la masa que daba infinito y nunca resolvimos; sólo nos deshicimos de él «renormalizándolo». Ese es el trasfondo con el que hemos de encarar el problema de los quarks, los leptones y los vehículos de las fuerzas, que se diferencian por sus masas. Hace que nuestra historia del Higgs se tenga en pie: la masa no es una propiedad intrínseca de las partículas, sino una propiedad adquirida por la interacción de las partículas y su entorno. La idea de que la masa no es intrínseca como la carga o el espín resulta aún más plausible por la idílica idea de que todos los quarks y fotones tendrían masa cero. En ese caso, obedecerían una simetría satisfactoria, la quiral, en la que los espines estarían asociados para siempre con su dirección de movimiento. Pero ese idilio queda oculto por el fenómeno de Higgs.

¡Ah, una cosa más! Hemos hablado de los bosones *gauge* y de su espín de una unidad; hemos comentado también las partículas fermiónicas de la materia (espín de media unidad). ¿Cuál es el pelaje del Higgs? Es un bosón de espín cero. El *espín* supone una direccionalidad en el espacio, pero el campo de Higgs da masa a los objetos dondequiera que estén y sin direccionalidad. Al Higgs se le llama a veces «bosón escalar [sin dirección]» por esa razón.

La crisis de la unitariedad

Por mucho que nos intrigue la capacidad que este nuevo campo tiene de dotar de masa, uno de mis teóricos favoritos, Tini Veltman, pone este cometido del Higgs muy por debajo de su principal obligación, nada menos que lograr que nuestro modelo estándar sea coherente. Sin el Higgs, el modelo no pasa una simple prueba de coherencia.

Lo que quiero decir es lo siguiente. Hemos hablado mucho de colisiones. Dirijamos cien partículas hacia un blanco específico, una pieza de hierro de unos seis centímetros cuadrados de área, digamos. Un teórico de modestas habilidades puede calcular la probabilidad (recordad, la teoría cuántica nos permite predecir sólo la probabilidad) de que sean dispersadas. Por ejemplo, puede que la teoría prediga que de las cien partículas que lanzamos al blanco sólo se dispersarán diez partículas, un 10 por 100. Ahora bien, muchas teorías predicen que la probabilidad de la dispersión depende de la energía del haz que usemos. A bajas energías, todas las teorías que conocemos de las fuerzas —la fuerte, la débil y la electromagnética— predicen probabilidades que concuerdan con los experimentos reales. Sin embargo, se sabe que en el caso de la interacción débil la probabilidad crece con la energía. Por ejemplo, a una energía media la probabilidad de dispersión puede llegar a un 40 por 100. Si la teoría predice que la probabilidad de dispersión es mayor que el 100 por 100, está claro que la teoría deja de ser válida. Algo está mal, pues una probabilidad de más del 100 por 100 no tiene sentido. Quiere decir, literalmente, que se dispersan más partículas que las que había en el haz al principio. Cuando pasa esto, decimos que la teoría viola la unitariedad (sobrepasa la probabilidad uno).

En nuestra historia, el problema era que la teoría de la interacción débil concordaba bien con los datos experimentales a bajas energías, pero predecía cosas sin sentido cuando la energía era grande. Se descubrió esta crisis cuando la energía a la que se predecía el desastre estaba más allá del alcance de los aceleradores existentes. Pero el fallo de la teoría indicaba que se estaba dejando algo fuera, algún proceso nuevo, alguna partícula nueva quizás, que, si los conociésemos, tendrían el efecto de impedir el aumento de la probabilidad hasta valores absurdos. La interacción débil, recordaréis, fue inventada por Fermi para describir la desintegración radiactiva de los núcleos, que era básicamente un fenómeno de poca energía, y a medida que la teoría de Fermi se desarrolló, llegó a ser muy precisa a la hora de predecir un enorme número de procesos en el dominio de energía de los 100 MeV. Una de las razones que motivaron el experimento de los dos neutrinos era comprobar la teoría a energías mayores, ya que las predicciones mantenían que se produciría una crisis de la unitariedad cerca de unos 300 GeV. Nuestro experimento, realizado a unos pocos GeV, confirmó que la teoría se encaminaba a una crisis. Ésta resultó ser una indicación de que los teóricos habían dejado fuera una partícula W cuya masa era de unos 100 GeV. La teoría original de Fermi, que no incluía los W, era equivalente matemáticamente al uso de un vehículo de la fuerza con una masa infinita, y 100 GeV es una energía tan sumamente grande en comparación con los experimentos primitivos (por debajo de 100 MeV) que la teoría vieja funcionaba bien. Pero cuando le preguntábamos a la teoría qué harían los neutrinos a los 100 GeV, había que incluir los W de 100 GeV para evitar una crisis de la unitariedad; con todo, hacía falta algo más.

Bueno, se ha hecho este repaso simplemente para explicar que nuestro modelo estándar sufre una enfermedad de la unitariedad en su forma más virulenta. El desastre golpea ahora a una energía de 1 TeV. El objeto que evitaría el desastre si... si existiese es una partícula neutra pesada con propiedades especiales a la que llamamos —os lo habréis imaginado— partícula de Higgs. (Antes nos referimos al campo de Higgs, pero debéis recordar que los cuantos de un campo son un conjunto de partículas.) Podría ser el mismísimo objeto que crea la diversidad de las masas o podría ser un objeto similar. Podría haber una sola partícula de Higgs o una familia de partículas de Higgs.

La crisis del Higgs

Hay que responder montones de preguntas. ¿Cuáles son las propiedades de las partículas de Higgs y, lo que es más importante, cuál es su masa? ¿Cómo reconoceremos una si nos la encontramos en una colisión? ¿Cuántos tipos hay? ¿Genera el Higgs todas las masas, o sólo un incremento de las masas? ¿Y cómo podemos saber más al respecto? Como es Su partícula, nos cabe esperar que la veremos, si llevamos una vida ejemplar, cuando ascendamos a Su reino. O podemos gastarnos ocho mil millones de dólares y construirnos un Supercolisionador en Waxahachie, Texas, diseñado para producir la partícula de Higgs.

También a los cosmólogos les fascina la idea de Higgs, pues casi se dieron de bruces con la necesidad de tener campos escalares que participasen en el complejo proceso de la expansión del universo, añadiendo, pues, un peso más a la carga que ha de soportar el Higgs. Acerca de esto, diremos más en el capítulo 9.

El campo de Higgs, tal y como se lo concibe ahora, se puede destruir con una energía grande, o temperaturas altas. Éstas generan fluctuaciones cuánticas que neutralizan el campo de Higgs. Por lo tanto, el cuadro que las partículas y la cosmología pintan juntas de un universo primitivo puro y de resplandeciente simetría es demasiado caliente para el Higgs. Pero cuando la temperatura cae bajo los 1.015 grados Kelvin o 100 GeV, el Higgs empieza a actuar y hace su generación de masas. Así, por ejemplo, antes del Higgs teníamos unos W, Z y fotones sin masa y la fuerza electrodébil unificada. El universo se expande y se enfría, y entonces viene el Higgs —que engorda los W y Z, y por alguna razón ignora al fotón— y de ello resulta que la simetría electrodébil se rompe. Tenemos entonces una interacción débil, transportada por los vehículos de la fuerza W^+, W^-, Z°, y por otra parte una interacción electromagnética, llevada por los fotones. Es como si para algunas partículas el campo de Higgs fuera una especie de aceite pesado a través del que se moviesen con dificultad y que les hiciera parecer que tienen mucha masa. Para otras partículas, el Higgs es como el agua, y para otras, los fotones y quizá los neutrinos, es invisible.

Debería, seguramente, repasar el origen de la idea de Higgs, pues he coqueteado un poco antes de descubrir el pastel. Recibe también la denominación de simetría oculta o «ruptura espontánea de la simetría». Peter Higgs, de la Universidad de Edimburgo, introdujo la idea en la física de partículas. La utilizaron los teóricos Steven Weinberg y Abdus Salam, que trabajaban por separado, para comprender cómo se convertía la unificada y simétrica fuerza electrodébil, transmitida por una feliz familia de cuatro partículas mensajeras de masa nula, en dos fuerzas muy diferentes: la QED con su fotón carente de masa y la interacción débil con sus W^+, W^- y Z^0 de masa grande. Weinberg y Salam se apoyaron en los trabajos previos de Sheldon Glashow, quien, tras los pasos de Julian Schwinger, sabía sólo que había una teoría electrodébil unificada, coherente, pero no unió todos los detalles. Y estaban Jeffrey Goldstone y Martinus Veltman y Gerard't Hooft. Y hay otros a los que habría que mencionar, pero así es la vida. Además, ¿cuántos teóricos hacen falta para encender una bombilla?

Otra manera de mirar el Higgs es desde el punto de vista de la simetría. A altas temperaturas la simetría se manifiesta, una simplicidad pura, regia. A temperaturas más bajas, se rompe. Es el momento de algunas metáforas más.

Pensad en un imán. Un imán es un imán porque, a bajas

temperaturas, sus imanes atómicos están alineados. Un imán tiene una dirección especial, su eje norte-sur. Ha perdido, pues, la simetría de un pedazo de hierro no magnético donde todas las direcciones espaciales son equivalentes. Podemos «arreglar» el imán. Al elevar la temperatura, pasamos de un hierro magnético a uno que no lo es. El calor genera una agitación molecular que acaba por destruir la alineación, y tenemos una simetría más pura. Otra metáfora frecuente es la del sombrero mexicano: una copa simétrica rodeada por unas alas simétricas vueltas hacia arriba. Se deja una canica en la parte más alta de la copa. Hay una simetría rotacional perfecta, pero no estabilidad. Cuando la canica cae a una posición más estable (de menos energía), en alguna parte del ala, se destruye la simetría aun cuando la estructura básica sea simétrica.

En otra metáfora nos imaginamos una esfera perfecta llena de vapor de agua a una temperatura muy alta. La simetría es perfecta. Si dejamos que el sistema se enfríe, acabaremos por tener un depósito de agua en el que flotará un poco de hielo, con un vapor de agua residual por encima. La simetría se ha destruido por completo por el simple acto de enfriar, lo que en esta metáfora le permite al campo gravitatorio actuar. Pero puede volverse al paraíso con calentar de nuevo el sistema.

Por tanto: antes del Higgs, simetría y aburrimiento; tras el Higgs, complejidad y pasión. La próxima vez que miréis al cielo estrellado deberíais ser conscientes de que todo el espacio está lleno de ese misterioso influjo del Higgs, responsable, eso dice la teoría, de la complejidad del mundo que conocemos y amamos.

Imaginaos ahora las fórmulas (¡ajj!) que dan las predicciones y posdicciones correctas de las propiedades de las partículas y las fuerzas que medimos en el Fermilab y en nuestros laboratorios de los aceleradores en los años noventa. Cuando les metemos reacciones que se efectúan a energías mucho mayores, las fórmulas arrojan resultados sin sentido. ¡Ajá!, pero si incluimos el campo de Higgs, modificamos la teoría y nos sale una teoría coherente incluso a energías de 1 TeV. Higgs salva los muebles, salva al modelo estándar con todas sus virtudes. ¿Prueba ello que sea correcto? En absoluto. Es sólo lo mejor que los teóricos son capaces de hacer. A lo mejor Él es más listo todavía.

Una digresión sobre nada

Volvamos a los días de Maxwell. A los físicos les parecía que necesitaban un medio que impregnase todo el espacio y a través del cual la luz y otras ondas electromagnéticas pudieran viajar. Lo llamaban éter y le dieron unas propiedades tales que pudiese hacer su trabajo. El éter daba, además, un sistema coordenado absoluto que permitía la medición de la velocidad de la luz. El destello de perspicacia de Einstein mostró que el éter era una carga innecesaria que se le imponía al espacio. Aquí se las ve uno con un concepto venerable, que no es otro que el «vacío» inventado (o descubierto) por Demócrito. Hoy el vacío, o más precisamente, el «estado vacío», está aquí y allá.

El estado vacío consiste en una región del universo de la que se ha retirado toda la materia y donde no existen energía ni momento. Es «nada en absoluto». James Bjorken, al hablar de ese estado, dijo que le tentaba hacer para la física de partículas lo que John Cage hizo para la música: cuatro minutos y veintidós segundos de... nada. Sólo el miedo al presidente del congreso le disuadía. Bjorken, experto como es en las propiedades del estado vacío, no se puede comparar con 't Hooft, que de nada en absoluto entiende mucho más.

La parte triste de la historia es que los teóricos del siglo XX han contaminado hasta tal punto (¡esperad a que se entere el Sierra Club!) el carácter absoluto original del estado vacío (en cuanto concepto), que es muchísimo más complicado que el arrumbado éter del siglo XIX. Al éter lo reemplaza —además de todas las fantasmales partículas virtuales— el campo de Higgs, cuyas dimensiones completas no conocemos todavía. Para cumplir su cometido debe existir, y los experimentos han de descubrir al menos una partícula de Higgs, eléctricamente neutra. Podría ser sólo la punta del iceberg: a lo mejor hace falta un zoo de cuantos bosónicos de Higgs para describir del todo el nuevo éter. Está claro que hay nuevas fuerzas y nuevos procesos. Podemos resumir lo poco que sabemos: por lo menos una de las partículas que representan el éter de Higgs ha de tener espín cero, tiene que estar íntima y misteriosamente unida a la masa y debe manifestarse a temperaturas equivalentes a una energía de menos de 1 TeV. Hay controversia además acerca de la estructura del Higgs. Una escuela dice que es una partícula fundamental. Otra idea es que está compuesto por nuevos objetos de tipo quark, que podrían finalmente ser vistos en el laboratorio. A un tercer bando le tiene intrigado la enorme masa del quark *top* y cree que el Higgs es un estado ligado de un top y un *antitop*. Sólo los datos lo dirán. Mientras, es un milagro que podamos siquiera ver las estrellas.

El nuevo éter es, pues, un sistema de referencia para la energía, en este caso potencial. Y el Higgs solo no explica los demás residuos y basura teórica que se arroja al estado vacío. Las teorías *gauge* depositan lo que requieren, los cosmólogos explotan la «falsa» energía del vacío y en la evolución del universo el vacío puede estirarse y expandirse.

Uno reza por un nuevo Einstein que, en un destello de perspicacia, nos devuelva nuestra hermosa nada.

¡Hallad el Higgs!

Higgs, pues, es grande. ¿Por qué, entonces, no se le ha adoptado universalmente? Peter Higgs, que le prestó su nombre al concepto (no a sabiendas), trabaja en otras cosas. Veltman, uno de sus arquitectos, dice que es una alfombra bajo la que barremos nuestra ignorancia. Glashow es menos amable y lo llama retrete donde echamos las incoherencias de nuestras teorías actuales. Y la otra objeción global es que no hay ni una pizca de una prueba experimental.

¿Cómo se prueba la existencia de este campo? El Higgs, como la QED, la QCD o la interacción débil, tiene su propia partícula mensajera, el bosón de Higgs. ¿Cómo se prueba que el Higgs existe? Hállese, simplemente, la partícula. El modelo estándar es lo bastante fuerte para decirnos que la partícula de Higgs de menor masa (podría haber muchas) debe «pesar» menos de 1 TeV. ¿Por qué? Si tiene más de 1 TeV, el modelo estándar se vuelve incoherente y tenemos la crisis de la unitariedad.

El campo de Higgs, el modelo estándar y nuestra idea de cómo hizo Dios el universo dependen de que se encuentre el bosón de Higgs. No hay un acelerador en la Tierra, por desgracia, que tenga la energía para crear una partícula que pese nada menos que 1 TeV.

Pero podéis construir uno.

El Desertrón

En 1981 estábamos en el Fermilab muy metidos en la construcción del Tevatrón y el colisionador p-barra/p. Por supuesto, le prestábamos cierta atención a lo que pasaba en el mundo y especialmente a la búsqueda del W por el CERN. A finales de la primavera de ese año íbamos estando seguros de que los imanes superconductores funcionarían y se podrían producir en masa con las estrictas especificaciones requeridas. Estábamos convencidos, o al menos convencidos al 90 por 100, de que se podría alcanzar la escala de masas de 1 TeV, la *terra incognita* de la física de partículas, a un precio hasta cierto punto modesto.

Tenía sentido, pues, ponerse a pensar en la «máquina siguiente» (la que seguiría al Tevatrón), un anillo aún mayor de imanes superconductores. Pero en 1981 el futuro de la investigación de las partículas en este país estaba hipotecado por la lucha por la supervivencia de una máquina del laboratorio de Brookhaven. Se trataba del proyecto Isabelle, un colisionador protón-protón de energía modesta que debería haber estado funcionando en 1980 pero se había retrasado por problemas técnicos. Y mientras tanto la frontera de la física se había movido.

En la reunión anual de los usuarios del Fermilab de mayo de 1981, tras informar como era debido del Estado del Laboratorio, me aventuré a conjeturar cuál sería el futuro de la especialidad, sobre todo en «la frontera de energía a 1 TeV». Destaqué que Carlo Rubbia, por entonces muy influyente ya en el CERN, pronto «pavimentaría el túnel del LEP con imanes superconductores». El anillo LEP, de unos veintisiete kilómetros de circunferencia, contenía imanes convencionales para su colisionador de $e^+ e^-$. El LEP necesitaba ese radio enorme para reducir la pérdida de energía de los electrones. Éstos radian energía cuando se los obliga con los imanes a describir una órbita circular. (Cuanto menor sea el radio, recordad, mayor será la radiación.) La máquina LEP del CERN, pues, usaba campos débiles y un gran radio. Esto la hacía además ideal para acelerar protones, que a causa de su masa mucho mayor no radian demasiada energía. Los diseñadores del LEP, con su amplitud de miras, tenían seguramente en mente que esta fuese una utilización posterior del gran túnel. Una máquina así con imanes superconductores podía fácilmente llegar a unos 5 TeV en cada anillo, o 10 TeV en la colisión. Y todo lo que los Estados Unidos tenían que ofrecer en competencia más allá del Tevatrón a 2 TeV era la doliente Isabelle, un colisionador de 400 GeV (0,8 TeV en total), si bien con un ritmo de colisiones muy alto.

En el verano de 1982 daba la impresión de que tanto el programa de imanes superconductores del Fermilab como el colisionador de protones-antiprotones del CERN iban a tener éxito. Cuando los físicos de altas energías estadounidenses se reunieron en agosto en Snowmass, Colorado, para examinar la situación y el futuro de la especialidad, hice mi movimiento. En una charla titulada «La máquina en el desierto», propuse que la comunidad pensase seriamente en adoptar como su preocupación número uno la construcción de un nuevo y gigantesco acelerador basado en la «probada» técnica de los superimanes e irse internando en el dominio de masas de 1 TeV. Recordad que para producir unas partículas que podrían tener una masa de 1 TeV los quarks que participasen en la colisión habrían de contribuir por lo menos con esa cantidad de energía. Los protones, que llevan dentro de sí a los quarks y los gluones, habrían de tener energías mucho mayores. En 1982 calculaba que la energía tendría que ser de 10 TeV por haz. Hice una primera evaluación del costo y cimenté sólidamente mi caso en la premisa de que la llamada del Higgs era demasiado atractiva para pasarla por alto.

Hubo en Snowmass un debate moderadamente vivo sobre el Desertrón, como se le llamó al principio. El nombre se basaba en la idea de que una máquina tan enorme sólo se podría construir en un lugar despoblado, cuyo suelo no tuviese valor y desprovisto de colinas y valles. La parte errónea de la idea era que yo, un chico de la ciudad de Nueva York, educado como quien dice en el metro, había olvidado por completo el poder de la construcción de túneles en profundidad. La historia lo demostraba una y otra vez. La máquina alemana HERA discurre bajo la densamente poblada ciudad de Hamburgo. El túnel del LEP en el CERN está excavado bajo las montañas del Jura.

Intenté forjar una coalición de todos los laboratorios de Norteamérica que respaldase mi idea. El SLAC siempre había puesto sus miras en la aceleración de electrones; Brookhaven luchaba por mantener viva a Isabelle; y un grupo vivaz y con mucho talento de Cornell pretendía mejorar su máquina de electrones hasta un nivel que llamaban CESR II. Yo denominé a mi laboratorio del Desertrón «Slermihaven II» para representar la unión de todos esos laboratorios fieramente competidores en la nueva empresa.

No quiero entrar en la política de la ciencia, pero tras un

año repleto de traumas, la comunidad estadounidense de la física de partículas recomendó formalmente que se abandonase a Isabelle (cuya nueva denominación era CBA, de Colliding Beam Accelerator, Acelerador de Haces que Chocan) en favor del Desertrón, al que ahora se llamaba Supercolisionador Superconductor y habría de tener 20 TeV en cada haz. Al mismo tiempo —julio de 1983— el nuevo acelerador del Fermilab salió en las primeras páginas por su éxito de haber acelerado los protones hasta el nuevo récord de 512 GeV. A éste pronto le siguieron otros éxitos, y alrededor de un año después el Tevatrón alcanzó los 900 GeV.

El presidente Reagan y el Supercolisionador: una historia verídica

En 1986, la propuesta del SSC estaba lista para ser sometida a la aprobación del presidente Reagan. Como director del Fermilab, un secretario ayudante del departamento de energía me preguntó si podríamos hacer un vídeo corto para el presidente. Pensaba que una exposición de diez minutos sobre la física de altas energías sería útil cuando se discutiese la propuesta en una reunión del gabinete. ¿Cómo le enseñas a un presidente física de altas energías en diez minutos? Y lo más importante, ¿cómo se la enseñas a *este* presidente? Tras una considerable agonía, se nos ocurrió la idea de que unos chicos de bachillerato visitasen el laboratorio, les diésemos una vuelta por la maquinaria, hicieran un montón de preguntas y recibiesen respuestas pensadas para ellos. El presidente lo vería y lo oiría todo y quizá se hiciese una idea sobre la física de altas energías. Así que invitamos a los chicos de un instituto cercano. Aleccionamos a unos pocos una pizca tan sólo y a los demás les dejamos que fuesen espontáneos. Filmamos unos treinta minutos y cortamos hasta quedarnos con los catorce minutos mejores. Nuestro contacto de Washington nos advirtió: ¡no más de diez minutos! Algo sobre el tiempo que se mantiene la atención. Así que cortamos más y le mandamos diez transparentes minutos de física de altas energías para estudiantes de segundo de bachillerato. En unos pocos días nos llegó la reacción. «¡Complicadísimo! Frío, frío.»

¿Qué hacer? Rehicimos la banda sonora; borramos las preguntas de los chicos. Algunas de ellas, al fin y al cabo, eran bastante duras. Un experto en poner voces de fondo hacía ahora el tipo de preguntas que deberían haber hecho los chicos (escritas por mí) y daba las respuestas; la acción seguía siendo la misma: los guías científicos señalaban, los chicos se quedaban con la boca abierta. Esta vez nos salió claro como el cristal y de lo más simple. Lo probamos con gente sin formación técnica y lo enviamos. Nuestro tipo del departamento de energía se estaba impacientando.

De nuevo, no es que se quedase muy impresionado precisamente. «Bueno, está mejor, pero todavía es demasiado complicado.»

Empecé a ponerme un poco nervioso. No sólo andaba el SSC en peligro; también mi puesto de trabajo estaba en la estacada. Esa noche me levanté a las tres de la madrugada con una idea brillante. El siguiente vídeo sería así: un Mercedes se para en la entrada del laboratorio y un distinguido caballero de unos cincuenta y cinco años o así sale de él. La voz de fondo dice: «Conozcan al juez Sylvester Matthews, del tribunal del decimocuarto distrito federal, que visita un gran laboratorio de investigación gubernamental». El «juez» explica a sus anfitriones, tres físicos jóvenes y guapos (uno de ellos, una mujer), que se ha trasladado cerca y cada día pasa con el coche ante el laboratorio de camino al tribunal. Ha leído acerca de nuestro trabajo en el *Chicago Tribune*, sabe que tratamos con «átomos» y «voltios» y, como nunca ha estudiado física, siente curiosidad acerca de lo que hacemos. Entra en el edificio y agradece a los físicos que le dediquen su tiempo esa mañana.

Mi idea era que el presidente se identificaría con un profano inteligente que tiene la suficiente seguridad en sí mismo para decir que no entiende algo. En los ocho minutos y medio siguientes, el juez interrumpe a menudo a los físicos e insiste en que vayan más despacio y le aclaren este punto o aquel. A los nueve minutos y pico, el juez se sube el puño de la camisa, mira el Rolex y les da amablemente las gracias a los jóvenes científicos. Entonces, con una sonrisa tímida, dice: «Ya sabéis que en realidad no he entendido la mayor parte de las cosas que me habéis dicho, pero he podido hacerme una idea de vuestro entusiasmo, de la grandeza de la empresa. Me trae a la mente, en cierta forma, lo que debió de ser explorar el Oeste..., el hombre solitario a caballo en una tierra vasta, aún no explorada...». (Sí, yo escribí eso.)

Cuando el vídeo llegó a Washington, el secretario ayudante estaba en éxtasis. «¡Lo habéis conseguido! Es tremendo. ¡Justo era eso! Se proyectará en Camp David durante el fin de semana.»

Aliviadísimo, me fui a la cama sonriendo, pero a las cuatro de la mañana me desperté con un sudor frío. Algo iba mal. Entonces me di cuenta. No le había dicho al secretario ayudante que el «juez» era un actor, contratado en la Oficina de Actores de Chicago. En ese momento, al presidente le estaba costando elegir a alguien para el Tribunal Supremo cuyo nombramiento tuviera posibilidades de ser confirmado. Supón que él... Me pasé sudando y dando vueltas en la cama hasta que en Washington fueron las ocho de la mañana. Lo logré a la tercera llamada.

—Esto, en cuanto a ese vídeo...

—Ya le dije que era soberbio.

—Pero tengo que decirle...

—Es bueno, no se preocupe. Va de camino a Camp David.

—¡Espere! —chillé—. El juez. No es de verdad. Es un actor, y a lo mejor el presidente quiere hablar con él, entrevistarle. Se le ve tan inteligente. Suponga que él... [*Una larga pausa*]

—¿El Tribunal Supremo?

—Eso.

—[*Pausa, y luego risitas*.] Mire, si le digo al presidente

que es un actor, *seguro* que lo nombra para el Tribunal Supremo.

No mucho después, el presidente aprobó el SSC. Según una columna de George Will, la discusión sobre la propuesta fue breve. Durante la reunión del gabinete el presidente escuchó a sus secretarios, que estaban divididos más o menos a partes iguales en lo tocante a los méritos del SSC; cuando terminaron citó a un *quarterback* muy conocido: «Lánzala al fondo». Y todos supusieron que con eso quería decir: «¡Hagámoslo!». El Supercolisionador se había convertido en un proyecto nacional.

A lo largo del año siguiente, se emprendió una intensa búsqueda del emplazamiento del SSC en la que participaron comunidades de toda la nación y de Canadá. Había algo en el proyecto que parecía excitar a la gente. Imaginad una máquina gracias a la cual el alcalde de Waxahachie, Texas, podía levantarse en público y concluir un ardiente discurso así: «¡Y esta nación debe ser la primera que encuentre el bosón escalar de Higgs!». Hasta en «Dallas» salió el Supercolisionador en una trama secundaria, en la que J. R. Ewing y otros intentaban comprar tierras alrededor del emplazamiento del SSC.

Cuando me referí al comentario del alcalde en la Conferencia Nacional de Gobernadores, en una de los varios millones de charlas que di vendiendo el SSC, me interrumpió el gobernador de Texas. Corrigió mi pronunciación de Waxahachie. Por lo visto, me había desviado más de lo que el texano difiere normalmente del neoyorquino. No pude resistirme. «Señor, la verdad es que lo he intentado» —le aseguré al gobernador—. «Fui allí, paré en un restaurante y le pedí a la camarera que me dijera dónde estaba, clara e inequívocamente. "B-U-R-G-E-R—K-I-N-G", pronunció.» Casi todos los gobernadores se rieron. El texano no.

El año 1987 fue el de los tres súper. Primero, la supernova que centelleó en la Gran Nube de Magallanes hará unos 160.000 años y cuya señal por fin llegó a nuestro planeta; fue la primera vez que se detectaron neutrinos procedentes de fuera del sistema solar. Luego vino el descubrimiento de la superconductividad de alta temperatura, que apasionó al mundo por sus posibles beneficios técnicos. Enseguida hubo esperanzas de que tendríamos pronto superconductores a temperatura ambiente. Se soñó con costes de la energía reducidos, trenes levitantes, una miríada de prodigios modernos y, para la ciencia, unos costes de construcción del SSC muy reducidos. Ahora está claro que fuimos demasiado optimistas. En 1993, los superconductores de alta temperatura son todavía una frontera viva de la investigación y para un conocimiento más profundo de la naturaleza del material, pero las aplicaciones comerciales y prácticas están todavía muy lejos.

El tercer súper del año fue la búsqueda del emplazamiento del Supercolisionador. El Fermilab fue uno de los solicitantes, más que nada porque se podía usar el Tevatrón como inyector del anillo principal del SSC, una pista oval con una circunferencia de unos ochenta y cinco kilómetros. Pero tras ponderar todas las circunstancias, el comité de selección del departamento de energía escogió el emplazamiento de Waxahachie. Se anunció la decisión en octubre de 1988, unas pocas semanas después de que yo entretuviera a una enorme reunión del personal del Fermilab con mis bromas del Nobel. Ahora teníamos una reunión muy diferente; la sombría plantilla se reunía para oír la nueva y preguntarse por el futuro del laboratorio.

En 1993 el SSC se está construyendo, y la fecha probable de conclusión de las obras es el año 2000, un año o dos más o menos. El Fermilab está mejorando poderosamente sus instalaciones para incrementar el número de colisiones p-barra/p, aumentar sus oportunidades de dar con el *top* y explorar los niveles inferiores de la gran montaña que ha de escalar —para eso ha sido diseñado— el SSC.

Por supuesto, los europeos no se han dormido en los laureles. Tras un periodo de debate vigoroso, estudio, informes de diseño y reuniones de comités, Carlo Rubbia, como director general del CERN, decidió que «pavimentaría el túnel del LEP con imanes superconductores». La energía de un acelerador, recordaréis, está determinada por la combinación del diámetro de su anillo y la intensidad de sus imanes. Limitados por la circunferencia de veintisiete kilómetros del túnel, los diseñadores del CERN estaban forzados a vérselas y deseárselas para conseguir el campo magnético más elevado que pudieran imaginar técnicamente. De 10 teslas era, alrededor de un 60 por 100 más intenso que los imanes del SSC y dos veces y media más que los del Tevatrón. Afrontar este reto formidable requerirá un nivel inédito de depuración en la técnica de los superconductores. Si tienen éxito, le darán a la máquina europea propuesta una energía de 17 TeV; la del SSC es de 40 TeV.

La inversión total en recursos financieros y humanos, si se llegan realmente a construir estas máquinas nuevas, es enorme. Y las apuestas, muy altas. ¿Qué pasa si la idea del Higgs resulta equivocada? Aunque fuese así, el impulso que mueve a hacer observaciones «en el dominio de masas de 1 TeV» sería igual de intenso; nuestro modelo estándar tendría que ser modificado o arrumbado. Es como Colón partiendo hacia las Indias Orientales. Si no llega a ellas, pensaban los verdaderos creyentes, encontraremos alguna otra cosa, quizás aún más interesante.

9

ESPACIO INTERIOR, ESPACIO EXTERIOR Y EL TIEMPO ANTES DEL TIEMPO

> Por Picadilly vas
> con un lirio o una amapola
> en tu mano medieval.
> Y todos dirán,
> mientras por tu camino místico vas:
> si este joven a sí mismo se expresa
> tan hondo que a mí me supera,
> caray, qué hondo joven
> este hondo joven debe de ser.
>
> Gilbert y Sullivan, *Patience*

En su «Defensa de la poesía», el poeta romántico inglés Percy Bysshe Shelley sostenía que una de las tareas sagradas del artista es «absorber el nuevo conocimiento de las ciencias y asimilarlo para las necesidades humanas, colorearlo con las pasiones humanas, transformarlo en la sangre y hueso de la naturaleza humana».

No fueron muchos los poetas románticos que corrieron a aceptar el reto de Shelley, lo que quizá explique el lamentable estado presente de nuestra nación y del planeta. Si Byron y Keats y Shelley, y sus equivalentes franceses, italianos y urdus, se hubiesen puesto a explicar la ciencia, la cultura científica del público general sería mucho mayor de lo que hoy es. Esto, claro está, te excluye a ti, no ya «querido lector», sino amigo y colega que ha luchado conmigo para llegar al capítulo 9 y, por edicto real, eres un lector totalmente cualificado e instruido.

Quienes miden el grado de instrucción científica nos aseguran que sólo uno de cada tres puede definir una molécula o nombrar un solo científico vivo. Yo caracterizaba estas estadísticas deprimentes añadiendo: «¿Sabéis que sólo el 70 por 100 de los residentes de Liverpool entienden la teoría *gauge* no abeliana?». De veintitrés licenciados escogidos al azar en las ceremonias de graduación de 1987 en Harvard, sólo dos pudieron explicar por qué hace más calor en verano que en invierno. La respuesta, dicho sea de paso, no es «porque el Sol está más cerca». No está más cerca. El eje de rotación de la Tierra está inclinado, así que cuando el hemisferio norte se inclina hacia el Sol, los rayos son más perpendiculares a la superficie, y la mitad del globo disfruta del verano. Al otro hemisferio llegan rayos oblicuos: es invierno. Seis meses después la situación se invierte.

Lo triste de la ignorancia de los veintiuno de veintitrés graduados de Harvard —¡Harvard, Dios mío!— que no fueron capaces de responder la pregunta es lo que se pierden. Han pasado por la vida sin comprender una experiencia humana fundamental: las estaciones. Por supuesto, hay esos momentos brillantes en los que la gente te sorprende. Hace varios años, en la línea IRT de metro de Manhattan, un hombre mayor se las veía y deseaba con un problema de cálculo elemental de su libro de texto; se volvió desesperado hacia el extraño que se sentaba junto a él, y le preguntó si sabía cálculo. El extraño afirmó con la cabeza y se puso a resolverle al hombre el problema. Claro que no todos los días un viejo estudia cálculo en el metro al lado del físico teórico ganador del premio Nobel T. D. Lee.

Yo tuve una experiencia parecida en el tren, pero con un final diferente. Salía de Chicago en un tren de cercanías cuando una enfermera subió a él a la cabeza de un grupo de pacientes del hospital psiquiátrico local. Se colocaron alrededor de mí y la enfermera se puso a contarlos: «Uno, dos, tres...». Se quedó mirándome. «¿Quién es usted?»

«Soy Leon Lederman —le respondí—, ganador del premio Nobel y director del Fermilab.»

Me señaló, y siguió tristemente: «Sí, cuatro, cinco, seis...».

Pero, ya en serio, es legítimo preocuparse por la incultura científica, entre otras razones porque la ciencia, la técnica y el bienestar público están cada día más ligados. Y, además, es una verdadera pena perderse la concepción del mundo que he intentado presentar en estas páginas. Aunque sea aún incompleta, posee grandiosidad y belleza, y va asomándose ya su simplicidad. Como dijo Jacob Bronowski:

> El progreso de la ciencia es el descubrimiento a cada paso de un nuevo orden que dé unidad a lo que desde hacía mucho parecía disímil. Es lo que hizo Faraday cuando cerró el vínculo que unió la electricidad y el magnetismo. Y lo que hizo Clerk Maxwell cuando unió a aquélla y a éste con la luz. Einstein unió el tiempo al espacio, la masa y la energía, y el camino de la luz cuando pasa junto al Sol con el vuelo de una bala; y dedicó sus años finales a intentar que a estas similitudes se añadiese otra, que instaurara un orden único e imaginativo entre las ecuaciones de Clerk Maxwell y su propia geometría de la gravitación.
>
> Cuando Coleridge intentaba definir la belleza, volvía siempre a un pensamiento profundo: la belleza, decía, es «la unidad en la variedad». La ciencia no es otra cosa que la empresa de descubrir la unidad en la variedad desaforada de la naturaleza, o, más exactamente, en la variedad de nuestra experiencia.

Espacio interior/espacio exterior

Para ver este edificio en su contexto, hagamos ahora un excurso y vayámonos a la astrofísica; tengo que explicar por qué la física de partículas y la astrofísica se han fundido recientemente en un nivel nuevo de intimidad, al que en una ocasión llamé la conexión espacio interior/espacio exterior.

Mientras los jinetes del espacio interior construían aceleradores-microscopios cada vez más potentes para ver qué pasaba en el dominio subnuclear, nuestros colegas del espacio exterior sintetizaban los datos que tomaban unos telescopios cada vez más potentes, equipados con nuevas técnicas cuyo objeto era aumentar su sensibilidad y la capacidad de ver detalles finos. Otro gran avance fueron los observatorios establecidos en el espacio, con sus instrumentos para detectar infrarrojos, ultravioletas, rayos x y rayos gamma; en pocas palabras, toda la extensión del espectro electromagnético, muy buena parte del cual era bloqueado por nuestra atmósfera opaca y distorsionadora.

La síntesis de la cosmología de los últimos cien años es el «modelo cosmológico estándar». Sostiene que el universo empezó en forma de un estado caliente, denso, compacto hace unos 15.000 millones de años. El universo era entonces infinitamente, o casi infinitamente, denso, infinitamente, o casi infinitamente, caliente. La descripción «infinito» es incómoda para los físicos; los modificadores son el resultado de la influencia difuminadora de la teoría cuántica. Por razones que quizá no conozcamos nunca, el universo estalló, y desde entonces ha estado expandiéndose y enfriándose.

Ahora bien, ¿cómo diablos se han enterado de eso los cosmólogos? El modelo de la Gran Explosión (big bang) nació en los años treinta tras el descubrimiento de que las galaxias —conjuntos de 100.000 millones de estrellas o por ahí— se estaban separando entre sí, descubrimiento hecho por el tal Edwin Hubble, que andaba midiendo sus velocidades en 1929. Hubble tenía que recoger de las galaxias lejanas una cantidad de luz que le permitiera resolver las líneas espectrales y compararlas con las líneas de los mismos elementos en la Tierra. Cayó en la cuenta de que todas las líneas se desplazaban sistemáticamente hacia el rojo. Se sabía que una fuente de luz que se aparta de un observador hace justo eso. El «desplazamiento hacia el rojo» era, de hecho, una medida de la velocidad relativa de la fuente y del observador. Con los años, Hubble halló que las galaxias se alejaban de él en todas las direcciones. Hubble se duchaba regularmente, no había nada personal en esto; era sólo una manifestación de la expansión del espacio. Como el espacio expande las distancias entre todas las galaxias, la astrónoma Hedwina Knubble, que observase desde el planeta Penumbrio en Andrómeda, vería el mismo fenómeno: las galaxias se apartarían de ella. Cuanto más distante sea el objeto, más deprisa se mueve. Esta es la esencia de la ley de Hubble. Su consecuencia es que, si se proyecta la película hacia atrás, las galaxias más lejanas, que se mueven más deprisa, se acercarán a los objetos más próximos, y todo el lío acabará juntándose y se acumulará en un volumen muy, muy pequeño, como, según se calcula actualmente, ocurría hace 15.000 millones de años.

La más famosa de las metáforas científicas te pide que imagines que eres una criatura bidimensional, un habitante del Plano. Conoces el este y el oeste, y el norte y el sur, pero arriba y abajo *no existen*. Sacaos el arriba y el abajo de vuestro magín. Vivís en la superficie de un globo que se expande. Por toda la superficie hay residencias de observadores, planetas y estrellas que se acumulan en galaxias por toda la esfera. Todo bidimensional. Desde cualquier atalaya, todos los objetos se apartan a medida que la superficie se expande sin cesar. La distancia entre dos puntos cualesquiera de este universo crece. Eso es precisamente lo que pasa en nuestro mundo tridimensional. La otra virtud de esta metáfora es que, como en nuestro universo, no hay ningún lugar especial. Todos los puntos de la superficie son democráticamente iguales a todos los demás. No hay centro. No hay borde. No hay peligro de caerse del universo. Como nuestra metáfora del universo en expansión (la superficie del globo) es lo único que conocemos, no es que las estrellas se precipiten *dentro* del espacio. Lo que se expande es el espacio que lleva toda la barahúnda. No es fácil visualizar una expansión que ocurre en todo el universo. No hay un exterior, no hay un interior. Sólo hay este universo, que se expande. ¿En qué se expande? Pensad otra vez en vuestra vida como habitantes del Plano, de la superficie del globo. En nuestra metáfora no existe nada más que la superficie.

Dos consecuencias adicionales de gran importancia que

tiene la teoría del big bang acabaron por acallar la oposición, y ahora reina un considerable consenso. Una es la predicción de que la luz de la incandescencia original —presuponiendo que fue caliente, muy caliente— todavía está a nuestro alrededor, en forma de radiación remanente. Recordad que la luz está constituida por fotones, y que la energía de los fotones está en relación inversa con su longitud de onda. Una consecuencia de la expansión del universo es que todas las longitudes se expanden. Se predijo, pues, que las longitudes de onda, originalmente infinitesimales, como correspondía a unos fotones de gran energía, han crecido hasta pertenecer ahora a la región de las microondas, en la que las longitudes son de unos pocos milímetros. En 1965 se descubrieron los rescoldos del big bang, es decir, la radiación de microondas. Esos fotones bañan el universo entero, y se mueven en todas las direcciones posibles. Los fotones que emprendieron viaje hace miles de millones de años cuando el universo era mucho más pequeño y caliente acabaron en una antena de los Laboratorios Bell en Nueva Jersey. ¡Qué destino!

Tras este descubrimiento, era imprescindible medir la distribución de las longitudes de onda (aquí, por favor, leed otra vez el capítulo 5 con el libro cabeza abajo), y se hizo. Por medio de la ecuación de Planck, esta medición da la temperatura media de lo que quiera (el espacio, las estrellas, polvo, un satélite, los pitidos de un satélite que se hubiese colado ocasionalmente) que haya estado bañándose en esos fotones. Según las últimas (1991) mediciones de la NASA hechas con el satélite COBE, es de 2,73 grados sobre el cero absoluto (2,73 grados Kelvin). Esta radiación remanente es también una prueba muy fuerte a favor de la teoría del big bang caliente.

Listamos los éxitos, pero deberíamos señalar también las dificultades, todas las cuales terminarían por ser superadas. Los astrofísicos han examinado cuidadosamente la radiación de microondas a fin de medir las temperaturas en diferentes partes del cielo. Que esas temperaturas coincidan con una precisión extraordinaria (mejor que un 0,01 por 100) causaba cierta preocupación. ¿Por qué? Porque cuando dos objetos tienen exactamente la misma temperatura, es razonable suponer que estuvieron en contacto alguna vez. Sin embargo, los expertos estaban seguros de que las regiones con una temperatura exactamente igual nunca habían estado en contacto. No «casi nunca», sino *nunca*.

Los astrofísicos pueden hablar tan categóricamente porque han calculado qué distancias separaban a dos regiones del cielo en el momento en que se emitió la radiación de microondas observada por el COBE. Ese momento ocurrió 300.000 años después del big bang, no tan pronto como sería de desear, pero sí lo más cerca del principio que podemos. Resulta que esas separaciones eran tan grandes que ni siquiera a la velocidad de la luz daba tiempo para que las dos regiones se comunicasen. Pero tenían la misma temperatura, o casi. Nuestra teoría del big bang no podía explicarlo. ¿Un fallo? ¿Otro milagro? Se vino a llamar a esto la crisis de la causalidad, o de la isotropía. De la *causalidad* porque parecía que había una conexión causal entre regiones del cielo que nunca debieran haber estado en contacto; de la *isotropía* porque donde quiera que mires a gran escala verás prácticamente el mismo patrón de estrellas, galaxias, cúmulos y polvo. Se podría sobrellevar esto en un modelo del big bang diciendo que la similitud de los miles de millones de piezas del universo que nunca estuvieron en contacto era un puro accidente. Pero no nos gustan los «accidentes». Los milagros están estupendamente si uno juega a la lotería o es un seguidor de los Chicago Cubs, pero no en la ciencia. Cuando se ve uno, sospechamos que algo más importante se mueve entre bastidores. Más adelante, me extenderé más sobre esto.

Un acelerador de presupuesto ilimitado

Un segundo éxito de gran importancia del modelo del big bang tiene que ver con la composición de nuestro universo.

Creeréis que el mundo está hecho de aire, tierra, agua (dejaré fuera el fuego) y bolas de billar. Pero si echamos un vistazo arriba y medimos con nuestros telescopios espectroscópicos, apenas si encontraremos algo más que hidrógeno, y luego helio. Entre ambos suman el 98 por 100 del universo. El resto se compone de los otros noventa elementos. Sabemos gracias a nuestros telescopios espectroscópicos las cantidades relativas de los elementos ligeros, y hete aquí que los teóricos del big bang dicen que esas abundancias son precisamente las que cabría esperar. Lo sabemos así.

El universo prenatal tenía en sí toda la materia del universo que hoy observamos, es decir, unos cien mil millones de galaxias, cada una con cien mil millones de soles (¿no estáis oyendo a Carl Sagan?). Todo lo que hoy podemos ver estaba comprimido en un volumen muchísimo menor que la cabeza de un alfiler. ¡Y habláis de superpoblación! La temperatura era alta, unos 10^{32} grados Kelvin, mucho más caliente que nuestros 3 grados o así actuales. Y en consecuencia la materia estaba descompuesta en sus componentes primordiales. Una imagen aceptable es la de una «sopa caliente», o plasma, de quarks y leptones (o lo que haya dentro, si es que hay algo) en la que chocan unos con otros con energías del orden de 10^{19} GeV, o un billón de veces la energía del mayor colisionador que un físico post-SSC pueda imaginar construir. La gravedad era rugiente, con su poderoso (pero aún mal conocido) influjo en esta escala microscópica.

Tras este comienzo fantástico, vinieron la expansión y el enfriamiento. A medida que el universo se enfrió, las colisiones fueron siendo menos violentas. Los quarks, en contacto íntimo los unos con los otros como partes del denso grumo que era el universo infantil, empezaron a coagularse en protones, neutrones y los demás hadrones. Antes, esas uniones se habrían descompuesto en las inmediatas y violentas colisiones, pero el enfriamiento no cesaba y las colisiones eran cada vez más suaves. A los tres minutos de edad, las temperaturas habían caído lo bastante para que pudiesen combinarse los protones y los neutrones y, donde antes se hubiesen descompuesto rápidamente, se formaron núcleos estables. Este fue el periodo de la nucleosíntesis, y como sabemos un montón de física nuclear podemos calcular las abundancias relativas de los elementos químicos que se formaron. Son los núcleos de elementos muy ligeros; los más pesados requieren una «cocción» lenta en las estrellas. Claro está, los átomos (núcleos más electrones) no se formaron hasta que la temperatura no cayó lo suficiente para que los electrones se organizasen alrededor de los núcleos. Se llegó a la temperatura correcta a los 300.000 años más o menos. Antes de ese momento no teníamos átomos, y no nos hacían falta químicos. En cuanto se formaron los átomos neutros, los fotones pudieron moverse libremente, y esta es la razón de que tengamos una información de fotones de microondas tardía.

La nucleosíntesis fue un éxito: las abundancias calculadas y las medidas coincidían. ¡Guau! Como los cálculos son una mezcla íntima de física nuclear, reacciones de interacción débil y condiciones del universo primitivo, esa coincidencia es un apoyo muy fuerte para la teoría del big bang.

En el transcurso de esta historia he explicado, además, la conexión espacio interior/espacio exterior. El universo primitivo no era más que un laboratorio de acelerador con un presupuesto absolutamente ilimitado. Nuestros astrofísicos tenían que saberlo todo acerca de los quarks y los leptones y las fuerzas para construir un modelo de la evolución del universo. Y, como señalé en el capítulo 6, los físicos de partículas reciben datos de Su Experimento Grande y único. Por supuesto, para los tiempos anteriores a los 10^{-13} segundos, estamos mucho menos seguros de las leyes de la física.

Sin embargo, seguimos haciendo progresos en nuestro conocimiento del dominio del big bang y de la evolución del universo. Hacemos nuestras observaciones 15.000 millones de años después de los hechos. De vez en cuando llega hasta nuestros observatorios una información que lleva casi todo ese tiempo vagando por el universo. Nos ayudan, además, el modelo estándar y los datos de los aceleradores que lo apoyan e intentan extenderlo. Pero los teóricos son impacientes; deja de haber datos de acelerador firmes a las energías propias de un universo que haya vivido sólo 10^{-13} segundos. Los astrofísicos han de conocer las leyes operativas en tiempos muy anteriores, así que azuzan a los teóricos de partículas para que se remanguen y contribuyan al torrente de artículos: Higgs, unificación, compuestos (qué hay dentro del quark) y un enjambre de teorías especulativas que se aventuran más allá del modelo estándar para construir un puente que lleve a una descripción más perfecta de la naturaleza y a un camino hacia el big bang.

Hay teorías y teorías

En mi estudio es la una y cuarto de la madrugada. A varios cientos de metros, la máquina del Fermilab hace que choquen protones contra antiprotones. Dos grandes detectores reciben los datos. El grupo de 342 científicos y estudiantes del CDF, endurecido en la batalla, se atarea en comprobar las piezas nuevas de su detector de 5.000 toneladas de peso. No todos, claro. En promedio, a esa hora, habrá una docena de personas en la sala de control. Se está sintonizando el nuevo detector D-Cero, alrededor parcialmente del anillo y con 321 colaboradores. La sesión, que lleva ya un mes, tuvo el vacilante principio usual, pero la toma de datos seguirá durante unos dieciséis meses, con una pausa en la que se le añadirá al acelerador una nueva pieza, diseñada para aumentar el ritmo de las colisiones. Aunque el incentivo principal es hallar el quark *top*, la contrastación y extensión del modelo estándar es una parte esencial de la empresa.

A unos 8.000 kilómetros de distancia, nuestros colegas del CERN también trabajan duro para contrastar una variedad de ideas teóricas acerca de la extensión del modelo estándar. Pero mientras sigue adelante este trabajo, bueno, limpio, trabajan también los físicos teóricos, y me propongo dar aquí una versión muy simple, tosca de tres de las teorías más apasionantes: las GUT, la supersimetría y las supercuerdas. Será un tratamiento superficial. Algunas de estas especulaciones son verdaderamente profundas y sólo las pueden apreciar sus creadores y unos pocos amigos íntimos.

Pero he de hacer primero un comentario sobre la palabra «teoría», que se presta a malentendidos muy comunes. «Esa es *tu* teoría» es una expresión despreciativa corriente. O «Eso es sólo una teoría». Es culpa nuestra, por usarla con torpeza. La teoría cuántica y la newtoniana son componentes bien sentados y verificados de nuestra concepción del mundo. No están en duda. Se trata de una derivación. En algún momento fue la «teoría» (no verificada aún) de Newton. Fue verificada, pero el nombre quedó. Será siempre la «teoría de Newton». Por otra parte, las supercuerdas y las GUT son esfuerzos *conjeturales* que intentan extender el conocimiento actual a partir de lo que conocemos. Las mejores teorías son verificables. Hubo una vez en que este era el *sine qua non* de toda teoría. Actualmente, al encarar lo que sucedió en el big bang, nos enfrentamos, quizá por vez primera, a una situación en la que puede que la teoría no se contraste nunca experimentalmente.

Las GUT

He descrito la unificación de las fuerzas débiles y electromagnéticas en la fuerza electrodébil, llevada por un cuarteto de partículas: W^+, W^-, Z^0 y el fotón. He descrito también la QCD —la cromodinámica cuántica—, que trata del comportamiento de los quarks, en tres colores, y de los gluones. Ambas fuerzas están ahora descritas por teorías cuánticas de campos que obedecen la simetría *gauge*.

Los intentos de unir la QCD con la fuerza electrodébil reciben en conjunto el nombre de teorías de gran unificación (las GUT). La unificación electrodébil se manifiesta en un mundo cuya temperatura sobrepase los 100 GeV (más o menos la masa del W, o 10^{15} grados K). Como se comentó en el capítulo 8, podemos lograr una temperatura así en el laboratorio. La unificación propia de las GUT, por su parte, requiere una temperatura de 10^{15} GeV, lo que la pone fuera del alcance aun del más megalómano de los constructores de aceleradores. Se llega a esa estimación fijándose en los parámetros que miden las intensidades de las interacciones débil, electromagnética y fuerte. Hay indicios de que esos tres parámetros cambian realmente con la energía; las interacciones fuertes se debilitan y las electrodébiles se hacen más fuertes. Los tres números se igualan a una energía de 10^{15} GeV. Ese es el régimen de la gran unificación, donde la simetría de las leyes de la naturaleza ocurre a su mayor nivel. También es esta una teoría que ha de ser verificada aún, pero la tendencia de las intensidades medidas indica una convergencia hacia esa energía.

Hay un número de teorías de gran unificación, un *gran* número, y todas tienen sus pros y sus contras. Por ejemplo, una participante de primera hora en el concurso de las GUT predecía que el protón era inestable y se desintegraría en un pión neutro y un positrón. La vida media de un protón es en esta teoría de 10^{30} años. Como la edad del universo es mucho menor —algo por encima de los 10^{10} años—, no podrían haberse desintegrado demasiados protones. La desintegración de un protón sería un suceso espectacular. Recordad que considerábamos que era un hadrón estable, lo que viene muy bien, además; un protón razonablemente estable es muy importante para el futuro del universo y de la economía. Pero a pesar de que se espere un ritmo de desintegración tan lento, el experimento es factible. Por ejemplo, si la vida media es en efecto de 10^{30} años, y observamos un solo protón durante un año, tenemos una probabilidad de ver la desintegración de sólo 1 dividido por 10^{30}, 10^{-30}. Pero lo que se puede hacer es observar muchos protones. En 10.000 toneladas de agua hay unos 10^{33} protones (fiaos de mí). Esto quiere decir que deberían desintegrarse 1.000 protones en un año.

Así que unos físicos emprendedores se fueron al subsuelo, a una mina de sal que está bajo el lago Erie, en Ohio, a una mina de plomo bajo el monte Toyama, en Japón, y al túnel del Mont Blanc que conecta Francia e Italia, para blindarse contra el fondo de la radiación cósmica. En esos túneles y minas profundas han colocado unos enormes contenedores de plástico transparentes llenos de agua pura, unas 10.000 toneladas, lo que viene a ser un cubo de veintiún metros y pico de lado. Escrutaban el agua cientos de grandes y sensibles tubos fotomultiplicadores, que detectarían las erupciones de energía que liberaría la desintegración del protón. Hasta ahora no se ha observado la desintegración de ningún protón. Esto no quiere decir que esos ambiciosos experimentos no hayan sido valiosos, pues han establecido una nueva medida de la vida media del protón. Dejando un hueco a las ineficiencias, la vida media del protón, si es que la partícula es realmente inestable, tiene que ser *mayor* que 10^{32} años.

Es interesante que la larga e infructuosa espera de la desintegración de los protones se viera avivada por una emoción pasajera. Ya he hablado de la explosión de una supernova en febrero de 1987. A la vez, los detectores subterráneos del lago Erie y del monte Toyama vieron una erupción de sucesos neutrínicos. La combinación de la luz y los neutrinos concordaba ofensivamente bien con los modelos de la explosión estelar. ¡Tendríais que haber visto cómo se pavoneaban los astrónomos! Pero los protones no se desintegran.

Las GUT lo están pasando mal, pero, tenaces, sus teóricos siguen siendo entusiastas. No hay que construir un acelerador de régimen GUT para contrastar la teoría. Las teorías GUT tienen consecuencias comprobables aparte de la desintegración del protón. Por ejemplo, SU(5), una de las teorías de gran unificación, hace la posdicción de que la carga eléctrica de las partículas está cuantizada y debe ser un múltiplo de un tercio de la carga. (¿Os acordáis de las cargas de los quarks?) Muy satisfactorio. Otra consecuencia es la unión de los quarks y de los leptones en una sola familia. En esta teoría, los quarks (dentro de los protones) se pueden convertir en leptones y viceversa.

Las GUT predicen la existencia de partículas de una masa extraordinaria (los bosones X), que son mil billones de veces más pesados que los protones. La mera posibilidad de que existan y puedan aparecer como partículas virtuales tiene unas consecuencias muy, muy minúsculas, como la rara desintegración de los protones. Dicho sea de paso, la predicción de esa desintegración tiene unas consecuencias prácticas, si bien muy remotas. Si, por ejemplo, se pudiera convertir el núcleo del hidrógeno (un solo protón) en radiación pura, proporcionaría una fuente de energía cien veces más eficaz que la energía de fusión. Unas pocas toneladas de agua podrían proporcionar toda la energía que necesitan los Estados Unidos en un día. Por supuesto, tendríamos que calentar el agua hasta temperaturas de GUT, pero quizás algún chico al que esté ahora inclinando a las ciencias alguna insensata maestra de jardín de infancia podría tener la idea que hiciese de esto algo más práctico. Así que ¡ayudad a la maestra!

A las temperaturas de la escala de las GUT (10^{28} grados Kelvin), la simetría y la simplicidad han alcanzado el punto donde hay sólo un tipo de materia (¿leptoquark?) y una fuerza, con una ristra de partículas que llevan la fuerza y, ¡oh, sí!, la gravedad, por su cuenta.

Susy

La supersimetría, o Susy, es la favorita de los teóricos que apuestan fuerte. Ya nos han presentado a Susy. Esta teoría unifica las partículas de la materia (los quarks y los leptones) y los vehículos de la fuerza (los gluones, los W...). Hace un número enorme de predicciones experimentales, ninguna de las cuales se ha observado (todavía). Pero ¿y lo divertido que es?

Tenemos gravitinos y winos y gluinos y fotinos, los compañeros materiales de los gravitones, los W y demás. Tenemos compañeros supersimétricos de los quarks y los leptones: los squarks y los sleptones, respectivamente. Le corresponde a la teoría mostrar por qué esos compañeros, uno por cada partícula, no se han visto todavía. ¡Ah —dice el teórico—, acordaos de la antimateria! Hasta los años treinta nadie soñó que cada partícula tuviera su antipartícula simétrica. Y acordaos de que las simetrías se crean para romperlas (¿como espejos?). No se han visto las partículas compañeras porque son pesadas. Construid una máquina lo bastante grande y aparecerán.

Los teóricos matemáticos nos aseguran a los demás que la teoría, pese a su indecente proliferación de partículas, tiene una simetría espléndida. Susy promete además que nos conducirá a una verdadera teoría cuántica de la gravedad. Los intentos de cuantizar la teoría de la relatividad general —nuestra teoría de la gravedad— están plagados de infinitos hasta el cuello y de una manera que no se puede renormalizar. Susy promete que nos conducirá a una bella teoría cuántica de la gravedad.

Susy civiliza, además, la partícula de Higgs, que, sin esa simetría, no podría hacer la tarea para la que fue concebida. La partícula de Higgs, al ser un bosón escalar (de espín cero), es particularmente sensible al bullicioso vacío que la rodea. En su masa influyen las partículas virtuales de la masa que sea que pasajeramente ocupan el espacio, y cada una contribuiría con energía y, por lo tanto, con masa hasta que el pobre Higgs se hiciera tan, tan obeso que no podría ya salvar a la teoría electrodébil. Lo que pasa con la supersimetría es que los compañeros que pone Susy influyen en la masa del Higgs con sus signos opuestos. Es decir, la partícula W hace al Higgs más pesado, mientras que el wino anula el efecto, con lo que la teoría le permite al Higgs tener una masa útil. Pero todo esto no prueba que Susy tenga razón. Sólo es bella.

El problema dista de estar zanjado. Salen palabras con

gancho: supergravedad, la geometría del superespacio; unas matemáticas elegantes, cuya complejidad arredra. Pero una consecuencia experimentalmente apasionante es que Susy ofrece, presta, generosamente, candidatos para la materia oscura, unas partículas neutras estables que podrían tener la suficiente masa para explicar ese material ubicuo que abarrota el universo observable. Las partículas de Susy se hicieron presumiblemente en la era del big bang, y las más ligeras de las partículas predichas —el fotino, el higgsino o el gravitino quizás— podrían sobrevivir como residuos estables que constituyesen la materia oscura y satisficiesen a los astrónomos. La generación siguiente de máquinas debe o confirmar o negar a Susy... pero ¡oh!, ¡oh!, ¡oh!, ¡qué belleza!

Supercuerdas

Creo que fue la revista *Time* la que adornó para siempre el léxico de la física de partículas al proclamar esto a los cuatro vientos como la teoría de todo. Un libro reciente lo dice aún mejor: *Las supercuerdas, ¿la teoría de todo?* (Se lee con una inflexión ascendente.) La teoría de las cuerdas promete una descripción unificada de todas las fuerzas, hasta la gravedad, todas las partículas, el espacio y el tiempo, libre de parámetros e infinitos. O sea: todo. La premisa básica reemplaza las partículas puntuales por segmentos cortos de cuerda. La teoría de cuerdas se caracteriza por una estructura que empuja las fronteras de las matemáticas (como la física ya ha hecho en alguna ocasión en el pasado) y las limitaciones conceptuales de la imaginación humana hasta el extremo. La creación de esta teoría tiene su propia historia y sus propios héroes: Gabrielle Veneziano, John Schwartz, André Neveu, Pierre Ramond, Jeff Harvey, Joel Sherk, Michael Green, David Gross y un dotado flautista de Hamelín que responde al nombre de Edward Witten. Cuatro de los teóricos más destacados trabajaban juntos en una oscura institución de Nueva Jersey y se les ha venido a conocer como el Cuarteto de Cuerdas de Princeton.

La teoría de cuerdas es una teoría acerca de un lugar muy distante, casi tan lejano como Oz o la Atlántida. Hablamos del dominio de Planck, y si ha existido alguna vez (como Oz), tuvo que ser en el primerísimo abrir y cerrar de ojos de la cosmología del big bang. No hay forma de que podamos imaginar datos experimentales de esa época. Eso no quiere decir que no debamos perseverar. Suponed que hallamos una teoría matemáticamente coherente (sin infinitos) que describa de alguna manera Oz y tenga como consecuencia de muy, muy baja energía nuestro modelo estándar. Si además es única —es decir, no tiene competidoras que hagan lo mismo—, tendremos entonces toda la alegría del mundo y guardaremos nuestros lapiceros y nuestras palas. No es de unicidad de lo que disfrutan las supercuerdas. Dentro de sus supuestos principales, hay un número enorme de caminos posibles hacia el mundo de los datos. Veamos qué más caracteriza esta historia, pero sin pretender explicarla. ¡Ah, sí!, como mencioné en el capítulo 8, requiere diez dimensiones: nueve el espacio y una el tiempo.

Ahora bien, todos sabemos que hay sólo tres dimensiones espaciales, aunque ya hemos calentado motores para este asunto imaginándonos que vivíamos en un mundo de dos dimensiones. ¿Por qué no nueve? «¿Dónde están?», preguntaréis con razón. Enrolladas. ¿Enrolladas? Bueno, la teoría arranca de la gravedad, que se basa en la geometría, así que cabe visualizar que seis de las dimensiones se enrollen y hagan una bola minúscula. El tamaño de la bola es el característico del régimen de Planck, 10^{-33} centímetros, que viene a ser el tamaño de la cuerda que reemplaza a la partícula puntual. Las partículas que conocemos surgen en la forma de vibraciones de esas cuerdas. Una cuerda tensada (o un alambre) tiene un número infinito de modos de vibración. Ese es el fundamento del violín —o del laúd, si os acordáis de cuando hace mucho conocimos al viejo de Galileo—. Las vibraciones de las cuerdas reales se clasifican a partir de la nota fundamental y de sus armónicos o modos de frecuencia. Las matemáticas de las microcuerdas son similares. Nuestras partículas salen de los modos de frecuencia menor.

No hay manera de que pueda describir lo que ha apasionado a los líderes de estas teorías. Ed Witten dio una conferencia fantástica, subyugante acerca de todo esto en el Fermilab hace unos años. Cuando concluyó, hubo casi —yo no había visto nada parecido— diez segundos de silencio (¡es mucho!) antes de los aplausos. Corrí a mi laboratorio para explicar lo que había aprendido a mis colegas que estaban de turno, pero cuando llegué allí, me di cuenta de que se me había ido casi todo. El ladino conferenciante te hace creer que entiendes.

A medida que la teoría fue topándose con unas matemáticas cada vez más difíciles y una proliferación de direcciones posibles, el progreso y la intensidad que rodeaban a las supercuerdas disminuyeron hasta un nivel más sensato, y ahora sólo podemos esperar. Sigue habiendo interés por parte de teóricos muy capaces, pero sospecho que pasará mucho tiempo antes de que la teoría de todo llegue hasta el modelo estándar.

La planitud y la materia oscura

A la espera de que la teoría venga a rescatarlo, el big bang aún presenta dificultades. Dejadme que seleccione un problema más, que ha confundido a los físicos, si bien nos ha llevado —a los experimentadores y a los teóricos por igual— a ciertas nociones apasionantes sobre el Principio Mismo. Se lo conoce como el problema de la planitud, y tiene un contenido muy humano: el interés morboso por saber si el universo seguirá expandiéndose para siempre o si se frenará y su evolución se invertirá, entrando en un periodo de contracción universal. El problema es cuánta masa gravitatoria hay en el universo. Si hay bastante, la expansión se invertirá y tendremos el big crunch. A eso es a lo que se llama un universo cerrado. Si no la hay, seguirá expandiéndose para siempre y enfriándose. Un universo abierto. Entre esos dos regímenes hay un universo de «masa crítica», que tiene justo la suficiente para que la expansión se frene, pero no la suficiente para invertirla; se le llama universo plano.

Es el momento de una metáfora. Pensad en el lanzamiento de un cohete. Si le damos una velocidad demasiado pequeña, caerá de nuevo a tierra (universo cerrado). La gravitación de la Tierra es demasiado fuerte. Si le damos una velocidad enorme, escapará de la atracción de la Tierra y se alejará por el sistema solar (universo abierto). Claro está, hay una velocidad crítica tal que con una un poquito menor el cohete cae y con una un poquito mayor escapa. La planitud se da cuando la velocidad es la correcta. El cohete escapa, pero con una velocidad que no deja de disminuir. En nuestra Tierra, la velocidad crítica es 11,2 kilómetros por segundo. Ahora, siguiendo con el ejemplo, pensad en un cohete de velocidad fija (el big bang) y preguntad lo pesado que ha de ser un planeta (la densidad de masa total del universo) para que caiga o se escape.

Se puede evaluar la masa gravitatoria del universo contando las estrellas. Se ha hecho, y, por sí solo, el número que sale es demasiado pequeño para detener la expansión; predice un universo abierto, y por un margen muy amplio. Sin embargo, hay pruebas muy fuertes de la existencia de una distribución de materia no radiante, la «materia oscura», que invade el universo. Cuando se combinan la materia observada y la materia oscura calculada, las mediciones indican que la masa del universo está cerca —no menos que el 10 por 100 o no más del doble— de la masa crítica. Por lo tanto, es aún una cuestión abierta si el universo va a seguir expandiéndose o si acabará contrayéndose.

Se hacen muchas conjeturas sobre qué pueda ser la materia oscura. La mayoría son partículas de nombres, cómo no, fantásticos —axiones, fotinos— que les han sido dados por sus inventores-teóricos. Una de las posibilidades más fascinantes es que la materia oscura esté hecha de uno o más de los neutrinos del modelo estándar. La era del big bang ha tenido que dejar una densidad enorme de estos objetos huidizos. Serían los candidatos ideales si..., si su masa en reposo fuese finita. Ya sabemos que el neutrino electrónico es demasiado ligero, así que quedan dos candidatos, de los cuales el favorito es el tau. Por dos razones: 1) existe, y 2) no sabemos casi nada de su masa.

No hace mucho, realizamos en el Fermilab un experimento ingenioso y sutil diseñado para detectar si el neutrino tau tiene una masa finita que valga para cerrar el universo. (En este caso fueron las necesidades de la cosmología las que motivaron el experimento, lo que es una indicación de la unión de la física de partículas y de la cosmología.)

Imaginaos un estudiante graduado de turno en una sombría noche de invierno, encerrado en una pequeña caseta electrónica en la pradera de Illinois, barrida por el viento. Los datos se han estado acumulando durante ocho meses. Comprueba el progreso del experimento, y parte de esa rutina es el examen de los datos sobre el efecto de masa de los neutrinos. (No se mide la masa directamente, sino la influencia que tendría en algunas reacciones.) Somete todo el conjunto de datos a cálculo.

«¿Qué es esto?» Se pone alerta en el acto. No puede creer a la pantalla. «¡Oh, Dios mío!» Efectúa comprobaciones de ordenador. Todas son positivas. Ahí está: ¡la masa! Bastante para cerrar el universo. Ese estudiante graduado de veintidós años experimenta la increíble seguridad que le deja sin respiración de que sólo él en el planeta, entre los casi seis millones de *sapiens* compañeros, conoce el futuro del universo. ¡Y hablan de un momento de Eureka!

Este es un cuento bueno para pensar en él. La parte que habla del estudiante graduado era cierta, pero el experimento no fue capaz de detectar masa alguna. Ese experimento en concreto no fue lo bastante bueno, pero podría haberlo sido, y... quizá algún día lo sea. ¡Colega lector, léele, por favor, esto a tu incierto quinceañero *con brio*! Dile que

1) los experimentos a menudo fallan, y 2) que no siempre fallan.

Charlton, Golda y Guth

Pero incluso aunque no entendamos *cómo* contiene el universo la masa crítica necesaria para que sea plano, estamos muy seguros de que la contiene. Veamos por qué. De todas las masas que la naturaleza podría haber escogido para Su universo (digamos 10^6 veces la masa crítica o 10^{-16} veces), escogió la que lo hacía casi plano. En realidad es peor que eso. Parece un milagro que el universo haya sobrevivido a dos destinos opuestos —la expansión desbocada o el estrujamiento inmediato— durante 15.000 millones de años. Resulta que la planitud a la edad de un segundo tenía que ser casi perfecta. A poco que se hubiese desviado de ella, si hubiera sido hacia un lado habríamos tenido el big crunch aún antes de que se hiciera un solo núcleo; si hubiese sido hacia el otro, la expansión del universo habría progresado a estas horas tanto, que no sería todo sino un lugar muerto, con la frialdad de la piedra. ¡Otro milagro! Por mucho que los científicos se imaginen al Sabio, der Alte, como un tipo a lo Charlton Heston con una larga barba flotante de charlatán y un extraño resplandor generado con un láser, o (así lo veo yo) como un tipo de deidad a lo Margaret Mead o Golda Meir o Margaret Thatcher, el contrato dice claramente que las leyes de la naturaleza no se pueden modificar, que son lo que son. El problema de la planitud, pues, es un milagro excesivo y hay que buscar unas causas que hagan que la planitud sea «natural». Por eso se estaba pelando de frío mi estudiante graduado mientras intentaba determinar si los neutrinos son la materia oscura o no. La expansión infinita o el big crunch. Quería saberlo. Y nosotros.

El problema de la planitud, el de la radiación a tres grados uniforme y varios otros del modelo del big bang fueron resueltos, al menos teóricamente, por Alan Guth en 1980, un teórico de partículas del MIT. Su mejora de la teoría recibe el nombre de «modelo inflacionario del big bang».

La inflación y la partícula escalar

En esta breve historia de los últimos 15.000 millones de años se me ha olvidado mencionar que la evolución del universo está en muy buena medida contenida en las ecuaciones de la relatividad general de Einstein. En cuanto el universo se enfría hasta una temperatura de 10^{32} grados Kelvin, la relatividad clásica (no cuántica) prevalece y los acontecimientos siguientes son consecuencia de la teoría de Einstein. Por desgracia, el gran poder de la teoría de la relatividad no lo descubrió el maestro, sino sus seguidores. En 1916, antes de Hubble y Knubble, se creía que el universo era un objeto mucho más tranquilo, estático, y Einstein añadió, en su «mayor pifia», como él mismo diría, un término a su ecuación que impedía la expansión que la teoría predecía. Como este no es un libro de cosmología (y hay algunos excelentes por ahí), apenas si haremos justicia a las ideas que siguen, muchas de las cuales están por encima de mi nivel salarial.

Lo que Guth descubrió fue un proceso, permitido por las ecuaciones de Einstein, que generaba una fuerza explosiva tan enorme, que ponía en marcha una expansión desbocada; el universo se infló desde un tamaño mucho menor que un protón (10^{-15} metros) hasta el de una bola de golf en un intervalo de tiempo de 10^{-33} segundos o así. Esta fase inflacionaria surgió por la influencia de un campo nuevo, un campo no direccional (escalar), un campo que parece y actúa y huele como... ¡el Higgs!

¡Es el Higgs! Los astrofísicos han descubierto algo del corte del Higgs en un contexto totalmente nuevo. ¿Qué papel desempeña el campo de Higgs en la generación de ese extraño suceso previo a la expansión del universo al que llamamos inflación?

Hemos señalado que el campo de Higgs está estrechamente ligado al concepto de masa. La inflación violenta se produce por la suposición de que el universo inflacionario estaba impregnado de un campo de Higgs cuyo contenido de energía era tan grande que impulsó una expansión muy rápida. «En el principio había un campo de Higgs» podría no estar demasiado lejos de la verdad. El campo de Higgs, constante a lo largo del espacio, cambia con el tiempo, en conformidad con las leyes de la física. Estas leyes (sumadas a las ecuaciones de Einstein) generan la fase inflacionaria, que ocupa el enorme intervalo de tiempo que va de los 10^{-35} segundos después de la creación a los 10^{-33}. Los cosmólogos teóricos describen el estado inicial como un «falso vacío», a causa del contenido de energía del campo de Higgs. La transición definitiva a un verdadero vacío libera esa energía y crea las partículas y la radiación, todo a la temperatura enorme del Principio. A continuación, empieza la fase que nos es más familiar, de expansión y enfriamiento en comparación serenos. El universo se confirma a los 10^{-33} segundos. «Hoy soy un universo», se entona en esta fase.

Al haber dado toda su energía a la creación de partículas, el campo de Higgs se retira temporalmente, y reaparece varias veces con distintos disfraces para que las matemáticas sigan siendo coherentes, suprimir los infinitos y supervisar la complejidad creciente a medida que las fuerzas y las partículas siguen diferenciándose. He ahí a la Partícula Divina en todo su esplendor.

Ahora esperad. No me he inventado nada de esto. El creador de la teoría, Alan Guth, era un joven físico de partículas que intentaba resolver lo que parecía ser un problema del todo diferente: el modelo estándar del big bang predecía la existencia de los monopolos magnéticos, polos simples sueltos. El norte y el sur se relacionarían en caso de que existiesen como la materia y la antimateria. La persecución de los monopolos era un juego favorito de los cazadores de partículas, y cada máquina nueva tenía emprendida su propia búsqueda. Pero todas fracasaban. Así que, como poco, los monopolos son muy raros, a pesar de la absurda predicción cosmológica de que debería haber un número enorme de ellos. Guth, cosmólogo aficionado, dio con la idea de la inflación en cuanto modificación de la cosmología del big bang que eliminaba los monopolos; entonces, descubrió que con unas mejoras podía resolver todos los demás defectos de esa cosmología. Guth comentó luego la suerte que había tenido al hacer ese descubrimiento, pues ni uno de los componentes era desconocido, todo un comentario sobre las virtudes de la inocencia en el acto creativo. Wolfgang Pauli se quejó una vez de su pérdida de creatividad: «Ach, sé demasiado».

Para completar este homenaje final al Higgs, debería explicar brevemente cómo resuelve esa expansión rápida el problema de la isotropía, o de la causalidad, y la crisis de la planitud. La inflación, que sucede a velocidades muchísimo mayores que la de la luz (la teoría de la relatividad no pone límites a lo deprisa que el espacio pueda expandirse), es justo lo que nos hace falta. Al principio, había pequeñas regiones del espacio en contacto íntimo. La inflación las expandió grandemente y separó sus partes hasta convertirlas en regiones causalmente inconexas. Tras la inflación, la expansión fue lenta en comparación con la velocidad de la luz, así que, cuando por fin nos alcanza la luz que viene de ellas, descubrimos continuamente nuevas regiones del universo. «¡Ah! —dice la voz cósmica—, otra vez juntos.» No es una sorpresa ver que son exactamente como nosotros: ¡la isotropía!

¿Planitud? El universo inflacionario hace una clara afirmación: el universo tiene justo la masa crítica; la expansión seguirá para siempre, más despacio cada vez, pero nunca se invertirá. Planitud: en la teoría de la relatividad general de Einstein, todo es geometría. La presencia de la masa hace que el espacio se curve; cuanto más masa hay, mayor es la curvatura. El universo plano es una condición crítica entre dos tipos opuestos de curvatura. Una masa muy grande le genera al espacio una curvatura hacia dentro, como la superficie de una esfera. Esto tiende a que el universo sea cerrado. La planitud representa un universo con una masa crítica, «entre» la curvatura hacia dentro y la curvatura hacia fuera. La inflación tiene el efecto de estirar una cantidad minúscula de espacio curvo hasta un dominio tan enorme que la vuelva plana a todos los efectos, muy plana. La predicción de la planitud exacta, un universo situado críticamente entre la expansión y la contracción, se puede comprobar experimentalmente mediante la identificación de la materia oscura y la continuación del proceso de medición de la densidad de masa. Se hará. Nos lo aseguran los astros.

Otros éxitos del modelo inflacionario le han dado una amplia aceptación. Por ejemplo, una de las pegas «menores» de la cosmología del big bang es que no explica por qué el universo es «grumoso», es decir, por qué existen las galaxias, las estrellas y demás. Cualitativamente, esa grumosidad parece estupenda. Las fluctuaciones al azar hacen que algo de materia se acumule a partir de un plasma regular. La ligera atracción gravitatoria extra atrae a más materia, con lo que la gravedad aún crece más. El proceso continúa, y más pronto o más tarde tendremos una galaxia. Pero los detalles muestran que el proceso es demasiado lento si depende de las «fluctuaciones al azar», así que las semillas de la formación de galaxias tienen que haberse sembrado durante la fase inflacionaria.

Los teóricos que han pensado acerca de estas semillas las imaginan como pequeñas (menos del 0,1 por 100) variaciones de la densidad en la distribución inicial de la materia. ¿De dónde salieron esas semillas? La inflación de Guth proporciona una explicación muy atractiva. Hay que ir a la fase cuántica de la historia del universo, en la que las fantasmagóricas fluctuaciones mecanocuánticas que ocurren durante la inflación pueden conducir a la creación de las irregularidades. La inflación agranda esas fluctuaciones microscópicas hasta una escala de orden galáctico. Las recientes observaciones por el satélite COBE (comunicadas en abril de 1992) de unas pequeñísimas variaciones en la temperatura de la radiación de fondo de microondas en diferentes direcciones son maravillosamente coherentes con el orden de cosas inflacionario.

Lo que vio el COBE refleja las condiciones que reinaban en el universo cuando era joven —cuando tenía unos 300.000 años— y llevaba impresa la huella de las distribuciones inducidas por la inflación que hicieron que la radiación de fondo fuese más caliente donde era menos densa, más fría donde era más densa. Las diferencias de temperatura observadas ofrecen, pues, pruebas experimentales de la existencia de las semillas necesarias para la formación de las galaxias. No maravilla que la nueva saliese en los titulares por todo el mundo. Las variaciones de temperatura eran sólo de unas pocas millonésimas de grado y observarlas requirió un cuidado experimental extraordinario, ¡pero qué recompensa! Se pudo detectar, en la bazofia homogeneizada, indicios de la grumosidad que precedió a las galaxias, los soles, los planetas y nosotros. «Fue como ver la cara de Dios», dijo, exultante, el astrónomo George Smoot.

Heinz Pagels recalcó el punto filosófico de que la fase inflacionaria es el dispositivo a lo torre de Babel definitivo, que nos separa de forma efectiva de cualquier cosa que sucediera antes. Estiró y diluyó toda estructura que existiese antes. Así que, aunque tenemos una historia apasionante acerca del principio, desde los 10^{-33} a los 10^{17} segundos (ahora), sigue habiendo esos chicos cargantes que andan por ahí diciendo, sí, pero el universo existe y ¿cómo empezó?

En 1987 celebramos en el Fermilab un congreso del estilo «cara de Dios» cuando un grupo de astro/cosmo/teóricos se reunió para discutir cómo empezó el universo. El título oficial del Congreso era «Cosmología cuántica», y se le llamó así para que los expertos pudiesen lamentarse de todo lo que se ignoraba. No existe una teoría satisfactoria de la gravedad cuántica, y hasta que no haya una, no habrá forma de tratar la situación física del universo en sus primeros momentos.

El plantel era un Quién es Quién de esta exótica disciplina: Stephen Hawking, Murray Gell-Mann, Yakob Zeldovich, André Linde, Jim Hartle, Mike Turner, Rocky Kolb y David Schramm, entre otros. Las discusiones eran abstractas, matemáticas y muy encendidas. Casi todas me superaban. Con lo que mejor me lo pasé fue con la charla sumaria que dio Hawking sobre el origen del universo, el domingo por la mañana, alrededor de la misma hora en que se daban otros 16.427 sermones sobre el mismo tema, más o menos, desde 16.427 púlpitos por toda la nación. Sólo que... Sólo que Hawking dio su charla por medio de un sintetizador de voces, lo que le daba la precisa autenticidad extra. Como es usual, tenía un montón de cosas interesantes y complicadas que decir, pero el pensamiento más profundo, lo expresó de una forma muy simple: «El universo es lo que es porque fue lo que fue», salmodió.

Hawking quería decir que la aplicación de la teoría cuántica a la cosmología tenía como una de sus tareas la especificación de las condiciones iniciales que tuvo que haber en el mismo momento de la creación. Su premisa es que las leyes propias de la naturaleza —que, esperamos, formulará algún genio que hoy está en primaria— toman entonces el mando y describen la evolución subsiguiente. La nueva gran teoría debe integrar una descripción de las condiciones iniciales del universo con un conocimiento perfecto de las leyes de la naturaleza y explicar así todas las observaciones cosmológicas. Debe, además, tener como consecuencia el modelo estándar de los años noventa. Si, antes de este gran progreso, logramos, gracias a los datos del Supercolisionador, un nuevo modelo estándar que explique de forma mucho más concisa todos los datos desde Pisa, tanto mejor. Nuestro sarcástico Pauli dibujó una vez un rectángulo vacío y sostuvo que había hecho una copia de la mejor obra de Tiziano; sólo faltaban los detalles. En efecto, nuestro cuadro «Nacimiento y evolución del universo» requiere unos cuantos brochazos más. Pero el marco es hermoso.

Antes de que empezase el tiempo

Volvamos otra vez al universo prenatal. Vivimos en un universo del que sabemos mucho. Como el paleontólogo que reconstruye un mastodonte a partir de un fragmento de tibia, o un arqueólogo que puede hacerse una imagen de una ciudad hace mucho desaparecida a partir de unas cuantas viejas piedras, nosotros tenemos la ayuda de las leyes de la física que salen de los laboratorios de todo el mundo. Estamos convencidos (pero no lo podemos probar) que sólo una secuencia de sucesos, ejecutada hacia atrás, lleva, por medio de las leyes de la naturaleza, de nuestro universo observado hasta el principio y «antes». Las leyes de la naturaleza tienen que haber existido antes incluso de que empezase el tiempo para que hubiese un principio. Lo decimos, lo creemos, pero ¿podemos probarlo? No. ¿Y qué decir del tiempo antes del tiempo? Ahora hemos dejado la física y estamos en la filosofía.

El concepto de tiempo está ligado a la aparición de los sucesos. Un acontecimiento marca un punto en el tiempo. Dos definen un intervalo. Una secuencia regular de acontecimientos puede definir un «reloj» (los latidos del corazón, la oscilación de un péndulo, la salida y la puesta del Sol). Imaginad ahora una situación donde nunca pase nada. Ni tic-tacs, ni comidas, nada. El mismísimo concepto de tiempo carece de sentido en un mundo así de estéril. Ese podría haber sido el estado del universo «antes». El Gran Suceso, el big bang, fue un acontecimiento formidable que creó, entre otras cosas, el tiempo.

Lo que quiero decir es que si no podemos definir un reloj, no podemos darle un significado al tiempo. Pensad en la idea cuántica de la desintegración de una partícula, de nuestro viejo amigo el pión, por ejemplo. Hasta que se desintegre, no hay manera de determinar el tiempo en el universo del pión. Nada cambia en él. Su estructura, si es que sabemos algo, es idéntica e inmutable hasta que se desintegra en su propia versión personal del big bang. Comparad esto con nuestra experiencia humana de la desintegración de un *homo sapiens*. Creedme, ¡hay un sinfín de signos de que está en progreso o de que es inminente! En el mundo cuántico, en cambio, no tienen sentido las preguntas «¿Cuándo se desintegrará el pión?» o «¿Cuándo ocurrió el big bang?». Por otra parte, podemos preguntar: «¿Cuánto hace que ocurrió el big bang?».

Podemos intentar imaginarnos el universo previo al big bang: sin tiempo, sin rasgos, pero sometido de alguna forma inimaginable a las leyes de la física. Éstas le dan al universo, como a un pión condenado, una probabilidad finita de explotar, cambiar, sufrir una transición, un cambio de estado. Podemos mejorar aquí la metáfora que se utilizó para comenzar este libro. Comparemos de nuevo el universo en el Principio Mismo a un inmenso peñasco en lo alto de un acantilado vertiginoso, pero pongámoslo ahora dentro de una hondonada. Entonces, según la física clásica, será estable. La física cuántica, en cambio, permite el efecto túnel —uno de los extraños fenómenos que hemos examinado en el capítulo 5— y el primer suceso es que el peñasco aparece fuera de la hondonada y, ay, salta por encima del borde del acantilado y cae, liberando su energía potencial y creando el universo tal y como lo conocemos. En algunos modelos muy conjeturales, nuestro querídisimo campo de Higgs desempeña el papel del acantilado metafórico.

Conforta visualizar la desaparición del espacio y del tiempo a medida que proyectamos el universo hacia atrás, hacia el principio. Lo que pasa cuando el espacio y el tiempo tienden hacia cero es que las ecuaciones de las que nos servimos para explicar el universo quiebran y pierden su significado. En ese punto nos desplomamos fuera de la ciencia. Quizá sea por ello tan bueno que el espacio y el tiempo dejen de tener significado; nos da la posibilidad de que la desaparición del concepto ocurra suavemente. ¿Qué queda? Las leyes de la física han de ser lo que queda.

Cuando se manejan las nuevas, elegantes teorías sobre el espacio, el tiempo y el principio, se siente una clara frustración. Al contrario que en casi cualquier otro periodo de la ciencia —ciertamente desde el siglo XVI—, no parece haber forma de que los experimentos y observaciones echen una mano, no, por lo menos, de aquí en unos cuantos días. Hasta en los tiempos de Aristóteles, se podían contar (con riesgo) los dientes de la boca de un caballo para meter baza en el debate sobre el número de dientes que tiene un caballo. Hoy, nuestros colegas debaten un tema para el que sólo se cuenta con un elemento de prueba: la existencia de un universo. Esto, claro, nos lleva al caprichoso subtítulo de nuestro libro: el universo es la respuesta, pero que nos parta un rayo si sabemos cuál es la pregunta.

La vuelta del griego

Eran casi las cinco de la madrugada. Me había quedado adormilado sobre las últimas páginas del capítulo 9. La fecha de entrega del manuscrito había pasado (hacía mucho) y no se me ocurría nada. De pronto, oí una conmoción fuera de nuestra vieja granja en Batavia. Los caballos del establo se arremolinaban y coceaban. Salí a ver a ese tipo que venía del granero y que llevaba toga y calzaba un par de sandalias nuevas.

LEDERMAN: ¡Demócrito! ¿Qué hace aquí?
DEMÓCRITO: ¿A ésos los llama caballos? Debería ver los caballos egipcios para carros de combate que crío en Abdera. Nueve palmos y más. ¡Podían *volar*!
LEDERMAN: Sí, bueno. ¿Cómo está usted?
DEMÓCRITO: ¿Tiene una hora? Me han invitado a la sala de control del Acelerador de Campo Despertar, que acaba de inaugurarse en Teherán el 12 de enero de 2020.
LEDERMAN: ¡Guau! ¿Puedo ir?
DEMÓCRITO: Claro, si usted se comporta. Venga aquí, cójame la mano y diga Μασα δε Πλανχκ. [Masa de Planck]
LEDERMAN: Μασα δε Πλανχκ.

DEMÓCRITO: ¡Más alto!
LEDERMAN: ¡Μασα δε Πλανχκ!

De pronto estábamos en una habitación sorprendentemente pequeña, que parecía distinta por completo de lo que esperaba, la cubierta de mando de la nave estelar *Enterprise*. Había unas pocas pantallas multicolores con imágenes muy nítidas (televisión de alta definición). Pero las pilas de osciloscopios y botones de sintonía habían desaparecido. Al otro lado, en una esquina, un grupo de hombres y mujeres jóvenes se enzarzaban en una discusión animada. Un técnico que estaba de pie junto a mí andaba apretando botones en una caja del tamaño de la palma de la mano y miraba una de las pantallas. Otro técnico hablaba en persa por un micrófono.

LEDERMAN: ¿Por qué Teherán?
DEMÓCRITO: ¡Ah!, unos años después de la paz mundial, las Naciones Unidas decidieron situar el Nuevo Acelerador Mundial en la vieja encrucijada del mundo. El gobierno es aquí uno de los más estables, y además ofrecían las mejores condiciones geológicas, la proximidad a energía barata, agua y una mano de obra cualificada, y el mejor shishkebab al sur de Abdera.
LEDERMAN: ¿Qué se traen entre manos?
DEMÓCRITO: La máquina estrella protones de 500 TeV contra antiprotones de 500 TeV. Desde 2005, cuando el Supercolisionador descubrió el Higgs a una masa de 422 GeV, hay esta urgencia por explorar el «sector de Higgs», para ver si hay más tipos de Higgs.
LEDERMAN: ¿Encontraron el Higgs?
DEMÓCRITO: Uno de ellos. Creen que hay una familia entera de Higgs distintos.
LEDERMAN: ¿Algo más?
DEMÓCRITO: ¡Ah, ya lo creo! Debería haber estado aquí cuando los datos procedentes directamente de los detectores mostraron esa locura de suceso con seis chorros y

ocho pares de electrones. Por ahora han visto varios squarks, gluinos y además el fotino...

LEDERMAN: ¿La supersimetría?

DEMÓCRITO: Sí, en cuanto las energías de la máquina sobrepasaron los 20 TeV, brotaron esos pequeños chismes.

Demócrito llamó, con un fuerte acento persa, a alguien, y enseguida sosteníamos jarras de humeante leche fresca de yak. Cuando pedí una pantalla para ver los sucesos, alguien me encasquetó un casco de realidad virtual, y los sucesos, construidos a partir de los datos de Dios sabe qué tipo de ordenador, destellaron ante mis ojos. Me di cuenta de que a esos físicos del 2020 (los niños de preescolar de mi era) todavía les hacía falta que les metiesen la información por los ojos. Una joven negra, alta, con un espectacular peinado afro, que llevaba lo que parecía un ordenador portátil, pasó por allí. Ignorando a Demócrito, me miró de arriba abajo divertida. «Pantalones vaqueros, como los que llevaba mi abuelo. Con esa pinta usted tiene que venir de los cuarteles centrales de las Naciones Unidas. ¿Nos está inspeccionando?»

«No —dije—, soy del Fermilab, y he estado fuera del negocio unos cuantos años. ¿Cómo van las cosas?»

Nos pasamos la hora siguiente en una confusión mareante de explicaciones sobre redes neuronales, algoritmos de chorro, puntos de calibración del quark *top* y del Higgs, semiconductores de diamante depositados en vacío, femtobytes y —lo peor— veinticinco años de progreso experimental. Ella era de Michigan, un producto del prestigioso Instituto de Bachillerato de Ciencias de Detroit. Su marido, un posdoctorando del Kazastán, trabajaba en la Universidad de Quito. Me explicó que la máquina tenía un radio de sólo cien millas; un tamaño tan modesto era posible gracias al sensacional descubrimiento en 1997 de los superconductores a temperatura ambiente. Se llamaba Mercedes.

MERCEDES: Sí, el grupo de investigación y desarrollo del Supercolisionador dio con esos materiales nuevos mientras seguían la pista a unos efectos raros de las aleaciones de niobio. Una cosa condujo a la otra, y de pronto tuvimos ese material crucial que empieza a superconducir a los diez grados centígrados, la temperatura de un día fresco de otoño.

LEDERMAN: ¿Cuál es el campo crítico?

MERCEDES: ¡Cincuenta teslas! Si me acuerdo de mi curso de historia, vuestra máquina del Fermilab era de cuatro teslas. Hoy hay veinticinco empresas que hacen o cultivan ese material. El impacto económico en el 2019 es de unos trescientos mil millones de dólares. El supertrén que flota entre Nueva York y Los Ángeles navega a tres mil seiscientos kilómetros por hora. Enormes montones de estropajo, energizados por el nuevo material, proporcionan ahora agua pura a la mayoría de las ciudades del mundo. Cada semana leemos alguna aplicación nueva.

Demócrito, que hasta ese momento estaba sentado tranquilamente, sacó a relucir la cuestión central.

DEMÓCRITO: ¿Habéis visto algo dentro de los quarks?

MERCEDES: [*moviendo su cabeza, sonriendo*] Esa fue mi tesis doctoral. Las mejores mediciones salieron del último experimento del Supercolisionador. El radio del quark es menor que unos increíblemente pequeños 10^{-21} centímetros. Hasta donde podemos decir, los quarks y los leptones son una aproximación a los puntos tan buena como pueda desearse.

DEMÓCRITO: [*pegando saltos, dando palmadas, riendo histéricamente*] *¡Atomos!* ¡Finalmente!

LEDERMAN: ¿Algunas sorpresas?

MERCEDES: Bueno, con Susy y el Higgs, un joven teórico de la Universidad de Columbia en Nueva York —un tipo que se llama Pedro Monteagudo— ha escrito una ecuación Susy-GUT nueva que predice con éxito las masas generadas por el Higgs de todos los quarks y los leptones. Tal y como Bohr explicó los niveles de energía del átomo de hidrógeno.

LEDERMAN: ¡Guau! ¿De verdad?
MERCEDES: ¡Ajá!, la ecuación de Monteagudo ahora impera sobre Dirac, Schrödinger y todos los puntos al oeste. Mire mi camiseta.

Como si me hiciese falta que me invitasen. Pero mientras me fijaba en el curioso jeroglífico que aparecía ahí, sentí una especie de confuso mareo, como un terremoto, y todo desapareció.

«Mierda.» Estaba de vuelta en casa, y levantaba atontado la cabeza de mis papeles. Vi una fotocopia de un titular de periódico: LA FINANCIACIÓN DEL SUPERCOLISIONADOR POR EL CONGRESO ESTÁ EN DUDA. Mi módem hacía pitidos, y un mensaje del correo electrónico me «invitaba» a ir a Washington a asistir a una audiencia del Senado sobre el SSC.

Adiós

Tú y yo, querido colega, hemos hecho un largo camino desde Mileto. Hemos recorrido la senda de la ciencia desde entonces y allí hasta aquí y ahora. Lamentablemente, hemos pasado demasiado deprisa ante muchos hitos, mayores y menores. Sí, nos hemos parado en unas cuantas vistas: en Newton y Faraday, Dalton y Rutherford, y, por supuesto, en el McDonald's a comer una hamburguesa. Vemos una nueva sinergia entre el espacio interior y el exterior, y como un conductor en una sinuosa carretera entre bosques vislumbramos de vez en cuando, oscurecido por los árboles y la niebla, un edificio señero: una obra intelectual que lleva edificándose 2.500 años.

Por el camino, he intentado meter algunos detalles irreverentes sobre los científicos. Es importante distinguir entre los científicos y la ciencia. Los científicos, las más de las veces, son personas, y como tales hay entre ellos esa enorme variedad que hace que la gente sea tan... tan interesante. Los científicos son serenos y ambiciosos; les mueven la curiosidad y el ego; son angélicamente virtuosos e inmensamente avaros; son sabios más allá de toda medida e infantiles en su senilidad; intensos, obsesos, relajados. Entre el subconjunto de los seres humanos a los que se llama científicos, hay ateos, agnósticos, el indiferente militante, el profundamente religioso y quienes ven al Creador como una deidad personal, toda sabiduría o un poco torpe, como Frank Morgan en *El mago de Oz*.

Los talentos de los científicos son también muy dispares. Eso está muy bien, porque la ciencia necesita tanto a quienes mezclan el cemento como a los maestros arquitectos. Contamos entre nosotros a mentes de un poder sobrecogedor, a gente que sólo es monstruosamente lista, a quienes poseen manos mágicas, una intuición infalible y la más vital de todas las cualidades científicas: suerte. Tenemos también simples, necios y los que son pura y simplemente tontos... *¡tontos!*

—Quieres decir con respecto a los otros científicos —me replicó una vez mi madre.

—No, mamá, tonto como todos los tontos.

—¿Cómo sacó entonces el doctorado? —me plantó cara.

—Sitzfleisch, mamá.

Sitzfleisch, la capacidad de sacar adelante cualquier tarea, de hacer las cosas una y otra vez hasta que el trabajo quede hecho. Quienes conceden los doctorados también son humanos; más pronto o más tarde, ceden.

Ahora bien, si hay algo que unifique a este conjunto de seres humanos a los que llamamos científicos, es el orgullo y la reverencia con que cada uno de nosotros añade su contribución a este edificio intelectual: nuestra ciencia. Puede que sea un ladrillo, encajado meticulosamente en su sitio y con la argamasa bien puesta, o puede que sea un magnífico entablamento (forzando la metáfora) que embellezca las columnas erigidas por nuestros maestros. Construimos con un sentimiento de sobrecogimiento, muy teñido de escepticismo, guiados por lo que nos encontramos al llegar, llevando con nosotros todas nuestras variables humanas, procedentes de todas las direcciones, cada uno con su propio bagaje cultural y su propia lengua, pero hallando, de alguna forma, una comunicación instantánea, una empatía en la tarea común de construir la torre de la ciencia.

Es el momento de que vuelvas a tu vida real. Durante los últimos tres años he estado llorando porque llegase el momento en que esto quedase acabado. Ahora reconozco que te echaré de menos, querido lector. Has sido mi constante compañero en los aviones, mientras escribía en la gran calma de la noche, tarde ya. Me he imaginado que eras una profesora de historia jubilada, un corredor de apuestas de caballos, un estudiante de universidad, una vinatera, un mecánico de motos, un estudiante de segundo de bachillerato y, cuando quería levantarme el ánimo, una condesa increíblemente bella que quiere pasarme las manos por el pelo. Como el que termina de leer una novela y se resiste a abandonar a los personajes, te echaré de menos.

¿El final de la física?

Antes de irme, tengo algo que decir acerca del negocio de conseguir la camiseta definitiva. Puede que haya estado dando la impresión de que la Partícula Divina, una vez sea conocida, proporcionará la revelación final: cómo funciona el universo. Ese es el campo de los pensadores-auténticamente-profundos, los teóricos de partículas a los que se paga para que piensen profundamente de verdad. Algunos de ellos creen que La Ruta al reduccionismo llegará a un fin; lo sabremos, en esencia, todo. La ciencia se concentrará entonces en la complejidad; las superbuckybolas, los virus, el atasco de tráfico de las mañanas, una cura contra el furor y la violencia..., todas ellas cosas de ley.

Hay otro punto de vista: que somos como unos niños (por usar la metáfora de Bentley Glass)* que juegan al bor-

* Biólogo estadounidense interesado en la extensión de la educación científica. (*N. del t.*)

de de un vasto océano. Este punto de vista deja lugar a una frontera que en verdad no tiene fin. Tras la Partícula Divina se revela un mundo de una belleza espléndida, cegadora, pero al que nuestro espíritu se adaptará. Pronto percibiremos que no tenemos todas las respuestas; lo que esté dentro del electrón, del quark y del agujero negro nos arrastrará siempre más allá.

Creo que me inclino por los optimistas (¿o son pesimistas que dan por perdida la seguridad del puesto de trabajo?), esos teóricos que creen que «lo sabremos todo», pero el experimentador que llevo dentro me impide que reúna la arrogancia que hace falta para eso. El camino experimental hacia Oz, la masa de Planck, hacia esa época sólo 10^{-40} segundos tras El Suceso hace que todo nuestro viaje desde Mileto hasta Waxahachie parezca un crucero de placer por el lago Winnebago. No pienso sólo en aceleradores que rodeen el sistema solar y en detectores como edificios para estar a su altura, no sólo en los miles y miles de millones de horas de sueño que mis alumnos y los suyos perderán; me tiene preocupado el necesario sentido del optimismo que nuestra sociedad ha de sumar para que esta búsqueda siga.

Lo que en realidad no sabemos y sabremos mucho mejor en diez años o así se puede medir con las energías del SSC: 40 billones de voltios. Pero también tienen que suceder cosas importantes a energías tan altas que las venideras colisiones del SSC parecerán dóciles. Las posibilidades de que haya sorpresas completas son todavía ilimitadas. Bajo unas leyes de la naturaleza tan inimaginables hoy como la teoría cuántica (o el reloj atómico de cesio) lo habría sido para Galileo, podríamos hallar antiguas civilizaciones existentes dentro de los quarks. ¡Caray! Antes de que lleguen los hombres de las batas blancas, dejadme que pase a otra pregunta que suele hacerse.

Es asombroso observar cuán a menudo hay científicos, por lo demás competentes, que olvidan las lecciones de la historia, a saber, que las veces que la ciencia ha tenido un impacto mayor en la sociedad se han debido siempre al tipo de investigación que da alas a la búsqueda del á-tomo. Sin tomar nada de la ingeniería genética, la ciencia de materiales o la fusión controlada, la búsqueda del á-tomo ha rendido por sí misma muchos millones de veces lo que ha costado, y no hay señal alguna de que ello haya cambiado. La inversión en la investigación abstracta, que constituye menos de 1 por 100 de los presupuestos de las sociedades industriales, ha rendido mucho más que el Dow Jones medio a lo largo de más de trescientos años. Sin embargo, de cuando en cuando nos aterrorizan los diseñadores de políticas frustrados que quieren centrar la ciencia en las necesidades *inmediatas* de la sociedad, y olvidan o quizá nunca han sabido que la mayoría de los principales avances tecnológicos que han afectado a la vida humana, cualitativa y cuantitativamente, han salido de la investigación pura, abstracta, alentada por la curiosidad. Amén.

El obligatorio final feliz

En busca de algo que me inspirase el desenlace de este libro, estudié los finales de unas cuantas docenas de libros escritos para el público en general. Siempre son filosóficos, y casi siempre aparece el Creador, en la imagen favorita del autor o del autor favorito del autor. He observado dos tipos de resúmenes finales en los libros científicos de divulgación. Uno se caracteriza por la humildad. Para rebajar a la humanidad se suele empezar por recordarle al lector que estamos muchas veces alejados de la centralidad: nuestro planeta no es el centro del sistema solar, y el sistema solar no es el centro de nuestra galaxia, ni ésta tiene nada de especial entre las galaxias. Por si esto no es suficiente para desanimar hasta a uno de Harvard, nos enteramos de que la misma materia de la que nosotros y todas las cosas que nos rodean estamos hechos se compone sólo de una pequeña muestra de los objetos fundamentales del universo. A continuación, esos autores señalan que la humanidad y todas sus instituciones y monumentos le importan muy poco a la continua evolución del cosmos. El maestro del juicio que humilla es Bertrand Russell:

> Así, en líneas generales, pero aún más carente de propósito, más vacío de significado, es el mundo que la Ciencia presenta para que creamos en él. En medio de semejante mundo han de encontrar nuestros ideales de aquí en adelante su hogar, si es que han de encontrarlo en algún lugar. Que el hombre es el producto de causas que no preveían lo que iban a lograr; que su origen, su maduración, sus esperanzas y sus miedos, sus amores y sus creencias, no son sino el resultado de ordenaciones accidentales de los átomos; que no hay ardor, heroísmo, intensidad de pensamiento y sentimiento que puedan preservar una vida individual más allá de la tumba; que los trabajos de todas las edades, toda la devoción, todas las inspiraciones, toda la brillantez cenital del genio humano, están destinados a la extinción en la vasta muerte del sistema solar; y que el templo entero de los logros del Hombre debe inevitablemente quedar enterrado bajo los restos de un universo en ruinas: todo esto, si bien no está por completo más allá de disputa, es sin embargo casi tan seguro, que ninguna filosofía que lo rechace pueda tener esperanzas de mantenerse en pie. Sólo con el armazón de esas verdades, sólo con el firme fundamento de una desesperanza obstinada, podrá en adelante construirse sin riesgo la morada del alma.
>
> Breve e impotente es la vida del Hombre, sobre él y toda su raza la lenta, segura condenación cae sin piedad y oscura...

A lo que yo, en voz baja, digo: ¡Guau! Al chico no le falta razón. Steven Weinberg lo dice más sucintamente: «Cuanto más comprensible parece el universo, menos sentido parece tener». Ahora estamos con seguridad humillados.

También hay los que en todo momento van en dirección contraria; para ellos, el esfuerzo de conocer el universo no es en absoluto humillante, sino exaltador. Este grupo anhela «conocer el pensamiento de Dios» y dice que con ello nos convertimos en parte del proceso entero. Emociona que se nos devuelva el lugar a que tenemos derecho en el centro del universo. Algunos filósofos de esta vena van tan lejos que dicen que el mundo es un producto de las construcciones de la mente humana; otros, un poco más modestos, dicen que la misma existencia de nuestra mente, hasta en la mota infinitesimal que es un planeta corriente, tiene que ser una parte crucial del Gran Plan. A lo que yo digo, muy bajito ahora, que está bien que le necesiten a uno.

Pero prefiero una combinación de los dos puntos de vista, y si tenemos que sacar aquí a Dios en algún sitio, llamemos a la gente que nos ha dado tantas imágenes memorables de Él. Así pues, he aquí el guión para la última escena de la transmutación encantadora que este libro sufriría en Hollywood.

El héroe es el presidente de la Sociedad Astrofísica, la única persona que haya ganado jamás tres premios Nobel. Está de pie en la playa, por la noche, las piernas bien abiertas, clavadas en la arena, y agita el puño contra la enjoyada vaciedad del cielo. Ungido por su humanidad, consciente de los logros más poderosos del ser humano, le grita al universo sobre el fondo de las olas que rompen. «Yo te he creado. Eres el producto de mi mente, mi visión, mi invención. Soy Yo quien te ha proporcionado razón, propósito, belleza. ¿Para qué sirves sino para mi consciencia y lo que he construido, que te han revelado?»

Una vaga luz giratoria aparece en el cielo, y un haz radiante ilumina al hombre de la playa. Mientras suenan los solemnes, grandiosos coros de la Misa en si menor de Bach, o quizás el solo de fagot de la «Consagración» de Stravinsky, la luz del cielo va conformando lentamente Su Rostro, sonriente, pero con una expresión de una dulce tristeza infinita.

Fundido en negro. Créditos

AGRADECIMIENTOS

Creemos que fue Anthony Burgess (¿o fue Burgess Meredith?) quien propuso una enmienda de la Constitución que prohibiese que un autor incluyera en sus reconocimientos un agradecimiento a su esposa por haber mecanografiado el manuscrito. Nuestras esposas no lo han hecho, así que nos ahorramos eso aquí. Pero hay gracias que dar.

Michael Turner, teórico y cosmólogo, escrutó el manuscrito en busca de errores sutiles en la teoría (y no tan sutiles); pilló muchos, los corrigió y nos devolvió a nuestro rumbo. Dado el sesgo experimental del libro, era como si Martín Lutero le hubiera pedido al papa que leyese las pruebas de sus noventa y cinco tesis. Mike, si han quedado algunos errores, échale la culpa a los editores.

Buena parte de la inspiración se le debe al Laboratorio Nacional del Acelerador Fermi (y su santo patrón en Washington, el departamento de energía de los Estados Unidos), y no poco del respaldo mecánico.

Gracias a Willis Bridegam, bibliotecario del Amherst College, dispusimos de los recursos especiales de la biblioteca Robert Frost y del sistema Five College. Karen Fox aportó sus creativas búsquedas.

Sospechamos que Peg Anderson, editora de nuestro manuscrito, se involucró hasta tal punto en el tema que hizo todas las preguntas que había que hacer, y con ello se ganó su ascenso en el campo de batalla a la categoría de licenciada en ciencias.

Kathleen Stein, la incomparable redactora de entrevistas

de *Omni*, asignó la entrevista de la que salió el germen del libro. (¿O fue un virus?)

Lynn Nesbit tenía más fe en el proyecto que nosotros.

Y John Sterling, nuestro editor, ha tenido que pechar con todo el negocio. Esperamos que cuando tome un baño caliente, piense siempre en nosotros, y chille lo que le parezca apropiado.

LEON M. LEDERMAN
DICK TERESI

NOTA SOBRE LA HISTORIA Y LAS FUENTES

Cuando los científicos hablamos de historia, hay que estar alerta. No se trata de la historia que un historiador profesional, académico, escribiría. Se la podría llamar «historia de pega». El físico Richard Feynman la llamó mito-historia convencionalizada. ¿Por qué? Los científicos (ciertamente este científico) usan la historia como si fuera parte de la pedagogía. «Mira, esta es una secuencia de acontecimientos científicos. Primero fue Galileo, luego Newton y esa manzana...» Claro está, no fue así. Hubo muchos otros que ayudaron o estorbaron. La evolución de un concepto científico nuevo puede ser enormemente complicada, y lo era aun en los días en que no había faxes. Una pluma puede hacer muchísimo daño.

En los tiempos de Newton había una densa literatura de artículos publicados, libros, correspondencias, conferencias. Había ya batallas por la prioridad (quién merece el reconocimiento de haber sido el primero en hacer un descubrimiento) mucho antes de Newton. Los historiadores ordenan todo esto y crean una vasta y rica literatura sobre hombres y conceptos. Pero desde el punto de vista narrativo, la mito-historia tiene la gran virtud de filtrar el ruido de la vida real.

En cuanto a las fuentes, cuando se suma el conocimiento obtenido a lo largo de cincuenta años de trabajo en la física, es difícil precisar la de cada hecho, cita o información. Puede, incluso, que no haya fuente de algunas de las mejores anécdotas científicas, pero han llegado a ser hasta tal punto parte de la conciencia colectiva de los científicos que son «verdad», hayan ocurrido o no. Con todo, hemos abierto algunos libros, y en beneficio del lector, damos aquí algunos de los mejores. No es en absoluto una lista completa, ni pretendemos que las publicaciones que siguen a continuación sean las fuentes originales o las mejores para la información citada. Los listo sin un orden concreto, como no sea el capricho de un experimentador...

He sacado provecho de varias biografías de Newton, en especial de la versión de John Maynard Keynes y *Never at Rest* de Richard Westfall (Cambridge University Press, Cambridge, 1981). *Inward Bound: Of Matter and Forces in the Physical World,* de Abraham Pais (Oxford University Press, Nueva York, 1986) fue una fuente valiosísima, lo mismo que la clásica A *History of Science,* de sir William Dampier (Cambridge University Press, Cambridge, 1948). Las biografías recientes *Schrödinger: Life and Thought,* de Walter Moore (Cambridge University Press, Cambridge, 1989), y *Uncertainty: The Life and Science of Werner Heisenberg,* de David Cassidy (W. H. Freeman, Nueva York, 1991), fueron también de mucha ayuda, como *The Life and Times of Tycho Brahe*, de John Allyne Gade (Princeton University Press, Princeton, 1947), *Galileo at Work: His Scientific Biography*, de Stillman Drake (Chicago University Press, Chicago, 1978), *Galileo Heretic*, de Pietro Redondi (Princeton University Press, Princeton, 1987) y *Enrico Fermi, Physicist*, de Emilio Segré (University of Chicago Press, Chicago, 1970). Estamos en deuda con Heinz Pagels por dos libros: *The Cosmic Code* (Simon & Schuster, Nueva York, 1982) y *Perfect Symmetry* (Simon & Schuster, Nueva York, 1985), y con Paul Davies por *Superforce* (Simon & Schuster, Nueva York, 1984).

Algunos libros que no han sido escritos por científicos nos han proporcionado anécdotas, citas y otras informaciones valiosas, sobre todo *Scientific Temperaments*, de Philip J. Hilts (Simon & Schuster, Nueva York, 1982), y *The Second Creation: Makers of the Revolution in Twentieth-Century Physics*, de Robert P. Crease y Charles C. Mann (Macmillan, Nueva York, 1986).

El orden de cosas del Principio Mismo es, como se ha mencionado en el texto, más filosofía que física. El teórico-cosmólogo de la Universidad de Chicago Michael Turner dice que es una conjetura razonable. Charles C. Mann aportó algunos buenos detalles sobre el notable número 137 en su artículo de la revista *Omni* titulado, cosa rara, «137». Consultamos una serie de fuentes sobre las creencias de Demócrito, Leucipo, Empédocles y los demás filósofos presocráticos: *A History of Western Philosophy*, de Bertrand Russell (Touchstone, Nueva York, 1972) (hay trad. cast.: *Historia de la filosofía occidental*, Aguilar, Madrid, 1973); *The Greek Philosophers: From Thales to Aristotle*, de W. K. C. Guthrie (Harper & Brothers, Nueva York, 1960), y *A History of Greek Philosophy*, de Guthrie también (Cambridge University Press, Cambridge, 1978) (hay trad. cast.: *Historia de la filosofía griega*, Gredos, Madrid, 1991); *A History of Philosophy*: *Greece & Rome*, de Frederick Copleston (Doubleday, Nueva York, 1960) (hay trad. cast.: *Historia de la Filosofía*, Ariel, Barcelona, 1993); y *The Portable Greek Reader*, a cargo de W. H. Auden (Viking Press, 1948).

Contrastamos muchas fechas y detalles con *The Dictionary of Scientific Biography*, a cargo de Charles C. Gillespie (Scribner's, Nueva York, 1981), una serie de varios volúmenes que le pueden costar a uno pasar muchas horas gozosas en la biblioteca.

Entre las fuentes misceláneas están *Johann Kepler* (Williams & Wilkins, Baltimore, 1931), que es una serie de artículos, y *Chemical Atomism in the Nineteenth Century*, de Alan J. Rocke (Ohio State University Press, Columbus, 1984). La sombría cita de Bertrand Russell que se reproduce en el capítulo 9 procede de *A Free Man's Worship* (1923) (hay trad. cast.: *Obras Completas*, Aguilar, Madrid, 1973).

ÍNDICE ALFABÉTICO

ÍNDICE

booket